国家社会科学基金艺术学项目：广义设计学基础理论研究

设计·潜视界

广 义 设 计 的 多 维 视 野

A General Theory of DESIGN

董雅 著

中国建筑工业出版社

图书在版编目（CIP）数据

设计·潜视界　广义设计的多维视野/董雅著.
北京：中国建筑工业出版社，2012.6
ISBN 978-7-112-14362-7

Ⅰ.①设… Ⅱ.①董… Ⅲ.①设计学—研究 Ⅳ.①TB21

中国版本图书馆CIP数据核字（2012）第105249号

责任编辑：李晓陶
责任设计：赵明霞
责任校对：王誉欣　陈晶晶

设计·潜视界
广义设计的多维视野
A General Theory of Design
董雅 著
*
中国建筑工业出版社出版、发行（北京西郊百万庄）
各地新华书店、建筑书店经销
北京嘉泰利德公司制版
北京世知印务有限公司印刷
*
开本：787×1092毫米　1/16　印张：23　字数：550千字
2012年9月第一版　2012年9月第一次印刷
定价：49.00元
ISBN 978-7-112-14362-7
(22426)

前言 | 董雅

“广义设计学基础理论研究”这一课题是由国家社会科学基金艺术学项目资助的。从对该问题的点滴思考开始，到现在研究成果得以出版，凝聚了作者30年来在教学、艺术创作与设计实践过程中的长期思索。

从广义的角度而言，设计作为人类特有的一种智慧形式存在至今何止千年，而我们对设计的认识也是随着时代的变迁，社会、经济、文化的变化发展而逐渐“由表及里，由浅入深”的。事实上，人类设计文化发展的历史，也正是一部不断反思什么是“设计”，为什么“设计”以及如何“设计”的历史。时至今日，我们生活在充满设计的世界，并不断将“人、境、事、物”的关系进行重新调整，美好的生活需要智慧的设计，这就更需要我们从不同维度的视点不断反思设计。当下人们对设计的理解，大多仅停留在显而易见的、浮出水面的“冰山一角”，那些隐藏在“深水”之中，潜在的世界，以及设计背后的东西是怎么样的，很少有人思考。从设计教育层面而论，人为设置的“专业”栅栏，在某些方面导致了授业者思维变窄，思维僵滞。何以建构“设计”教育的基础平台、设计知识的“通识分母”，如何以科学的态度把握好“设计的设计”才是最至关重要的。

本课题研究的目的，试图以宏观的、开放的视野，以多学科的、交叉跨界的方法，以系统化的、网络思维的方式，在“大设计”的理念下，实现理论与实践在更高与更深的层面上整合与跨越。所谓“大设计”的理念也正如当代很多有识之士提出的“大经济”、“大美术”、“大建筑”、“大科学”一样，其本质可以说是试图挣脱原有狭隘的“专业”枷锁，打破惯性思维的束缚和学科框架的限制，达到“融贯创造”之目标，钱学森提出的“集大成，得智慧”正是如此。

当然，“大设计”不是用“大”去包罗万象，而是以“设计”为中心点，不断重构“设计”与外部世界的接触点和网络关系；“大设计”不是为了跨界而跨界，为了学科交叉而交叉，而是以现实问题为中心，以问题解决为驱动力，从多视角、多学科的角度协同研究，集成创新；“大设计”不是只关注名词性的“大问题”，而是更关注实际中的设计行动，它将“什么是设计”，“如何认识设计”，“如何设计”建构成一个系统化的循环，在实践过程中将“大理论”、“中层理论”、“小理论”根据需求不断的转换和重构；“大设计”关注不同设计门类的公共基本问题，但它并非试图去总结出一种僵化的结论然后套用到具体的设计上，或者试图以一种观点终结所有的讨论，它是包容的、开放的、充满热情的研究，它更关注在具体的问题“情境”中思考问题，从而实现“广义”“设计学”。

事实证明，在当代设计实践过程中，我们越来越感到，面对一个问题，单靠某一专业是无法达到优质目标的。尤其在知识经济时代，知识创新与知识整合显得尤为重要，设计师必须通过对设计概念更深层次的理解，以创造新概念、新理论、新产品、新知识。美国 IDEO 公司的行政执行长官蒂姆 · 布朗认为，最好的设计师可以称为“T 形人才”，大写字母“T”笔画中的“横”与“竖”分别代表了跨领域解决问题的协作能力和对某一专业技能的专攻能力，而只有一个人能够不断的实现自我知识结构的创新,才能够实现知识在“深度”与“广度”的两个维度上不断的协同重构。如果不从根本上打破传统的、僵化的“唯专业”的封闭狭隘的思维方式，很难实现理论与实践中本质层面的突破。如何培养出“有智慧”的设计人才，既有宏观的视野，高瞻远瞩，又具有“专业”的知识深度，脚踏实地的设计师与艺术家；如何在问题面前，以灵动多变、多视角、多路径、立体、交叉的看待与思考；如何以最佳的战略模式，以最佳的战术方法，达到创新的最佳坐标点都是我们需要研究的问题。

张衡作为我国东汉时期伟大的天文学家、数学家、发明家、地理学家、制图学家和文学家，为我国天文学、机械技术、地震学的发展作出了不可磨灭的贡献；沈括作为我国历史上最卓越的科学家之一，精通天文、数学、物理学、化学、地质学、气象学、地理学、农学和医学，并且还是卓越的工程师和出色的外交家；达 · 芬奇不但是天才的画家、雕塑家、建筑师、诗人、哲学家和音乐家，而且还是一位很有成就的解剖学家、数学家、物理学家、天文学家、地质学家和工程师；莱布尼茨不光在数学领域领先同辈人一个世纪，他还在法学、神学、历史、文学和哲学等领域引人瞩目……。仰望古今中外博学精才的大师，寻觅其伟大之足迹，其成就之路是值得我们深刻反思的。

该课题的研究也是我与我的研究生们集思广益研究的成果，参加者：

第一编　透视广义设计学

第一章、第二章、第三章	赵伟、董雅
第四章	吴慧、董雅

第二编　基于广义设计观的设计文化

第一章	张海林
第二章、第三章	白路

第三编　基于广义设计观的设计思维

第一章	陈高明、董雅
第二章　第一节	翟楚夏

第二章　第二节　　　　郝卫国
第二章　第三节　　　　潘俊峰
第三章　　　　　　　　初冬

第四编　基于广义设计观的实践理念
第一章　　　　　　　　夏缘缘、董雅
第二章　　　　　　　　牛珺
第三章　　　　　　　　张郢娴、董雅
第四章　　　　　　　　郝卫国、张玲
余论　　　　　　　　　张玲

全文最后由董雅、赵伟、陈高明统审。

感谢山东艺术学院的荆雷教授，天津社会科学院徐恒醇研究员，天津大学陈士俊教授，美国艾奥瓦州立大学陈超萃教授，在全书编写过程中所提出的十分宝贵意见与建议。由于课题内容较宽和学术水平所限，作为初步探索的各篇文章难免有所疏漏、错误和不足，诚挚欢迎专家和读者指正，以便在今后的研究中使课题研究进一步走向深化、充实和完善。最后由衷的感谢中国建筑工业出版社领导对本书出版的大力支持，感谢李晓陶编辑为本书数月来辛苦、耐心、热诚的工作，没有她的努力本书也不会以如此快的速度与读者见面。

CONTENTS 目录

2 基于广义设计观的设计文化

3 基于广义设计观的设计思维

绪论 | Introduction

一、问题的提出

在当今社会，设计已经成为文化和日常生活的核心而存在于这个世界上，设计实践不再只是一项专业实践，而是一门集社会、文化、哲学研究于一体的学科。这需要更多不同背景的研究者介入到设计实践与设计研究活动中来，还需要社会大众对设计的价值和意义有更深层次的理解，如此才能搭建一种互动的、利于沟通的设计文化平台。设计作为多门学科的交叉地带，很多设计问题已经远远超出了设计本体的范畴，设计的边界不断的模糊，设计研究的对象也不断的边缘化。因而，要想更深层次的认知设计，要想获得更多角度的问题解决方式，在设计研究中就必须扩大探讨设计的范畴和探究设计的视角，除了对传统设计学的研究之外，还要不断完善对“广义设计”的研究。面对这一发展趋势，我们应对“广义设计学”的理论基础、历史发展及现状进行批判性的反思：以往对“广义设计学”的研究状况是什么？以往的“广义设计学”的理论基础是什么？它是否存在着问题与困境？根据国内设计研究的本土语境是否将延续还是转换这种理论基础？又该如何重构一种新的“广义设计学”？对于这些问题的回答，往往是与我们对“广义设计学”的理论和实践现状的批判与反思相伴而生的。

二、研究的历史与现状

“广义设计学”进入国内学者的视野始于美国学者赫伯特 · 西蒙提出的“设计的科学”(science of design)和戚昌兹教授等提出的“广义设计科学方法学”(又称现代设计法或广义设计学)。早在 20 世纪 80 年代，国内学者就开始了对“广义设计学”的研究，西蒙的《人工科学》在设计美学、设计基础理论、设计方法学、设计语义学和机械工程方面都得到了很多回应。但是在设计领域对《人工科学》的研究还停留在理论转述的层面，该理论对设计实践活动的直接影响较为有限，并且非常缺少应用实例。但是西蒙通过扩大设计的范畴将不同门类的设计整合起来的做法得到了很多研究者的赞同，尽管当下还不能将“广义设计”转换为范式术语，但是分散于各个领域的设计研究必定要整合于一个设计研究的框架中。

值得注意的是“设计的科学”和“广义设计科学方法学”的提出之时正面临着社会文化的转向——“复杂性思想”的兴起和学界对交叉学科的研究兴趣日益增强。由于早期的设计研究延续了自然科学描述方法和工程设计规范方法，“广义设计学”的理论基础是建立在“表象主义”科学观之上的。“表现主义”的科学观由于脱离知识生产的过程而抽象的讨论知识论问题，从而在自设的陷阱中不能自拔。它不但割裂了研究与世界的关联，使研究远离现实世界和日常生活，还导致一切设计都被对象化、抽象化、客观化了，对“广义设计学”的研究成为符合“广义设计”活动的设计方法汇总，但是现实世界的多元性与丰富性都未能纳入到“设计科学”的研究视野，尤其是设计的艺术方面更不能在该框架下得到很好的诠释。对于这一问题，唐纳德 ·A· 舍恩（Donald A .Schön）、马克 · 第亚尼（Marco Diani）、维克多 · 马格林（Victor Margolin）从不同的角度提出了自己的质疑，并拓展了以往设计研究的视野。上述矛盾构成了“广义设计学”面临的理论困境与难题，从根本上而言，这种困境是长期以来设计研究的哲学基础受到近代科学观的影响，片面追求“客观化”、“普遍性”、“技术理性”和“计算理性”所导致的。

三、研究的基本思路与主要问题

本研究以“广义设计观”的发展流变为主线，重点探讨了科学观的发展变化对设计研究哲学基础的影响。围绕这一主题，本研究也将展开对各种不同观点的评价，对其理论贡献与局限性进行论述，以期从中找到“广义设计学”的理论内核及发展趋势，更深入地完善“广义设计观”的内涵。同时也希望借此开辟各种新的发展空间与理论增长点，对设计研究的理解进行新的探索。

本研究由四个部分组成，分别为：透视广义设计学、基于广义设计观的设计文化、基于广义设计观的设计思维和基于广义设计观设计实践。

具体而言，第一部分主要分析了以往的“广义设计学”是如何建构的，它们的理论基础、主要观点和困境为何，进而提出“近代科学主义世界观”是造成这一困境的主要矛盾。通过对 “表象主义科学观”与“介入主义科学观”的比较，本文主张在设计研究中将“近代表象主义世界观”转换为“现代生活世界观”；将科学观从“表象主义”转换为“介入主义”；将“广义设计学”从“普遍意义的知识汇总”转换为“内在于社会与文化的设计实践事业”；将“设计研究”从“知识的生产”转换为“介入实践的探究”。基于这种实践主义的观点以及对复杂性思想的新认识，本研究对如何重构“广义设计学”进行了深入的研究，并提出设计作为“媒介”应该将科学、技术、艺术契合在一起；应该将设计研究、设计教育、设计实践契合在一起；应该将“自然世界”、“社会世界”与“人文世界”契合在一起；

应该将研究与社会文化、现实生活契合在一起，从而让设计重塑我们的文化和生活。

第二部分主要从设计文化的角度对“广义设计学”的必要性与合理性作出了进一步的探讨。当下设计的发展必须符合社会文化背景，设计离不开庞大的哲学思想，也离不开悠远的民族传统。经历了“现代主义”和“后现代主义”思潮，21 世纪的文化将走向“和而不同”的共生思想。以“和而不同”的哲学思想来规划人类的未来世界，世界将呈现出多元文明交相辉映的灿烂景观，无论是东方文明还是西方文明，都可以在这个世界大花园里万紫千红百花齐放，共享人类的优秀文化遗产和智慧结晶 。以“和而不同”的审美思想来设计生存环境，城市将呈现多姿多彩的个性风貌，乡村将保持独特的地理人文色彩，人类的生活将因为多样化的和谐共存而变得幸福美好。而基于“广义设计观”的设计文化也将超越现代化过程中形成的、分割式的专业领域，去综合的、立足于文化多样性的视角重新发现设计。

第三部分主要从设计思维的角度对“广义设计学”的思想资源进行了探索，通过对中西方历史上的整体思想与系统思维的整理，可以为“广义设计”的实践提供更多的智力支持，以拓展广义设计的思想基础。在中国古代系统思想的发展进程中，基本是在“天－地－人”、“三才”框架内来构筑自己的理论体系的，即把天、地、人作为一个统一的系统整体，以“万物一体”、“天人合一”为其最高境界来发展自己的哲学思想。这种视天地万物为一体的整体性思想是中国传统文化和思维的特质，它影响并支配了人们的一切行为和活动。无论是统治者执政施教，还是巫、医、乐、师百工之人从事各种营造活动，首先都要从“三才”出发，“仰取天象，俯察地理，取诸人事”，通过“上考之以天，下揆之以地，中通诸理”，从系统和整体上全面考量影响人类生产、生活的各种因素，以便于“上因天时，下识地理，中尽人事”，使万物各得其所，各尽其宜。西方历史上也经历了整体思想与整体设计思想的变革，以往旧的整体观认为，整体的演化是一种被组织的过程，强调外力的作用造就了整体，而现代整体思想认为，整体是在没有外部命令的情况下，由其内部诸要素按照一定规则自动形成结构和功能，是一种自组织的过程。由于中西方对“整体思想”的理解不同，故而催生出不同特征的设计文化，作为“广义设计观”的思维方式它们可以为未来的设计研究提供更多的延展平台。

第四部分主要是从设计实践角度对“广义设计观”的具体实践进行了理论上的梳理。不论是“跨界设计”、“整合设计”、“多解设计”、“绿色设计”还是当下涌现的“设计伦理”问题，无不体现出只有综合的、整体的把握设计，面对变化才能展望未来。从这些理念的实践效果来看，设计的定义正在不断地被广义化。并且这种态度正是建立在广义设计观之基础上的，无论设计的世界还是真实的世界都是一个“事件性”的、相互影响的世界，而并非是一个线性连续的、片段化的世界。世界的可拆解性仅仅是一种认知世界的方法，而并非唯一方法。设计作为一个语义丰富域的概念，任何试图给设计下一个唯一的定义和求得唯一的设计解是不明智的。我们只能通过“相互关系”对其作出限定，并且这种相互关系是不断变化发展的，在任何一个特定时期阶段与其他阶段全然不同。在复杂的设计语境和问题情境之中，设计可以从不同的侧面切入和理解，而设计者应该在“现实生活和设计实践的循环律动的联系中”认知自己，认识设计。一种“广义设计”的新思维是从实体思维转变为关系思维，这需要我们思考问题的时候考虑多方面的因素。在环境保护、节省资源已成为人类迫在眉睫的任务的时代，设计师必须通过生态设计观念和方法实现多元共生，并由此引导人们实现积极的、绿色的生活方式。既改善和提高生活品质，充分享受生活，又不以浪费资源和破坏环境为代价。这正是值得我们每个设计师和每个现代人为此去思考、去行动的。

四、“广义设计学”的新策略

受到近代“表象主义”科学世界观的影响，以往的“广义设计学”都是建立在“设计科学”的框架内的，这种研究范式至今仍然有效，但是并不能解决当今涌现的难以解决的新问题。并且近代科学世界观导致的科学危机和文化危机已经迫使西方社会反思以往的哲学观，“现代西方哲学主张理性应回归人的生活世界，将人的生活世界视为科学世界的意义源泉，以此来重建人类的意义世界和精神家园。”面对中国社会人文精神的缺失或萎靡，我们就更需要实现“自然世界”、“社会世界”、“人文世界”的新统一。基于这种认知与国内设计发展的现实问题，我们可以对“广义设计学”的新发展提出一些新的观点：

第一，在思维方式上，一种新的“广义设计学”应该体现出生成性、关系性和批判性，而不是本质主义的思维或实体主义的思维。在人类文化多样性与设计多样性的视野下，它应该超越学术情景与经验领域，去主动发现文化与设计中新的连接方式或交叉领域，它还应该具有反思的能力，甚至是跳出自身来反思自身。

第二，在整体观念上，一种新的“广义设计学”应该体现出整体性和开放性。它应该从人类文化的“整体”角度理解设计，以更敞开的视角审视设计。通过建立一种“广义设计”的文化平台，将更多不同的设计专业乃至社会大众联结起来，从整体上提高社会大众对“设计概念”和“设计价值”的认知。

第三，在文化观念上，一种新的“广义设计学”不能仅仅停留在对西方设计文化中“形而下”的“有形之物”的模仿上，它必须走进设计文化的深层，去关注其“精神文化”，才能从整体上了解“设计表象”的生成机制。而简单的模仿只能使设计成为“无魂之器物，无根之浮萍”。

第四，在世界观上，一种新的“广义设计学”，应该从“客观的对象化世界”回归到“生活世界”。也只有在生活世界中，在不同的社会和文化场域中才能更好地实现“人的观念和思维方式的现代化”，“人的行为方式的现代化”和“人的生活方式的现代化”。

第五，在知行观上，一种新的“广义设计学”应该是面向生活世界并介入设计实践的探究，它应该从宏观的“合力”角度调整各种元素和关系，使其处于动态的平衡状态。

随着人们对复杂性的认知不断深入，一切人、地、事、物都被紧密地联系在一个复杂的“网络”之中，而一切设计也应该由“平面的”逻辑世界转向更加“立体的”生活世界。设计者与研究者也应该从原有的二元对立的“单向逻辑”转化为“双重逻辑”：一方面关注“外在的”、宏观视野中的设计；一方面关注“内在的”、微观视野中的设计。“外在”的立场因为可以保持批判的距离而使设计获得一种开放性与鲜活性；“内在”的立场因为可以保持实践感而使设计获得一种具体性与现实性。只有从“大处着眼，小处着手”，才能去发现，去解决事关人类生存与发展的设计问题。而一种“双向的逻辑”应该以实践的方式，介入的姿态，在“宏观”与“微观”，“外在”与“内在”，“广义”与“狭义”之间“互动”、“游走”，在现实生活中整合。

透视广义设计学

第一章　引入与探讨：“设计的科学”与“广义设计科学方法学”

追求绝对与唯一真理所形成的一元论价值观长久以来主宰着西方的思想体系，现代科学的发展将此一元论价值观导向排除主观介入并强调完全客观的理性主义。在建构客观知识的过程中，现代科学试图让真实的世界臣服于简单的原则与普遍性法则，因此真实世界的复合性所呈现出来的混沌被视为是表象，经过简单性典范的约简程序而得到的秩序反倒成本质。

——Ignasi de Solà-Moraíes Rubió

设计的范围很广，包含多种不同的学问。从它的各种活动，完成过程，或它的有形无形的成果看它，设计可以是一种管理功能，一种文化现象，或者它本身就是一种产业，它是一种增进价值的工具，可作为改变社会的及政策的媒介。设计在不同的国家会有不同的定义，我们也知道它会随着时代而变化，就像盲人摸象，这些对设计的不同说法，虽然未必相互排斥，但都是对这一种相关活动的复杂组合的部分观点。

——Rachel Cooper · Mike Press

导言

只要对设计的历史与理论稍有了解的人，面对“广义设计”这一概念应该不会陌生，并且我们自身就生活在一个“生活无处不设计”的时代。翻开文献，在设计史论著作中，很多学者都是从“广义”和“狭义”两个角度来阐释“设计”。然而对于“广义设计”和“广义设计学”而言，获得一个明确而统一的概念仍然是困难的。事实上，只要回顾一下国内的设计研究历程就会发现，将“广义设计”从学理的角度进行探讨，并对国内设计学科发展起到一定影响的是美国学者赫伯特·西蒙提出的“设计的科学”（science of design）和戚昌滋教授等研究的“广义设计科学方法学”（又称现代设计法或广义设计学）。①

然而真正的问题是，设计理论是扎根于历史与文化的环境之中的，简单的“拿来”不但使我们割裂了设计理论、文化背景、社会思想之间的关联，只剩下理论的片段和空洞的方法论，并且难以在实践中真正的实现理论的价值，正如肯尼迪·弗兰普顿所言，设计理论需要从历史的整理视角进行审视。在设计研究的历史上，西蒙提出“人工科学”的时候正面临“第一代设计研究”和“第二代设计研究”的过渡，其观点难免具有不完备性。而综合了多国设计方法的“广义设计科学方法学”也不得不面对学界对“设计方法运动”的反思。作为一种理论的建构，它们都只是阶段性成果而非“作品”，而国内以往的“设计研究”还处在个别理论和学者的介绍阶段，并没有系统性的回溯。直到近几年，随着国内学者对英美设计研究学派的关注，我们才逐渐将以往对“设计研究”的“片段认知”放到西方设计研究的历史坐标上理解。

国内以史学的角度对设计研究进行梳理的研究论文还不多见，如祝帅的《艺术设计视野中的“人工科学”——以赫伯特·西蒙在中国设计学界的主要反响为中心》（2008）、赵江洪的《设计和设计方法研究四十年》（2008）、陈红玉的《20世纪英国设计研究的先驱者》（2008）、南京艺术学院刘存的硕士论文《英美设计研究学派的兴起与发展》（2009）都是对这一问题的探索和努力。

2006年在设计研究学会成立40周年之际，很多参会的英美设计研究学派的成员梳理了该学派的发展历程。如土耳其伊斯坦布尔科技大学的尼根·巴亚兹（Nigan Bayazit）教授的《探究设计：设计研究四十年回顾》②、英国雷丁大学雷切尔·拉克（Rachael Luck）博士的《设计研究：昨天、今天与明天》③与英国公开大学奈杰尔·克

① 事实上很多学者的研究也是立足“广义设计”概念的，只是具体的提法有所不同。

② Nigan Bayazit.Investigating Design:A Review of Forty Years of Design Research.Design Issues,Vol.20,No.1,Winter 2004.

③ L Rachae Luck.Design research:past present and future.Design Research Quarterly,Vol.1,No.1, September 2006.

罗斯教授的《设计研究四十年》① 对该学派的历史、研究内容与范畴、代表人物进行了较为系统的介绍，并作出了简要的总体评价。此外，在《当下设计研究——论文与项目案例精选》② 中，洛夫·米歇尔（Ralf Michel）广泛地收录了荷兰、意大利、德国等学者的最新研究成果，尽管对于问题定义和方法论仍然缺乏定论，但是却展现了当下设计研究的重要立场与特征。以上研究成果都为本研究的展开奠定了基础。

本章试图梳理近些年来国内学界以“广义设计”为中心而展开的讨论，并试图理清影响国内设计研究历程的隐含线索。当然，任何理论的提出都是根据提出者的学术背景、个人立场、人生经验和时代背景而作出的一种“再建构”，构成其理论基石的“基本概念”如“理性”、“逻辑”、“科学”、“复杂性”、“简单性”等势必受到当时的“强势文化”的影响。同时，“研究是有血有肉的，是一个情感与生命的投入过程，是有灵魂的，是需要有反省力的，是一种对话的过程”③，我们除了关注不同时期的理论研究成果，还进一步剖析了学术背景、社会背景和研究动机对理论形成的影响，以及该研究的贡献和局限性。

事实上，从任何维度对设计研究的探索都可以为设计的认知与实践提供丰富的思想资源，任何理论的贡献不应该被放大，局限也不应该被忽视。这样才能避免简单的引用、简单的肯定或否定，乃至仅仅在文字表面上纠缠。通过对文献的分析研究，我们试图从历史延续性的角度审视前人的研究历程，分析他们是如何理解、建构和修正“广义设计”的逻辑模型的，并找寻出对“广义设计”的研究有意义的新领域或新启示，以反思对于不断涌现的新问题，我们该如何“接着说”。

第一节 “人工科学”视野下的广义设计学

在以往的设计理论研究中，只是过度的关注于西蒙的《人工科学》一书，但却忽略了该书是综合了西蒙在很多领域的研究思想并整合到“设计的科学”（science of design）这一理论框架内的，如果只是孤立的看待势必觉得该书“体系庞大、内容驳杂”。另一个忽略的问题是西蒙之所以提出“设计的科学”与其个人经历、世界观、生活哲学以及当时的社会文化背景是紧密的联系在一起的。在该理论体系的建构中，是有一个名叫赫伯特·亚历山大·西蒙的研究者，在“科学世界的迷宫中”热情的探索。那么，西蒙到底是一个什么样的人？又为什么会提出这一理论？这需要我们对西蒙的学术背景有一个深入的了解。

---

① Nigel Cross.Forty Years of Design research.Design Research Quarterly,Vol.1,No.2,December 2006.

② Ralf Michel：Design Research Now:Essays Selected Projects，Birkhäuser Architecture，2007.

③（英）韦恩·C·布斯，格雷戈里·G·卡洛姆，约瑟夫·M·威廉姆斯.研究是一门艺术[M].北京：新华出版社，2010.1.

一、赫伯特 · 西蒙的学术背景

1. 跨领域的整合者

赫伯特・亚历山大・西蒙(Herbert Alexander Simon，1916—2001)① 是一位才多艺广的美国知名学者，他的研究工作横跨经济学、政治学、管理学、社会学、心理学、运筹学、计算机科学等广大领域，并在许多领域里作出了杰出贡献。西蒙不但是人工智能、信息加工心理学、数学定理计算机证明的奠基人，还获得了心理学贡献奖(心理学领域最高奖，1958)，图灵奖(计算机领域最高奖，1975)，诺贝尔经济学奖(1978)和科学管理的特别奖(美国总统科学奖，1986)。

赫伯特・亚历山大・西蒙(Herbert Alexander Simon，1916—2001)

西蒙作为中美学术交流协会主席(1983-1987)，自 1972 年以来先后五次来华访问，其学术成果也越来越受到我国学界和读者的重视。法国著名社会学家马克 · 第亚尼(Marco Diani)称“赫伯特・西蒙是一个真正意义上的文艺复兴式人物”，“即使用很高级的印刷品，他的著作和文章的目录也要占满 30 页，还仅仅是他在 1937 年到 1984 年期间的作品。”② 而 1969 年面世的《人工科学》一书，最能代表西蒙的世界观，全面的综合了西蒙的理论，其影响亦十分广泛。

西蒙的传记:《穿越歧路花园: 司马贺传》，亨特 · 克劳瑟 – 海克著

亨特・克劳瑟 – 海克教授在为西蒙所写的传记中认为，通过西蒙甚至可以了解到战后的科学尤其是行为科学发生的一系列转变:“他对系统性质的关注，他关于复杂系统的层级结构的观点，他为推动选择与控制的结合所做的努力，他的行为 – 功能分析模式，他对跨学科研究的重视，他对计算机建模和模拟的利用，以及他对战略、规划和计划的痴迷——这些突出的特征成了 20 世纪 50 年代、60 年代、70 年代各个研究领域的典型特征。”③ 但是，西蒙的“跨界”研究并非是蜻蜓点水的浅尝辄止，而是将他在其他学科的研究经验应用于跨学科的研究中，从而把自己已有的研究形成一条连续的“曲线”，他毕生都试图创造出一门将“选择科学”和“控制科学”这两个相异的人类行为模型统一为一个学科。

西蒙的自传:《我生活的种种模式》(Models of My Life，Basic Books)

西蒙在他自己 1991 年出版的自传《我生活的种种模式》(Models of My Life，Basic Books) 一书中这样描写他自己:“我诚然是一个科学家，但是是许多学科的科学家。我曾经在许多科学迷宫中探索，这些迷宫并未连成一体。我的抱负未能扩大到如此程度，使我的一生有连贯性。我扮演了许多不同角色，角色之间有时难免互相借用。但我对我所扮演的每一种角色都是尽了力的，从而是有信誉的，这也就足

① 在很多心理学的译著中采用“司马贺”这一译名，本文为表述统一，仍采用“赫伯特・西蒙”作为中译名。
② 西蒙的作品被国内学界译介并作为理论基础的著作有:《管理决策新科学》(1982)、《人类认知: 思维的信息加工理论》(1986)、《人工科学》(1987，2004)、《现代决策理论的基石》(1989)等。
③(美)亨特・克劳瑟–海克，穿越歧路花园[M].司马贺传，黄军英、蔡荣海、任洪波等，译.武夷山，校.上海: 上海科技教育出版社，2009.13.

够了”。[①] 从西蒙的自我评价中就可见西蒙对跨学科研究的浓厚兴趣，以及他对模式的极度偏爱和他试图综合各个领域科学的愿望。

西蒙不但是科学家、教师，他还积极地参与过一些设计实践。如 20 世纪 70 年代中期，西蒙和 CAD 专家伊斯特曼（C.M.Eastman）合作，研究了住宅的自动空间设计，不仅开启了智能大厦的先河，还成为智能 CAD 即 ICAD 的研究开端。在西蒙学术生涯的后期也曾经涉足现实政治，参与城市管理等问题，但是他的专业性在现实利益面前并没有得到政客的认同而收获甚微。

2. 逻辑实证主义与理性主义的拥护者

西蒙的哲学老师哲学家卡尔纳普（Rudolf Carnap）是位逻辑实证主义者，也是维也纳学派的核心人物，他不但为西蒙打下了一个内在一致、严密的哲学基础，还使得西蒙认识到形式逻辑及数学的本质和用途框架。这一哲学观为西蒙以后的研究奠定了思想上的基础。

西蒙的学术生涯是以有限理性说（Bounded rationality）和满意理论（satisficing）为中心的，并且在《人工科学》[②] 一书中也引入了他创造的这两个学术术语。[③] 西蒙认为人类的理性力量总是有限的，但是这并不会使理性无效。有限理性原则还成为西蒙一切思想的基础，不论是在公共管理、经济学还是人工智能的研究中，有限理性都是一个基本的构件。

在西蒙看来，经济学、管理学、心理学等研究的课题，实际上都是“人的决策过程和问题求解过程”。要想真正的解决组织内部决策过程，就必须对人及其思维过程有更深刻的了解，而西蒙的兴趣就在于发现隐藏于其后的人类决策和问题求解模式。在研究的过程中，西蒙都是从基本的“假设”开始，并将这些假设精致化、具体化和形式化。并且西蒙认为研究的过程充满了乐趣，他所做的一切综合的努力，就是想把人类复杂而又混乱的思想和行为世界纳入到理性与实证科学的范畴。[④] 而西蒙出于对机械尤其是最复杂最出色的机械（人脑）的工作原理的兴趣，也使其成为了一个“闭门造车的工程师”，[⑤] 西蒙所建构的仍然是一个简化的、逻辑的、抽象的理性世界，对现实、对情感、对感性等问题是有意回避的。

出于对数学和逻辑的偏爱，西蒙认定“发现真理的关键在于要找到自然中隐藏的模式，因为模式是定律、规则、机制的产物……他总是去寻找规则、寻找实例并发现法则，在复杂和混沌中去寻找其背后

---

① 吴鹤龄，ACM图灵奖-计算机发展史的缩影(1966-2006) [M].北京:高等教育出版社，2008.
② The Sciences of the Artificial，1969，1981，1982，1996.
③ 另一译本：（美）赫伯特·西蒙，关于人为事物的科学[M].杨砾，译.北京：解放军出版社，1987.
④（美）赫伯特·亚历山大·西蒙，关于人为事物的科学[M].杨砾，译.北京：解放军出版社，1987.5.
⑤（美）赫伯特·亚历山大·西蒙，关于人为事物的科学[M].杨砾，译.北京：解放军出版社，1987.21.

必然存在的简单和秩序……”[①] 他一直抱有“科学的目的就是化繁为简，把现象归因为产生它们的机理。因此他年轻时就有一种强烈的欲望——‘一种发现事物模式’的‘冲动’。他把自己的这种性格称为与生俱来的‘柏拉图主义’(Platonism)。”[②]

3. 人生哲学与价值观

杨砾在《赫伯特 · 西蒙的学术生涯》一文中总结到，西蒙的跨学科研究体现了当今科学知识的多学科交叉趋向，所以将任何专题划分为“界线”只有相对的、模糊的意义。西蒙一生都在强调综合，并且希望找到隐藏在经验表面下的模式。杨砾认为，我们从西蒙身上除了看到学科研究趋势的转化之外，还值得注意的是西蒙严谨求实的学风：“无论是对自然现象，还是对社会现象，总是抱着求实加求新的科学态度。”而西蒙在学术上取得累累硕果与其人生哲学又有着内在的关联，西蒙说：“我是一个科学工作者，其次是一个社会科学家，最后才是一个经济学家——不过，在所有这些之上，我首先是一个人。[③]”而这也是很多成绩斐然的大科学家所具有的共同特质，不论研究的科目多么精专，作为一个科学工作者首先应该具有“完整的人格”而不是专业知识。西蒙的这种态度深深受到他父亲亚瑟 · 西蒙的影响，作为一个德国式的家庭，西蒙的父亲在社会行为和智力行为都恪守着德国式的职业原则，“他受过广博的教育，因而不单单是一个专家；积极参加社区事务，但却是位无党派人士，不追随任何意识形态；他坚持很强的世俗观点……”[④] 在后来的学术生涯中，西蒙的独立精神和局外人的价值观结合在一起。西蒙总是把自己与“打破偶像者、局外人、独立思考者、先驱者”联系在一起，同时他也正是按照这种理想来塑造自己的。

同时，西蒙自身也充满了“矛盾的张力”，甚至两种对立的观点同时存在：他相信理性，也相信理性的限度；他相信选择的重要性，也相信外界力量对选择的影响；他重视思想的独立，也看重组织的成员资格和专业培训所强加给思想的结构；他是个终生不渝的民主人士，同时又提倡由专家引领社会规划。[⑤] 作为“科学”与“理性”的布道者，西蒙认为“理性和信仰是对立的，理性比信仰更可取；信仰和意识形态都是不愿意提出疑难问题和不愿意作出艰难选择的非理性产物；个人的伦理选择是人的尊严的核心。”[⑥] 正是在这种矛盾与张力中，西蒙对自己保持着绝对的自信，他好辩好斗，对知识充满雄心。并且从“知行合一”的角度而言，西蒙的确在努力将其提出的理论应用到自身及其制度环境中。

---

① (美) 赫伯特 · 亚历山大 · 西蒙，关于人为事物的科学[M].杨砾，译.北京：解放军出版社，1987.35.

② 赵江洪，设计和设计方法研究四十年[J].装饰，2008.（9）.44－47.

③ (美) 赫伯特 · 西蒙，关于人为事物的科学[M].杨砾，译.北京：解放军出版社，1987.

④ (美) 亨特 · 克劳瑟–海克，穿越歧路花园[M].司马贺传，黄军英、蔡荣海、任洪波等，译.武夷山，校.上海：上海科技教育出版社，2009.22.

⑤ (美) 亨特 · 克劳瑟–海克，穿越歧路花园[M].司马贺传，黄军英、蔡荣海、任洪波等，译.武夷山，校.上海：上海科技教育出版社，2009.35.

⑥ (美) 亨特 · 克劳瑟–海克，穿越歧路花园[M].司马贺传，黄军英、蔡荣海、任洪波等，译.武夷山，校.上海：上海科技教育出版社，2009.29.

The Sciences of the Artificial, Herbert Alexander Simon

《关于人为事物的科学》(The Sciences of the Artificial)，杨砾译本

《人工科学》(The Sciences of the Artificial)，武夷山译本

二、赫伯特 · 西蒙的《人工科学》

1.《人工科学》(The Sciences of the Artificial) 的理论背景

西蒙的《人工科学》一书的理论建构是基于以往研究的成果和两次讲座文稿的基础上整理成型的，1968 年受卡尔 · 泰勒 · 康普顿 (Karl Taylor Compton) 之邀在麻省理工学院讲座，1980 年受 H · 罗恩 · 盖瑟 (H Rowan Gaither) 之邀在加利福尼亚大学伯克利分校讲座。通过两次讲座，西蒙逐渐的修正和扩充了关于“人工的”① 这一概念，并作为《人工科学》一书的理论基础。

作为人工智能和信息加工心理学的奠基者之一，对于“人工科学”这一概念的建构体现出了西蒙对于复杂性和复杂系统的自我理解，在研究策略上也体现出西蒙对计算机这一人类理性“缺陷弥补者”的依赖。西蒙认为复杂只是事物的表面，其背后必有简单的，容易被理解的模式。并且他还试图通过科学把复杂事物分成可理解的简单事物，并不使其丧失惊奇感。

2.《人工科学》的核心理论

在西蒙的职业生涯中，他一直积极的推动综合并一直保持着对知识与行动、研究与改革间联系的一贯关注。西蒙试图使这一联系成为闭环，而构建一种“设计的科学”正是可以实现其思想的循环。这种“设计的科学”能够使知识向行动的转化本身就成为一门科学。《人工科学》最大程度地表达了西蒙的“综合”构想，他试图将有关人类问题解决的理论与他职业生涯中碰到的问题联系起来。问题的核心就是将知识转化为行动，从而使我们能够对自己的生活和世界作出正确的选择。② 并且在《人工科学》谈论的问题主题，都是西蒙的“多数工作”(无论是组织理论、管理科学，还是心理学) 的“核心”。

西蒙作为“设计的科学”的首位提出者，通过构造出“人工科学”的概念，将经济学、思维心理学、设计科学、管理学、复杂性研究等领域贯穿起来。《人工科学》的理论核心是建立一种“关于人为事物的科学”。西蒙划分了“自然物”和“人为事物”(人工物)，他认为自然物总具有“必然性”，而人为事物总具有“偶然性”。自然科学研究揭示、发现世界的规律“是什么”(Be)，关注事物究竟如何；技术手段告诉人们“可以怎样”(Might Be)；而设计则综合了这些知识去改造世界，关注事物“应当如何”(Should Be)。③ 对于具体理论的建构，西蒙一如既往的首先从奠定概念开始，西蒙将“人为事物”界定为任何人造的物品和组织，并将“设计的科学”界定为不同于“自然科学”

① 在《人工科学》的注释中，西蒙强调了“人工”一词的具体选择自己并不负责，只是在“人工智能”这一术语已经站稳了脚跟，他更愿意采用“复杂信息处理”和“认知过程模拟”之类的用语。

②（美）亨特 · 克劳瑟–海克，穿越歧路花园：司马贺传[M].黄军英、蔡荣海、任洪波等，译.武夷山，校.上海：上海科技教育出版社，2009.330.

③ 胡飞，中国传统设计思维方式探索[M].北京：中国建筑工业出版社，2007.

的，研究人为事物（人工物）的“新”科学。西蒙指出了“设计的科学”与“自然科学”（nature science）的区别，并试图通过“设计的科学”的提出来扩展“科学”的范围。西蒙认为“设计的科学”是独立于科学与技术以外的第三类知识体系。

《人工科学：复杂性面面观》(The Sciences of the Artificial)，第三次修订版，武夷山译本

从研究管理组织开始，西蒙就发现了“人工性问题”。他认为，“现象之所以是现在这个样子，只是因为系统在目标或目的的作用下被改变得能适应它所生存的环境”，在复杂环境中生存的复杂系统，“人工性”和“复杂性”这两个议题还会不可解脱的交织在一起。尤其在《人工科学》的第三次修订版中，西蒙新加入了“复杂性面面观”这一全新的章节并揭示了“人工性”和层级对于复杂性的意义。[①] 西蒙认为受到“复杂性思想”的影响，在科学和工程中，对系统的研究活动越来越受到欢迎，究其原因，与其说是适应了处理复杂性的知识体系与技术体系的发展需求，不如说是它适应了对复杂性进行综合和分析的迫切需求。与他人不同的是，西蒙的兴趣在于“从无限复杂的外部世界向内部世界进发，探索从简单生成复杂的规则。”[②] 因为西蒙坚信“表征系统的主要性质及其行为，而对外部环境和内部环境的细节都无须述说。我们可以期待一门人工科学，其抽象性与普遍性主要依赖于界面的相对简单性。”[③]

西蒙作为计算机科学家，试图通过计算机“模拟”来描述人工制品与功能。关于人类问题解决的理论，西蒙与纽厄尔从人机“类比”的角度提出了“人是一个信息处理器”的“适应人”概念。甚至他们辩称这一说法并非是一种“比喻”，而是一个精确的符号模型，基于该模型就能够计算人的问题，解决行为的相关特性。当然，这一理论也是基于“还原主义”的，它预设了“假定存在着一组是思考中的人产生行为的过程或机制”，它的目标对“行为进行解释，而不只是描述。”[④] 而通过建立“适应人”的人类新模型，西蒙将有机体与环境、理论与实践、大脑与机制都联系了起来，将生物学与行为、进化与程序综合到一起，而实现了将选择科学与控制科学综合到一起的想法，并最终将生命还原为机制提供了一个有力的案例。但是与西蒙在其他领域试图进行的综合一样，《人工科学》只是一个“稳定的子配件”，而不是最终的产品，西蒙的认知进化仍在继续，[⑤] 他又在寻找新的解决方案和适用领域。

3.《人工科学》理论建构的四个视点

实质上，除了建构“设计的科学”的核心理论之外，值得注意的

---

①（美）赫伯特·西蒙，人工科学：复杂性面面观[M].武夷山，译.上海：上海科技教育出版社，2004第二版序、第三版序。

②（美）亨特·克劳瑟–海克，穿越歧路花园：司马贺传[M].黄军英、蔡荣海、任洪波等，译.武夷山，校.上海：上海科技教育出版社，2009.16.

③（美）亨特·克劳瑟–海克，穿越歧路花园：司马贺传[M].黄军英、蔡荣海、任洪波等，译.武夷山，校.上海：上海科技教育出版社，2009.331.

④（美）亨特·克劳瑟–海克，穿越歧路花园：司马贺传[M].黄军英、蔡荣海、任洪波等，译.武夷山，校.上海：上海科技教育出版社，2009.313.

⑤（美）亨特·克劳瑟–海克，穿越歧路花园：司马贺传[M].黄军英、蔡荣海、任洪波等，译.武夷山，校.上海：上海科技教育出版社，2009.346.

是《人工科学》中一些议题的视点。例如，设计学科的定位与地位问题、设计问题属性的界定问题、设计决策与人类理性之间的关系问题，对于复杂性的理解，都在后来设计研究中掀起了热烈的讨论。

（1）视点一：关于设计科学的定位与地位

从设计研究的整个发展历史来看，西蒙提出的“设计的科学”正是反映了 20 世纪 60 年代设计研究的基本理念，通过系统的设计知识体系来证明设计具有其“领域独立性”，是一门专门的知识，并且向“科学”的研究范式靠拢，以此提高设计的“科学性”和学术地位。面对自然科学的“绝对统治”，西蒙非常不满“人技科学”在专科学院的中“衰落”：

> 20 世纪，专科学院课程中的自然科学内容，差不多把技艺方面的学科排挤掉了；鉴于设计在专业活动中的关键角色，这一局面真是令人啼笑皆非。工学院成了讲物理和数学的理学院；医学院变成了生物科学学院；工商学院则变成了有限数学学院……①

西蒙对“人技科学”衰落的叹惋，事实上是源于 20 世纪专职的出现和变化使得整个社会文化的转向。从 19 世纪末到 20 世纪，很多传统的职业都经历了类似从“作坊”到“学校”的职业文化转变。随着“职业人”的出现，不论是会计师、律师、工程师、策划师等都在追求着理性、效率和客观性，到处都在努力建设“最优系统”。相对于传统从业人员，他们认为“最好”的知识是有关自然科学的抽象知识，从业人员通常附属于大学的专业院校中接受培训，而不是通过师徒传承的方式学习。② 还有更为重要的是新型的世俗化专业人员与以前的不同是“他们改造人类和社会的动力是基于对科学（而非经文）的信仰，是基于理性，而不是神启。”（霍尔 G.Stanley Hall）而西蒙和他的父亲恰恰是这样的“非宗教者”。西蒙一生都在作一个“科学”和“理性”的世俗化信仰的布道者，尽管这一行为本身可能是矫枉过正的，并在后来遭到学者们的批评。

西蒙剖析了传统设计之所以不能成为独立的学科是因为“设计的知识和人技科学知识，有许多……都是软的、直观的、不正规的和烹调全书式的。”而他要建立的“设计科学”是“一套从学术上比较过硬的、分析性的、部分形式化的和部分经验化的、可教可学的设计学教程。”③ 他认为设计科学不仅是可能的，而且实际上正在出现，他甚至非常乐观地认为“设计乃是一切专业教育的核心。”而他所建立的“设计的科学”正是可以达成他理想中的专科学院：实现“人技科学和自然科学两方

---

①（美）赫伯特·西蒙，人工科学[M].武夷山，译.商务印书馆，1987.128.

②（美）亨特·克劳瑟-海克，穿越歧路花园：司马贺传[M].黄军英、蔡荣海、任洪波等，译.武夷山，校.上海：上海科技教育出版社，2009.26.

③（法）马克·第亚尼，非物质社会[M].滕守尧，译.成都：四川人民出版社，2004.109.

面的教育”。值得注意的是他在此处的注释强调了他的另一个“整合广泛基础”的动机：“我在文中所极力主张的，并不是脱离基础，而是要把工程基础课程与自然科学基础融为一体。”① 他认为，人为事物的特征就是其内在的自然法则与之外在的自然法则相适应，人为世界被人关注，是通过内在环境对外在环境的适应而达到目的。而设计过程的中心就是研究对环境适应的方法和途径。② 但是西蒙的“设计的科学”是建立在“人为事物”（人工物）这一理论的基础上的，其理论预设了“自然界”与“人为事物”的对立，预设了“内在环境”与“外在环境”的对立。因而在哲学基础上，仍然是建立在“二元对立”的基础之上，使后来的研究者指出了这一理论的不严密之处。

（2）视点二：设计问题的属性界定

在《人工科学》中，西蒙将设计问题界定为一种“险恶问题”（wicked problems）。因为寻找一种适当的解决方法非常的困难，往往一种解决方案的创造的同时意味着出现了一种新的有待解决的新问题。③ 这种观点实质上是对于“设计本体”的一种质疑，也就是实践中的设计并非是一个“良好问题”，即设计问题的目标和属性都并不十分明确，且不可以完全数量化衡量。而这类问题在实际设计中即使存在，也是经过近似和简化，在设计过程的某个阶段上出现过。④ 而这一反思的意义验证了设计应该有适合自己的独特的研究方法，并且“设计本体”并不完全等同于“自然科学本体”。这一观点体现在设计问题的求解上，西蒙认为设计问题求得的是一个“满意解”，而不是“最优解”，他认为设计解的获得，应该是一种“选择性启发式搜索”。

（3）视点三：设计决策和理性之间的关系

西蒙认为，建立在绝对“客观理性”基础上的决策本质是值得质疑的：以 SUE 理论为例，尽管该理论使决策问题完全的数学化、公式化和严格化，但是也只能面对简单的情景，一旦介入到复杂问题，SUE 理论不但不能预测人类的真实行为，就连近似的和接近的都没有达到。所以西蒙主张将人类的决策行为放到复杂环境之下进行讨论。西蒙仍然延续了他对“内部环境”对“外部环境”的适应的假设，面对复杂的外部环境的制约，理性活动者自身的思考、推理、计算和认知能力是具有局限性的，他将“考虑到活动者信息处理能力限度的理论，称作有限理性论。”⑤ 杨砾和徐立还运用这一理论来解释设计研究，“设计科学是研究人类设计技能的发挥与延展的学问，它深切关心人、组织和社会的理性行为，并且认为设计技能本身是有局限性的。”

---

①（美）赫伯特·西蒙，人工科学[M].武夷山，译.商务印书馆，1987.129.
②（美）赫伯特·西蒙，人工科学[M].武夷山，译.商务印书馆，1987.129.
③ Nigan Bayazit.Investigating Design:A Review of Forty Years of Design Research.Design Issues,Vol.20,No.1,Winter 2004.
④ 杨砾，徐立，人类理性与设计科学：人类设计技能探索[M].沈阳：辽宁人民出版社，1988.227.
⑤ 杨砾，徐立，人类理性与设计科学：人类设计技能探索[M].沈阳：辽宁人民出版社，1988.105.

“有限理性”是西蒙在公共管理、经济学、人工智能等领域研究的思想基础，也是其层级世界观的有力基石。在西蒙看来，人类的理性是有限的，这是由人类作为信息处理者本身固有的局限性所决定的，由于人脑对复杂问题的形成和解决都很有限，因此人类行为者必须“建构出现实情形的简化模型才能解决问题。人类根据这些简化模型作出理性的行为，但是这些行为离客观的理性相距甚远。理性的选择是存在的，而且是有意义的，但却是严重受限的。”因为有限理性意味着，“这类简化模型的建构和测试是所有思想的精髓，科学思想也不例外。”① 有限理性使西蒙倡导跨学科的研究方式，他认为学科的划分以有害的方式限制了理性，所以必须加以协调和整合，否则就会丧失生命力。尤其对于设计科学而言，理性具有“自然选择”在生物进化中同等重要的地位，因为是理性选择了那些更适应于环境的设计。

（4）视点四：对于复杂性（complexity）的理解

在 1996 年版的《人工科学》中，由于人们近来对复杂性（complexity）和复杂系统（complex systems）的兴趣猛增，西蒙在新增加的一章《复杂性面面观》中，从科学技术发展的角度对近年来与复杂性密切相关的内容作了扼要的概括。由于复杂性科学仍然在摸索中，故此不同的思想都是从一个侧面来理解和解释复杂性的，如第一次世界大战后兴起的“整体论”，第二次世界大战后兴起的“信息”、“反馈”、“控制论”和“一般系统论”，还有当前的热门的“混沌”、“自适应系统”、“遗传算法”和“元胞自动机”。② 当然每一种理论对“整体论与还原论”的认识各不相同，但是西蒙所采纳的是“层级系统”和“还原论”。西蒙认为，“我将原则上坚持还原论，尽管根据部分的性质之知识严格推论出总体的性质是不容易的（从计算的角度说，往往是不可行的）。采用这一实用的方式，我们就可以在复杂性的每一较高层次怎样用第一层次上的组元及其关系来解释。”③ 西蒙还认为这一从牛顿开始的经典物理学的思维方式是通用的概念方式，从下向上建构，从基本粒子开始，而“有限理性”、“选择”、“决策”等正是西蒙理论的“基本粒子”。

按照西蒙对“复杂性”的理解，其理论的建构是由几个基本假设开始，“首先，他坚信自然界是有秩序的，人性（人类之天性）也是如此。第二，他认为这种秩序是普适的，也就是说，复杂性和地域性总是简单性和全球普适性的表现。第三，他认为这种秩序是人类通过观察和推理能够了解的，而不会主动显示给人类看。第四，他从未怀疑过人

---

①（美）亨特·克劳瑟–海克，穿越歧路花园：司马贺传[M].黄军英、蔡荣海、任洪波等，译.武夷山，校.上海：上海科技教育出版社，2009.10–11.

②（美）赫伯特·西蒙，人工科学：复杂性面面观[M].武夷山，译.上海：上海科技教育出版社，2004.157.

③（美）赫伯特·西蒙，人工科学：复杂性面面观[M].武夷山，译.上海：上海科技教育出版社，2004.160.

类诉诸理性的能力既有限但又意义重大。”[①] 在这些假设的前提下，西蒙构造出了自己的“层级世界观”（bureaucratic woldview）。西蒙认为世界是一个层级系统，人脑和计算机也是典型的层级系统，每个系统各自能力有限，但是可以尽可能地去适应周围的环境。科学需要提出问题并回答问题，而西蒙的“层级世界观”对西蒙如何提出问题和如何解答问题具有重要的意义。

首先，系统和有限理性构成了“层级世界观”这一理论的支撑点。基于西蒙对“还原论”的拥护和对世界具有“可拆解性”的信仰：将世界理解为系统，意味着它们的组成要素存在着相互依存的关联性；将系统理解为层级式的，意味着它们之间的关系是一种“树状结构”；将系统理解为复杂系统，意味着层级结构中的某一层次上的系统行为很难根据对于更低层次上的元素的性质之认知来推测。[②]

第二，把世界看作一个系统，有助于“行为－功能”分析模式。行为主义和功能主义都十分重视系统要素的关联性，而不是个体的特征，而西蒙认为“只有通过个体行为才能了解个体，而只有通过个体行为对个体所属系统的其他要素所产生的影响，才可能识别个体的行为。”[③]

第三，把世界看作一个系统，有助于数学上的形式化。西蒙出于对当时社会科学缺乏“科学性”的不满和对数学的偏爱，于是认为一门数学性的社会科学是非常必要的。[④]

西蒙之所以提出“设计科学”，提出“广义设计”的概念，是基于他自身的科学研究的综合。西蒙作为“层级世界观”的拥护者是按照“树状结构”理解问题和分析问题的，但是今天“网络”似乎是一个更适合替代“树状结构”的符号被众人接受；西蒙所推崇的形式化的工具知识尽管试图使设计成为一门独立的科学，然而却同样受到舍恩等学者提出的背景化、情景化知识的挑战……当然西蒙本人后来意识到了这种转变的必然性，他在“复杂性面面观”一章中，也提出了要向“网络化世界观”的转变，尽管如此西蒙所留下的思想遗产仍然是非常丰富的。

三、《人工科学》、“广义设计学”与设计研究

20 世纪 60 年代的“设计方法运动”的目标就是试图“借鉴计算机技术和管理理论，发展出系统化的设计问题求解方法，以评估设计问题和设计解，以便建立独立于其他学科的设计领域的科学体系和方法。”正如布鲁斯 · 阿彻（Brucce Archer）倡导将设计作为人文学

---

①（美）亨特・克劳瑟-海克，穿越歧路花园：司马贺传[M].黄军英、蔡荣海、任洪波等，译.武夷山，校.上海：上海科技教育出版社，2009.7-8.
②（美）亨特・克劳瑟-海克，穿越歧路花园：司马贺传[M].黄军英、蔡荣海、任洪波等，译.武夷山，校.上海：上海科技教育出版社，2009.9.
③（美）亨特・克劳瑟-海克，穿越歧路花园：司马贺传[M].黄军英、蔡荣海、任洪波等，译.武夷山，校.上海：上海科技教育出版社，2009.9.
④（美）亨特・克劳瑟-海克，穿越歧路花园：司马贺传[M].黄军英、蔡荣海、任洪波等，译.武夷山，校.上海：上海科技教育出版社，2009.10.

《人类理性与设计科学》，杨砾和徐立著

科中的独立学科分支一样，这一时期的研究者为 20 世纪 80 年代设计博士学位教育奠定了理论和实践基础。

20 世纪 60 年代的“设计方法运动”对设计的本体论假设是基于“设计的自然科学属性”，也就是采用自然科学范式来研究设计，并且创立了所谓的“设计的科学”，即“一门关于设计过程和设计思维的知识性、分析性、经验性、形式化、学术性的理论体系。”但是，第一代设计方法运动太过于简单化，还不成熟，思考的还不够谨慎，并且没有能力去面对和调节复合的真实世界。(Nigan Bayazit) 而赫伯特 · 西蒙的理论又正是处于第一代设计研究的反思与质疑的阶段，尽管西蒙仍然将设计作为一门科学来研究尚且值得商榷，但是他也对第一代设计研究的不足作了很多补充。

1.《人工科学》中的“广义设计”

对于“广义设计”，西蒙曾经在《人工科学》中为其下了一个极为宽泛的定义：“每个人，只要他设想行动方案，想以此把现状改变为自己称心如意的状况，他就是在进行设计……这种创造有形的人造物的智力行为与为病人开药方，为公司制定新的销售计划或者为国家制定社会福利政策的行为并无本质差别。”(1969) 而这与同时期的设计理论家维克多 · 帕帕耐克在《为真实的世界而设计》中给“设计”下的定义有些相似：“设计是为了达成有意义的秩序而进行的有意识的努力。”① 但是西蒙作为科学家，他所关心的与职业设计师是有区别的，他没有像维克多 · 帕帕耐克那样去追问设计与现实世界的关系，而是延续“科学研究的思维”研究人造世界背后的模式，并精心建构“设计科学”这一理论，以实现将知识转化行动的本身也成为一门学问。但是西蒙本人并未将自己的理论定义为“广义设计学”，将“设计科学”作为“广义设计学”引入国内的是杨砾和徐立的著作《人类理性与设计科学——人类设计技能探索》。

2.《人类理性与设计科学》中的“广义设计学”

杨砾和徐立的著作《人类理性与设计科学》，作为专门介绍西蒙的“设计科学”的学术专著，是基于控制论、运筹学、系统工程、科学学、科学哲学、创造性活动理论和现代决策理论的发展，设计研究从单一设计研究向广义设计研究的转变的背景下产生的。但是，该书中他们并没有将“广义设计学”与“设计艺术学”相对接，而主要是从“广义的设计研究”的角度，把“设计科学”界定为“新兴交叉科学”来阐述的。他们认为设计具有广大的活动领域：

① 1971，修订版修改为“设计是为了达成有意义的秩序而进行的有意识而又富于直觉的努力”，1984。

> 从广度上说，设计领域几乎涉及人类一切有目的的活动。从深度上看，设计领域里的任何活动，都离不开人的判断、直觉、思考、决策和创造性技能。①

但是如何给广义设计下一个定义成为了一个难题，通过分析了众多学者的表面不同，但是具有互补性质的观点之后，作者总结出一个共同点："设计是人们为满足一定需要，精心寻找和选择满意的备选方案的活动；这种活动在很大程度上是一种心智活动，问题求解活动，创新和发明活动。" 并且找出西蒙在 1972 年发表的"有限理性论"一文中的观点作为理论上的支撑："……设计所关心的，是发现和构造备选方案。"但是这只是一个宽泛的对设计的描述，算不上一个严密的定义，最终他们将视野聚焦在设计与学科、专业的关系上，来强调"广义设计"的重要性在于'设计'的含义并不受到学科或专业的限制，'广义设计'的'广义'用来将'设计'广延化。② 但问题是在两位作者心中的"广延化"是否有其"边界"呢? 除了解释"广义"之外，是否能对"广义设计学"予以澄清呢?

两位作者认为对于"广义设计"的定义，不同学者从不同角度，不同侧重点，自然会有不同的定义。对于定义的意义，他们认为要看其是否恰当明确指出了研究对象的某些本质属性，以及它是否便于进行有成果的探讨和研究。如果不实际地苛求"全面"，只好从中庸的角度说"设计 = 一切专业领域里的一切设计活动要素所有细节的总和。"从"设计主体"的角度看，这却是跟上面提到的他们的结论"设计并不受到学科或专业的限制"形成了矛盾，他们还是预设了设计作为一个专业，一种职业而存在，而这是否又与西蒙所说的"每个人，只要他设想行动方案，想以此把现状改变为自己称心如意的状况，他就是在进行设计"相矛盾呢？

所以说，尽管这一著作是将"人工科学"作为一个"广义设计"的概念引进到国内，但是却可以看出在几个主要概念转换之中语义已经发生了变化。西蒙开始提出的"任何为改进现有境况的活动进行规划的人都是在作设计"只是一个"广义设计观"③，但是从具体研究的操作层面上，西蒙对"设计学"的"广延化"体现在它没有按照设计实践中工程设计、平面设计、环境设计来分类，而是综合了自己在其他领域的研究核心形成一个封闭的理论循环。西蒙将一切人为的物体和组织都包罗进来，统称为对"研究人工物的设计科学"。但是西蒙关注的是"设计的科学"，他本人也没有非常明确地提出"广义设

---

① 杨砾，徐立，人类理性与设计科学：人类设计技能探索[M].沈阳：辽宁人民出版社，1988.11.

② 杨砾，徐立，人类理性与设计科学：人类设计技能探索[M].沈阳：辽宁人民出版社，1988.14.

③（美）维克多·马格林，设计问题[C].柳沙，张朵朵，译.北京：中国建筑工业出版社，2010 .1.

计学”是什么，与以往的设计学的区别又是什么。而杨砾和徐立也只是采用归纳法，从设计研究学者的研究论文中，推论出广义设计的一些本质特征，如设计与规划、设计与决策、设计与问题求解、设计与创造性思维、设计与科学等研究焦点，至于更具体的关于广义设计的概念还有待随着设计研究的发展而形成相对统一的概念。但是时至今日，尽管随着设计研究学派的发展，“设计研究”的概念变得相对明确，但是广义设计的概念仍然是模糊的和充满争论的。而可以确定的是，对于“广义设计”而言仅仅是一个相对的概念，只有与“狭义”的设计相比较才会存在，并不存在一个绝对意义上的，无所不包的“广义设计”。而设计作为人类的文化景观、文化活动势必随着人类活动的不断发展，不断进步而不断地被“广延化”，“广延化”的意义应该不在于追问设计最大范围的“终极逻辑”，而在于对现有的一些设计活动的“创造力障碍”或者“边界界定障碍”提供一种反省和修正。机械时代思想的奠基人笛卡尔曾经认为，一个概念的清晰性和与其他概念的区别是其真理性的内在特点，但是埃德加 · 莫兰在《复杂性思想导论》中却提出反对的观点，“最重要的事物的概念永远不是从它们的边界而是从它们的核心出发来确定的。”① 并且西蒙的学术生涯也正是对这一理念的最好诠释。

3.《人类理性与设计科学》中的“设计科学”与“设计研究”

对于“设计研究”与“广义设计”的关系，杨砾和徐立认为：设计研究是对广义设计的任务、结构、过程、行为、历史等方面所进行的研究。通过粗线条的总结西方近代设计研究的发展，和引介了布鲁斯 · 阿彻（Bruce Archer，1981）体系②，他们进一步对作为“广义设计研究”的“设计科学”进行了限定：“设计科学并不包含设计研究的全部，但是，它几乎涉及了设计研究的一切实质性的课题，包括设计哲理、设计技能、设计任务、设计方法和实际设计领域中某些问题的研究”，并将“设计研究”与“设计科学”进行了比较，建立起设计研究和设计科学的基本框架。③

通过这个框架的建立，杨砾和徐立认为，可以为广义的设计实践提供设计知识和参考依据。而这一理念无论是从设计实践还是设计研究发展历程的角度看，他们所建立的“科学模型”的作用被高估了。因为任何一个“科学模型”都是对事物的“合理简化”，也都是认知世界的角度之一。他们的“设计研究与设计科学”的模型是建立在西蒙的“设计的科学”和布鲁斯 · 阿彻的理论上的，其架构仍然是一个理性主义的产物，并没有把感性、艺术等因素包括在内。虽然我们

---

①（法）埃德加 · 莫兰，复杂性思想导论[M].陈一壮，译.上海：华东师范大学出版社，2008.74.

② Bruce Archer, A View of Nature of Design Research,1981.

③ 杨砾，徐立，人类理性与设计科学：人类设计技能探索[M].沈阳：辽宁人民出版社，1988.30.

不可否认“设计的科学”几乎涉及了设计研究的一些实质性的课题，但不能成为将其他研究途径和研究方式全部排除在外。正如尼根・巴亚兹教授所言：纵观整个设计研究的历史，设计方法学和设计科学是一个广泛而综合的问题，这需要额外的更加广阔的研究视角。

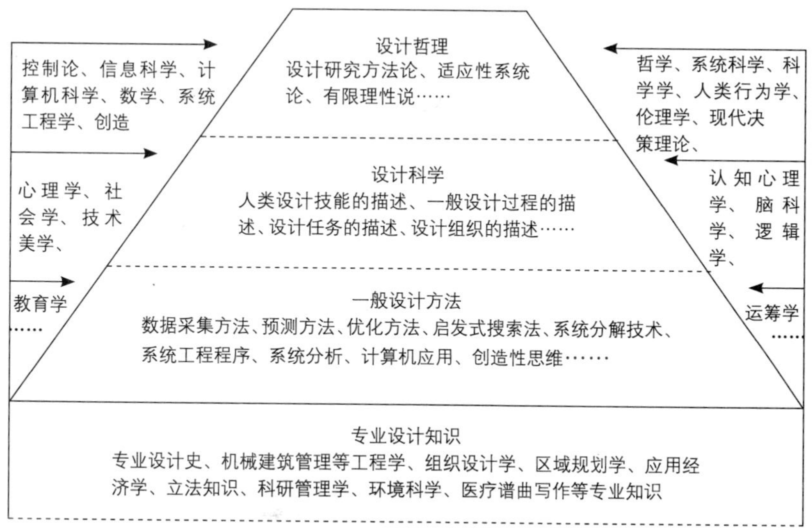

杨砾和徐立建构的“设计研究与设计科学”

小结

科学往往建立在共识与争论的基础上，在设计研究的历史上，很少有像西蒙提出的“设计的科学”这样被广泛的讨论、转引和质疑的。但是西蒙对整合的热情，对探求真理的态度往往是被研究者所忽略的。西蒙作为科学家，他的思维方式更多的是“理性的”而不是“经验性的”，是逻辑严密的“科学思维”而非直觉的“艺术思维”。在“科学一体化”的背景下，西蒙不但试图将社会科学变得更加“科学”，更是企图将“设计”上升为独立的一门学问，并且从自然科学的研究成果中提取“抽象成分”供设计人员小心的使用。（Nigel Cross,2001）尽管西蒙将设计提升为一门科学具有很大的进步意义，但是它并没有成为唯一的垄断性的范式。

西蒙作为跨领域的研究者，其研究都是从奠定概念开始，首先完成一些概念的假设，然后逐渐的修正和完善。故此值得注意的是，“设计的科学”作为一个抽象理论并不是来自于现实的“设计实践”和生活世界，而是来自于西蒙头脑中逻辑模型的推衍。西蒙在《人工科学》中综合了自己在多个领域研究的“交集”。作为“层级世界观”的拥护者，西蒙试图通过建构“设计的科学”将知识转化为行动本身也成为一门学问。于是当“设计的科学”与具体的设计活动，或者具体的设计学科，如设计学仍旧存在着一定的“隔阂”。这一理论在使用中必须经过具体诠释才能发挥作用，并且更重要的是基于这一理论的设计实践案例也是非常匮乏的。

尽管如此，西蒙所提出的“广义设计”等核心思想还是具有建设性的。虽然西蒙的理论基础是“还原论”而不是“整体论”，是“树状结构”而不是“网络结构”，是寻找隐藏在人为事物背后的“确定性”、“秩序性”和“简单性”而不是拥抱“不确定性”、“无序性”和“复杂性”。但是，随着人们对“复杂性”认知的深入，西蒙自身也意识到向“网络世界”转变是未来的发展趋势。因而无论设计理论如何继续发展，我们始终不得不承认“简单性”的神话对科学认识仍是异常有效的，而西蒙以往的研究也仍然是有效的，关键在于鉴别适用的对象、阶段、范围等 “边界条件”。正如埃德加 · 莫兰所说“简单性是必要的，但是它应该被相对化。这就是说我接受意识到它本身是还原的还原，而不是自认为拥有隐藏在事物的表面的多样性和复杂性后面的简单的真理的自大的还原。”①

第二节 “广义设计科学方法学”视野下的广义设计学

随着设计问题的日益复杂化，随着科学方法论的变革，传统的设计方法在很多复杂问题上很难解决设计难题，一种新的设计方法的研究也呼之欲出。“广义设计科学方法学”不但回应了西蒙所提出的“广义设计”，并且是国内学者原创性的、自发性的对设计研究的一种探索。在 20 世纪 60 年代到 70 年代，西方的设计研究发展也经历了“设计方法运动”，那么“广义设计科学方法学”与“设计方法”又有什么不同？与西蒙提出的“设计的科学”又是何种关系？它又是否能够回应西方学者对“设计方法”的反思？这需要从历史的角度对其有一个整体的认识。

一、“广义设计科学方法学”的理论背景

1. 设计研究的发展

尽管我国的设计研究起步较晚，设计研究作为一种独立的学科（学科群）是在 1984 年才正式提出②，但是对广义设计的研究，事实上在 1981 年《人工科学》译介到中国之前，很多学者就已经开始注意对“广义设计方法”的研究。1987 年，由戚昌兹主编的《广义设计科学方法学》中还将西蒙对广义设计的定义在“广义设计的本质与模式”一节作为重要文献引证。“广义设计科学方法学”正是我国学者在概括与抽象了其他学科普遍适用于广义设计领域的精髓，加以完善和发展的设计研究体系。

同西蒙的“设计科学”一样，戚昌滋提出的“广义设计法”同样

---

①（法）埃德加 · 莫兰，复杂性思想导论[M].陈一壮，译.上海：华东师范大学出版社，2008.111.

② 杨砾，徐立，人类理性与设计科学：人类设计技能探索[M].沈阳：辽宁人民出版社，1988.27.

是在交叉学科的视野下提出的，后者更强调了其“硬学科与软学科的交叉”，并认为这种研究方式是十分必要的。从历史上看，设计方法经历了：直觉设计阶段、经验设计阶段、中间实验辅助设计阶段、广义设计科学方法学阶段的四个阶段。[①] 随着计算机技术、数学方法和一系列复杂性理论（系统论、信息论、突变论、智能论、模糊论）向各个方向的渗透，设计工程吸取了当代科学的成果，并且逐渐形成了研究“广义设计科学方法学”的“现代设计学”。尽管这一研究始于机械设计领域，但是 1983 年初随着“机械”这一冠词的去除，意味着现代科学方法学应用于广泛设计领域和广义设计科学方法学的诞生。当然，这是现代设计发展的必然产物，现代科学的发展也为其奠定了研究的基础。

与西蒙的“设计的科学”不同的是“广义设计科学方法学”的提出是一种群策群力的成果，西蒙在《人工科学》中将经济学、思维心理学、设计科学、管理学、复杂性研究等领域贯穿起来，而在《广义设计科学方法学》中，戚昌兹等编者是将几个国家的设计方法学派和当时盛行的一些“复杂性思想”组织在一个逻辑的框架内。基于西蒙对“广义设计”的定义，戚昌兹把设计理解为平衡人类对物质文明和精神需求的“杠杆”和人类满足自身需求的方式。戚昌兹认为，应该利用当代的设计科学方法论，研究广义设计科学方法学，他认为具体有几个方面：

1. 现代科学的整体化与交叉性
2. 现代科学的数学化与知识的抽象化
3. 科学方法论的变革
4. 人们的物质与精神需求日益增长[②]

可见与《人工科学》相似的是“广义设计科学方法学”作为国内学者的设计研究成果同样是对传统设计方法难以应对新的、复杂的设计问题所作出的努力，以及从自身的角度对转变中的社会思想的一种回应。

2. 戚昌滋的学术背景

戚昌滋（1933.12-），1954 年毕业于山东工学院机床专业，曾经从事报纸记者、航空工业专科学校教师和第二汽车制造厂技术人员。1978 年后在北京建工学院从事教学工作，并致力于研究现代设计科学；1983 年筹备组建中国广义设计科学方法学研究会至今。[③]

由于“广义设计科学方法学”涉及多学科交叉，涉及多个领域，戚昌滋发表了多篇论文作为对“现代设计法”研究的阶段性成果：《广

① 戚昌滋，现代广义设计科学方法学[M].北京：中国建筑工业出版社，1987.71.
② 戚昌滋，现代广义设计科学方法学[M].北京：中国建筑工业出版社，1987.78－83.
③ 中国社会团体大全 会长主席、理事长秘书长传略卷[Z]. 第一册，黄汉江出版，北京：中国国际广播出版社，1995.

义设计科学方法学及其产生的渊源》(中国机械工程 1984/06),《创造性是现代设计的基石》(机械设计 1985/03),《创造性能力与科学方法论》(中国机械工程 1985/03),《智能论方法是现代设计的核心》(机械设计 1985/02),《机械工程现代设计法》(中国机械工程 1986/04),《从联邦德国设计方法学到中国现代设计法》(中国机械工程 1987/01),并且于 1985 年在中国建筑工业出版社出版了《实用创造学与方法论》和《现代设计法》作为研究的初期成果。

3. 研究平台:中国建设机械现代设计法研究协会

为了加速建设机械的开发工作,普及现代设计方法,1984 年在四川省成都市成立了"中国建设机械现代设计法研究协会"。协会重点开展建设机械机构、结构、传动与液压系统方面现代设计方法的理论与实践研究工作,诸如设计学、相似理论设计法、逻辑设计法、动态分析技术、可靠性设计、有限元设计、优化设计与计算机辅助设计等。[①] 该协会在第一届年会上,便提出了要出版《现代设计法》并不定期出版"现代设计法丛刊",并任命戚昌滋协会的秘书长,随后《工程设计智能论方法学》(戚昌兹、张钦楠,1987)、《机械现代设计方法学》(戚昌兹,1987)、《对应论方法学》(戚昌兹、徐挺,1988)、《创造性方法学》(戚昌兹、侯传绪,1987)等深化研究的相关著作。

二、"广义设计科学方法学"的主要理论

1."广义设计科学方法学"的概念

"广义设计科学方法学"发源于机械设计科学,戚昌滋认为:

《现代广义设计科学方法学》,戚昌滋编著

> 通过传统经验的吸取、现代科学的运用、方法学的指导与方法学的实现,解决各种疑难问题,设计真善美的系统或事物,这门学问就称作"现代广义设计科学方法学",简称"现代设计法"或广义设计学,它,是跨学科、跨专业纵横渗透移植的综合性、定量性、多元性交叉学科。它揭示了现代设计科学的特征、属性、理论、规律、程式、途径、方法与法规,集中外古代、近代与现代科学方法论、方法学之精髓于己身,使人类最重要的设计活动——广义设计,产生了质的飞跃,从偶然的、经验的、感性的、静态的与手工式的传统设计,上升为必然的、优化的、理性的、动态的与计算机化的现代广义设计。[②]

2."广义设计科学方法学"与一般"设计方法论"的区别

尽管广义设计科学方法学借鉴、吸取了其他设计法的精华,但是又和一般设计方法研究只针对设计过程的方法研究有着根本的不

① 戚昌滋,现代广义设计科学方法学[M].北京:中国建筑工业出版社,1983.6.
② 戚昌滋,现代广义设计科学方法学[M].北京:中国建筑工业出版社,1987.3.

同。戚昌兹认为，广义设计科学方法学的基本特征上具有辩证性（哲学特征）、规律性（客观性与普遍性）、可接受性（非神秘化）和内在联系性。[①] 与当时设计科学研究的三个设计方法学派相比，中国广义设计科学方法学综合了“联邦德国设计方法学”的规范性、“英美设计方法学”的创造性、“前苏联设计方法学”的稳健变革性和中国哲理的系统性。但是与西蒙所拥护的“层级系统”不同的是，广义设计科学方法是将设计按照功能拆分为各个元素，通过建立元素之间的关联和优化达到整体的优化。

戚昌兹还认为，与传统的设计方法相比，传统的狭义设计是偶然的、经验的、感性的、静态的、手工式的；而现代广义设计是必然的、优化的、理性的、动态的、计算机化的，通过这些区别，可以管窥同样戚昌兹和西蒙对待传统、设计和科学的态度很多地方是不尽相同的。

3.“广义设计科学方法学”与其他学科的关系

设计作为交叉学科，总是从其他学科吸收养分，而戚昌兹认为“广义设计科学方法学”同样概括与抽象了其他学科普遍适用于广义设计领域的精髓，并加以完善、补充与发展，可见它是具有动态性和开放性的。从学科独立性的角度看，各个学科既是彼此独立的，又是相互连接；从学科交叉性的角度看，“广义设计科学方法学”一直保持了“兼容性”与“开放性”的态度，反对“一论”或“三论”而是欢迎一切有助于“现代广义设计”的任何“论”。总体而言，“广义设计科学方法学”体现了潜科学与显学科的结合，硬学科和软学科的结合。[②]

三、“科学方法学”视野中的“广义设计学”

1. 何为“广义设计”

（1）“广义设计”的定义

对于“广义设计”的定义，在《现代设计法》中曾经多次提及，作为“现代设计法”的理论基础，“广义设计科学方法学”并非建立在具体门类的设计基础之上。戚昌兹认为，“我们所指的不仅仅是一般工程技术与产品开发的设计，而且包括社会硬件与软件的设计……广义的设计概念，应该是指创制任何事物的一种活动过程，也包括思维过程。”[③]

对于广义设计的定义，戚昌兹认为：“这种有目的的意识活动就是广义的设计。”[④] 当然，这也是很多学者对广义设计的理解，例如学者荆雷所言，从名词角度理解，“设计最广泛最基本的意义是计划乃至设计”，“所谓广义设计，即心怀一定的目的，并以其实现为目标而建立的方案……它几乎涵盖了人类有史以来一切文明创

① 戚昌滋，现代广义设计科学方法学[M].北京：中国建筑工业出版社，1987.88－92.
② 戚昌滋，现代广义设计科学方法学[M].北京：中国建筑工业出版社，1987.77.
③ 戚昌滋，现代广义设计科学方法学[M].北京：中国建筑工业出版社，1987.69.
④ 戚昌滋，现代广义设计科学方法学[M].北京：中国建筑工业出版社，1987.41.

造活动，其中它所蕴含着的构思和创造性行为过程，也成为现代设计概念的灵魂。”①

（2）“广义设计”的本质

对于广义设计的本质，“广义设计科学方法学”吸纳了西蒙关于“人为事物”的观点。“设计是通过主观对客观的适应而创造人为事物的科学……设计是一种有目的的意识活动，其目的是创造人为事物，其活动必须适之于环境，这就是设计的本质。”② 另一本质特征是“实践性”的观点，他认为“人类的设计意识活动遵循着从实践中来，到实践中取得认识论规律，也是设计最基本的特征。”③

（3）“广义设计”的模式

自19世纪以来，很多学者基于“线性思维”提出了基于问题解决的“设计流程模式”，在“广义设计科学方法学”的框架下，戚昌兹提出了“广义设计”的模式应该是周期性的。鉴于“广义设计”是人类解决问题的主要活动之一，所以它也符合波普尔的解决问题的模式：

$$P_1 \rightarrow TS \rightarrow EE \rightarrow P_2$$

戚昌兹认为，“波普尔的这种解决问题的模式已经应用于许多领域，其中最重要的贡献是圆满的解释了‘科学知识发展学说’和‘人类进化论’。用这种模式也成功的解释了‘宏观艺术成就’。当然，广义设计是人类解决问题的主要活动方式之一，所以它也符合波普尔解决问题的模式。”④ “广义设计科学方法学”是被戚昌兹作为设计科学的一个分支来理解的。⑤ 当然，尽管这一模式直接借用了科学哲学，但是应用在设计中，却体现出了设计的“阶段性”、“周期性”和“试错性”。并且，从广大背景中看待设计的“试错性”和“周期性”至今已是一个公认的事实，设计需要被放置到具体的地域环境和社会生活运作中“试错”并“纠错”。这就需要把设计的成果作为从复杂系统的一个环节来理解，更需要从“环形思维”的角度对“网状结构”中的关系性进行思考，而并非仅仅关注于实体和局部。

从解决问题的视野来看待“广义设计”，还可以说明其目标，戚昌兹认为，“设计在目前可看作一种技术活动（狭义），或实践活动（广义），设计方法的目标不是探究、理解，而是解决面临的问题。”⑥ 那么围绕问题的提出和解决就可以将“广义设计科学方法学”对于设计的定义和设计方法的目标连成一体。但进一步的问题是“问题解决”仍然是一个“宏大概念”，“工具理性”和“计算理性”也只是其中的一个阐释角度而已：西蒙是通过简化问题，通过建模分析来获得“满意解”，而“广义设计科学方法学”同样是通过建立模型获得“整体优化”。

---

① 荆雷，设计概论[M].石家庄：河北美术出版社，1997.1.
② 戚昌滋，现代广义设计科学方法学[M].北京：中国建筑工业出版社，1987.42.
③ 戚昌滋，现代广义设计科学方法学[M].北京：中国建筑工业出版社，1987.51.
④ 戚昌滋，现代广义设计科学方法学[M].北京：中国建筑工业出版社，1987.52-53.
⑤ 戚昌滋，现代广义设计科学方法学[M].北京：中国建筑工业出版社，1987.15.
⑥ 戚昌滋，现代广义设计科学方法学[M].北京：中国建筑工业出版社，1987.64.

2. 对“广义设计学”的定义与理解：

正如西蒙的“设计的科学”是对“广义设计学”的具体诠释，戚昌兹的“广义设计科学方法学”同样是对“广义设计学”的具体诠释而不是全部。戚昌兹也称“广义设计科学方法学”是设计科学的一个分支，具体而言，“广义设计科学方法学是广义设计与分析的科学方法论的总称，是现代科学与方法论在广义设计领域的运用，是设想与实现之间的科学纽带与桥梁，是广义设计的概念、法则、规律、途径、方法、程式与法规，是多元、广角、横向的交叉学科，是各类现代科学方法精华在广义设计领域的远缘繁殖与优生结晶。”① 并且，从研究的对象上看，它们都是对“广义设计”的研究，都可以列入“设计研究”的范畴。

3.“广义化”的原因与意义

“广义设计科学方法学”对“广义设计”的理解，与杨砾和徐立对“广义设计”的理解的相同之处是，将“广义”理解为对设计的“广延化”。但是，对于为何“广延化”，在《现代广义设计科学方法学》一书中，戚昌兹作了更深入的解释。②

（1）基于对“复杂性”的认知

“广义化是科学综合性、交叉性的必然结果。”随着“复杂性”这一概念的认识，“社会科学和自然科学的复杂性，引起了综合解题和交叉解题的必然性。这种综合与交叉又导致了科学、技术、概念、方法、名词的广义化。”名词的广义化，说明了只有跨行业、跨学科才能解决一项工程问题的必然趋势。而事实上，正如伯恩哈德 ·E· 布尔德克所言，自 20 世纪 80 年代以来对设计所采用的开放性描述非常必要，因为由统一的（因而在意识形态上是僵硬的）设计概念统掌一切的时代可能已经过去了。在后现代的语境下，概念和描述的多样性并不代表后现代的随便，而是代表一种必要的、可建立的多元理论。③

（2）基于客观世界是永远变化、动态发展的

戚昌兹认为，由于缺乏设计，造成了人、生、地不协调，这些不协调的根本原因是缺乏对复杂的因果关系的成因的认识。但事实上“天、地、生这三门大科学的一个共同特点是，可以把自然界当作一个时、空、能、质的统一体来研究。”这样通过整合多学科的综合研究与设计，这些问题就可以迎刃而解。④ 并且这种拒绝简单的因果联系的思维在很多领域得到应用，设计思考所要面对的将是“不确定性”，将是“应需而变”。

（3）基于“大科学观”

基于“大科学观”这一概念，可以把科学技术视为一个整体，视

① 戚昌滋，现代广义设计科学方法学[M].北京：中国建筑工业出版社，1987.69.
② 戚昌滋，现代广义设计科学方法学[M].北京：中国建筑工业出版社，1987.21－30.
③ 伯恩哈德·E·布尔德克，产品设计：历史、理论与实务[M].胡飞，译.北京：中国建筑工业出版社，2007.15.
④ 戚昌滋，现代广义设计科学方法学[M].北京：中国建筑工业出版社，1987.22－25.

为一种不可忽视的社会现象，并着眼于科学的社会功能。而这种科学的一体化发展趋势，正是建立在“广义化”的基础之上的，只有“广义化”才会导致“大科学”。[①] 这一理念似乎与后来提出的“大经济”、“大工程”、“大美术”、“大建筑”、“大工业设计”等同出一辙，更为极端的是在 1968 年时任奥地利《BAU》杂志主编的前卫建筑师汉斯·霍莱茵（Hans Hollein）曾经以一篇名为《一切皆为建筑》的论文震惊了国际建筑界。[②] 但值得注意的是，“广义化”所突出的应该是整体性和整合性，它的前提是应该清晰地看到不能在“广义”和“大”的名义下将自己列为万物的中心，它应该尊重其他领域的多样性和丰富性，应该意识到单一学科的局限性，并且从不同角度来综合解决问题。

（4）基于“人类的广义化记忆机制”

基于“人类的广义化记忆机制”，可以将记忆的广义化定义为：“信息量的储存。”受到西蒙的“信息加工理论”的影响，戚昌兹认为，通过研究广义化的记忆机制的符号化，这种记忆才能更好地传递、转换，并促进社会的有序化过程。[③] 他甚至认为，要研究事物的本质与共性，“只有把那些不以人的意志、情绪为转移的原理概念提炼出来，才能更广泛的、更深入的发展它、移植它……”。但是这种建立在“客观主义科学观”的概念将“知识”也打上“客观主义”的烙印。尽管采用这一方式可以提炼出逻辑上条理清晰的、客观的“知识系统”，但是在实际的设计实践中，尤其是面对难以明确的问题，设计行为并不是直接而简单的“传递知识”，信息与记忆也不能成为设计技术的“工具箱”，更不是简单的信息“输入”与“输出”。在复杂的设计问题面前，很少有现成的，完全契合的“知识”与“难题”。

（5）基于交叉学科式教育

戚昌兹认为高等院校应该开设综合性课程和广义化课程。当下这种师资结构单一性、微观性、对交叉学科认识的不足，对多渠道的、灵活自如的解决实际工程问题，对认知世界的复杂性都是不利的。这对于培养具有发散性思维的创造性人才和视野广阔、具有全局意识的综合性人才都具有重要意义。[④] 但是令人沮丧的是正如滕守尧在《非物质社会》一书的序言中所讲，交叉学科的研究正处在一种“雷声大，雨点小”的状态，因为“要人们抛弃现成的和方便的思考环境、打破学科之间的边界，去面对实践和理论中提出来大量来自不同的时间、空间和文化中的问题，是极其不容易的。”[⑤] 但是在现实中，设计行业需要的是除了具备自身专业之外，还要有跨领域沟通能力和知识广博的“综合型人才”，并且这一需求在“创意时代”已经成为了重要的核心竞争力。但是，在现实的教育中仍然缺少回应。

---

① 戚昌滋，现代广义设计科学方法学[M].北京：中国建筑工业出版社，1987.25.
② 隈研吾，新建筑入门[M].范一琦，译.北京：中信出版社，2011.2.
③ 戚昌滋，现代广义设计科学方法学[M].北京：中国建筑工业出版社，1987.29.
④ 戚昌滋，现代广义设计科学方法学[M].北京：中国建筑工业出版社，1987.29.
⑤（法）马克·第亚尼，非物质社会[M].滕守尧，译.成都：四川人民出版社，2004.2.

小结

"广义设计科学方法学"是从科学方法学的角度对"广义设计学"的一种理论建构。这一思想除了借鉴了国际上的设计方法论的研究成果，还吸收了复杂性思想（如老三论：系统论、信息论、控制论；新三轮：突变论、智能论、模糊论等）。通过对这些思想和方法论的再建构，使其呈现出系统性和整体性的特征，以达到系统设计的最优化的目标。

这一以机械设计为发端，并试图扩展到各个"广义设计"领域的理论在国内的设计学界，尤其是工程机械设计领域引起了较大的反响。尽管学界对"设计方法论"的有效性本身还存有很多的质疑，尤其是经历了19世纪60年代的设计方法论运动之后，人们对设计方法论本身的认知仍在不断的变化着，但是"广义设计科学方法学"仍然具有一定的理论意义和现实意义。

以相关的研究论文和著作来看，尽管论文作者的学术背景都是以工程师和理工科学者为主，"广义设计科学方法学"对设计"广义化"的实践也缺少相应的实例，但是设计方法论仍然是设计实践和设计教育不可回避的问题。通过方法论才可能将设计成为"可传授的、可学习的、因而是可沟通的。直至今天这项方法学对教学上一成不变的重要性在于，通过它培养了学生逻辑化和系统化的思考能力。"① 并且方法论研究的水平直接代表了一个学科的成熟和先进程度，设计学作为一个学科的存在，就要有基本的假设、概念、理论、方法和工具。而且孤立的、零散的求知行为并不能构成设计研究，只有遵循特定的认识论与方法论的体系化过程才能被认可为学术化的设计研究行为。所以，真正的问题是我们应该如何学会批判地继承和发展，而不是从字面上片面的否定或简单的批评，只有通过质疑与探讨才能获得更立体的认识。

第三节 质疑与探讨：广义设计学的再认识

正如戚昌兹所言"新理论和新方法的涌现只是限制旧理论、旧方法的应用范围,促进了旧方法的改革。"② "广义设计学"作为一种对"广义设计"的研究,势必面对"边界限制"与"适用范围"的问题。当然，世界上并不存在一种可以解决一切问题的理论，也不存在可以"包罗万象"的理论，我们不能以一种单一的模式去定义每一个的设计过程，但是这并不妨碍从最基本的层面对"广义设计"进行研究。维克多・马格林认为设计作为一个跨学科、跨方法论的学科，设计讨论范畴的扩

---

①（德）伯恩哈德・E・布尔德克，产品设计：历史、理论与实务[M].胡飞，译.北京：中国建筑工业出版社，2007.190.

② 戚昌滋，现代广义设计科学方法学[M].北京：中国建筑工业出版社，1987.13.

大化并不会削弱设计的专业性，也不会使原本就复杂的问题更加的模糊不清，这种研究不但会使设计的本质变得更加的清晰，并且能够提高大众对设计的理解。① 对于“广义设计学”，不论是赞同与发展，还是质疑与批评，都使得我们从多样的角度更深刻地去认知、反思、修正与实践。

一、以西蒙的《人工科学》为基础的研究

随着中国的现代化进程，中国社会由传统农业社会和手工业社会向现代工业社会转变，而这种文化与社会的变革势必引发了中国设计由“图案学”、“工艺美术”、“艺术设计学”到“设计学”的正名与建设转变。20 世纪 90 年代，随着“设计艺术学”的正名与学科建设，西蒙的《人工科学》再次成为学者们探讨的热点。在“设计的科学”这一研究范式下涌现了一批学术专著和论文，从“广义的、综合的”角度来探讨设计。尽管“人工科学”这一概念是西蒙综合了他在管理学、认知心理学、人工智能的核心问题逐渐地建构起来的，思考问题的方式也比较强调逻辑的严密性，但是从该研究的后续影响来看②，西蒙的“人工科学”不仅在“理工类”领域得到回应和重视，还在其他“非理工类”同样产生了一定的影响。而对于国内的设计学的理论建设，西蒙的《人工科学》更是在技术美学、设计科学、设计方法论、设计语义学、机械工程等领域均产生了较大的影响。

1. 在技术美学方面的影响

《理性与感性世界的对话：科技美学》，徐恒醇著

天津社科院的徐恒醇研究员在《理性与感性世界的对话：科技美学》③ 中引用了西蒙的“有限理性说”和“人工物”的概念和一些结论。文中引述了设计技能研究中一种对偶处理模型理论：在求解设计问题时，设计者所运用的思维模式是分析串行思维和整体式综合思维的组合。但是鉴于设计推理的局限性，引入了西蒙的有限理性说，表明设计解只能是满意解。对于设计与科学的关系，文中认为设计与科学发明不同，发明是发现科学原理而设计是应用科学原理，设计活动并非与未知的科学技术打交道。并且文中反复强调了综合的重要性，即“设计是不同技术和文化的综合……谁的综合能力强，谁就能在产品设计上出奇制胜。”

在《理性与感性世界的对话：科技美学》中，徐恒醇引入了一种

---

①（美）理查德・布坎楠、维克多・马格林，发现设计：设计研究探讨[M].周丹丹，刘存，译.浙江：江苏美术出版社，2010.2.

② 从中国知网CNKI中录入的论文统计，以《人工科学》为参考的研究论文从1979年到2011年共497篇，其中理工类共发表文献141篇，其他非理工类共发表论文389篇。理工类包括：数学、物理、力学、天文学、地理学、生物学、化学、化工、冶金、环境、矿业、机电、航空、交通、水利、建筑、能源；其他的类别包括：农业、医药卫生、文史哲、政治、军事、法律、教育与社会科学综合、电子技术及信息科学、经济与管理。

③ 徐恒醇，理性与感性世界的对话——科技美学[M].西安：陕西人民教育出版社，1997.244-248.

广义的文化概念：

> 文化是在物质和精神生产领域进行创造性活动方式的总和。整个社会文化的发展就是一种自然的人化的过程，它表现为外在自然的人化和内在自然的人化，即人的教化。设计作为推动物质文化发展的手段，正处在这种外化过程和内化过程的不断反馈的交叉点上。

通过建立“设计文化”的概念，徐恒醇认为“设计活动是通过文化对自然物的人工组合。它总是以一定的文化形态为中介。”作为与迪尔诺特提出的“设计是一种社会－文化活动”[①]这一理论的回应，徐恒醇将设计放置到文化的背景中考察，设计理论就不仅仅局限于专业科学知识，还包括政治的、经济的、社会的、历史的、文化的、教育的、生态的、心理的学科内容相关。[②]而意大利学者马瑞佐·维塔(Maurizio Vitta)也认为“我们不能脱离社会理论去建构任何设计理论。”

此外，徐恒醇还区分了“工程设计”与“工业设计”的区别：“工程设计”处理的是“物与物”之间关系，而“工业设计”处理的是“人与物”之间关系。通过引用西蒙关于“人工物可以看成是‘内部’环境（人工物自身的物质和组织）和‘外部’环境（人工物的工作环境）的接合点。”从而推导出产品设计的内涵应该从自然科学技术扩大到人文社会科学和审美文化的领域。并且提出了随着工程设计与工业设计的发展，两者的整合可以为产品一体化打下基础，也只有这样才能把产品的结构、造型、生产工艺和市场开拓作为一个整体来思考。作为国内学者对“广义设计”和“整合设计”的探索，这些理论至今仍然是具有理论价值和现实意义的。如卡耐基·梅隆大学一直在致力于整合新产品开发设计，从而将工程师与设计师在团队合作中更加尊重对方的能力，更加有效的沟通下，更加平衡团队的整体关系，使不同专业背景的团队人员更加有效的合作。他们还提出了以用户为中心的一体化新产品开发（iNPD），将设计、工程和市场调研等不同领域的力量综合为一体化的手段。[③]

2. 在设计基础理论方面的影响

清华大学的李砚祖教授将《人工科学》作为艺术设计学的重要理论来引用并在此基础上建构出自己的设计艺术学框架。在《设计艺术学研究的对象及范围》[④]一文中，他接受了西蒙关于“人工物”和“设计科学”的定义，由杨砾和徐立转引的关于“广义设计学”的定义以

---

① 迪尔诺特，超越“科学”和“反科学”的设计哲理[M].1981.
② 略巴赫，有利于市民取向的设计理论[M].德国：德国设计丛书出版社，1976.
③（美）Jonathan Cagan ,Craig M.Vogel，创造突破性产品：从产品策略到项目定案的创新[M].辛向阳、潘龙，译.北京：机械工业出版社，2004.129-131.
④ 李砚祖，设计艺术学研究的对象及范围[J].北京：清华大学学报，2003, 18,（5）：69-80.

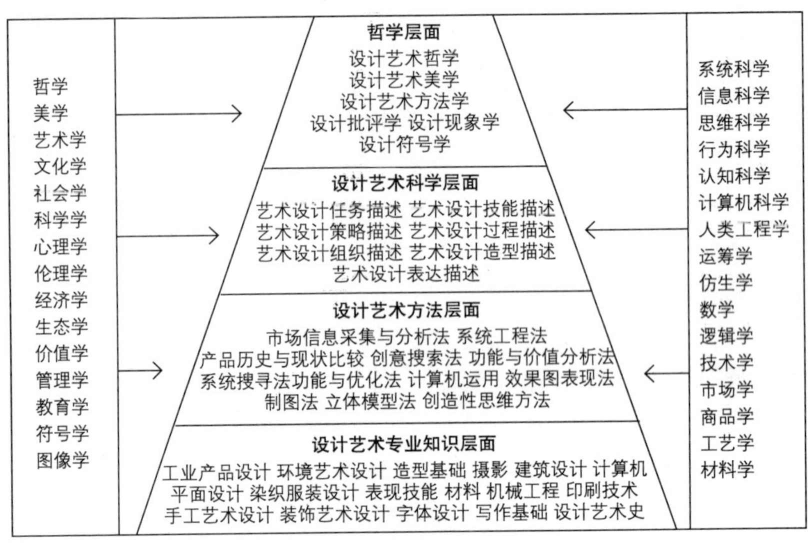

设计艺术学系统关系图，李砚祖

及“阿克体系”，同时还参考了杨砾和徐立建立的“设计研究与设计科学”的研究框架并积极的探索“大设计理论”。青年学者祝帅在《艺术设计视野中的“人工科学”——以赫伯特 · 西蒙在中国设计学界的主要反响为中心》① 一文中认为李砚祖并不注意区分“工程设计”与“工业设计”的区别，而将以《人工科学》为理论源头的“感性工学”推介给中国艺术设计界。在《设计新理念——感性工学》② 中，李砚祖将西蒙的《人工科学》视为“现代设计学学科成熟的标志，并为工程学的发展提供了新的路径和新的思考方向。这也成为‘感性工学’的理论基础和出发点。”而在祝帅看来，“感性工学”这一理论源自工程学自身发展的需求，并且只是在工程设计内部展开的，尚且处于理论阶段，并未对艺术设计实践和设计研究方法造成实质性的冲击。

《非物质社会：后工业世界的设计、文化与技术》，滕守尧主编

在滕守尧主编的《美学、设计、艺术教育丛书》中收录了法国学者马克 · 第亚尼编著的关于“广义设计”的设计研究论文集《非物质社会：后工业世界的设计、文化与技术》。书中的第八章《设计科学：创造人造物的科学》正是《人工科学》的第五章，集中地论述了“设计的科学”的概念。在译者前言中，滕守尧在介绍“设计的科学”的基本理论之后，着重发挥了西蒙在《设计在精神生活中的作用》的有关论述，并从艺术设计和“艺术化生活”的角度加以深入阐释。滕守尧认为“艺术与设计是息息相通的”，“唯一的办法是加强双方的沟通”，因为“双方卷入人的活动，其实都是性质相同的创造活动”。而祝帅认为，一方面西蒙新加入的“设计在精神活动中的作用”这一小节由

① 祝帅，艺术设计视野中的“人工科学”——以赫伯特 · 西蒙在中国设计学界的主要反响为中心[J].设计艺术，2008，（1）：15-17.
② 李砚祖，设计新理念——感性工学[J].新美术，2003，（4）：20-25.

于超出了作者的学术范围，面对非理性、情感等因素，在西蒙的“广义设计”理论中很难得到很好的诠释并成为其理论上的缺憾；另一方面，滕守尧对西蒙新加入的一节似乎有些“过度诠释”，而事实上在西蒙的原著中，对于精神世界的论述和设计科学的论述并非是平等的地位，并且“艺术”与“设计科学”的“沟通”也并不成功。[①] 尽管设计作为一门学科仍然缺乏必要的理论基础，并且还不能与一些成熟的学科进行平等的对话。而西蒙的“设计的科学”这一理论由于只是从逻辑上证明了“广义设计”可以作为一个独立的学科，但是对具体的设计实践、设计教育至今仍然缺乏可操作性的对接。

《事理学论纲》，柳冠中编著

3. 在设计方法论方面的影响

在设计方法方面，《人工科学》曾经提出了“设计模型”、“设计问题”、“设计逻辑”、“资源分配”和“层级结构”等观点。清华大学的柳冠中教授对《人工科学》提出的设计方法作出了理论上的新发展。在《事理学论纲》中，柳冠中接受了西蒙关于“广义设计”的定义，并推导出“元设计”的概念，把设计归结为“人类有目的的创造性活动。”[②] 他将“元设计”理解为设计的最本质意义和设计活动的本源。在《事理学论纲》中，柳冠中借鉴了西蒙关于“人为事物”和“人工科学”的理论，并借鉴了姜云的《事物论》，通过辨析“事”与“物”的辩证关系，建构出了

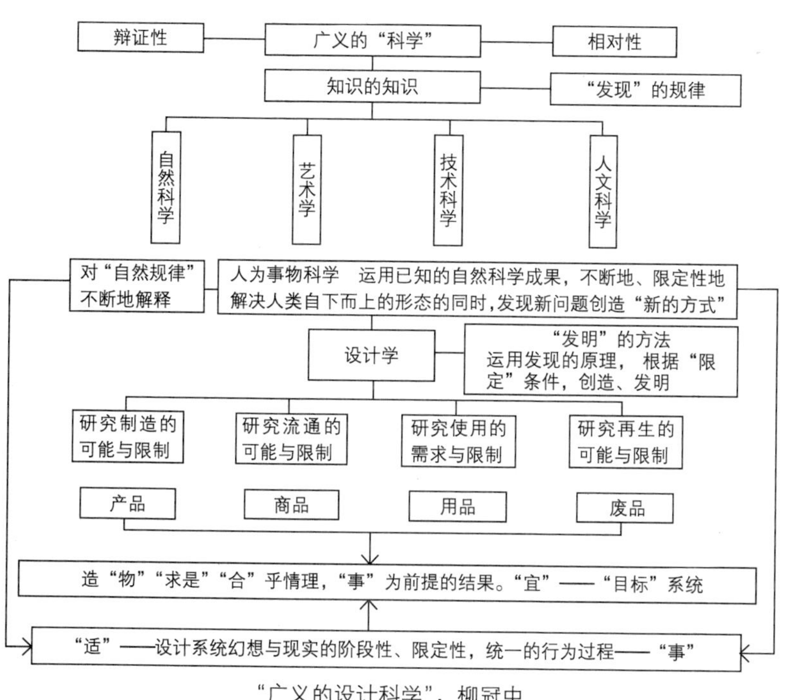

“广义的设计科学”，柳冠中

① 祝帅，艺术设计视野中的“人工科学”——以赫伯特·西蒙在中国设计学界的主要反响为中心[J].设计艺术，2008，（1）：15-17.
② 柳冠中，事理学论纲[M].长沙：中南大学出版社，2006.3.

事理学的理论基础，将设计定义为“创造人为事物的学问”。[①]

对于设计的本体与科学和艺术的关系问题，柳冠中转引了西蒙的观点，认为“设计是独立于科学与技术的第三类知识体系”。同时，《事理学论纲》还引述了杨砾和徐立关于“设计科学”的定义：设计科学“是从人类设计技能这一根源出发，研究和描述真实设计过程的性质和特点，从而建立一套普遍适用的设计理论”，并且柳冠中还进一步对其进行了完善和发展，他认为：

《中国古代设计：事理学系列研究》，柳冠中主编

> 自然科学融入技术，研究“物”与“物”之间的关系；人文社会科学研究人、人与自身、人与群体的关系；设计研究的是人与物的关系。在这种意义上，设计横跨了科学技术与人文社会两大领域。无论历史上还是未来，设计都是，也应该是综合的学科设计……“研究与实践”就应该进入“体系化”阶段。设计研究是设计的科学、设计实践是科学的设计，两者相互促进，同步发展。[②]

此外，在《事理学论纲》中，柳冠中还接受了西蒙的“有限理性说”和“满意解”等概念。通过“事理学”研究，柳冠中试图使西蒙“人工科学”这一理论更加的严密和完善，也使其与设计实践和设计艺术学建立起一种实质性的关系。在2007年，柳冠中作为主编，将弟子的博士论文集结出版了《中国古代设计——事理学系列研究》，以此作为对“事理学”研究的进一步探索。该书从“金、木、水、火、土”五行入手，从古代造物设计文化和思维方式的角度对事理学的理论进行了验证和发展。

4. 在设计语义学方面的影响

设计语义学作为设计学与语义学的交叉研究，在国内尚处在起步阶段，相关研究的论文也比较少，2001年湖北美术出版社出版了学者舒湘鄂的著作《设计语义学》（Design Semantics）是这方面首部较为系统的研究著作。舒湘鄂认为，设计语义学，是“用一种新的观点关注设计的意义，解释设计语言的内涵与外延，解释设计语汇的含义，以及设计形态符号化的准确意义。”书中在“设计学科的共生观”一节中，为了强调设计学科是建立在“自然科学和人文科学的联络网上”和设计学科的界限正在互渗这一概念，舒湘鄂引述了西蒙的“设计的科学”来作为论据。进而在此基础上，舒湘鄂将设计语义学作为“从设计形态入手，把语义学引入设计学科中，揭示设计形态的意义，是设计科学的基础理论之一”。[③] 但是从今天的角度而言，这里将“设计语义学”作为“设计科学”的基础理论之一，

《设计语义学》，舒湘鄂著

① 柳冠中，事理学论纲[M].长沙：中南大学出版社，2006.6–8.
② 柳冠中，事理学论纲[M].长沙：中南大学出版社，2006.13.
③ 舒湘鄂，设计语义学[M].武汉：湖北美术出版社，2006.27.

其中的“设计科学”已经超出了西蒙的“设计科学”，而是一种通过多学科交叉的“设计研究”。

在“设计学”一节中，同样引述了西蒙的《人工科学》（另译为《关于人为事物的科学》）中关于“广义设计”和“设计科学”的概念。还有杨砾和徐立关于“广义设计”的定义。而最终，他认为“我们不能把设计学科纳入一种线性的专业学科的范畴之内……”① 因为设计学科是多维的，设计与其他学科是交叉的，它们彼此之间并不存在生硬的界线。

对设计的本质问题，从“设计的表达和理解”的角度而言，舒湘鄂认为：

> 把设计作为问题的求解活动更为科学，它揭示设计的本质，并把设计活动的意义更深刻化。至于设计作为现代美学范畴或次艺术领域以及设计不属于艺术范畴之争，是现象问题之争，并不是本质问题。设计本质就是直接的合目的性，是揭示事物本质的方法论，是通过外观和表现形式，表达事物运动意义的活动。②

但值得注意的是这一推论是基于认知心理学和人工智能对于“语义丰富域”（或“信息丰富域”）问题的研究，那么“设计作为问题求解活动”只是设计的本质特征之一，并不具有唯一性和排他性，设计具备的科学属性与设计的艺术属性也并非是二元对立的关系。在现实的设计实践中，并非一定要将“设计问题简化为简单问题，将复杂问题定义为清晰问题”才能进一步展开设计。随着系统思想的发展，如“软系统方法”、“干预性系统思维”等都为设计方法提供了更多的方法论选择。

5. 在机械工程方面的影响

在机械工程方面，西蒙的“设计的科学”同样得到了研究者的回应，很多研究都接受了西蒙关于“适应性”、“层及系统”、“设计问题模型”、“对偶处理模型”、“信息模型”等。中南大学制冷与空调研究所的丁力行、叶金元的论文《暖通空调计算机辅助广义设计模式探讨》（2003）在研究人类设计技能模型的基础上，建立暖通空调广义设计过程模式，并提出暖通空调广义设计过程及其 CAD 系统的信息模型，并以此为基础建立了暖通空调广义 CAD 系统的框架。中南大学交通运输工程学院的郭卉、彭梦珑、丁力行的论文《广义设计与工程创新及其在高等工程教育中的应用》（2006）将广义设计与工程创新相结合，并讨论和分析工程创新教育的改革。由于在《人工科学》中，西蒙的视角是以工程师的设计问题为出发点的，因而在机械工程领域中，西蒙的很多理论体现出

① 舒湘鄂，设计语义学[M].武汉：湖北美术出版社，2006.40.
② 舒湘鄂，设计语义学[M].武汉：湖北美术出版社，2006.184.

唐纳德 ·A· 舍恩（Donald A .Schön）

《反映的实践者：专业工作者如何在行动中思考》，唐纳德 ·A· 舍恩

了更好的“契合”性。

二、对西蒙的“设计的科学”的质疑与探索

对于西蒙在《人工科学》中提出的“设计”本体论和认识论的假设，很多学者提出了不同的观点。比较典型的讨论，如唐纳德 ·A· 舍恩（Donald A .Schön）在《反映的实践者——专业工作者如何在行动中思考》[①] 中对“人工科学”的“技术合理性”提出了质疑；马克 · 第亚尼（Marco Diani）在《非物质社会》[②] 中对“设计是否是一门科学”提出了质疑；维克多 · 马格林（Victor Margolin）在《两个赫伯特》[③] 中用赫伯特 · 马尔库塞（Herbert Marcuse）“单向度的思维和行为模式”来质疑西蒙对设计实践和设计理论的理解是具有矛盾性的。经历了工业时代“工具理性”和“技术理性”的阴影，在这些反思声中，设计研究者们正在将设计研究不断地推向更新一代的研究范式。

1. 唐纳德 ·A· 舍恩眼中的《人工科学》

曾经任教于哈佛大学教育学院和麻省理工大学都市研究与规划学系的唐纳德 ·A· 舍恩教授在《反映的实践者：专业工作者如何在行动中思考》一书中对《人工科学》的技术合理性提出了挑战。舍恩回到了西蒙对“广义设计”的界定的逻辑起点：“设计是改善现存状态到较好的状态”的过程，而这在西蒙眼里是所有专业实践的核心，但是偏偏是旧式学校所不教授的。所有的“旧式学校的失职是因为”这些技能是“软性的、直觉的、非正式的及按谱操作的”，究其原因是没有找到这样一门“设计的科学”。而西蒙想做的是将那些已经在统计决策理论及管理科学中得到发展的最佳方法应用在“设计的科学”中，并超越这些方法乃至进一步扩展它们。并且，这样可以将设计问题转换为“良好形成问题”（a well-formed problem）。舍恩尖锐地指出，“良好形成的问题”不是既定的，而是从乱七八糟的问题情景中建构出来的。尽管西蒙的动机是通过建立一门“设计的科学”将有关人类问题解决的理论与其他职业生涯中碰到的问题联系起来，尽管西蒙也将设计界定为“不良结构问题”（ill-strutured problems），但是西蒙的“设计的科学”仍然要依赖“良好形成的工具性问题”作为起点来展开工作，仍然只能应用于那些已从实践情景中建构好的问题上。[④]

作为杜威“实践哲学”的研究者，舍恩还反思了“设计的科学”背后的专业知识模式。他认为西蒙同沙因、格莱泽一样，都不能解决如何在设计中面对“科技理性”的局限性，都不能解决面对“严谨与适切”

① （美）唐纳德·A·舍恩，反映的实践者[M].夏林清，译.北京：教育科学出版社，2007.
② （法）马克·第亚尼，非物质社会[M].滕守尧，译.成都：四川人民出版社，2004.
③ （美）维克多·马格林，人造世界的策略：设计与设计研究论文集[C].金晓雯，熊嫕，译.浙江：江苏美术出版社，2009.279-287.
④ （美）唐纳德·A·舍恩，反映的实践者[M].夏林清，译.北京：教育科学出版社，2007.38.

的两难困境。① 但这是自文艺复兴以来，西方文化一直被困扰于一个概念上的冲突。冲突的一方是追求统一及标准的理念，另一方则是设计训练本身的多样性。② 而舍恩认为，他们的专业知识模式仍属于“实证主义认识论”范畴，正如理查德 · 伯恩斯坦（Richard Bernstein）所说，“分析综合的二分法这一原始公式，以及意义的检验标准，已经被抛弃了。实证主义者对自然科学及正式学科的理解，已被有效证明是过于粗略化的……这里已经有了理性的共识，即初始实证主义者对科学、知识与意义的理解是不充分的。”③

舍恩自己提出了“实践认识论”和“反映实践”的方法。舍恩还引用了“人文主义科学家”迈克尔 · 波兰尼关于“隐性知识”的观点，他认为“我们的认识存在于行动之中。同样，专业的日常工作则依赖于内隐的行动中认识（knowing-in-action）……行动中反映的整个过程可称为一项‘艺术’，借此实践者有时能处理好不确定性、不稳定性、独特性与价值冲突的情景。” 而舍恩所做的正是将设计从西蒙建构的“逻辑空间”拉回了“真实的实践”。

马克 · 第亚尼（Marco Diani）

《非物质社会：后工业世界的设计、文化与技术》，马克 · 第亚尼（Marco Diani）编著

2. 马克 · 第亚尼眼中的《人工科学》

“非物质设计”的倡导者法国学者马克 · 第亚尼在其编著的《非物质社会：后工业世界的设计、文化与技术》一书中，对西蒙所谓的“设计的科学”提出了质疑，“设计是科学吗？是否应该有一种可以称为设计的科学？”他强调“西蒙教授以一种自相矛盾的方式对设计的解释：‘如果自然科学关心的是事物本然的样子’，‘设计关心的就是事物应该是什么样子。’看起来科学和设计之间的确是有区别的。事实上，从西蒙列举的一系列特征中都能直接看出，他指的就是一种‘有关人造物的设计科学’，即‘一系列经得住思想上的推敲的、分析性的，部分是形式性的、部分是经验性的有关设计过程的可教的教条。’”④

对于西蒙提出的“人为事物”的观点，马克 · 第亚尼引用汤因比的观点对设计领域中的“功能性”和“物质性”作出了重新的评估。“人类将无生命的和未知的物质转化成工具，并给予它们以未加工的物质从未有的功能和样式。功能和样式是非物质性的：正式通过物质，它们才被创造成非物质的。”⑤ 很明显，西蒙的理论是通过严密的逻辑完成了“人造物”的“物质性”的一方面，而忽视了“非物质性”的维度，因而这一框架是具有缺陷的。而在后工业设计中，设计领域越来越追求：“一种无目的性的、不可预料的和无法确定的抒情价值”和为种种“能引起诗意反应的物品”（Aessandro Mendini）而设计。

西蒙毕生都在推动“综合”，他试图通过“设计的科学”来整合“选

①（美）唐纳德 · A · 舍恩，反映的实践者[M].夏林清，译.北京：教育科学出版社，2007.39.
②（荷兰）伯纳德 · 卢本，设计与分析[M].林世星、薛皓东，译.天津：天津大学出版社，2003.
③（美）唐纳德 · A · 舍恩，反映的实践者[M].夏林清，译.北京：教育科学出版社，2007.39.
④（法）马克 · 第亚尼，非物质社会[M].滕守尧，译.成都：四川人民出版社，2004.6.
⑤（法）马克 · 第亚尼，非物质社会[M].滕守尧，译.成都：四川人民出版社，2004.9.

维克多 · 马格林（Victor Margolin）

《人造世界的策略：设计与设计研究论文集》，维克多 · 马格林主编

择科学”和“控制科学”。马克 · 第亚尼则立足于文化发展的角度指出，在后工业时代整个社会的文化将从一个“讲究良好的形式和功能的文化”走向一个“非物质的和多元再现的文化”，“这种文化被恰当的说成是严密的逻辑原则的衰败，其特征是相反的和矛盾的现象总是同时呈现。”① 设计也将从“工业时代”走向“后工业时代”，即使是缔造了工业文明的科学和技术的合法性也遭到科学家的诘问，面对“两种文化”（科学文化和文学文化）需要新的思考。而“设计……似乎可以变成过去各自单方面发展的科学技术和人文文化之间一个基本的和必要链条或第三要素。”② 而说到底，设计应该是一门技艺而并非是一门科学。

3. 维克多 · 马格林眼中的《人工科学》

美国设计理论家维克多 · 马格林从西蒙《人工科学》一书成书的背景入手，敏锐地发现了西蒙并不系统的理论体系的基础与其个人兴趣的关系。在《两个赫伯特》一文中维克多 · 马格林发现尽管《人工科学》中的理论被很多人转述，但是却忽视了该书是西蒙在美国最优秀的理工科院校之一的麻省理工学院的讲座的基础上完成的。“他从工程师群体的社会认可度层面，定义设计科学这一新兴的标准体系。”在思考方式上，西蒙出于对“逻辑缜密”的偏爱，试图通过逻辑引导出解决问题的有效方法，甚至认为这一原则是“设计科学”的基石。并且，西蒙反对将经验或判断作为设计的依据，因为经验或判断无法用工程师能够理解的语言表达。③ 在具体操作上，西蒙的兴趣在于用数字驱动程序作为决策策略的基础，他重方法而不重结果。

西蒙对“广义设计”的定义（“每个人都是设计师，只要他们所作各种努力的意图是改变生活状况，使之变得更加完美”）同样遭到了维克多 · 马格林的质疑。他认为：“这一定义促使研究活动形成某种导向，即更加关注设计过程中目标模型的创造，而不是发展一种批评性的实践理论。”④ 并且“设计科学”一词，还将很多今天的设计研究和设计活动排斥在外。“试图依据科学措辞来进行设计实践的做法，只会形成一个严谨的逻辑概念的行为体系，这反而会成为设计作为一门学科的合理性探讨的最大障碍。”⑤

面对设计知识与实践的关系，维克多 · 马格林更倾向于一个开放的设计行为概念，这样才能不去过分关注于论证设计专业的领域内知识的独立性，而是一种多样性的阐释，它将使设计这一学科无论在

① （法）马克 · 第亚尼，非物质社会 [M].滕守尧，译.成都：四川人民出版社，2004.13.
② （法）马克 · 第亚尼，非物质社会[M].滕守尧，译.成都：四川人民出版社，2004.8.
③ （美）维克多 · 马格林，人造世界的策略：设计与设计研究论文集[C].金晓雯，熊嫕，译.浙江：江苏美术出版社，2009.280.
④ （美）维克多 · 马格林，人造世界的策略：设计与设计研究论文集[C].金晓雯，熊嫕，译.浙江：江苏美术出版社，2009.280.
⑤ （美）维克多 · 马格林，人造世界的策略：设计与设计研究论文集[C].金晓雯，熊嫕，译.浙江：江苏美术出版社，2009.281.

实践层面还是理论层面都会得到更好的理解。①

赫伯特・马尔库塞（Herbert Marcuse）

尽管《人工科学》中将“设计的科学”和“自然科学”划分开来，但是西蒙还是将设计的方法自然化了，并将它们植入一套设计工作的技术框架之中。维克多・马格林认为西蒙的这种实践理念正是赫伯特・马尔库塞所批判的“技术理性”，这是一种“单一维度的思维和行为模式”。作为“社会设计”的倡导者，维克多・马格林认为设计原理的最基本的原则就是，“使设计如何在社会中运转及如何发挥作用的理论，而不仅仅是一套技术理论。”②

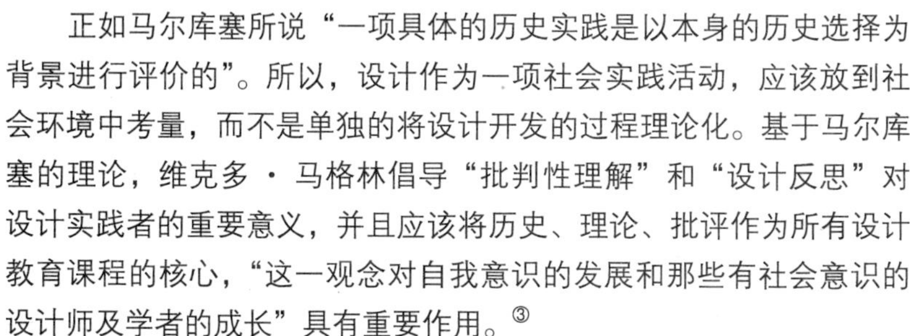

正如马尔库塞所说“一项具体的历史实践是以本身的历史选择为背景进行评价的”。所以，设计作为一项社会实践活动，应该放到社会环境中考量，而不是单独的将设计开发的过程理论化。基于马尔库塞的理论，维克多・马格林倡导“批判性理解”和“设计反思”对设计实践者的重要意义，并且应该将历史、理论、批评作为所有设计教育课程的核心，“这一观念对自我意识的发展和那些有社会意识的设计师及学者的成长”具有重要作用。③

此外，在《人造世界的策略》（The Politics of the Artificial）一文中维克多・马格林对《人工科学》中的“人造物”这一概念的逻辑起点表达了自己不同的理解，他认为“人造物质世界”和“人造世界”还是有区别的。

> 西蒙将自然科学定义为描述性的科学，关心的是事物本来的状态；而将人造物科学定义为规定性科学，关心的是事物应该以何种状态、如何实现人类目标。这两种科学的区别就在于“应该”，这表明了人类发明人造世界的目的是为了实现自己的目标，同时向自然表达相应的敬意。④

但问题是西蒙首先预设了“人造物品”与“自然”的二元对立，并将它们的划分开来。并且西蒙将“人造物”定义为一种“合成”，而将观察定义为一种“分析”，并预设了“分析”才是连接人与自然的方式的“合理性”。但是西蒙并没有怀疑“自然”的真实性，而维克多・马格林认为他不能接受西蒙所谓“自然”与“科学”追求真理时具有同样毫无争议的主张。他更提倡“精神”的重要性，通过“精神”可以避免“意义”与“现实”的缺陷，并将设计与他们连接起来。对于“物质”、“精神”与“设计”的关系，维克多・马格林认为：

①（美）维克多・马格林，人造世界的策略：设计与设计研究论文集[C].金晓雯，熊嫕，译.浙江：江苏美术出版社，2009.282.

②（美）维克多・马格林，人造世界的策略：设计与设计研究论文集[C].金晓雯，熊嫕，译.浙江：江苏美术出版社，2009.283.

③（美）维克多・马格林，人造世界的策略：设计与设计研究论文集[C].金晓雯，熊嫕，译.浙江：江苏美术出版社，2009.286.

④（美）维克多・马格林，人造世界的策略：设计与设计研究论文集[C].金晓雯，熊嫕，译.浙江：江苏美术出版社，2009.129.

> 强调精神，使得设计师与技术人员能够清楚地理解，设计是一种旨在造福社会的行为方式。设计应该与社会进步的过程联系起来，社会进步是精神进步的物质表现……最重要的是，对精神的强调，能使得人们面对广泛流传的文化虚无论时，行动更加自信、更加有力。①

面对今日更加复杂的“人为的、人造的”世界，要比西蒙所描述的更加复杂，而面对不断增加的人造物所导致的“人性的丧失”，维克多 · 马格林认为只能予以回击。

三、广义设计科学方法学为基础的研究

从整体而言，“广义设计科学方法学”并未达到与西蒙的《人工科学》同样的影响力②，不论是引用数量和引文范围都还是集中于机械工程领域，如吴志新在《浅论广义设计学对设计工作的指导意义》(1991)中介绍了广义设计学的基本特征和与传统设计的关系，并提出了广义设计工作中应遵循的思维方式。尽管该理论认为其兼备“硬科学”与“软科学”的双重“关照”,也提出了设计不仅仅是设计“硬件”，还包括“软件”的观点与当下的设计思潮非常一致，但是却并未得到跨领域学者的回应。然而就艺术设计学科而言，在设计方法学领域对其还是有所关注的。

在“广义设计科学方法学”提出之后，很多设计专业的学者在其著述的设计方法学的著作中都介绍了广义设计科学方法学，如简召全、冯明、朱崇贤编的《工业设计方法学》(北京理工大学出版社，1993)，郑建启、李翔编著的《设计方法学》(清华大学出版社，2006)，郑建启、胡飞编著的《艺术设计方法学》(清华大学出版社，2009)。这些转述并没有作进一步的阐释，主要停留在概念的介绍和观点的引进上，尤其是对其“广义设计科学方法学”中“十一论”，是作为一种方法论来介绍的。

四、对“广义设计科学方法学”的反思与质疑

“广义设计科学方法学”将设计科学和科学方法论结合起来，尽管与传统设计方法相比具有辩证性、规律性、定量性、可接受性和内在联系性，但它仍然是建立在设计科学基础之上的设计科学方法论。在设计研究的历史上，可以划分为两个阶段，第一个阶段是 20 世纪 60 年代到 70 年代的“设计方法运动”(design methods movement)，始于巴克敏斯特 · 富勒 (Buckminster Fuller) 的《设计科学时代》，终

---

①（美）维克多・马格林，人造世界的策略：设计与设计研究论文集[C].金晓雯，熊嫕，译.浙江：江苏美术出版社，2009.142.

② 从CNKI中国知网录用的文献统计，理工类共281篇，其他非理工类110篇。并且在110篇文章中，48篇是来自电子技术与信息科学领域。

于赫伯特 · 西蒙的《人工科学》[①]；第二个阶段是 20 世纪 80 年代至今的现代“设计研究”(design research)。在设计方法论运动中更加强化了设计过程的“客观性”和“合理性”，但是进入到 20 世纪 70 年代，设计方法和设计的科学体系受到了来自各个方面的质疑。

克里斯托弗 · 亚历山大 (Christopher Alexander)

约翰 · 克里斯托弗 · 琼斯 (John Chris Jones)

作为设计方法运动的先驱者，克里斯托弗 · 亚历山大 (Christopher Alexander) 和约翰 · 克里斯托弗 · 琼斯 (John Chris Jones) 就在反思自身的基础上提出了新的观点。亚历山大认为“科学逻辑框架与设计过程的差异是根本性的和不可逾越的。”[②] 假如按照西蒙的层级系统，或者按照“广义设计科学方法学”中的“树状系统”思维，很多问题是不能很好地解决的。亚历山大在名为《城市不是一棵树》的演讲中反思到“城市不能，也不应当成为一个树形系统。城市是包容生活的容器，它能为其内在的复合交错的生活服务；但如果它是个树形系统，它就像一只边缘堆满了刀片的碗，会把任何进入其内部的事物割得粉碎——在这样容器中生活就会被割成碎片。”[③] 所以亚历山大首先提出了设计方法的无效性，他甚至感叹“我把自己从研究的领域中分离出来，也许并不存在什么设计方法，请忘记它吧。”[④]

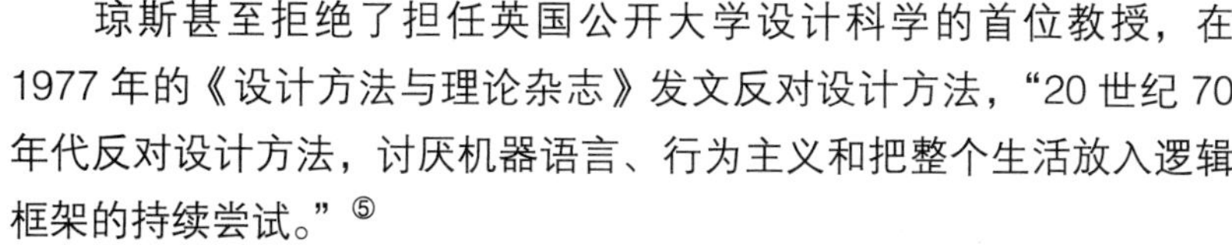

琼斯甚至拒绝了担任英国公开大学设计科学的首位教授，在 1977 年的《设计方法与理论杂志》发文反对设计方法，“20 世纪 70 年代反对设计方法，讨厌机器语言、行为主义和把整个生活放入逻辑框架的持续尝试。”[⑤]

这些质疑的根源来自于设计本体与自然科学本体之间是否存在差异，而很多学者认为设计问题其实是一些“不良结构问题”，而科学只能处理“良好形成的问题”，即设计问题的求解不但不能直接用“公式”计算，甚至连设计问题自身都是难以明确的。设计应该是一个“情景驱动”的过程，而不是知识提取和应用的过程，因此根本就不可能将设计纳入某种单一的知识逻辑框架。设计研究由此陷于空前的被动。

小结

随着设计研究的深入发展，设计的科学体系和设计方法在质疑声中继续发展着，尽管遭受到质疑，这并不意味着其理论的无效性。复杂性研究思潮的开拓者埃德加 · 莫兰 (Edgar Morin) 认为：“科学的

① Nigel Cross.Design Research:pasr,present and future.Design Research Quarterly,Vov.5,No.2,Sept.2006,p.19.
② 刘存，英美设计研究学派的兴起与发展[D].南京：南京艺术学院硕士论文，2009.17.
③ (英) 约翰 · 沙克拉，城市不是一棵树[A].设计：现代主义之后[C].卢杰、朱国勤，译. 上海：上海人民美术出版社，1995.66-92.
④ Designerly Ways of Knowing:Design Discipline Versus Design Science, Design Issues: Volume 17, Number 3 Summer 2001.
⑤ J.C.Johes.How My Thoughts about Design Methods have Changed During the Years.Design Methods and Theories: Journal of DMG and DRS,Vov.11,January-March 1977.1.

历史是由概念的迁移构成的。”在《复杂性思想导论》中他转述了数学家曼德勃罗（Mendelbrot）的观点：“伟大的发现都是概念从一个领域转移到另一个领域引起的差错结出的成果”。由此可见，在设计从传统设计走向现代设计的路途中，在很多研究者试图将科学中的概念，认识论，方法论迁移到设计之中的时候，同样会面对这样“差错”与“成果”的同在。

不论是“设计的科学”还是“广义设计科学方法学”，都是立足于广义设计的基础之上，在这个框架下，进行理论建构，进行“概念”迁移。尽管作为阶段性的研究成果，每个理论都有不严密之处，但是至少在“概念”迁移的尝试中，在对广义设计的研究中，避免了设计学科的自我封闭和自我窒息。并且在这种多元化的讨论中，对于“广义设计”这一概念本身也得到了更多维度的认知，对于设计的属性问题也有了进一步的认知。

本章小结

在设计无所不在的今天，设计作为各门知识的交叉地带，设计的边界越发的模糊并被不断地拓展，对于设计的研究也随之越发的丰富和完善。不论是从知识的角度，还是从实践的角度，设计的定义正在走向“开放性”和“广延化”，设计研究（Design Research）也越发趋于“综合化”和“广义化”。

尽管西蒙与戚昌兹对“广义设计学”有不同的界定，研究的切入点也各不相同，但相似的是两位学者都具有工程学院背景，二者都主要借用自然科学研究方法对“广义设计”进行研究。戚昌兹还引用了西蒙关于设计的定义和设计科学的定义作为其理论的基础。但值得注意的是，“设计的科学”和“广义设计科学方法学”的提出之时正面临着社会文化的转向——“复杂性思想”① 的兴起和学界对交叉学科的研究兴趣日益增强。尽管在“科学主义”② 的话语下，“设计的科学”和“广义设计科学方法学”都是引用自然科学的研究范式研究设计，但是随着“设计研究”的深入发展，“设计本体”与“自然科学本体”并不相同越来越得到人们的共识。而科学哲学③ 自身都未能回答科学自身发展的很多问题，因而科学哲学和科学方法对于设计理论而言并不具有“优先性”和“完备性”。而作为“科学的设计”也仅仅是设计的一个维度而已，设计的多面性在这一框架

---

① 复杂性和复杂性科学都没有统一的界定，有学者认为其特征是：它的研究方式是非还原论的；它不是一门具体的学科而是分散在许多学科中；它提倡学科相互联系和相互合作；它力图打破主宰世界的线性理论，抛弃还原论适用于所有科学的梦想；它要创立新的理论框架体系或范式，用新思维理解问题。（黄欣荣，《复杂性科学与哲学》，中央编译出版社，2007，第4页）但是西蒙对于复杂性有自己的理解。

② 科学主义是一种主张以自然科学技术为整个哲学的基础，并确信它能解决一切问题的哲学观点。盛行于现代西方，它把自然科学奉为哲学的标准，自觉或不自觉地把自然科学的方法论和研究成果简单地推论到社会生活中来。

③ 尤其是逻辑实证主义。

下并不能得到全面的阐释。可见，设计的特性不但没有被遮盖，反而促进了认知设计的步伐。

设计研究在西方学术界仍然没有好的模式，但是正如维克多 · 马格林所说，分散于多学科和领域中的研究论文必定仍要整合于一个设计研究的框架中。而广义设计学作为设计研究的一部分，尽管没有一个统一的范式，但是对于从“广义的”角度理解设计，这样一种“设计观”是很多学者普遍认同的一种价值取向。通过来自于不同领域的学者的探讨，目前也取得了以下的认同：“广义”作为一个相对概念，是将“设计”的定义“广延化”，它试图超越具体的、分科的设计实践，以更广泛的视野寻找设计问题的解决方法，以多学科的视野来探讨系统化的设计，以便将物质与非物质、理论知识与设计实践等被分割的因素予以整合。很多研究者的研究正是建立在这样的一种观念之上的。“广义设计观”作为世界观的一部分，已经成为设计实践者和设计研究者的价值取向和创作活动中的行为准则。

尽管很多学者对西蒙的《人工科学》有很多质疑，但是他们所赞同的是，就大学教学与科研而论，设计应该被“概念化”，并且应该包容多样化的研究视角，多元化的价值取向和多元化的探索体系。

与设计的“概念化”对应的还有“综合化”。当然，西蒙的“设计的科学”和戚昌兹的“广义设计科学方法学”都在致力于“综合化”，然而人们对“综合”的思想基础的认知又有了新的变化，正如亨特 · 克劳瑟 – 海克:《穿越歧路花园：司马贺传》中总结到的“最近几年对综合的新希望是网络概念而不是系统概念，是复杂性概念而不是科层概念，是灵活性而不是稳定性，是背景性知识而不是形式化知识。”所以，随着对“复杂性”思想的研究进展，我们需要对影响设计研究发展的科学认识论有一个新的考量，甚至要“回到原点再出发”。

参考文献

[1] （美）赫伯特 · A · 西蒙著 . 人工科学 [M] . 武夷山，译 . 北京：商务印书馆，1987.

[2] （美）赫伯特 · 西蒙著 . 人工科学：复杂性面面观 [M] . 武夷山译，上海：上海科技教育出版社，2004.

[3] （美）亨特 · 克劳瑟 – 海克，穿越歧路花园：司马贺传 [M] . 黄军英、蔡荣海、任洪波等，译 . 武夷山，校 . 上海：上海科技教育出版社，2009.

[4] 杨砾，徐立 . 人类理性与设计科学：人类设计技能探索 [M]，沈阳：辽宁人民出版社，1988.

[5] Nigan Bayazit.Investigating Design:A Review of Forty Years of Design Research.Design Issues,Vol.20,No.1,Winter 2004.

[6] L Rachae Luck.Design research:past present and future.Design Research

Quarterly,Vol.1,No.1,September 2006.
[7] Nigel Cross.Forty Years of Design research.Design Research Quarterly,Vol.1, No.2,December 2006.
[8] Nigel Cross.Design Research:pasr,present and future.Design Research Quarterly, Vov.5,No.2,Sept.2006.
[9] 赵江洪，设计和设计方法研究四十年［J］，装饰，2008，185（9）：44–47.
[10] 刘存，英美设计研究学派的兴起与发展［D］，南京：南京艺术学院硕士论文，2009.
[11]（法）马克·第亚尼，非物质设计：后工业世界的设计、文化与技术［M］．滕守尧，译．成都：四川人民出版社，2004.
[12]（美）维克多·马格林，人造世界的策略——设计与设计研究论文集［C］，金晓雯，熊嫕，译．南京：江苏美术出版社，2009.
[13]（美）维克多·马格林，设计问题［C］，柳沙、张朵朵，译．北京：中国建筑工业出版社，2010.
[14] 戚昌兹，现代广义设计科学方法学［M］，北京：中国建筑工业出版社，1987.
[15] 徐恒醇，理性与感性世界的对话：科技美学［M］，西安：陕西人民教育出版社，1997.
[16]（美）Jonathan Cagan ,Craig M.Vogel，创造突破性产品：从产品策略到项目定案的创新［M］，辛向阳、潘龙，译．北京：机械工业出版社，2004.
[17] 李砚祖，设计艺术学研究的对象及范围［J］，北京：清华大学学报，2003，（18），5：69–80.
[18] 李砚祖，设计新理念：感性工学［J］，新美术，2003（4）：20–25.
[19] 柳冠中，事理学论纲［M］，长沙：中南大学出版社，2006.
[20] 舒湘鄂，设计语义学［M］，武汉：湖北美术出版社，2006.
[21]（美）唐纳德·A·舍恩，反映的实践者[M]，夏林清，译．北京：教育科学出版社，2007.
[22]（德）伯恩哈德·E·布尔德克，产品设计：历史、理论与实务［M］，胡飞，译．北京：中国建筑工业出版社，2007.
[23]（法）埃德加·莫兰，复杂性思想导论［M］，陈一壮，译．上海：华东师范大学出版社，2008.
[24]（英）约翰·沙克拉编著，设计：现代主义之后［C］，卢杰、朱国勤，译．上海：上海人民美术出版社，1995.
[25]（日）隈研吾，新建筑入门［M］，范一琦，译．北京：中信出版社，2011.
[26] 祝帅，艺术设计视野中的“人工科学”——以赫伯特·西蒙在中国设计学界的主要反响为中心［J］，设计艺术，2008，（1）:15–17.

第二章　问题与线索：设计研究与科学发展的互动

我们对我们时代的主要问题研究的愈多，就愈加认识到这些问题不可以分立的去理解。它们是系统的问题，就是说他们相互联系，并且相互依存。

——卡普特（Capra,1996）

目前，思维的主要错误之一在于：当对象、内容已经发生了变化，并为思想的扩展创造或确定了前提的情况下，仍旧以不变的形式、范畴、概念等来思考。

——C.L.R. 詹姆斯《关于辩证法的笔记》

导言

不论是西蒙的“人工科学”(a science of design) 还是“广义设计科学方法学”都涉及了“设计”(design) 与“科学”(science) 的关系问题。早在 20 世纪 20 年代，荷兰风格派就试图将设计“科学化”[①]，但是到了 20 世纪 70 年代，设计的科学性质却开始遭到质疑。很多研究者质疑设计本体与自然科学本体是存在差异的，有些学者认为“设计不完全等同于科学，也不完全等同于艺术”。然而这样的回答似乎还是略显笼统，事实上，我们可以从“作为名词的设计”和“作为动词的设计”这两个角度进行深入的分析。[②] 我们还可以透过历史的视角回顾由“设计”与“科学”的不同关系为导向的不同探索体系。正如尼根 · 巴亚兹 (Nigan Bayazit) 教授所讲“设计研究历史中的设计方法学和设计科学是一个广泛而综合的问题，这需要另外的、更加广阔的研究。”[③] 而设计研究的复杂性正是在于它与设计一道，是随着社会文化不断动态发展的，在不同阶段，整个社会对科学的认知如何势必会形成一种新的“设计”与“科学”的关系。

假如我们借用肯尼斯 · 弗兰姆普敦(Kenneth Frampton)在《现代建筑：一部批判的历史》[④] 中的观点，是否可以这样理解：围绕“设计科学”与“设计方法学”所展开的讨论仅仅是探索设计的一种“声音”。同现代建筑的思想发展一样，这些“声音”同样可以说明现代设计作为一种文化探索的发展方式，某些历史观点在某一历史时刻可能失去其相关性，而后来在另一时刻又以更重要的价值意义重现。假如我们不是以单线进化论的角度来审视以往的设计思想，那么以往的研究历史就应该重新纳入我们的理论视野，如果想对“广义设计学”作出新的发展，我们必须对“设计”与“科学”的关系作一个全新的评估。

第一节 “名词性”问题：设计科学还是设计学科

西蒙提出的“设计的科学”与“设计科学”(design science) 这一概念在国内的很多研究中是不加区分的，但实质这二者所指的“设计”与“科学”的关系并不相同，简化的翻译势必会引起意义上的偏差和误读。那么，我们就非常有必要将这些

① Nigel Cross.Designerly Ways of Knowing:Design Discipline Versus Design Science[M]. Selected by Silvia Picazzaro,Amilton Arruda,and Dijon De Morales eds.London:The Design Council,2000:43–48.

② 当然，需要指出的是设计本身并不存在所谓的“名词性”和“动词性”，在这里将他们区分开来只是为了方便讨论罢了。

③ Nigan Bayazit.Investigating Design:A Review of Forty Years of DesignResearch.Design Issues, Vol.20,No.1,Winter 2004.

④ Modern Architecture: A Critical History.

不同的“设计”与“科学”的关系体系并置在一起，以区别它们背后的思想导向。

奈杰尔 · 克罗斯（Nigel Cross）

一、科学化设计（scientific design）、设计科学（design science）、设计的科学（a science of design）还是设计学科（design discipline）？

自西蒙提出“设计的科学”①以来，《人工科学》一书曾经引起了国内外学界的广泛关注。但是在讨论过程中，由于语言的局限性和“设计语义的模糊性”，很多语义并未很好地传达出“广义设计”的不同内涵，并导致了讨论过程中概念的混淆。英国公开大学奈杰尔 · 克罗斯（Nigel Cross）教授在《设计师式的认知方式：设计学科 VS 设计科学》②中通过史学方法回顾了“设计”——“科学”、“设计”——“学科”的关系问题。以下我们借助于这个研究框架，来进一步探讨“设计”与“科学”是如何在社会中随着“科学观”和“科学认识论”的演变而不断的转化的。

维克多 · 马格林认为“尽管克罗斯的文章借鉴了西蒙的观点，但是他并不赞同西蒙的‘设计的科学’这一概念。克罗斯认为，西蒙对‘设计的科学’的定义与自己对这‘设计科学’的定义是有区别的。西蒙的定义是从自然科学提取知识以供设计师使用的谨慎尝试；而克罗斯的定义为通过‘科学’的调查方法（例如系统的、可靠地方法）来增加我们对设计的理解。克罗斯明确地指出他反对将‘设计的科学’和‘设计科学’混为一谈。”③

奈杰尔 · 克罗斯教授认为，“设计”与“科学”的关系像是一种循环的轮回，在不同阶段有不同的关注点：20 世纪 20 年代关心的是“设计产品”的科学性，20 世纪 60 年代关心的是“设计过程”的科学性。而这两个阶段的共同点是，当时的社会文化对科学的认知是相同的，即科学的价值主要体现在“客观性”与“合理性”，而这也构成了该阶段设计研究的逻辑起点和基本预设。

早在 20 世纪 20 年代，西方设计就意识到设计应该是具有“知识性的”和“科学化的”。试图将设计“客观化”与“科学化”的理念可以追溯到荷兰风格派（De Stijl），风格派主张艺术和设计都需要客观化、系统化。现代主义的旗手勒 · 柯布西耶延续了笛卡尔的思想将建筑称为“居住的机器”。而将设计“知识化”、“科学化”是始于 1962 年，伦敦设计方法论大会，在会议中更加地强化了设计过程的“客观性”与“合理性”。

① science of design，或称人工科学The Sciences of the Artificial.

② Nigel Cross.Designerly Ways of Knowing:Design Discipline Versus Design Science, Design Issues: Volume 17, Number 3 Summer 2001.

③（美）维克多 · 马格林，人造世界的策略：设计与设计研究论文集[C].金晓雯、熊嫕，译.南京：江苏美术出版社，2009.286.

为了进一步说明“设计”与“科学”的关系，我们将延续克罗斯的研究框架，并予以进一步的讨论，即“科学化设计”(scientific design)、“设计科学”(design science)、“设计的科学”(a science of design) 和设计学科 (design discipline) 的关系究竟为何?

二、“科学化设计”现代设计的转折点

“科学化设计”是目前较无争议的一种说法，奈杰尔 · 克罗斯认为“科学化的方法”(scientific methods) 是设计方法的起点，它是一种类似于 “决策理论和一种可操作性的研究”。“科学化设计”使得科学转化成有形之物 (design makes science visible)。并且这种方法是一种建立在科学知识的应用之上并混合了直觉的、非理性的设计方法，它将“前工业、手工艺设计”与“现代设计”区分开来。[①] 需要补充说明的是，“现代”一词应该是时间意义上的概念，而不是“现代主义”的风格概念。正如美国大卫 · 瑞兹曼教授所认为的，从历史的角度而言，“现代设计”是 19 世纪劳动力分工和机械化大生产不断加速发展的结果。[②] 19 世纪中叶以来，随着资本主义的生产方式不断成熟，科学技术迅猛发展彻底地改变了人类的生活方式和思维模式，设计与科学的结合也更加的紧密。随着“科学化设计”的发展，到了 20 世纪设计已经逐渐地成为一门独立的应用学科。

对于“设计”与“科学”的关系，清华大学的包林教授将设计看作一个“开放性系统”，他认为“设计与科技”——“生产体系”之间的关系可以用布克利 (W.Bucley) 的“开放性系统对环境的适应性”这一理论来解释，即它“能够吸收各种异质因素来协助系统调整自身行为，以利于系统再适应外界环境变化”。[③] 包林还认为，从 20 世纪初起，设计是随着科技、经济和艺术等知识门类的语言规则变化而不断的调整自己的生存状态的。[④] 故此，“科学化设计”所表达的是“通过科学更好的理解设计”，“科学”主要体现在建立“科学的知识体系”和应用“科学的设计方法”，但是它并不排除设计中直觉、经验等“非科学”的设计应有的成分。

在“非物质设计”和后现代文化的视野中，科学在设计中的应用是具有反思性的，而不是直接嫁接到设计中的。科学的“客观性”与“合理性”也是有条件的，有限度的，作为构成设计问题诸多因素的“合力”之一，并不能构成设计决策的唯一标准。日本的幕张公园正是这样一个“技术误入歧途”的典型案例。从技术的角度讲幕张公园是一

① Nigel Cross.Designerly Ways of Knowing:Design Discipline Versus Design Science, Design Issues: Volume 17, Number 3. Summer 2001，p.52.

② (美) 大卫 · 瑞兹曼，现代设计史 [M].王栩宇，译.北京：中国人民大学出版社，2007.8.

③ 包林，当代技术体系与工业设计的调节能力[A].艺术与科学国际研讨会论文集[C].武汉：湖北美术出版社，2002.22–25.

④ 包林，设计的视野：关于设计在大的知识门类之间的位置与状况 [M].石家庄：河北美术出版社，2003.1.

个壮丽庄严的优美环境，该设计中大量的使用了计算机，所有建筑都按照成熟的技术建造并放在规划好的位置上。“幕张成为了一个符号，象征着经济财富、政治威望、20 世纪晚期的技术，甚至是建筑学的阳刚之气。由于比较新，它是否太有秩序，太精于设计，太过压抑？”幕张令人感受到电影《大都会》中暗淡而压抑的场景，甚至被嘲笑为“一个西方城区模式的整洁翻版”，参观者被一种“冷峻空间”所包围，没有任何知觉、幽默、智慧或者杂草。①

巴克明斯特 · 富勒(Buckminster Fuller)

三、“设计科学”：富勒的技术理性视角

奈杰尔 · 克罗斯将 20 世纪 60 年代称为“设计科学的十年”(design science decade)，而最早提出“设计科学”的是巴克明斯特 · 富勒 (Buckminster Fuller)。巴克明斯特 · 富勒是一位“文艺复兴式的人物”和“设计科学家”。富勒接受过海军专业训练，从海军退役后并没有受过专业设计教育，却是获得美国建筑师协会最高奖 AIA 金奖的“非注册建筑师”，而且是极富创见的未来学家、工业设计师、数学家、作家、教育家和哲学家。富勒的“设计科学”建立在科学、技术和理性的基础之上去解决人类的环境问题。他的全部创作都源于“设计科学”思想，其目标是将人类的发展需求与全球的资源、发展中的科技水平结合在一起，用最高效的手段解决最多的问题。②富勒相信科学和理性，他相信“总有一种根本的秩序在起作用”，并坚信通过政治和经济的方式无益于问题的解决，也成为他的局限所在。

尽管在 1960 年，雷纳尔 · 班汉姆 (Reyner Banham) 在其著作《第一机器时代的理论与设计》(Theory and Design in the First Machine Age) 中这样描述富勒与柯布西耶之间的对立：

> 勒 · 柯布西耶代表了一种保守的前卫形式主义，将技术进步融入西方建筑的历史躯壳，并通过建筑形式的转换象征性地对这些进步作出解读；而富勒与此相反，他大胆地直接运用新技术，抛弃了所有历史或形式的既成概念，因此也就能毫不畏惧地迈入超越建筑本身局限的全新领域。对班汉姆及其六十年代的追随者来说，这一对立的政治意味也非常清楚：勒 · 柯布西耶代表了自我公开的“秩序回归”，而富勒探寻的则是如何彻底改造社会，以更好地维护个人自由。③

雷纳尔 · 班汉姆甚至认为柯布西耶与富勒的不同在于，选择“建筑”还是选择“革命”。当然，富勒选择了“革命”，在富勒眼里所

① (美) 阿诺德 · 柏林特，环境与艺术：环境美学的多维视角[C].刘悦笛，译.重庆：重庆出版社，2007.195.

② (美) 赖德霖，富勒，设计科学及其他[J].世界建筑，1998, (1)：60-63.

③ Sean Keller，全球前景：理查德 · 巴克明斯特 · 富勒留下来的财富[J].杜可柯，译.2008.11.

1967年蒙特利尔世博会美国馆

有人们习惯的建筑概念几乎都随风而逝了。"富勒把建筑看作某种应用性的技术——这是一种能够通过能量、数学、理性等加以表述的普遍性规则的安排。他心目中的原型就是他在造船厂和飞机制造厂的经验。"[①] 但是富勒过度理性、过度"与技术同行"的方式也导致了其作品遭受到使用者的批评和不满，这也证明了雷纳尔·班汉姆在某些问题上的判断错误。1933年富勒推出的戴马克松汽车由于将水上交通工具的方式"嫁接到"陆地上，最终只生产了3件样品而草草收场。"戴马克松住宅机器"由于金属材质的销量不好，渐渐被人们淡忘。使富勒声名鹊起的网格球顶建筑也慢慢的遭到人们的质疑，尽管网格球顶具有高能效，但是建立在数理模型基础上的结构缺乏人性的关怀感，很多空间难以使用，开门奇怪，还存在屋顶漏水等很多问题。而这种忽略了建筑设计的重力、天气、人体等基本因素的设计，宣告了富勒作为设计师是失败的。[②]

但是，富勒作为西方环境保护与可持续发展的先驱者，对环境保护等人类问题的关切和探索是不可磨灭的。富勒热衷于以科学的精神来研究设计，尽管他同赫伯特·西蒙一样，也是在自己既有的知识结构中寻找解决问题的策略，显得有些"闭门造车"，但是他的一些思想还是相当具有前瞻性的。富勒在《地球号太空船操作手册》(Operating Manual for Spaceship Earth)中表达了"少费而多用"(more with less)的生态设计理念，这也成为了富勒的创作思想和行动的支柱，对今日的设计实践仍然具有很大的意义。该原则还可以细分为如下：

> ①全面的思考；②预见可能的最好的未来；③以少得多；④试图改变环境，不是改变人类；⑤用行动解决问题。[③]

作为第一机械时代的设计师，《地球号太空船操作手册》中的技术过分扩大，政治和经济的因素被过分的忽视，也使其探讨问题的视野显得非常局限。

四、"设计的科学"：西蒙的"人工科学"

"设计科学"的十年被西蒙推上了最高潮，西蒙提出的"设计的科学"必然的包含了"设计科学"的发展。尽管西蒙提出的"设计的

---

①（德）汉诺-沃尔特·克鲁夫特，建筑理论史[M].王贵祥，译.北京：中国建筑工业出版社，2005.329.
② Sean Keller，全球前景：理查德·巴克明斯特·富勒留下来的财富[J].杜可柯，译.2008.11.
③ 倪丽君、吕爱民、Dymaxion，富勒生态设计思想的启示[J].华中建筑，2009.1（27）：48-52.

科学”与富勒提出的“设计科学”都是建立在科学、技术和理性的基础之上，但其具体内涵仍然是有根本性差异的。

1. 理论建构的出发点不同

富勒提出“设计科学”是试图通过科技和理性去解决人类面临的环境问题，强调在资源和环境日益紧张的时代通过最新的技术手段达到最高效的设计。而西蒙建构“设计的科学”是最大程度地表达了他“综合”不同学科的构想，他试图将有关人类问题解决的理论与他职业生涯中碰到的问题联系起来。而问题的核心就是将知识转化为行动，从而使我们能够对自己的生活和世界作出正确的选择。①

2. 对设计的定义不同

富勒的“设计科学”是把“设计”（狭义上的）理解为某种应用性的技术，并能够通过能量、数学、理性等加以表述，并且其规则是具有普遍性的、稳定性和简单性的。而西蒙的“设计的科学”是把“设计”（广义上的）理解为“把现状改变为自己称心如意的状况”。并且西蒙并不认为设计等同于科学，而是独立于科学与技术以外的第三类知识体系。他认为自然科学研究揭示、发现世界的规律“是什么”（Be），关注事物究竟如何；技术手段告诉人们“可以怎样”（Might Be）；而设计则综合了这些知识去改造世界，关注事物“应当如何”（Should Be）。②

因而，“设计科学”是富勒将“设计”（狭义上的）限定为一种“科技活动”；而“设计的科学”是西蒙从更抽象的角度发现了“设计”（广义上的）作为一种独特的模式，是可以作为一门“人工科学”来研究的。

五、设计科学（design science）还是设计学科（design discipline）

哈佛大学教育学院和麻省理工大学都市研究与规划学系的唐纳德·A·舍恩（Donald A .Schön）教授指出了“设计科学”运动是建立在“逻辑实证主义”的教条之上的，他认为应该采用“建构主义”的研究范式。舍恩批评了西蒙的“人工科学”只能解决“良好形成的问题”（a well-formed problem），但是专业实践者面对的将是“杂乱无章的、成问题的情景”，并且这种逻辑实证主义的形而上学基础将其他的研究方法统统排挤在外。

事实上，舍恩的质疑体现了科学实在论者与社会建构论者对于科学观的分歧。“设计科学”运动拥护的科学实在论认为只存在一种一元性的科学，哈丁曾经总结到：“20 世纪初，一元性科学的命题成为捍卫普适性假说的一个重要形式。这一命题公开提出了三种假说：

---

①（美）亨特·克劳瑟-海克，穿越歧路花园：司马贺传[M].黄军英、蔡荣海、任洪波等，译，武夷山，校.上海：上海科技教育出版社，2009.330.

② 胡飞，中国传统设计思维方式探索[M].北京：中国建筑工业出版社，2007.

（1）只存在一个世界；（2）只存在关于这个世界的一种并且是唯一的一种可能实现的真实描述（‘一个真理’）；（3）只存在唯一一种科学，它能把准确地反映那个世界的真理的意见整合为一种描述。”[①]但是以上假设对于社会建构论者而言，真理并非是逻辑证明加实验那么简单，真理自身也必须得到科学的审视和重新阐释。哈丁认为“普适性 / 一元性的理想不再是哲学家的概念；它以这样那样的形式，成为现代性的社会理论中原本相互冲突的概念倾向和政治倾向最重要和最持久的价值之一。然而，现在它正招来全球范围内许多群体的批判目光。这种群体声称，对于他们来说，普适性 / 一元性理想首先在科学、认识论和政治方面起了坏作用。”[②] 由此可见，当我们反思“设计科学”运动的形而上学基础的时候，就会发现科学实在论对于世界的假设、对于真理的假设、对于科学的假设在设计中不但是具有争议的，甚至是很难成立的。约翰·沙克拉指出了现代主义者通常会有的两种偏见：“首先，它以同样的方式对待不同的环境和不同的民众，这种倾向被理解为对个性和本土传统的威胁；其次，它使专家的判断超出了日常经验和不言而喻的已有知识的范畴。”[③]普适性和一元性的理想模式，很难满足人类文化的多样性和生物的多样性，在设计走向多元化的后现代话语中，这一绝对标准也难免会遭到各个方面的质疑。

在舍恩看来，“设计研究”（study of design）应该是一种多学科的研究，应该是广泛参与的创造性的创造人工物世界的行为。而奈杰尔·克罗斯教授则在《设计师的思考方式：设计学科 VS 设计科学》一文中对此问题作出了更为全面的总结：

> ①设计作为一个“学科”而并非是一门“科学”。这个学科的基本原理是：它们由知识构成，特别是设计者的意识和行动，而不依赖于独立的专业领域。
>
> ②设计有其自己的文化，自己的术语，不能淹没在科学或艺术之中。
>
> ③设计研究应该建立在对设计实践的反思之上。需要我们专心于一种设计师式的“认知”、“思考”和“行动”。
>
> ④设计作为一个学科是试图寻找领域独立的理论，并为设计而研究。[④]

---

① （美）桑德拉·哈丁，科学的文化多元性[M].夏侯炳、谭兆民，译.南昌：江西教育出版社，2002.224.

② （美）桑德拉·哈丁，科学的文化多元性[M].夏侯炳、谭兆民，译.南昌：江西教育出版社，2002.225-226.

③ （英）约翰·沙克拉，设计：现代主义之后[C].卢杰、朱国勤，译.上海：上海人民美术出版社，1995.2.

④ Nigel Cross.Designerly Ways of Knowing:Design Discipline Versus Design Science, Design Issues: Volume 17, Number 3. Summer 2001，p.54.

小结

为了进一步理清“设计”与“科学”的微妙关系，我们通过对“设计的名词性”研究探讨了设计的“目的性”与“本源性”。事实上，“科学化设计”、“设计科学”和“设计的科学”是具有不同旨归的探索体系。“科学化设计”由于没有形成“孤立的、封闭性”的范式（将设计等同于自然科学）而成为是目前争议较少的一种探索模式。“设计科学”和“设计的科学”尽管有很多理论价值，但是也同时遭受到众多的质疑。然而，这三种模式是不能被简化的翻译为“设计科学”的，“设计科学”在设计研究的历史中并非是一个一般性的概念，简化之后就难以传达出精确的设计语义，从而造成观念上的模糊。

尽管 20 世纪 60 年代被称为“设计科学的十年”，但是科学自身的发展也难免陷入到悖论之中。在“设计科学”和“设计的科学”的视野下，科学是具有普遍性的、确定性的和秩序性的。然而随着不确定性、终结论以及后现代理论话语的影响，现代科学的认识论遭遇到前所未有的理性危机和表述危机。这也使得科学认识论是否具有“优先地位”备受质疑，在质疑声中设计研究也走向了更加成熟、更加广阔和更加多元的道路。正如约翰 · 沙克拉在《超越自身的设计》一文中所总结的：“在这儿，设计与单一产品的联系将不再存在，而是与整个体系共存，它不仅包括解决问题的专家，还包括建设性与参与……艺术，就像设计一样是一个体系——不是知识的理想化形式。”①

第二节 “动词性”问题：设计活动还是科学活动

将设计作为一个动词来理解，主要是将其作为一种过程，一种实践。在设计实践中，需要处理的是复杂情景中方方面面的问题和关系。“设计方法运动”试图将自然科学的研究范式直接应用于设计，并试图建立符合逻辑推理的、系统化的知识以供设计“使用”。但是，过度的“计算理性”和“工具理性”越来越体现出局限性。很多研究者开始质疑“设计本体”与“自然科学本体”之间是存在差异的，“设计活动”、“设计研究活动”与“科学活动”的关系同样需要进步一的解析。

一、“设计本体”与“自然科学本体”

富勒首先提出了“设计科学”（design science）这一术语，但是对于设计科学的目标是什么还有很多不同的声音。格雷格里（Gregory）在

---

①（英）约翰 · 沙克拉，设计：现代主义之后[C].卢杰、朱国勤，译.上海：上海人民美术出版社，1995.25.

1965年“设计方法大会”上发言，“我们需要发展一种设计科学，以此来指引出一种‘条理清晰’、‘合理化’的设计方法，就像科学的方法一样。”尽管这一方法可以为设计方法研究提供更多的“合理性”的理论基础，但是随着研究的进展，很多学者也开始注意到“设计活动”与“设计研究活动”，“设计活动”与“科学活动”的关系并不相同。

1.“设计本体”与“自然科学本体”的差异

尽管很多研究者在不断地发展和完善着“设计科学”的概念和目标，但是他们仍然是将“设计活动”等同于“科学活动”，这也使其成为一种具有争议的说法。正如格兰特（Grant）总结的那样，“关于设计科学的大部分讨论是围绕设计方法学与设计师掌握的方法而展开的。设计行为本身，不是或永远将不会成为一种科学的活动。更确切地讲，设计行为本身就是‘非科学的’（nonscientific）或‘不科学的’（ascientific）”。[①] 克罗斯（Cross）教授和一些学者还认为，“科学认识论”自身还存在一些混乱和问题，因此它不能为设计提供一种认识论。[②] 格林 (Glynn) 认为，设计的认识论是基于工作进行中的创造性的原理，是对（设计）“前提”的创新或再创造，并且是被证实的，但是对于科学哲学家而言，这是难以琢磨的。[③]

2. 差异的哲学起点：表象主义科学观

也许，造成这一局面的症结在于以往的哲学起点上存在着问题。在以往的哲学家看来，“科学首先表现为既定的知识体系，一种认识自然的手段，或者说表象世界的方式。哲学家们共同的任务是考察，作为知识和命题集合的科学具有怎样的内在结构，什么样的结构具有合理性，它与世界具有怎样的关系等……”[④] 问题是这种表象主义（representationalism）的哲学范式从一开始就将科学削减为认知事业，这不但将文化、社会等维度统统被排除在外，也割裂了科学与现实世界和日常生活的关联。当这样的一种科学观与设计结合时，“设计研究”也就变成了一种认知事业，设计知识也就变成了一种存在于逻辑空间的知识，这与设计的实践属性是完全相悖的。

当然，表象主义的科学观在相应的领域仍然是有效的，但是面对当下的科学处境和当下的设计处境却是难以应对的。我们不能把历史还原成逻辑，不能用理想来代替现实。科学和设计首先都是一种历史的、文化的实践活动，作为实践，它内在于既定的文化处境当中，对真理、客观性与合理性问题的任何解答都需要以此作为参照。[⑤] 因此，并不存在一种静止的、绝对化的“科学观”，也并不存在一种静止的、

① D. Grant, “Design Methodology and Design Methods,” Design Methods and Theories 13:1 (1979).
② N. Cross, J. Naughton, and D. Walker, “Design Method and Scientific Method,” in R. Jacques and J.Powell,eds., Design:
Science:Method, (Guildford:Westbury House, 1981).
③ S. Glynn, “Science and Perception as Design,” Design Studies 6:3 (1985).
④ 孟强，从表象到介入：科学实践的哲学研究[M].中国社会科学出版社，2008.3.
⑤ 孟强，从表象到介入：科学实践的哲学研究[M].中国社会科学出版社，2008.3.

绝对化的“设计观”。在现实中，科学并非人们想象的那样无所不知，“科学是未完成的，它的知识主张服从于修正，并且它很难对自身作出一个充分的说明。”① 从动态的和发展的角度来看，科学观、科学认识论同样是在发展中的，不断修正中的，当设计借用科学认识论和科学方法的同时，还应该继承科学的怀疑精神和批判精神。“阿多尔诺 (Adomo) 和哈贝马斯 (Habermas) 的思想不断提醒我们：量化的和可在技术上应用的知识的巨大堆积，如果缺乏反思的解救的力量，那将只是毒物而已。” ②

因此，富勒的“设计科学”、西蒙的“设计的科学”遭受到质疑，是因为他们实质上是根据本人的偏好在“小科学”的范围内讨论了“设计”与“科学”的整合问题，但是现实的设计共同体和相关群体似乎并不买账。但是，我们必须要澄清的是 ：“设计”与“科学”的结合，并不意味着设计就具有“绝对的客观性”和“绝对的合理性”；并不意味着二者结合的越紧密、越纯粹，设计就会更无穷趋近于“真理”。而可以肯定的是，在“表象主义”科学观的视野下，“设计的本体”并不等同于“自然科学的本体”，“设计”与“科学”的结合，是有条件的，是相对的，是必须在实践中反思与修正的，而这才应该是探讨二者关系的基本前提。

二、设计活动与科学活动

1. 设计活动不等于科学活动

经过对“设计本体”的讨论，我们明晰了“设计本体”与“自然科学本体”是存在差异性的，科学只能解决“良好形成的问题”(a well-formed problem)，而设计问题实际上是一些“不良问题”(ill-structure problem)，这与科学或工程学中的问题全然不同。“所谓‘不良结构问题’是指，不可能依靠将已有知识简单提取出来去解决实际问题，只能根据具体情境，以原有的知识为基础，建构用于指导问题解决的图式 (schema)，而且，往往不是单以某一个概念原理为基础，而是要通过多个概念原理以及大量的经验背景的共同作用而实现。因此，设计是一个‘情景驱动’的过程，不是一个知识提取和应用的过程，设计根本就不可能被纳入某种单一知识逻辑框架。” ③ 赫伯特 · 西蒙认为“设计”与“科学”的区别在于，科学要研究事物的规律性，研究事物“究竟为何”，而设计要研究的是事物“应该为何”。格雷格里 (Gregory) 认为“科学方法”与“设计方法”的区别在于“科学方法是一种解决问题的行为方式，它所作的是要找出存在问题的本质。但是设计方法是一种创造物品的行

---

① 周丽昀，科学实在论与社会建构论比较研究：兼议从表象科学观到实践科学观[D].复旦大学博士论文，2004.183.

② (美) 埃德加 · 莫兰，复杂思想:自觉的科学[M].陈一壮，译.北京：北京大学出版社，2001.8.

③ 赵江洪，设计和设计方法研究四十年[J].装饰，2008，185 (9)： 44—47.

为方式，并且是创造一些原来不存在的物品。科学是分析性的，设计是建设性的。”① 克罗斯教授进一步提出了，“方法对于科学实践而言，是极为重要的。但是对于设计实践而言并非如此。设计的结果未必是要可重复的，很多设计案例也不具有可重复性。”② 最终，在 1980 年，在设计研究协会的大会上得到了这样的共识：“以往对设计与科学的比较和区别是过于单纯和简单的，大概设计根本不需要过火的从科学那里学习什么，反而科学应该向设计学习。”而科学发展到“后学院”时代，大学、研究机构与外部社会结构之间的藩篱也得到了很大程度上的拆解。科学家同设计师一样，他们必须要倾听相关群体的声音，必须对相关群体负责，必须反思性地面对自己的研究可能带来的政治、经济、文化、伦理和环境后果。③

2. 作为科学活动的设计研究

既然“设计活动”与“科学活动”是不同的，那么“设计研究”是否可以算是一种科学活动呢? 格兰特（Grant）认为，“设计的研究也许是一种科学活动，设计作为一种活动也许是科学研究的主题。”

“第一代设计研究”的设计方法论者们试图通过运筹学模型和系统理论去理论化的处理每一个设计难题。但是，早期的系统论本身还存在着自相矛盾的态度：它反对还原主义但又运用还原主义。它延续了逻辑实证主义的先行假设：现实世界存在着一个目标可以明确规定的系统。因此有的学者认为系统方法沦为了一种“优化方案”：它假定每一个问题都有一个明确的目标，为此可以选取达到它的几条途径，通过监控和修正最后达到目标。而实际上这是一种单向的、一劳永逸的观念。④ 然而在现实的设计活动中，设计问题是在设计中被发现的，而不是先验存在的；是需要设计者与客户共同提出问题并解决问题，而不是将设计知识和设计方法理想化的实现。特别是在面对设计师与用户的思维过程和意识活动的时候，并不适宜沿用自然科学的研究方式。

“第一代设计方法论”是由科学家和设计师规划出并使用着。设计问题的目标是根据他们在设计活动中辨识出来的，这导致了非常刻板的设计决策，并且还会导致意外和失败。由于“第一代设计方法”太过于简单化、还不够成熟，思考也不够谨慎，并且没有能力去面对复杂的真实世界的问题。在“第二代设计方法”中，用户参与进设计决策中来，并通过主要规格参数表来鉴别设计的目标。这种参与式的设计成功与否在于设计师的意识，设计师对使用价值的认知以及与设计师合作的专业团队。但是这种参与式的设计也有一些障碍，比如在大

---

① Nigel Cross.Designerly Ways of Knowing:Design Discipline Versus Design Science, Design Issues: Volume 17, Number 3. Summer 2001，p.60.
② Nigel Cross.Designerly Ways of Knowing:Design Discipline Versus Design Science, Design Issues: Volume 17, Number 3. Summer 2001，p.60.
③ 孟强，从表象到介入：科学实践的哲学研究[M].中国社会科学出版社，2008.2.
④（英）P·切克兰德，系统论的思想与实践[M].左晓斯，史然，译.北京：华夏出版社，1990.1-2.

尺度的城市问题上应用是存在困难的。①

在对设计研究的一片质疑声中，霍斯特 · 里特尔（H.Rittel）于1973年提出了“第二代设计研究”。“第二代设计研究”强调设计是一个得到“满意解”或解集（satisfactory solutions）的过程而不是“最优”解的过程，从根本上脱离了第一代设计研究的理念。在这一阶段，设计研究不再致力于“最优解”的设计方案，而是转向承认满意的解决方案或“论证”参与过程。设计师也不再是万能的，即使是在寻找“满意解”的过程也是充满障碍的，因此赫伯特 · 西蒙在《人工学科》中将设计定义为一种“恶性问题”（wicked problems），因为寻找一种合适的解决办法非常之困难，往往一种解决方案的创造就意味着出现了一种新的有待解决的问题的诞生。

当代的设计研究还在向前发展，但是从以上两代设计研究的演进中可以发现：不论是设计研究活动还是设计实践活动，它们与科学的关系是越来越清晰化的，并没有被同化为纯粹的“科学”。尤其是受到后现代主义思想，当代哲学和物质文化研究的影响，设计研究的视域变得更加的开阔和边缘化。正如奈杰尔 · 克罗斯教授总结的：“设计有其自己的文化，不能淹没在科学和艺术之中。我们需要更加强化历史学的探究，我们需要利用那些历史和传说，以适当的方式建构我们的智育。”②

小结

在“表象主义科学观”的视野下，“设计本体”是不同于“自然科学本体”的，“设计活动”也不等同于“科学活动”。尽管设计研究可以作为一种科学研究的对象，但是随着设计研究的发展，设计不但没有淹没于“科学”或“艺术”之中，反而走向了更加多元的研究道路。设计越来越需要有自己的研究术语和研究方法，也越来越需要与“科学”在同步发展中调整二者之间的关系。

回顾以往的设计研究大多是建立在“科学实在论”的基础之上的，然而经历了20世纪科学哲学的演进，“科学实在论”突出了“与境性”的作用，强调了在与境分析的基础上进行科学理性的说明与解释，并在与建构论的对话中不断完善和发展。这一思想的转变支撑了设计研究阶段转换的形而上学基础，从而实现了第一代设计研究到第二代设计研究的转变。处于后现代阶段的“科学实在论”正在不断走向“体系开放”、“本体弱化”和“意义建构”这三个最基本的趋势上来。③而作为研究者和设计师对不同科学观和设计观是自我选择的、自我建

① Nigan Bayazit.Investigating Design:A Review of Forty Years of Design Research.Design Issues,Vol. 20,No.1,Winter 2004.
② Cross,N.Designerly Ways of Knowing[M].London:Springer,2006:40.
③ 周丽昀，科学实在论与社会建构论比较研究：兼议从表象科学观到实践科学观[D].复旦大学博士论文，2004.34.

构的，任何新的思想都是先被创造，然后再根据读者的需求、信息和立场而被形塑出来。

第三节　基于科学观与科学认识论的动态视野

许平教授认为，中国设计缺少一种“设计的语义系统”，整个社会对“设计”缺少“概念”，缺少“价值系统和意义系统”，这导致的是设计缺少了“文化逻辑和社会价值观念”的支撑。① 而科学作为设计的一个重要因素，又何尝不是这样。尽管，从“洋务运动”开始中国人的“科学观”开始被不断的刷洗，但是至今仍然缺少社会意义上的“科学概念”。科学更多地被“权威化”、被“教条化”，但是对科学自身的发展，对科学哲学的发展是很少被关注的，科学的怀疑精神、批判精神也没有得到很好的发扬。然而“设计”与“科学”的关系不论是对设计学科还是对设计研究都构成了关键的一环，尤其他影响了设计研究发展的方向，对于设计研究的发展，我们不得不去理清不同阶段的“科学观”与“科学认识论”对设计产生的影响。

一、科学观、知识观与设计观

设计的发展与哲学和科学的发展是同步的，任何哲学或科学的新发展，都会使人们重新反思认识世界的方式，这也使得设计观念随之不断的进化，并不静止。

1. 科学观与设计观

科学观与设计观都是可以与世界观相类比的概念，同世界观一样，由于人们社会地位不同，观察问题的角度不同，会形成不同的科学观和设计观。具体而言，科学观（设计观）可以理解为人们对科学（设计）的整体的、根本的看法与认识，或者是对科学（设计）的自我反思。如果从学术的角度阐释，应该是理论化的、系统化了的对科学（设计）的总观点，总看法。

（1）被“狭义化”的科学

英文中的“科学”（science）是自然科学 (natural science) 的简称，并不等同于拉丁语 Scientia(学问或知识的意思)。德语 Wissenschaft 最接近 Scientia 乃是包括了一切有系统的学问，不但包括我们所谓的“科学”而且还包括历史、语言和哲学。而事实上，围绕“设计”（design）与“科学”的关系问题的讨论也是更多的指向“自然科学”(natural science)，这也使得其他“科学”被排除在外。但是“要想关照生命，看到生命的整体，我们不但需要科学，而且需要伦理学、

① 许平，设计“概念”的缺失——谈艺术设计语义系统的意义[J]，美术观察，2004.1.

艺术和哲学"。[①] 因而，随着设计研究的发展，与设计相结合的"科学"，不应该狭隘的局限于自然科学，而应该是"广义科学"的概念，它即应该包括自然科学，还应该包括所有的人文社会学科。

（2）设计作为一种世界观

1979 年，布鲁斯 · 阿彻在文章中表示："设计师式的思维和沟通方式不同于科学和学术性的思维和沟通方式，但是在解决问题时，却与科学和学术性的方法同样有效。"[②] 这一观点被奈杰尔 · 克罗斯进一步发展，并收录在《设计师式的认知方式》一书中。[③] 1981 年，布鲁斯 · 阿彻在《设计研究的本质评述》中，又认为"设计像科学那样，与其说是一门科学，不如说是以共同的学术途径、共同的语言体系和共同的程序，予以统一的一类学科。设计像科学那样，是观察世界和使世界结构化的一种方法。" 在这里，阿彻是把设计和科学作为一种世界观来理解的。即使是争议最少的"科学化设计"（scientific design）也是需要以相应的科学观作为其形而上学基础的，仍然是需要对科学观有一个哲学深度的认知。

（3）唯科学主义与设计观

值得注意的是，理论的引入和建构还具有选择性，无不受到当时社会文化和意识形态的影响。哈耶克 (EA.Hayek) 也提醒我们要理解唯科学主义并且与之进行斗争。他这里的"唯科学主义"指的"不是客观探索的一般精神，而是指对科学的方法和语言的奴性十足的模仿。"[④] 自 20 世纪以来中国思想界中的"唯科学主义"（scientism）使得文化价值观念方面发生了重大的转变。美国汉学家郭颖颐在《中国现代思想中的唯科学主义（1900–1950）》中详彻地分析了现代科学对中国思想的教条影响：

> 唯学主义认为宇宙万物所有的方面都可以通过科学方法来认识。中国的唯科学论世界观的辩护者并不总是科学家或哲学家，他们是一些热衷于用科学及其引发的价值观念和假设来诘难、直至最终取代传统价值主体的知识分子。这样，唯学主义可以被看作是一种在科学本身几乎无关的某些方面利用科学威望的一种倾向。[⑤]

尽管中国的传统文化中缺少西方的科学精神，但"唯科学主义"对"科学"的理解是矫枉过正的。尤其是在对中国传统文化知之不

① （英）W.C.丹皮尔，科学史及其与哲学和宗教的关系[M].李珩，译.桂林：广西师范大学出版社，2009.9.

② L B Archer.Whatever Became of Design Methodology?Design Studies,Vol 1,No.1,1979,p.17–20.

③ Cross,N.Designerly Ways of Knowing[M].London:Springer,2006:40.

④ F.A.哈耶克，科学的反革命[M].冯克利，译.北京：译林出版社，2003年版，p.6.

⑤ 郭颖颐，中国现代思想中的唯科学主义（1900–1950）[M].雷颐，译.南京：江苏人民出版社，1995.3.

深的前提下，利用“科学精神”来“反传统”是具有破坏性的。而唯科学主义的设计观只能走向“极端现代主义”的教条和深渊。其悖论在于科学方法是不能超然于“传统文化”与“地域环境”的多样性的，正如苏哈·厄兹坎所言：“建筑中没有简单自明的本质或统一体，从中可以产生单独的理论。相反建筑一开始就强调文化和社会心理存在的多样性和复杂性。”[①] 阿摩斯·拉普卜特也认为：“环境要对不同人群的生活有所支持，并与他们的‘文化’相适应。环境的多样性说明，以不变应万变的这种大多数设计师依旧默认的现代主义思想是行不通的。”[②] 因而，在研究西方设计和面对西方设计研究成果的同时，我们应该首先反省的是“唯科学主义”对“真科学”的遮蔽。假如将“唯科学主义”世界观作为设计观的形而上学基础，就只能陷入自身预设的陷阱中而不能自拔，更不可能对以往的设计研究作出任何评判和反思。

而事实上，“唯科学主义”对设计的影响是广泛的，在具体的设计研究中一些研究者就对这种僵化的思想提出了质疑。成砚在《读城：艺术经验与城市空间》中认为，“近代自然科学对人类认识的绝对统治，使得知识和真理打上了科学方法论的烙印，以致人类与生俱来的那种超出科学方法论的对真理的经验方式渐渐被遗忘。这样的观念同样影响了我们对城市空间的认知。”通过以往城市空间认知途径的研究，成砚发现一些由科学方法论指导的认知途径是存在局限性的，因而需要另外的途径予以补充。进而他提出了通过艺术经验途径用于研究城市空间认知不但是可行的，而且是具有独特作用的，尽管其自身也存在局限性，需要综合的使用包括科学认知在内的多种途径，才能全面和深入地认知城市空间。但是，这无疑是对以往僵化的思维方式和认知方式的一种反思。

（4）科学观与设计观的演进

西方科学曾经一度化身为唯一合法的科学参照系，而悖论是西方科学自身仍是值得反思的，强调客观的理性主义的一元论价值观缔造了西方近代科学的同时，还导致了西方科学和文化的危机。长期以来人们只是看到了科学所带来的物质生产和物质福利方面，而很少看到科学思想、科学方法、科学的精神气质。中国科学院李醒民研究员认为，从科学产生之初，人们的科学观大致经历了以下三个阶段：科学即力量，科学即知识，科学即智慧。澳大利亚悉尼大学的汉伯里·布朗教授则着力澄清对前两种科学观流行的“误解”，并认为科学是智慧而不是知识，科学最有价值的“用处”就是获得智慧，这种智慧不仅仅是人们安身立命的根本，而且人种的“永存”也取决于智慧的获

①（美）克里斯·亚伯，建筑与个性：对文化和技术变化的回应[M].张磊、司玲等，译.北京：中国建筑工业出版社，2003，vii.
②（美）阿摩斯·拉普卜特，文化特性与建筑设计[M].常青等，译.北京：中国建筑工业出版社，2004.46.

得。况且单一的知识并不能产生力量，这需要用智慧将它们连接起来，在当今世界，科学的目的和方法也需要完成从知识到智慧的进化。①

世界著名设计师泰伦斯·康蓝（Terence Conran）说："真正的好设计，是看得见的智慧，是蕴含智慧的解决方案。"② 而这也许是科学家与设计师对智慧的跨领域认同，设计和科学都开始关注动态的实践探索而非静态的知识积累。

2. 知识观与设计观

在西方学界，同样有很多科学家和哲学家对"客观主义"框架扭曲的世界而感到不满。迈克尔·波兰尼作为20世纪在西方具有重大影响力的物理化学家和哲学家，提出了"默会知识"（tacit knowledge，又译为隐性知识）的观点，他要用"多个世纪以来的批判性思维教导人们怀疑的官能把人们重新武装起来"，要使长期以来被客观主义框架扭曲了的世界万物恢复他的本来面目。③

近代科学革命以来，一种客观主义的科学观和知识观逐渐成为人们看待知识、真理的主导性观点。"客观主义在标举科学的客观(objective)、超然（detached）、非个体(impersonal) 特征的同时，还提出了一种完全的明确知识的理想。……他们把目光集中在科学理论之上，把科学等同于一个高度形式化的，可以用完全明确的方式加以表述的命题集合，认为科学哲学的任务就在于对科学理论的结构作逻辑的分析。"④ 在波兰尼看来，这种客观主义的科学观，以极大规模的"现代荒唐性"几乎统治了20世纪的科学思维。"根据他的观点，识知（Knowing，即知识的获得）是对被知事物的能动领会，是一项负责任的、声称具有普遍效力的行为。知识是一种求知的寄托。"⑤ 并且，"人类的知识有两种。通常被描述为知识的，如通过书面文字、图表和数学公式加以表述的，只是一种类型的知识。而未被表述的知识，像我们在做某事的行动中所拥有的知识，是另一种知识。"⑥

面对客观主义的科学观的"现代荒唐性"，波兰尼在《个人知识》一书中作出了彻底的批判：

（1）客观主义的科学观和知识观导致了"认识主体的隐退"，而波兰尼的"默会知识"则认为，在任何识知的过程中，都有一个热情洋溢的识知人的'无所不在的'个人参与。（2）逻辑实证主义将认识论局限在狭隘的对科学知识的逻辑分析中，并反对形而上学，而波兰尼的"默会知识"则认为，认识论和本体论、认识和存在是整体的，是统一的，并且他认为"如果某种认识行动影响了我们在不同的框架

---

①（德）汉伯里·布朗，科学的智慧：它与文化和宗教的关系[M].李醒民，译.沈阳：辽宁教育出版社，1998.148.
②（英）史蒂芬·贝利、泰伦斯·康蓝，设计全书A–Z Design: Intelligence Made Visible[M].台北积木文化股份有限公司，2009.11.
③（英）迈克尔·波兰尼，个人知识[M].许泽民，译.陈维政，校.贵阳：贵州人民出版社，2000.4
④ 郁振华，波兰尼的默会知识[J]，自然辩证法研究，2001，（8）：5.
⑤（英）迈克尔·波兰尼，个人知识[M].许泽民，译.陈维政，校.贵阳：贵州人民出版社，2000.4
⑥ Michael Polanyi. Study of Man.The University of Chicago Press ,Chicago ,1958. 12.

之间作出选择，或者改变了我们寓居于其中的框架，它将引起我们存在方式的改变。”[①]（3）西方近代文化将事实和价值，科学和人文分裂开来，而波兰尼的“默会知识”则建立了从自然科学向人文研究的连续过渡，从“人性”、“信念”、“价值”三个维度考量，科学与人文是相同的。

“默会知识”这一观点一经提出就在西方世界引起了较大的影响，很多设计研究的学者还在其理论的基础上，提出了隐性知识在设计中的作用，如克里斯 · 拉斯特在《设计调查：科学中的隐性知识和发明》[②]中探讨了隐性知识在设计中的作用和调查在多学科研究中的作用；克里斯 · 亚伯在《隐性知识在学习设计中的作用》中提出了“只有认识到隐性知识和显性知识之间的复杂联系，才能为我们提供比以前的设计教育方法具有更大的科学和教育价值的知识。”[③]而国内虽然不乏对隐性知识的研究，但是隐性知识在设计研究领域并没有得到较多的回应。

或许问题的症结所在就是C.L.R. 詹姆斯在《关于辩证法的笔记》中剖析的：“目前，思维的主要错误之一在于：当对象、内容已经发生了变化，并为思想的扩展创造或确定了前提的情况下，仍旧以不变的形式、范畴、概念等来思考。”尽管科学观和知识观都发生了巨大的变革，但是在实际的设计中和研究中，很多人仍旧坚守着旧有的研究范式，“客观主义”和“还原主义”思想在每一个受过西方文明教育的人的头脑中根深蒂固。这种局限不但导致了千篇一律的设计，也导致了设计研究的教条化。“软”系统思想的提出者切克兰德认为:“人类的一切行为（包括科学活动），都是一个永无终日学习过程。”那么，值得注意的是，在学习过程中不但需要对“为什么要学习”（why），“学习的对象是什么”（what）以及“如何学习”(how) 作出不断的反思，还要注意到“隐性知识”和“显性知识”之间的复杂联系。

二、表象科学观与设计观

1. 表象科学观及其特征

表象科学观，是基于表象主义（representationalism）的哲学范式，将科学作为表象（representation）来对待的观点。所谓表象，是指主体对客体的一种描述和反映，或是理论再现。哲学意义上的表象是指“头脑只有通过概念或思想才能理解客观事物的理论。这种理论坚持一种主客二分的思维方式，并将一切的一切对象化，因此，主客体之间的

---

① Michael Polanyi. Knowing and Being . The University of Chicago Press , Chicago ,1969. p .134.
② C.Rust.Design Enquiry:Tacit Knowledge and Invention in Science.Design Issues,Vol.20,No. 4,Autumn 2004,p.56.
③（美）克里斯 · 亚伯，建筑与个性：对文化和技术变化的回应[M].张磊、司玲等，译.北京：中国建筑工业出版社，2003.128.

任何关系都是表象。”① 表象主义包含了三个要件：主体、中介、对象。作为主体的人是借助于观念或者语言认识外部世界的。表现主义至少包含了如下的预设：“第一，主体与客体的分离；第二，认识论态度的优先性；第三，中介的透明性。”②

然而以往的科学哲学恰恰是建立在表象主义基础上的，无论是逻辑实证主义，科学实在论还是社会建构论，都是把科学看成一项认识活动，一桩表象世界的事业，并进一步把理论、命题、语句、概念等作为自己的考察对象。③ 而反观西蒙的《人工科学》也正是在这样的哲学基础上搭建起来的，尽管这种科学哲学加深了我们对“世界”的认识，弘扬了科学和理性的精神，但是在贡献的背后还存在其局限性。理论优先的表象主义科学观需要从根本上进行改造，哈金认为：“哲学的最终主宰者不是我们如何思考，而是我们做什么。”④ 人之为人，首先是行动者，是制造者，而不是表象者；设计和科学，首先是设计活动和科学活动，而不是首先置身于理论。

2. 表象科学观与设计观

表现主义的科学观由于脱离知识生产的过程而抽象的讨论知识论问题，从而在自设的陷阱中不能自拔——“在主客二分的框架中，主体实际上是钵中之脑，它向外‘观察’外部世界，而客体处于不受干预的本体状态；语言是从属于主体的表述世界的工具，语言和世界是分离的；知识是静态的理论，与客观世界是否相符决定其真值；认识表象世界但不改变世界，认识论和传统科学哲学脱离了知识的生产过程而抽象的讨论知识论问题本体论是分离的。”⑤ 对设计而言，当这种表象科学观的一些观点成为设计的基础和信条的时候，便导致了现代主义的惨败。设计活动中的“主客分离”和绝对的“客观性”导致了情感认知和感性认识失去了“合理性身份”并使信念、精神、价值与人日渐疏远；设计研究中的理论与实践的分离，使设计脱离于现实世界被抽象的讨论，现实问题被遮蔽取而代之的是理论建构者或者设计师心目中的理想模型。在法国建筑师与规划师马赛尔 · 洛兹（Marcel Lods）的草图中，体现了对当代城市设计信条最极端的图解：“它们生动地表现了当今时代的鲜明世界观，并阐释了其主要原则：秩序优于复杂，光明胜过黑暗，新的比旧的好，有距离比紧挨着要好，清晰比不清晰好，集体和普遍比个体和特殊的更胜一筹，线形的进程比循环的进程所创造的结果要好。”⑥ 但是随着“理性期”的逝去和“整合期”

① 周丽昀，科学实在论与社会建构论比较研究：兼议从表象科学观到实践科学观[D].复旦大学博士论文，2004.29.
② 孟强，从表象到介入：科学实践的哲学研究[M].北京：中国社会科学出版社，2008.70.
③ 孟强，从表象到介入：科学实践的哲学研究[M].北京：中国社会科学出版社，2008.74.
④ 孟强，从表象到介入：科学实践的哲学研究[M].北京：中国社会科学出版社，2008.74.
⑤ 周丽昀，科学实在论与社会建构论比较研究：兼议从表象科学观到实践科学观[D].复旦大学博士论文，2004.8.
⑥（瑞）CARL FINGERHUTH，向中国学习：城市之道[M].张路锋、包志禹，译.北京：中国建筑工业出版社，2007.59.

的来临，人们转而使用“四维的、非透明的、非透视的、非世俗的、非理性地来描绘这个新时代。”[①] 而这也预示着表象科学观的危机与建立实践科学观的必要性。

三、实践科学观与设计观

20 世纪初，相对论和量子力学的提出动摇了近代科学机械论世界观的根基。20 世纪初六七十年代，混沌学的创立和迅速传播为抛弃机械论，建立现代整体有机论打下了基础。但是以往的科学观都是建立在“主客二元对立”，将一切对象化的“表象主义”的基础上的，不但不能更好地解释科学，更不能为设计提供一种解决复杂问题的认识论。这需要将科学从“表象主义”的“小科学”改造为更加具有开放性的“作为实践的科学”。从科学的发展来看，“生活世界”与“科学世界”是不能割裂的，从生活世界出发，复归于生活世界，是当今哲学的主流，也是解决科学问题和设计问题的落脚点。

1. 实践科学观的哲学范式

“实践科学观”建立在“介入主义”（interventionism）的哲学上，使得旁观者的立场让位于参与者的立场。介入主义取消了任何外在于世界的超越性基点的合法性，把科学作为一项内在于文化和社会的实践事业。在以往“普遍主义”的立场下，人们往往将科学概念或科学方法直接移植到设计中，而忽略了反思其“是否可移植”的合理性；或者将一种抽象的理论模型或抽象标准应用于一切设计对象，而忽略了对象和环境的特殊性与设计的个性。但是“介入主义”反思了这一立场，它认为“基础和规范的构造不能基于超越性的立场，它只能立足于特定的、具体的科学实践场景。任何对确定性的追求，为了确保其实践有效性，只能从科学实践出发。”[②]

2. 实践科学观的主要观点

“实践科学观”还提出了与“表象科学观”针锋相对的观点：

> 科学是一种介入性的实践活动而不是对世界的表象；同时，科学实践不可避免地同其他社会文化实践勾连在一起，构成一幅开放、动态的图景；科学的文化多元性并不是对科学的客观性的消解，而正是科学的“强客观性”得以形成的条件和背景：科学正是在全球性与地方性的知识之间保持一种张力，不断在开放中自我完善自我发展的。[③]

---

① （瑞）CARL FINGERHUTH，向中国学习：城市之道[M].张路锋、包志禹，译.北京：中国建筑工业出版社，2007.43.
② 孟强，从表象到介入：科学实践的哲学研究[M].北京：中国社会科学出版社，2008.4.
③ 周丽昀，科学实在论与社会建构论比较研究：兼议从表象科学观到实践科学观[D].复旦大学博士论文，2004.7.

“实践科学观”作为对“表象科学观”的超越，可以为动态调整中的“设计”与“科学”的关系提供一种新视野,也可以为“设计研究”和“广义设计学”提供一种新的认识论基础，并且可以对富勒的“设计科学”、西蒙的“设计的科学”和戚昌滋的“广义设计科学方法学”的不足之处做出弥补，对可取之处做出发展。

3. 实践科学观主要特征与设计观

“实践科学观是对表象科学观的一种超越，也是一个有着广阔视角和深刻内涵的研究领域，它具有与境性、主体间性、历史性和反思性等特征。”①

（1）实践科学观的“与境性”特征强调“科学的当地性、情境性和偶然性，以及科学作为社会实践活动的一部分而产生的与社会和文化因素的密不可分的关系。”（2）科学活动的“主体间性”反映了这样一种趋向：“对世界的认识，对客观性的认识，要返回自我，返回生活，返回实践，返回到科学世界与人文世界相统一的实践生活世界中去。”（3）实践科学观的“历史性”体现在科学活动的变动性和生成性。“变动性”意味着“科学不仅是已有的知识体系，也是人类不断探求知识的创造性活动”。科学不但是处在运动、变化、生成和消逝的循环中，而且也处在复杂的历史背景之中，它不断扩展、变迁、修正，并且是可错的。“生成性”意味着随着科学的“问题域”的扩大，以及科学理论的丰富和深化，科学活动只能用历史的“合力”规律来理解，“科学在任何时候都忙于修改人们所持有的世界图式，在它看来这种图式永远只是暂时性的。”（4）实践科学观的“反思性”主要表现在，我们在进行科学实践，生产科学产品的同时，也在反思这些行为的合理性，并进而实现自我调整、自我校正以及自我完善和发展。②

以往的“设计科学”和“设计方法论”是建立在研究生产知识，设计应用知识这一单向逻辑，其困难之处在于缺少实际应用的案例作为支撑。“实践科学观”则打破了这种单向逻辑，它可以使设计研究在与“科学”的结合中走向开放性和包容性，而实践科学观的特征，如与境性、主体间性、历史性和反思性等同样可以为设计研究提供某种启示。而这也可以为“广义设计学”的科学向度建构新的逻辑平台。

小结

概念是思维的逻辑起点，科学观和设计观是如何处理“设计”与“科学”之关系的逻辑起点。在以往的“表象科学观”中，由于主客二元对立，知识与实践相分离，不论对科学发展还是对设计发展对产生了很多不

① 周丽昀，科学实在论与社会建构论比较研究：兼议从表象科学观到实践科学观[D].复旦大学博士论文，2004.16.

② 周丽昀，科学实在论与社会建构论比较研究：兼议从表象科学观到实践科学观[D].复旦大学博士论文，2004.246.251.253.256.

良的后果。而“实践科学观”超越了“表象科学观”，使得旁观者的立场让位于参与者的立场，并把科学作为一项内在于文化和社会的实践事业。“实践科学观是对表象科学观的一种超越，也是一个有着广阔视角和深刻内涵的研究领域，具有与境性、主体间性、历史性和反思性等特征。” 这些特征不但可以为设计研究提供某种启示，也可以为“广义设计学”的科学向度建构新的逻辑平台。

实践本身就是一个自我运动、自我发展和自我完善体系，而设计活动和设计研究活动同样应该是一个自我运动、自我发展和自我完善的体系。科学的发展，设计的发展，应该体现实践变动性和包容性。日本著名建筑师黑川纪章提出了 21 世纪的世界新秩序是一种共生的秩序，他认为生命时代将从二元对立的思想中解放出来走向共生的精神，在新的价值观下，将迈向重视个人、地域性与创造性价值的后工业社会。① 而在这一“共生”的语境下，科技与人文将走向圆融，而科学实践观恰好可以为设计活动与科学活动更好地为现实世界和人类生活提供一种新的科学观和设计观，以实现自由的设计、自由的科学和人的解放。

本章结语

“20 世纪学术上最显著的特点是各种学科之间的界限冲破，过去被视为独立的学科已互相渗透。设计学科从传统的自然科学描述方法和工程设计规范方法这两个方面脱离出来，逐步形成了自己的科学特点的内容和意义。” ② 而设计研究的历史也正是经历了这样的一种历程，经历了“设计方法运动”和“第二代设计研究”，一方面设计与工程学、科学的关系越来越明晰，设计开始形成自己的研究术语及研究范式；另一方面设计与工程学、科学的交叉越来越复杂，设计需要与多种学科进行全新的整合。而在这种转变的过程中“设计”与“科学”的关系问题，“设计观”与“科学观”的互动演进构成了问题的中心和主要线索。

“我们生活在文化之中，尽管文化因科学的物质福利大量地依赖于科学，但是它对科学赖以立足的新观念和新眼界却基本上一无所知。” ③ 并且在以往的设计研究中，也很少对科学观的基本假设提出质疑和反思。这样一来，人们只关注于科学对设计（社会）的“形而下”（“器物文化”）方面的影响，而低估了科学的“形而上”（“精神文化”）和“形而中”（“制度文化”）的社会作用。于是，科学被简化为技术，成为了技术理性的“工具箱”。这不但在一定程度了扭曲了科学追求真知、追求智慧的科学形象，也忽略了科学观对人的世界观和价值

---

①（日）黑川纪章，新共生思想[M].覃力等，译.北京：中国建筑工业出版社，2009.
② 舒湘鄂，设计语义学[M].武汉：湖北美术出版社，2006.1.
③（德）汉伯里·布朗，科学的智慧：它与文化和宗教的关系[M].李醒民，译.沈阳：辽宁教育出版社，1998，译序.

观的影响以及科学活动对社会文化的后果。这种“狭隘的”、“功利主义”的认识不但难以认知科学的本来面目，更丧失了科学精神的弘扬。

当然，从实践和介入的角度重新理解科学，并不能解决所有的问题，甚至可能丧失科学的确定性和永恒的基础。但是我们需要的是相关生存的、负责任的科学与设计，而不是永恒的、普遍意义的知识体系。至少这种视角可以从更加立体的角度去看待科学（设计）对个人行为方式和思维方式的影响，还可以反思科学（设计）活动对社会、文化、环境、政治、伦理等方面可能产生的不良后果。在“设计”与“科学”的相互整合中，不但吸取到彼此的优势，甚至改变了设计和科学自身。而这种回归生活，回归文化，回归实践的视角，对以往的科学思维无疑是进步性的，也将为“设计研究”以及“广义设计学”的发展提供新的方向。

参考文献

[1] Nigel Cross.Designerly Ways of Knowing:Design Discipline Versus Design Science[M].Selected by Silvia Picazzaro,Amilton Arruda,and Dijon De Morales eds.London:The Design Council,2000:43–48.

[2] Nigan Bayazit.Investigating Design:A Review of Forty Years of Design Research [J]. Design Issues,Vol.20,No.1,Winter 2004.

[3] Nigel Cross.Designerly Ways of Knowing:Design Discipline Versus Design Science[J].Design Issues: Vol.17, No. 3 ,Summer 2001.

[4] D. Grant, Design Methodology and Design Methods[J].Design Methods and Theories 13:1 (1979).

[5] N. Cross, J. Naughton, and D. Walker, Design Method and Scientific Method,in R. Jacques and J.Powell,eds., Design:Science:Method, (Guildford:Westbury House, 1981).

[6] S. Glynn, Science and Perception as Design[J].Design Studies 6:3 (1985).

[7] Michael Polanyi. Study of Man[M].The University of Chicago Press ,Chicago ,1958. 12.

[8] Michael Polanyi. Knowing and Being [M].The University of Chicago Press , Chicago ,1969. p.134.

[9] C.Rust.Design Enquiry:Tacit Knowledge and Invention in Science[J].Design Issues,Vol.20,No.4,Autumn 2004,p.56.

[10] L B Archer.Whatever Became of Design Methodology? [J].Design Studies,Vol 1,No.1,1979,p.17–20.

[11] （美）大卫・瑞兹曼，现代设计史 [M]，王栩宇，译 . 北京：中国人民大学出版社，2007.

[12] 包林，当代技术体系与工业设计的调节能力 [A]，艺术与科学国际研讨会论文集 [C]，武汉：湖北美术出版社，2002. 22–25.

[13] 包林，设计的视野：关于设计在大的知识门类之间的位置与状况 [M]，石家庄：河北美术出版社，2003.

[14]（美）阿诺德 · 柏林特，环境与艺术：环境美学的多维视角 [C]. 刘悦笛，译 . 重庆：重庆出版社，2007.195.

[15]（美）赖德霖，富勒，设计科学及其他 [J]，世界建筑，1998,（1）: 60–63.

[16] Sean Keller，全球前景：理查德 · 巴克明斯特 · 富勒留下来的财富 [J]. 杜可柯，译 .2008.11.

[17]（德）汉诺 – 沃尔特 · 克鲁夫特，建筑理论史 [M]，王贵祥，译 . 北京：中国建筑工业出版社，2005.

[18] 倪丽君、吕爱民、Dymaxion，富勒生态设计思想的启示 [J]，华中建筑，2009.1（27）：48–52.

[19]（美）亨特 · 克劳瑟 – 海克，穿越歧路花园：司马贺传 [M]，黄军英、蔡荣海、任洪波等，译，武夷山，校 . 上海：上海科技教育出版社，2009.

[20] 胡飞，中国传统设计思维方式探索 [M]，北京：中国建筑工业出版社，2007.

[21]（美）桑德拉 · 哈丁，科学的文化多元性 [M]，夏侯炳、谭兆民，译 . 南昌：江西教育出版社，2002.

[22]（英）约翰 · 沙克拉，设计：现代主义之后 [C]，卢杰、朱国勤，译 . 上海：上海人民美术出版社，1995.

[23] 周丽昀，科学实在论与社会建构论比较研究：兼议从表象科学观到实践科学观 [D]，复旦大学博士论文，2004.

[24]（美）埃德加 · 莫兰，复杂思想：自觉的科学 [M]，陈一壮，译 . 北京：北京大学出版社，2001.

[25] 赵江洪，设计和设计方法研究四十年 [J]. 装饰，2008，185（9）：44–47.

[26]（英）P · 切克兰德，系统论的思想与实践 [M]，左晓斯，史然，译 . 北京：华夏出版社，1990.

[27] 许平，设计“概念”的缺失——谈艺术设计语义系统的意义 [J]，美术观察，2004.1.

[28]（英）W.C. 丹皮尔，科学史及其与哲学和宗教的关系 [M]，李珩，译 . 桂林：广西师范大学出版社，2009.

[29]（美）维克多 · 马格林，人造世界的策略：设计与设计研究论文集 [C]，金晓雯、熊嫕，译 . 南京：江苏美术出版社，2009.

[30]（美）F.A. 哈耶克，科学的反革命 [M]，冯克利，译 . 北京：译林出版社，2003.

[31] 郭颖颐，中国现代思想中的唯科学主义（1900–1950）[M]. 雷颐，译 . 南京：江苏人民出版社，1995.

[32]（美）克里斯 · 亚伯，建筑与个性：对文化和技术变化的回应 [M]，张磊、司玲等，译 . 北京：中国建筑工业出版社，2003.

[33]（美）阿摩斯 · 拉普卜特，文化特性与建筑设计 [M]，常青等，译 . 北京: 中国建筑工业出版社，2004.46.

[34]（德）汉伯里 · 布朗，科学的智慧：它与文化和宗教的关系 [M]. 李醒民，译 . 沈阳：辽宁教育出版社，1998.148.

[35]（英）史蒂芬 · 贝利、泰伦斯 · 康蓝，设计全书 A–Z Design: Intelligence Made Visible[M]，台北积木文化股份有限公司，2009.

[36]（英）迈克尔 · 波兰尼，个人知识 [M]，许泽民，译 . 陈维政，校 . 贵阳: 贵州人民出版社，2000.

[37] 郁振华，波兰尼的默会知识 [J]，自然辩证法研究，2001，（8）：5.

[38] 孟强，从表象到介入：科学实践的哲学研究 [M]，北京：中国社会科学出版社，2008.

[39]（瑞）CARL FINGERHUTH，向中国学习: 城市之道 [M]，张路锋、包志禹，译 . 北京：中国建筑工业出版社，2007.

[40]（日）黑川纪章，新共生思想 [M]，覃力等，译 . 北京: 中国建筑工业出版社，2009.

[41] 舒湘鄂，设计语义学 [M]，武汉：湖北美术出版社，2006.

第三章　超越与发展：重构广义设计学

我们目前将设计按照最狭隘的意义划分为若干分离的实践形式，例如工业设计、平面设计、舞台设计、室内设计或服装设计。这种趋势极大程度上将更艺术的设计方式与那些工程和计算机相联系、以技术为基础的设计方式割裂开来。它也割裂了实物的设计与非物质产品的设计，例如技术和服务，而这也属于工业工程和城市规划等设计领域。

——维克多 · 马格林

建筑师是通才而非专家，是交响乐的指挥而非精通每项乐器的高手。执行业务时，建筑师需要和一组专家共同合作，包括结构和机械工程师，室内设计师，营建法则顾问，景观设计师，施工说明撰写员，承包商，以及其他领域的专业者。通常，成员之间会出现利益冲突的情况。因此，建筑师必须具备每一个领域的知识，足以排解纷争，协调各方作出符合要求的决定，让整个设计趋于完善。

——马修 · 佛瑞德列克

导言

“设计研究”作为一个学术领域，始于 20 世纪 60 年代，并为设计的发展作出了巨大的贡献。英美设计研究学派主张跨学科进行研究，强调“设计作为一个整体”，有的研究者还超越了具体的设计实践来探索“广义设计”，并试图从更“广义”的设计定义来建立不同设计类型之间的联系，并在“广义”的视野下寻找更加广泛的问题解决方式。但不足之处是这一时期的研究者大多是理工科背景的工程师、科学家和设计师，其他学科尤其是跨艺术学科的研究者相对较少，这也使得这一阶段的设计研究具有某种局限性。

对于“广义设计”的研究，不论是西蒙的“设计的科学”还是戚昌兹的“广义设计科学方法学”都是在“设计科学”的框架下建立的，都试图从科学的角度对设计作出“广义”的综合。但是将设计与科学一体化（同化），并不能包罗“设计”的所有面向，乃至人们对于“科学”自身，“研究”自身的认知都可能是非常有限度的。正如维特根斯坦所言：

> 洞见或透识隐藏于深处的棘手问题是艰难的，因为如果只是把握这一棘手问题的表层，它就会维持原状，仍然得不到解决。因此，必须把它“连根拔起”，使它彻底地暴露出来；这就需要我们开始以一种新的方式来思考。这一变化具有决定意义，打个比方说，这就像从炼金术的思维方式过渡到化学的思维方式。一旦新的思维方式得以确立，旧问题就会消失；实际上人们会很难意识到这些旧的问题。因为这些旧问题是与我们的表达方式相伴随的，一旦我们用一种新的形式来表达自己的观点，旧的问题就会连同旧的语言外套一起被抛弃。①

那么面对新的时代，“广义设计”自然也需要新的发展，以面对当下的问题。然而更重要的是我们为什么要对“广义设计学”进行再建构？又该如何再定义“广义设计学”？定义之后又该如何再建构？

为了回答这一问题，我们需要倡导一种新的思维模式：将“近代科学主义世界观”转换为“现代生活世界观”；将科学从“表象主义”转换为“介入主义”；将“广义设计学”从“普遍意义的知识汇总”转换为“内在于社会与文化的设计实践事业”；将“设计研究”从“知识的生产”转换为“介入实践的探究”。以此，我们才能实现对设计进行广义上的“全新整合”，用设计改变世界，让设计重塑我们的文化和生活。

---

①（法）皮埃尔・布迪厄、华康德，实践与反思：反思社会学导引[M].北京：中央编译出版社，1997.1.

第一节　当下设计研究的探索与问题评述

“表象主义”在种种预设的前提下，建构了抽象的科学理论。而事实上，科学理论与设计理论必须是内在于其文化与社会背景的，它受到环境的影响而产生，最终又回到环境背景中被评估。维塔及一些意大利的研究者认为，设计作为一种文化，它“强调了设计在某种程度上按照它所处的社会环境加以界定。因此我们不能脱离社会理论去建构任何设计理论。许多学者认为理论本身以意识形态为基础，不可能创造出设计或社会的自然模式。”① 迪尔诺特和巴克利清也指出，“设计不仅是专业人员参与的一种实践，它还是一种以不同方式进行的基本人类行为”。在设计中，我们可以看到活生生的关于应该如何生活的判断和讨论，归根结底，设计是选择的结果。② 为了重构一种新的“广义设计学”，我们就不可回避这样的问题：中国设计研究是在怎样的当代语境下做出选择的？它又服从于什么样的世界观？

一、当下设计研究的本土语境

1. 夹缝中生存的中国设计

在“现代化”的道路上，我们因袭了西方“社会达尔文主义”的历史观，认为历史的发展是“一种由低级到高级的直线性进化史”，于是“民族的”成了落后的，需要“现代化”，需要与国际“接轨”，需要得到西方的认可才能完成“进化”。而王敏教授尖锐地指出了这一矛盾的荒谬性：“当一个民族大力倡导现代化，而其现代化的标准又是建立在西方认同的基础上，其后果不仅是决裂于传统，而且是远离民族。夸张地说，我们是‘革’了自己的命……”③ 这种错误的认知构成了中国现代设计探索之路的一幅图景：在“夹缝”中生存并努力找寻着自我。

首先，“必须承认我们的设计文化、设计教育正处在夹缝时代，所谓‘夹缝’就是，既希望脱离西方而建立中国的模式，又不能完全离开西方的模式，这种摆动的态势还会持续一个不短的时期。”④ 假如每一种文明和设计都是一个有机的生命体生成于该民族或该地域，那么这一文明和设计都既有其优势又有其劣势，既有伟大意义又同时面临危机。事实上，西方设计自身也一直“行走”在设计实践和设计理论探索的途中，不断反思设计的定义和意义。而对于西方设计界而言，在第二次世界大战后，设计研究文献也发生了剧烈的变化，很多

---

① (美)维克多·马格林，设计问题：历史·理论·批评[M].柳沙、张朵朵，译.北京：中国建筑工业出版社，2010.5.
② (美)维克多·马格林，设计问题：历史·理论·批评[M].柳沙、张朵朵，译.北京：中国建筑工业出版社，2010.26.
③ 王敏、申晓红，两方世界，两方设计[M].上海：上海书画出版社，2005.56.
④ 诸葛铠，在夹缝中生存："设计艺术"与"工艺美术"的是与非[J].装饰，2009，200(12)：28-30.

研究者开始挑战前现代主义者和他们的战后追随者们支持的“简化”和“无鉴别”的假定。透过当前的设计文献，表达出了研究者的很大程度上的紧张、反抗和变更。[①] 究其原因正如美国设计学者理查德·布坎南所讲：“设计的主旨从根本上就是不确定性，人们即使运用同样的方法也会得出不同的解决方案。”[②] 因而，设计与其他人类文化一样，其特征都是“在途中”。

通过整理编译西方现代设计思想的经典文献，许平教授总结道：“整个西方现代设计思想史，就是一部关于设计‘意义’的争论史。”在设计的发展过程中，西方一直重视设计对工业、对国家的重要性，并且十分重视设计理论的建设。不同立场的理论家对“设计”的定义不断的改写，不断地从不同的立场与角度去追问“什么是设计”。这不但使西方加深了对设计的认知并且增强了设计的科学性。因此西方“设计界不断的调整自己的价值、调节精神与实践的交叉递进关系、在价值认同与思维方法的碰撞中推进设计发展的历史。”[③] 而对于中国设计而言，同样需要对“设计”本身不断的追问，不断的反思，才能对设计有更深一层的理解。而这需要以民族文化为基础，需要有敞开的胸怀和宽广的视野，需要有探索的好奇心和批判的精神。

另一方面，对于中国设计的“夹缝”境况而言，面对“地域性”与“当代性”的矛盾，更需要弥合而不是分化。“一个民族的崛起必然会带来对自己文化的重新认识，这包括对传统的重新发现，对民族文化在国际上的影响与地位重新界定。”[④] 因而中国设计的发展，从广义上而言，还包括了我们对新时代中国文化的再塑造，再定位。而对于中国以往的设计发展历程，同样需要重新认识，重新发现。面对“工艺美术”、“艺术设计”、“广义设计”，我们不能局限于狭隘的名词理解，而应该看到其历史延续性和本质层面的一致性，从而导向更加平和的心态，从统一性与整体性去认知设计。[⑤] 法国社会学家皮埃尔·布迪厄曾经提出了“开放式概念”(open concepts)的观点，他认为“只有通过将概念纳入一个系统之中，才可能界定这些概念，而且设计任何概念都应该旨在以系统的方式让他们在经验研究中发挥作用。诸如惯习、场域和资本这些概念，我们都可以给他们下这样或那样的定义，但要想这样做，只能在这些概念所构成的理论体系中，而绝不能孤立界定它们……而且，概念的真实意涵来自于各种关系。只有在关系系统中，这些概念才获得了它们的意涵。”[⑥]

---

① (美)维克多·马格林，设计问题：历史·理论·批评[M].柳沙、张朵朵，译.北京：中国建筑工业出版社，2010.259.
② 理查德·布坎南、维克多·马格林，发现设计：设计研究探讨[M].浙江：江苏美术出版社，2010.40.
③ 许平、周博，设计真言－西方现代设计思想经典文选[M].南京：江苏美术出版社，2010.6.
④ 王敏、申晓红，两方世界，两方设计[M].上海：上海书画出版社，2005.55.
⑤ 方晓风，寻找设计史，分裂与弥合——兼议“工艺美术”与“艺术设计”[A].袁熙旸，设计学论坛(第①卷)[C].南京大学出版社，2009.
⑥ (法)皮埃尔·布迪厄、华康德，实践与反思：反思社会学导引[M].北京：中央编译出版社，1997.132.

因而，一种新的“广义设计学”应该是一种生成性的思维方式，在人类文化多样性与设计多样性的视野下，它应该超越学术情景与经验领域，去主动发现文化与设计中新的连接方式或交叉领域；一种新的“广义设计学”还应该是一种批判性的思维方式，它应该具有反思的能力，甚至是跳出自身来反思自身。

2. 中国设计发展的人文环境

当今社会正在证明哲学家维特根斯坦的名言：“语言伸展多远，现实就伸展多远。”语言承载了思想，承载了信息，承载了对事物的认知。但是当下社会“语境”中的设计是什么？是设计的“庸俗化”和设计“概念”的严重匮乏。所谓“概念”的匮乏并非是缺乏文本层面的解释，而是价值观层面的概念缺失，这导致设计缺少了一种“意义系统”，缺少了“一套相互影响的价值判断方式的集成”。没有了价值观意义上的“设计概念”，在设计中就失去了真值判断的语境关系，乃至设计的概念被“虚化”和“伪化。”①

设计的发展历程表明，设计的发展是需要良好的外部“生态环境”的，建立一个良好的人文环境尤为重要。设计是公共性的，在公民社会中，设计需要被公众认知，还要被公众接受或批评。著名设计师陈绍华曾经在中央美术学院做了题为《我无话可说》的演讲，他以尖锐的方式和建设性的立场正面地提出了“中国现代设计的人文环境”问题，呼吁在社会公众中建立良好的认知、理解设计的话语氛围。② 清华大学的张夫也教授在《提倡设计批评，加强设计审美》一文中大声呼吁，“提倡设计批评，加强设计审美，在全国范围内大力展开设计批评和设计审美教育。”③ 因为“真正的社会发展，并非总是由某种发展的意志单方面能够决定的，它取决于整个社会对于发展认同的共识，只有在同一高度价值认可的水准上，也包括政府和公众在内的各个层面，各种资源，各种力量所达成的认知共同体，才是真正的社会发展本体。”④

因而，一种新的“广义设计学”应该从人类文化的“整体”角度理解设计，以更敞开的视角审视设计。通过建立一种“广义设计”的文化平台，将更多不同的设计专业乃至社会大众连结起来，从整体上提高社会大众对“设计概念”和“设计价值”的认知。

二、以往设计研究中的问题与缺陷

设计作为文化的一部分，设计的“文化语境”不但构成了一种陈述设计的文脉，更重要的是它所暗含的世界观和价值观还影响了设计活动的思想观念和思维方式。在这种语境下，以往的某些设计研究和

---

① 许平，青山见我[M].重庆：重庆大学出版社，2009.210-211.
② 祝帅，设计观点[M].沈阳：辽宁科学技术出版社，2010.193.
③ 张夫也，提倡设计批评，加强设计审美[J].装饰，2008，增刊，128-130.
④ 许平，青山见我[M].重庆：重庆大学出版社，2009.序.

设计实践难免存在阶段性的种种缺陷，并导致了设计被狭义化为一种实用的“工具”。美国南加州大学建筑学院院长马清运在《今日建筑三动向》中的描述正是当下问题的一个掠影：

> 1）千篇一律的工具主义
>
> 师承一派，使用一种教育产生的工具，一种用法，把所有的问题都能归结成一种形式，千变不离其器、其师、其具，我们已看不出哪个弟子，只看到一把刀子。
>
> 2）我行我素的个人主义
>
> 无论城市、处所，我以我的经验、意识创造我的能力可以驾驭的体系，个人色彩渗透无疑，千变不离“我”意。
>
> 3）城市都市的机会主义
>
> 假设场地的体系，虚拟城市的问题，杜撰一套生活方式和体验秩序，完成一个似乎唯一的对应空间体系。①

而针对这一现状，一种新的“广义设计学”要讨论的不仅仅是问题的“结果”，还包括构成这些问题的“前提”。

1. 文化问题：设计与“拿来主义”的“前提”

“拿来主义”作为当下接受西方文明的一种态度，广泛的体现在诸多方面。而事实上，按照文化三层说②的理论，从设计文化的何种“层次”“拿来”应该比“拿到了什么”更为重要。

由于“工具理性”思想将设计简化为一种技术性的实践活动，难免体现出一种“重技而轻道”的态度。于是西方设计的历史成为了贴满“主义”与“风格”的“标签式简化史”；于是对“新口号”和“新招数”的“猎奇”成为了某些设计师与甲方的共同情趣。这使得设计教育沦为技法上的教育，只有技法而无思想，更谈不上什么创造性；这使得设计实践成为了取悦甲方的商业服务，只有效益而无内涵，更谈不上什么文化性。

当然“道”、“器”之间的辩证关系很多学者已经有精辟的阐释，而值得注意的是“道”、“器”的相对关系亦不能超越文化比较的视野而孤立存在。从自我的角度、自我的思维去解读他者只能导致天真的“误读”。设计作为一种文化的存在，如果在“文化简化论”的视野下，很多理论是难以被真正的理解的。郝大维和罗思文认为，“在涉及世界、信仰和价值观的话语背后，存在着一些积淀与产生话语的特定语法之中的先验的预设。在历史文化研究中，惟一件比进行普适性的文化概括更加危险的事就是文化简化论。因而，我们必须仔细确认并且精细分

---

① 马清运，今日建筑三动向[EB / OL]，http://blog.sina.com.cn/s/blog_49c097a10100okrg. html.

② “文化三层说”将文化分为：形而上层次（思考活动与语言）文化、形而中层次（人群相处与沟通互动的制度）文化、形而下层次（人所使用的器物与具体可见的形式）文化。

析这些预设。”[①] 两位作者还从语言与文化的关系上剖析了英语与中文的差异性，他们认为“英语（以及其他印欧语言）是一种表达‘实在性’与‘本质性’语言；中国文言文则是一种‘事件性’的语言。进而言之，一个连读的、片段的事件世界与一个相互影响的事件世界之间显然是迥然相异的。”[②] 这些差异之所以重要是因为它们构成了我们思维中推论的前提，忽视了这些基本“预设”只能使我们迷失于“光怪陆离”的设计万象之中而“不知其所以然”，或是通过符号拼贴捏造新的中国式“语言”。

因而，一种新的“广义设计学”不能仅仅停留在对西方设计文化中“形而下”的“有形之物”的模仿上，它必须走进设计文化的深层，去关注其“精神文化”，才能从整体上了解“设计表象”的生成机制。而简单的模仿只能使设计成为“无魂之器物，无根之浮萍。”

2. 人的问题：设计“扁平化”的“前提”

“功利主义”和“工具理性”的另一个结果是设计作品的同质化，千城一面，千人一面。而这一现象的背后是“设计主体”——人的平均化。正如谢天在《当代中国建筑师的职业角色与自我认同危机》[③] 所表述的：“多元化倾向已经成为当代中国建筑设计领域的一个事实，具体体现为宏大叙事的诉求、私人话语的探索以及商业化的建筑运作。然而，表面的多元化创作和建筑领域的大规模建设最终产生的是一种有着相似面孔的建筑作品，由于这些建筑的数量之大导致了建筑的一种平均化现象。平均建筑反映的主体—人（无论是使用者还是设计者）也是一种平均的人，它表现为建筑师的认同危机。”这一危机在“现代性”的语境下体现为“硬件设施的现代化”与“人的现代化”因不平衡发展而产生的不对称性。而随着工业化社会向后工业化社会的转型，“自然与机器都已引入人类生存的大背景，社会面临的首要问题是人与人、人与自我的问题”。因此，现代性的种种因素和层面可以归结为一点：即现代性最根本的问题是“人”的现代性问题。[④] 可惜的是以往对设计“现代性”的认知由于视野狭隘，只从“器物”层次思考问题，却将设计中的“人”（设计者、使用者）的“现代性”隐匿于设计发展的背后。最糟糕的是这使得设计者和社会大众对自我、对设计活动都产生了认同上的危机。

美国社会学家阿历克斯 · 英克尔斯（Alex Inkeles）曾经在《走向现代化》和《探讨个人现代化》等著作中提出了现代化的 12 个特点，其中包括“人的现代化的问题”。这 12 个特点可以概括为三个主要方面：（一）开放性、乐于接受新事物；（二）自主性、进取心

---

① （美）郝大维、罗思文，“论语”的哲学诠释[M].北京：中国社会科学出版社，2003.21.
② （美）郝大维、罗思文，“论语”的哲学诠释[M].北京：中国社会科学出版社，2003.21.
③ 谢天，当代中国建筑师的职业角色与自我认同危机：基于文化研究视野的批判性分析[D].同济大学博士论文，2008.5.
④ 谢天，当代中国建筑师的职业角色与自我认同危机：基于文化研究视野的批判性分析[D].同济大学博士论文，2008.14.

和创造性；(三)对社会有信任感，能正确对待自己和他人。① 并且，更重要的是在“设计现代性”的语境中，在“人”、“设计”与“文化”之间，并非是一种单向度的决定关系，而是“互为主体性”的关系。而生活世界又是一个主体之间交往的空间，“一个完整的人总是处在自然、社会、他人以及心灵的自我之间的包围中。”②

因而，一种新的“广义设计”理念，应该是从“客观的对象化世界”回归到“生活世界”。也只有在生活世界中，在不同的社会和文化场域中才能更好地实现“人的观念和思维方式的现代化”，“人的行为方式的现代化”和“人的生活方式的现代化”。

3. 组织问题：设计发展的共同挑战

近代的科学世界观主要遵循的是一种以实体为中心的实体主义思维方式，在这种思维方式下，人们更关注于实体而非实体之间的关系。丹尼尔 · 惠特曼(Daniel Whitney)曾经在《哈佛商业评论》(Harvard Business Review)上发表文章反思如何将设计过程中的不同方面联系起来：“在许多公司，设计已经表现出一种带有官僚气息的紊乱状态，设计过程因为片段性、过分专业化、权力斗争、工作拖沓等因素而变得混乱不堪。”③

作为设计理论的开拓者，维克多 · 马格林非常的关注设计在社会中的影响，对于当下将设计的定义过于狭隘而造成的影响他表示非常担忧。他认为“狭义定义设计专业和它们的附属专业具有局限性，他要通过扩大设计的定义帮助设计师们找到其他办法来提出新的问题”，于是在《位于十字路口的设计》④ 中将这些观点作出了总结：

第一，“设计实践类型的传统分类方式影响了设计师现有的分类标准，因为当设计师们面对无法解决的问题时，习惯性的要回顾过去的解决办法。”

第二，在建立创新性组织方面，由于组织的专业性限制阻碍了发明能力的培养，因而如何将个人的专业知识融入团队成为了非常紧迫的问题。

第三，我们还要考虑使用者如何通过不同的设计实践领域，以不同的方式参与到设计过程中来，因而要重新思考设计教育与设计实践的内容。

维克多 · 马格林的观点表明，以往对设计的狭隘理解已经不能应对当下设计发展中出现的新的、难以解决的问题。过于狭隘的设计观念不但限制了设计活动中的创造性，也不利于创造性组织的形成，

① (美)阿历克斯 · 英克尔斯，人的现代化：心理 · 思想 · 态度 · 行为[C].殷陆君，译.四川人民出版社，1985.22-36.

② 谢天，当代中国建筑师的职业角色与自我认同危机：基于文化研究视野的批判性分析[D].同济大学博士论文，2008.274.

③ 维克多 · 马格林，人造世界的策略：设计与设计研究论文集[C].金晓雯，熊嫕，译.南京：江苏美术出版社，2009 .38.

④ 维克多 · 马格林，人造世界的策略：设计与设计研究论文集[C].金晓雯，熊嫕，译.南京：江苏美术出版社，2009.41.

更不利于社会大众对设计的广泛参与和深入理解。而只有从“个人的”和“小团体的”狭隘视角上升为从“组织”的视角考察设计在组织中的“运行状态”，才能增强设计的“合力”。

因而，一种新的“广义设计学”应该是面向生活世界并介入设计实践的探究，它应该从宏观的“合力”角度调整各种元素和关系，使其处于动态的平衡状态，而这也构成了当下设计发展的共同挑战，设计面对着全新的整合时代。

小结

中国设计发展的境况可谓“在夹缝中生存”，由于缺少对本土文化的深入理解，缺少对西方设计文化的宏观认知，使得设计研究的探索之路“步履艰难”。在设计发展的外部环境方面，由于整个社会缺少支撑设计良性生长的人文环境，使得设计的社会文化作用难以得到很好的实现。在这种“阶段性苍白”中，很大程度地体现为设计文化的“商业化”、设计作品的“扁平化”和设计组织的“平庸化”……并且，由于狭义的定义设计，使得现实教育中人文修养的薄弱，专业视野的萎缩，并日益趋向以技能教育为中心。问题的关键在于，技术化的设计教育只能解决表面的问题，对设计问题进行简单化处理，而对设计背后的、潜在的隐性问题不予深究。那么在这个过程中，设计的学习者（设计师、学生）学到了什么？是技术和程序的熟练化和效率化，从而提高了“产值”和“业务水准”，还是它背后附带而来的思维惯性、思考能力退化、敏感度的退化和视野的萎缩？假使我们不想受控于设计的复杂性，就需要设计者具有反应能力、建构能力和整合能力。

事实上，正如维克多·马格林所言，设计的广泛作用在社会上没有得到承认与专业人士的自我定位、行业内部交流成熟程度、考虑问题的眼界及行业人员进行合作的开放程度，都有密切关系。[①] 由此看来，要建构一种新的“广义设计学”，首先应该以“广义设计”的视角去“重新发现设计”。只有重新反思“设计何为”，才能重建一种新的设计定位；只有重新反思“设计者何为”，才能获得一种新的身份认同。

第二节　设计何处安放：反思设计的位置与角色

设计在大众心目中的位置如何，又在社会生活中扮演着什么样的角色？当下，设计作为一种对“人、境、事、物”的再安排，不断地改变着万物的秩序和自己的存在状态。而实质上，设计不可小视，也

① 维克多·马格林，人造世界的策略：设计与设计研究论文集[C].金晓雯，熊嫕，译.南京：江苏美术出版社，2009.42.

并非万能，设计只是人与自然之间的“中介物”，我们不能生活在一个完全被设计淹没的世界。设计应该保持人、自然、社会、文化等的有机平衡，在实践中使之相互协调、和谐发展。设计作为人类的文化活动，设计者应当继承古人的精神理想：“为天地立心，为生民立命，为往圣继绝学，为万世开太平。”而这才是设计的角色和设计之本。

一、为什么安放——设计的隐忧

在《为真实的世界而设计》(Design for the Real World,1971,1984) 中维克多 · 帕帕奈克“强烈的批判商业社会中纯以盈利为目的消费设计，主张设计师应该担负起其对于社会和生态改变的责任。”加拿大设计师戴博曼也在其著作《做好设计：设计师可以改变世界》(Do Good Design: How Designers Can Change the World, 2009) 中写道：“设计师比他们自认为得更有力量，他们的创造力装备了人类骗术史上那些最有效（以及最具杀伤性）的工具。”并且试图“凭借设计去协助修补（或摧毁）我们的文明。”两位学者对设计的批评告诉我们：身处“设计时代”的我们，对设计仍然不甚了解。所以我们应该重新认识设计，重新评估人类的设计行为，重新慎思设计在文化、生态和社会方面导致的后果。设计的社会性和复杂性意味着，世上有很多尽管我们未知，但却正在蔓延的由于不当设计而引起的“蝴蝶效应”。①

“人造世界”代表了以人为万物尺度所缔造的世界，它是西方文明的一个特色，一种用人力征服自然的一种梦想。西方文明的危机迫使人们反思这种掠夺性、扩张性的文明。而设计与工业化大生产的结合，设计与科技的联姻，伴随着科技的进步与经济的发展，设计已经成为西方文明的一种强大的自信。然而今日的“人造世界”相对于维克多 · 帕帕奈克所批判的、充满“谋杀的”世界是否有所改观呢? 美国著名女记者艾丽安 · 科恩发现“每天我们要接触上千种人造化学物质，某些甚至已经渗透到我们的身体之中，并且还要在我们的体内呆上数十年之久。”于是她试图通过一系列新型的血液监测手段，用自己的身体对这个“人造世界”做一个评估。经过全面的血液检查，结论是：她的体内充满了各种化学物质，还有很多化学物质的危害性尚不清楚。为了进一步说明，文中还列举了普遍存在于大多数产品之中的毒素见下表：

下表所列都是与我们朝夕相处的物品，而这些与我们接触的物品很多都是有毒的，尽管政府对有毒物质的监管力度越发严厉，但是“我们很难退回到一个没有化学污染的世界，我们走得太远了。”②

事实再一次证明维克多 · 帕帕奈克和戴博曼所言并非夸大其辞，

① 蝴蝶效应是说，初始条件十分微小的变化经过不断放大，对其未来状态会造成极其巨大的差别。有些小事可以糊涂，有些小事如经系统放大，则对一个组织、一个国家来说是很重要的，就不能糊涂。

②（美）科恩，你身体里藏着多少毒[J].科技新时代，2010，（1）：64－71.

生活物品所含毒素及或导致相关疾病

生活物品	所含毒素	或导致相关疾病
乳液	邻苯二甲酸酯	通常标签上都会标注为“芳香剂”的邻苯二甲酸酯会引起生殖能力障碍
咖啡机	十溴二苯醚	存在于塑料中的这种有毒阻燃剂会渗入到你喝的咖啡中
洗发水	邻苯二甲酸酯、对羟基苯甲酸酯、对二恶烷	这些添加剂与雌激素紊乱有关
老式不粘锅	全氟辛酸铵	与睾丸、肝和胰腺癌相关
肥皂	邻苯二甲酸酯、Triclocarbans（存在于抗菌香皂中）	在肥皂中找到某些化学物质与雌激素紊乱相关，可能增加出现生殖问题和癌症风险
防晒霜	二苯酮－3	通过皮肤吸收体内之后，这种化合物可能造成激素紊乱

来源：科恩，《你身体里藏着多少毒》

这些贴近每个人日常生活的例子比起宏观的环境污染统计数据更让人倍感焦虑，我们与女记者一样都成为了毒素的“寄生体”。而悖论是今日的很多设计活动，不正是在使用这些有毒材料进行设计么？不正是为这些有毒的产品设计包装和广告么？不正是用这些有毒的材料再造我们的居所么？不正是用这些有毒的材料设计成服装包裹我们的身体么？很多人追问“环境污染、办公室污染、汽车污染、大气污染、服装污染、用品污染……各种跟污染相关的新闻层出不穷，污染这么厉害，这个世界还能生活吗？”更严重的是环境问题、社会问题的日益紧迫越来越应验了维克多·帕帕奈克所讨伐的不良的设计所造成的“谋杀”，因为这些危机已经包围了我们赖以生存的一切，当然这些问题不能简单的归咎于设计师，事实上这是社会性的一种“合谋”。

所以，对于设计应归何处有必要做一个从新的评估。

二、谁来安放——设计的版图

加拿大设计师布鲁斯莫在《Massive Change》(非常巨大的变化，2004)中，从新构想了设计的版图。被誉为“设计师中的哲学家”的布鲁斯莫，非常注意社会的巨大变化给设计带来的影响。如图所示，通常在大众的意识中，设计是一种商业活动，甚至是一种比商业还小的东西。而布鲁斯莫改变了设计的位置，将关系反转，他认为设计的意义和能量远远超出了商业的范畴，设计的范围应该包括商业、包括文化、包括自然。从设计的对象和活动范围而言，布鲁斯莫的修正符合设计的发展趋势，也改变了世俗对设计的小视，这一点非常值得称道。需要进一步思考的是“大设计圈”的观念是否需要对设计有更立体的理解：按照《易经》中阴、阳两极互补的整体观念，设计是否应该包括阳性的“有为的设计”（建设性的设计）和阴性的“无为的设计”（保护性的设计），或者理解为经过甄别，“不设计”其实是最好的“设计”，而好的“设计”应该是“不为设计的设计”。那么我们除了强调设计可以改变世界的同时，还应该追问：为什么改变，为谁改变，值不值得改变的问题；是不是应该也保留一份自然，而不仅仅是一味的求新求变。更不能为了达成心中的某种理想模型，忽略一切的真实，把所有问题只通过工程技术来解决。

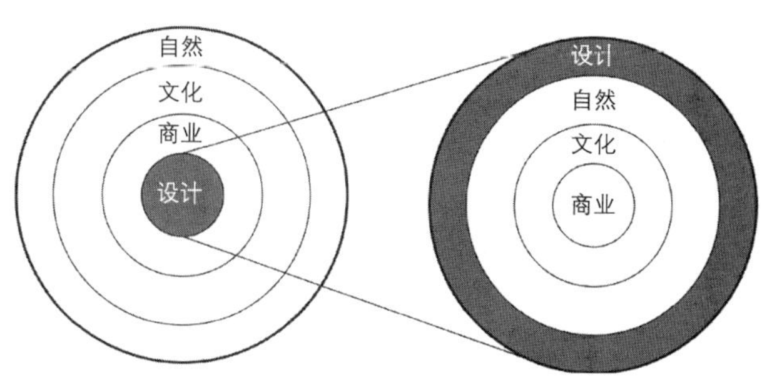

布鲁斯莫构想的设计的位置与角色，Bruce Mau,Massive Change,2004

在“2009深圳设计论坛”上，学者王列生就批评设计在我们这个时代已演绎成一个神话：设计是审美主义神话、设计是技术理性的神话、设计是消费主义神话……“我们在三个方面被卷入：第一，一切人都被卷入被信息化的社会。第二，我们被卷入一个被消费化的社会。第三，我们也越来越卷入被设计的社会，我们一方面设计别人，另一方面每个人也被别人所设计，因此就产生了现在这个社会。人们认为设计与人类社会、城市生存、人类生存是无限性的关系。”但是我们必须看到，“人类的生存不能被信息化，人类不可能走向虚拟社会。人类也不能被消费化。人类的生活也不能全部被设计。”①

如果布鲁斯莫的这种“大设计圈”还有继续发展和完善的余地，那么设计在人与自然之间到底应该扮演什么样的角色？人、境、事、物又是否必须统统归于设计的再安排？又是谁赋予了设计安排它们的权利？②

其实古代中国很早就注意到设计与人、设计与自然的关系问题，学者杭间认为庄子所说的“机心”就可以理解为今日的设计③。在《庄子·天地》中，庄子认为“机心”是有悖于自然，有悖于道的：“有机械者必有机事，有机事者必有机心，机心存于胸中，则纯白不备，纯白不备，则神生不定，神生不定者，道之所不载。”庄子所表达的是他对于自然的理解，对于事物发展动力的理解，不同于西方的定义，亦不苟同西人的造物理念。《齐物论》曰“若有真宰而特不得其朕”，郭象《齐物论注》曰：“物皆自然，无物使然。”这表明庄子所认为的事物存在与运动的原因与结果、动机与目的都并不在于其自身之外，而在于其自身之内，是其本性使然。

正所谓“境由心造，意由心生”。我们的心境如何，取决于我们

① 崔有斌，“设计之都”与都市设计[N].美术报，2010，02，(27)：34.
② 海军，现代设计的日常生活批判[D].北京：中央美术学院博士论文，2007.
③ 杭间，设计道－中国设计的基本问题[M].重庆：重庆大学出版社，2009.

观看世界的方式；我们在造一个世界出来，取决于我们自己是一个什么样的人。即使我们在选择一个物品的时候，也总是试图跟它建立一种象征关系。人既是“编剧者”又是“剧中人”，二者之间的关系是互动的：“我们先塑造了城市，然后城市又塑造了我们。”[①] 由此可见，设计如何安放的前提，不是给设计从文本上予以定义，要说明设计应于何处安放，应该回到设计的原点，要为设计正名，先为设计正“心”。

三、如何安放——为设计“正心”

设计的版图问题，表面上看是如何界定设计的活动范围，但这仅仅是一种立足设计专业本位，实践性、行业性的视野。当然设计版图的扩大，可以提高设计师的社会地位，可以使设计为更多的领域服务，但这不能仅仅作为一种改造世界的英雄主义理想。对“大设计圈”这一理念的认知，需要暂时游离设计实务，尽管难以企及老庄所谓的“道”，但至少可以从更加宏观的视野看待设计。诚如结构主义大师莫霍利·纳吉所言：“设计不是一种职业，它是一种态度和观点。”目前国内很多学者已经在以更加宏观的视野来思考设计：

> 文化意义上的“设计”并非是一种职业性的分工，它应该被解读为一种思维方式与人生态度，是一种将思考的起点与视觉的终点完美地结合在一起的一种意向与追求。（许平，2004）
>
> 设计是一种关系、格局与影响力的思考。如果全部的设计创造力都以这样的方式造物、行事、宜人、净心，那么设计或许在不远的未来讲真的不成为一种职业，而是一种文化的存在。（许平，2007）
>
> 设计其实就是人类把自己的意志加在自然界之上，用以创造人类文明的一种广泛活动。或者更为简单的话来说：设计是一种文明。（尹定邦，2008）
>
> 设计从本质上可以被定义为人类塑造自身环境的能力。我们通过各种非自然存在的方式改造环境，以满足我们需要，并赋予生活以意义。（约翰·赫斯特，2009）

由此可见，设计作为人类的创造性的行为，除了造物以外，更是一种文化，一种关于人类自身发展的态度。当然，这也符合设计发生学的认识：设计是人特有的一种技能。而人类区别于动物的地方，恰恰就在于人是需要“文化”的。

其实广义上的文化即是“自然的人化”，“文化即是人与自然的关系”。“文化的实质性含义即是‘人类化’，它是人类价值观念在社会

---

①（丹麦）盖尔，人性化的城市[M].北京：中国建筑工业出版社，2010.

实践过程中的对象化，是人类创造的文化价值，经由符号这一介质在传播中的实现过程，而这种实现过程包括外在的文化产品的创造和人自身心智的塑造。”① 基于此，我们是否可以试探性的，对设计的位置与角色作如下的理解：

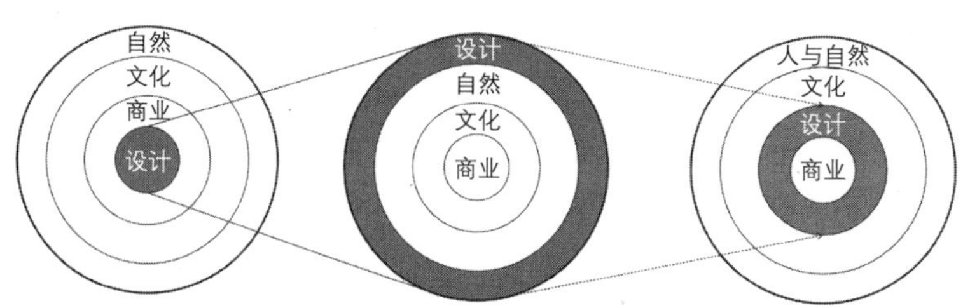

设计的位置与角色

设计作为人类的文化活动是在将自然“人化”，设计面对的首先是“人与自然的关系”。设计的实质性含义是人类价值观念在社会实践过程中的对象化。设计是人类创造的文化价值，经由符号这一介质在传播中的实现过程，而这种实现过程包括外在的文化产品的创造和人自身心智的塑造。而对于设计的位置与角色的理解，还可以从以下几个关系来分析：

首先，设计与商业的关系。设计不应该仅仅是商业的附庸，设计不仅仅是一种“活儿”，图纸也不仅仅是一种“货”。设计应该还有文化性、艺术性、社会性等多重维度，更何况经济活动本身也是文化活动。

如果仅仅是作为商业的附庸，设计必然成为消费主义的推手。这将导致严重的资源浪费和环境污染，并且将人性异化，过度消费的设计正是通过各种外观优良、功能良好、品位独特的设计品，侵蚀的将是人类无限的、贪婪的占有欲望。我们鞋柜里有多少双鞋一年到头都不曾穿过？有多少件衣服上身一次就束之高阁？有多少件家用电器买来就没怎么用过？又有多少人几个月就想换一部最新款的手机？②

其次，设计与文化的关系。设计只是广义文化的一部分，但是不能将文化吞没。很多伟大的设计都不是设计师的功劳，民居和聚落就充满了“设计的智慧”。如果以一种所谓文明的、进步的视野，用一种“国际风格”的建筑，把他们全部剔除，这本身是反文化的。

设计与文化永远都是唇齿相依的关系，而中国设计发展的瓶颈正是严重的缺乏中国文化的支撑。最近国内旅游开发中，名人故里之争的“文化啃老现象”正是一种极端的表现形式。然而对中国文化的挖掘不应该仅仅是民族符号的简单拼贴，更应该渗入到价值观念、思维

① 冯天瑜、何晓明、周积明，中华文化史[M].上海：上海人民出版社，2005.
②（南斯拉夫）德耶・萨德奇，被设计淹没的世界[M].台北：漫游者文化事业股份有限公司，2009.

方式等文化的深层内核。这需要对中国古代文化做深入的、系统性的理解，才能发现中国文化是如何达到了人与人，人与物，物与物的和谐。

其实古代的设计思想除了对“物”的“物质性”和对“人”的“动物性”的理解，还包含了一套礼仪制度，包含了一种从“人机和谐”到“人际和谐”(吕品田语)[①] 的价值取向，其实不是更人性，更科学么？面对西方强势的话语权，我们更需要对民族文化的认同和自信。这当然不是设计者的单方面责任，它需要整个社会对设计的认知与设计价值的认同。而当今文化中凸显的从“尚礼”到“尚力”的转变是非常背离中国传统文化的。[②] 当然，这里并不是说一味的继承传统，而是任何文化的所谓“创新”，起源点都是“传统”。

第三，文化与自然的关系。人与自然应该是既彼此独立又和谐共处的关系，人类的文化活动是对自然的改造，还再造出一个“第二自然”。但是，人类的改造活动，人类的“主观能动性”是需要节制的，人类不能无限制地将自然全部改造。庄子认为人在自然界中的地位无非是：“物之数谓之万，人处一焉。”

生态哲学、环境美学的兴起，预示着人类的发展需要从根本上改变其世界观和价值观。现实中所谓的生态、低碳很多还只是政治口号，为了避免污染，发达国家的策略是把高污染工业转移到不发达国家，以此来实现自己国家的清洁能源。可是太阳能电池板、电力驱动汽车这些清洁能源，在其生产过程中所带来的更巨大的环境污染，又是否是其“生态理想”的悖论呢？这倒不如说比起改变地球的命运而言，很多国家更关注低碳科技所带来的巨大经济利益。

第四，设计与人、设计与自然的关系。学者王其亨从文化学的角度，对建筑的阐释或许有助于我们理解这一关系。通过比较，他认为“建筑是人和环境的中介”。中国古代就有强烈的环境意识，建筑并非是个体的艺术，只作为人和环境的一种中介，而建筑与环境的对话正是中国古代建筑文化的精髓。反观古代其他造物之法，古代先哲又何尝不是把“天人合一”、“中和为美”作为一种标准呢？这与今天西方倡导的“生态设计”、“场所精神”、“适度设计”、“最小介入”又何尝不是如出一辙甚至更为精妙呢？我们是否可以看到他们所理解的“设计的原点”以及比设计更重要的事呢？

文化生态结构图，王其亨，《中国建筑文化概论》

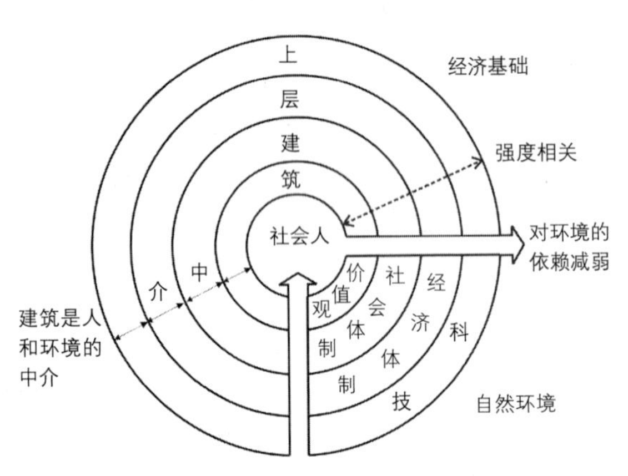

“天地无心，以生物为心。”(程明道)当然设计本身并不具有严格意义上的“人格”，本文所谓的为设计“正心”其实是为设计主体“正心”。北宋大儒张横渠有言：“为天地立心，为

① 吕品田，人际和谐——中国艺术设计价值取向冀望[J].饰，2009，(2)：17－20.
② 王文元，人类的自我毁灭－现代化和传统的殊死较量[M].北京：华龄出版社，2009.

生民立命，为往圣继绝学，为万世开太平。” 这四句话集中表现了儒者的襟怀，也最能彰显儒者的器识与宏愿，因而也可说是人类教育最高的向往。这四句话高度概括了，面对自然、面对人、面对传统、面对社会应该有的一种态度。而在物欲横流、文化断层的当今社会，期盼中国设计的崛起，期盼中国文化的复兴，需要的恰恰是这种人文精神，这才应是“设计之心”所在。

小结

通过以上讨论我们反思了设计与商业、文化、自然和人的关系。对这一系列关系的梳理有助于我们将设计放入一个具体的系统环境中来看待设计问题，而不是纠缠于文字上的理解与争辩。这有助于对设计本体论、设计伦理这些设计哲学问题的反思。

首先，是对设计本体论的反思。尽管直到今天，关于设计的本质问题已经有太多的学者总结出无数的理解。而现实中的设计，在活动中的设计并非纯粹的、理想化的。法国社会学家亨利·勒菲弗尖锐地指出了设计的这一问题所在：设计在什么地方，呈现出何种面貌，又何以如此，不仅仅是一种资格、一门技术，它是一个“过滤器，对内容进行筛选，将某些‘真实’去除，并用自己的方式来填补空白。一种严重的情况是：这种过滤行为，比那种意识形态的专业化或某一专业者的意识形态走得更远。它有抹去社会要求的危险。”[①] 如果所言确凿，那么问题是什么才是“真实”，什么应该被“过滤掉”呢？这完全取决于公众对设计的认知和设计者的立场，取决于在人们心中，设计与商业、文化、自然、人处于何种关系，又该如何处理它们之间的利益抉择。

很多人认为，设计是一种静态的知识活动。设计者会本着良好的用意把“这个世界变得像他心目中的模型去裁剪它、修整它，让复杂多变的世界现实去接近，或者去配合自己现象中的理想模型。”[②] 但是设计并非是知识的理想化形式，法国大思想家福柯就首先提出了知识与权利的一种互动与对应的关系。所以设计应该回归原点，寻找设计的本性。而老庄子所谓的“道”，并不对应于西方哲学所谓的“本体性”，而是关于“真实的真实的真实”是什么。[③] 只有将设计回归为“以人为中心”而非“以物为中心”，回归为广义文化的一部分，才能处理好天人关系，处理好“人造世界”与自然的关系，才能有利于人类的长远发展，才能从对经济规模的崇拜、对科学技术的迷信、对感官刺激的享受中解放出来。这需要大众对设计、对设计者的身份，有一个新的认知和观念上的转变。因为文化的“真实性”和多样性需要对设

---

① (法) 亨利·勒菲弗，空间与政治[M].上海：上海人民出版社，2008.

② (美) 詹姆斯·C.斯科特，国家的视角–那些试图改善人类状况的项目是如何失败的[M].北京：社会科学文献出版社，2004.

③ (美) 安乐哲，中国哲学问题[M].台北：台湾商务印书馆，1973.

计对象有深入的了解，这需要回归现实，回归生活，与现实生活对话，而不是回归某一理论或心中的理想模型或范本。因为设计者不能将自己化为上帝的化身，决定一个人的起居方式、生活方式、风俗习惯和信仰。现代的“战略策划”、“体验设计”、“交互设计”、“互动设计”、“服务设计”、“人本设计”……也正是对此的某种回应。总体而言，一国的设计应该反映的是一国的文明水平和人民生活质量。

其次，是对设计本体论与设计伦理的关系反思。学者张岱年认为："伦理学又称人生哲学，即关于人生意义、人生理想、人类生活的基本准则学说。伦理学亦可称为道德学，即研究道德的原则。"当今的设计伦理学也正是伦理学与设计学的结合。但是这还不够，在中国古代哲学中，伦理学与本体论是联系密切的："伦理学与本体论之间，存在着一定的联系。本体论为伦理学提供普遍性前提，伦理学为本体论提供具体性验证。"①所以，设计伦理仅作为一门新的研究领域还是不够的，它必须注入到设计本体论之中。设计不仅仅是技术的实践、思想的实践更是道德的实践。在这些实践过程中，需要设计主体不断的反思自己的行为，反思设计的意义，才能不背离设计之道，不损害他人的利益，达到“己所不欲，勿施于人”，达到可持续的发展。

《管子 · 正第》曰“守慎正名，伪诈自止。”为设计“正名”，可以体现出设计的“地位”和“明确设计的责任”。在西方所谓“后现代”的设计理论和设计实践的嘈杂声中，设计除了要平衡“甲方”、“设计师”、“受众”利益之外，是否还应该有摆脱“狭隘民族主义的”、“专业本位”的局限，从内心真正面对“为人类继续生存下去”的责任和理想呢。

第三，对设计方法论的反思。学者邱春林认为："考察一种文化的特质，一个重要的参数就是造物设计的理念和方法。"上文我们已经分析了设计回归文化的必要性，设计作为一种广义的文化活动，其设计方法必然受到其设计理念的影响的。中国古代文化的阴性特征更注意和谐意识和永续意识，其视野也更具整体性。“天道与人道的相互作用，形成了造物之‘理’，此理可用一个字概括，就是‘宜’。”主要包括“与物性相宜、与人相宜、与时相宜、因地制宜、与礼相宜、文质相宜。”②今天看来，这些论述仍然是十分精辟的。值得注意的是，我们与国际设计接轨的同时，是否可以保留中国古代设计的精髓？在吸取国外新思潮的同时不忘记本土原有的文化优势呢？设计绝非“无根之浮萍、无魂之器物”中国设计复兴是否该同中国文化复兴一道呢？

高更通过名作《我们从哪里来？我们是什么？我们往哪里去？》思考着哲学史上一直被关注的、人的根本问题。而设计已经高度发达

---

① 张岱年，张岱年全集（第三卷）[M].石家庄：河北人民出版社，1996.
② 邱春林，设计与文化[C].重庆：重庆大学出版社，2009.

的今天，我们是否应该追问，设计从哪里来？设计是什么？设计往哪里去呢？

第三节 广义设计学的必要性和实在性

21世纪被喻为充满危机的世纪，人类的文明位于十字路口，人类的设计也位于十字路口。人类文明的危机是：人类的发展模式已经导致了地球生态系统的严重破坏，按照现在的生产模式和生活方式至少需要十个地球才能满足人类的需求。而实质上，设计既可以用"片段化"的方式协助人类制造文明的危机，也可以用"整合化"的方式帮助我们重塑全新的生活。而这完全取决于人类看问题的高度和寻求问题解决之道的范围和视界。

一、位于十字路口的设计

现代设计的演化，使其脱离了产品"化妆师"的角色，转为全方位的"资源配置者"和"整合者"，设计的对象也不局限于有形的产品，设计作为解决问题的智慧，其实现的途径越来越多样化，它还可以是一种制度的设计，一种规则的设计，也可以是一种生活方式的设计或者一种服务的设计。但是，这条整合之路并不平坦，很多固化的思维并不容易转变，维克多·马格林在《位于十字路口的设计》中，以"十字路口"作比，来表达自己的忧虑：

"随着这些设计训练课程被划分成不同的专业科目，各个科目的实践者便会对自己以及他人从事的设计活动的重要性给予不同的评价，在他们之间建立交流的平台显得非常困难。这样，将设计作为一种广义的人类活动来讨论便会处于低层次的发展阶段。"① 并且维克多·马格林发现，当前我们从实践的角度按照最狭隘的方式把设计划分成一个个具体的专业，把有形的设计和无形的设计分隔开来，把设计的艺术方面和工程方面分隔开来。当然，从广义的角度看待设计，不是说要从新融合一个新的、复杂的、什么都是又什么都不是的职业；而是不同领域的设计师需要相互了解，需要发现领域的新问题，需要从更广泛的意义上来寻找问题解决之道。② 正如爱因斯坦所说，我们不大可能用制造危机的脑袋去解决危机。事实上，解决问题需要宽广的视角和创造力，面对工业化产生的种种问题，我们只有改变思维方式，将孤立的问题联结起来，将独立的问题放到整体的背景中看待，才能以系统的思考处理问题。因此，建立一种广义的设计观，是十分紧迫，也是十分必要的。

---

① 维克多·马格林，人造世界的策略：设计与设计研究论文集[C].金晓雯、熊嫕，译.南京：江苏美术出版社，2009.

② (美)维克多·马格林，设计问题[C].柳沙、张朵朵，北京：中国建筑工业出版社，2010.

二、广义设计学的必要性

“广义设计学”曾经在 20 世纪 80 年代引入国内，并在当时引起了设计界的极大关注，例如戚昌滋的《现代广义设计科学方法学》(北京：中国建筑工业出版社，1987)、赫伯特 · 西蒙的《人工科学》(武夷山译，北京：商务印书馆，1987)还有杨硕、徐立的《人类理性与设计技能的探索》(沈阳：辽宁人民出版社，1988)。近些年，随着国内研究者对英美设计研究(Design Research)学派的关注，从多学科的、广义化的角度来研究设计越来越受到国人重视。

值得注意的是，广义设计学不断引起大家的重视并非仅仅是学术界有研究的热情，也并不局限于设计的史论性研究，对于设计学科的发展、设计教育和设计实践等诸多方面，它都是非常必要的。因为在新的世纪，设计要肩负起改变世界的责任，我们必须面对以下三个方面的转变，并适时的改变我们对待设计的认识。

1. 设计知识：从单一学科到交叉学科，从崇尚知识到崇尚智慧。

首先，单一学科的孤立发展，不能从整体上解决问题。日本学者岸根卓郎就认为：“由于专业化(专业研究和专业教育)仅追求部分，决不能包容整体，并且仅追求部分，反而丧失整体，这是危险的”，这种专门化，必将导致“部分知识独善化”和“部分知识陈腐化”，最终引发现代科学危机(知识公害)。① 尤其是过早的强调专业化更不利于研究的深入。季羡林大师感叹道：“要求知识面广，大概没有人会反对。因为不管你探究的范围多么狭窄，多么专门，只有在知识广博的基础上，你的眼光才能放远，你的研究才能深入。”并且根据统计，从 1901 年到 2000 年，诺贝尔自然科学奖获奖者中具有交叉学科背景的比例高达 41.63%，并呈逐年上升趋势。② 当前的生态问题、城市问题更是反映出依靠单一学科远远不能解决问题的本质，仅仅通过生态科技的引进只是隔靴搔痒的“局部生态”，往往是解决了旧的问题却出现了新的问题。而只有从整体的、系统的角度出发，同时考虑到文化的生态、社会的生态并使其形成生态链、生态圈才能实现精神的、物质的、社会的有机生态和永续发展。

此外，过度强调专业化导致了人们只关注自己的领域，即便其他领域有更好的解决办法也无从知晓。MBA 课程中有一个有趣的例子，据说某知名企业引进了一条香皂包装生产线，但是常常会有盒子里没装入香皂。管理者请了一个学自动化的博士后组成了科研攻关小组，综合采用了机械、微电子、自动化、X 射线探测等技术，花了几十万，成功解决了问题。每当生产线上有空香皂盒通过，两

---

①(日)岸根卓郎，我的教育论——真·善·美的三位一体化教育[M].何鉴，译.南京：南京大学出版社，1999.

② 郝凤霞、张春美，原创性思维的源泉[J].自然辩证法研究，2001，(9)：55.

旁的探测器会检测到，并且驱动一只机械手把空皂盒推走。而中国某乡镇企业也买了同样的生产线，老板发现问题后大为恼火，找来几个小工，小工很快想出了办法：他花了 90 块钱在生产线旁边放了台风扇猛吹，于是空皂盒都被吹走了。[①] 这是一个夸张而值得反思的例子，面对同样的问题，博士后和小工人都有自己的解决方案，但是按照固化的思维模式在已有的知识经验中寻找答案却并不总是“科学”的和睿智的。过于迷信专业化往往抹杀了人的创造力和想象力，“大专家”在这个时候不一定比“小工人”更有智慧。而设计需要的是解决问题的智慧而不是验证专业知识的正确性，而右脑时代的来临正是呼唤我们应该对此觉醒。

2. 设计教育：从技术至上到生命至上，从知识工人到知识整合者。

《全新思维》的作者丹尼尔 · 平克提出决定未来竞争的六大能力：设计感、故事感、整合能力、同理心、娱乐性和寻求意义。[②] 经历了冰冷的机械时代，人们开始追求人之为人的生命意义，而对设计人才的培养同样要面对这样的转变。大科学家爱因斯坦认为教育是对“完整的人”的培养：“用专业知识教育人是不够的。通过专业教育，他可以成为一

传统知识论与建构主义知识论的比较

	传统知识论	建构主义
教学模式中心	教师传授，学习者接受知识	强调认知主体的能动性，学习者建构知识
教师角色	知识传递者	组织者、指导者、促进者
学习者角色	习得知识 知识作为信息输入、储存、提取的信息积累	创造知识 主动参与的，通过以前的经验，明对情境问题，经过协商、会话、沟通、交往、质疑，建构意义
知识观	旁观者知识观 知识就是认识者透过事物的现象把握本质	参与者知识观 对客观世界的一种解释，非最终答案，更非终极真理
知识形成机制	外部灌输	自内而外的、由认知主体主动发起的
与环境的关系	单向的，简化的，实验室化的	与环境互动双向的，复杂化的，情境化的
与实践的关系	脱离实践	实践中学习
与他者的学习	个体记忆	合作活动
培养目标范围	知识传递的效度	个人的整体发展
评价重点	学习结果	学习过程

① 蓝色创意跨界创新实验室，中国蓝色创意集团，跨界[M].广州：广东经济出版社，2008.
② (美) 丹尼尔 · 平克，全新思维[M].林娜，译.北京：北京师范大学出版社，2007.

种有用的机器，但是不能成为一个和谐发展的人。要使学生对价值观有所理解，并且产生热烈的感情，那是最基本的。他必须获得对美和道德上的善有鲜明的辨别力。否则，他——连同他的专业知识——就更像一只受过很好训练的狗，而不是一个和谐发展的人。”① 所以，一个只有专业知识的人的设计势必是干涩苍白的，也难以引起大家的兴趣和共鸣，况且一个没有责任感，对生命和生活缺乏思考的人又如何去设计安排别人的生活工具和生存环境呢？又如何去思考改变世界的方法呢？

此外，互联网络的发展使人类知识得到前所未有的传播和共享，也带来了人们知识观的变革：知识不再是一成不变的，而是动态发展的；学习的目的不再是传承知识，而是应用知识和创造新知识；学习知识的范围不再是按照学科分类的，而是跨学科的。并且设计的工作方式也从原来的按学科分类解决问题转化为跨学科的联合设计，这些变化都为设计人才的培养提出了新的要求。② 在新的时代，设计者不再是被灌输传统知识经验，并牢牢记住它们的知识工人，而是随着新问题的出现，不断主动建构自己知识结构的整合者。并且，随着计算机科学和人工智能的研究进展，很多设计软件甚至可以为设计者提供设计参考意见并优化设计方案，设计者甚至可以在屏幕上动动手指，就会生成预想的设计图纸,这也使得“知识工人”式的设计师的很多劳动，在不久的将来被计算机所取代。

3. 设计的角色：从专家主义到全民运动，从个人创作到社会事务。

从广义上而言，“设计不仅是专业人员参与的一种实践，它还是一种以多种不同方式进行的基本人类行为。”（迪尔诺特，巴克利，1989）设计发展到后现代主义阶段，已经不再是完全取决于专家与大师的决策话语，一种民主的、包容的、多方面吸纳意见的方式将取代以往集

传统人才与新人才的比较

	传统的人才	新的人才
人才类型	知识型、技巧型	能力型、素质型
学习知识的目的	传承知识	应用知识、创造新知识
学习的知识范围	按照学科严格分类的	跨学科
学习知识的内容	经典的、长久的	有用的、易过时的
获得知识的途径	灌输的	启发式的
工作方式	在各自的学科范围内工作	来源于不同背景的人组成团队在网络上工作

来源：柳冠中，《系统论指导下的知识结构创新型艺术科学人才培养》

① （美）爱因斯坦，爱因斯坦文集第三卷[M].许良英、赵中立、张宣三，编译.北京：商务印书馆，2009.

② 柳冠中，系统论指导下的知识结构创新型艺术科学人才培养[J].艺术百家，2006，89（3）：14－19.

中式的决策方式，设计师也将不再是孤立的乐手而是设计活动中的指挥者。[①]一方面，专家的视野和知识难以包括所有的设计问题，就像维克多·帕帕奈克坦言，当他在第三世界国家做设计时，他发现当地的设计师比他更了解何种材料和建造方式更加经济有效；另一方面，设计的目的也不是设计知识的一种理想化的实现，而是要回归于具体的、活生生的生活世界。就像一个城市的记忆并不是铭记某个规划大师的理念，而是市民对城市生活细节的感应。正如卡尔维诺借马可·波罗之口描述的城市与记忆的依存关系：

> 我可以告诉你，高低起伏的街道有多少级台阶，拱廊的弧形有多少度，屋顶上铺的是怎样的锌片；但是，这其实等于什么都没有告诉你。构成这个城市的不是这些，而是她的空间量度与历史事件之间的关系：灯柱的高度，被吊死的篡位者来回摆动着的双脚与地面的距离；系在灯柱与对面栅栏之间的绳索，在女王大婚仪仗队行经时如何披红结彩；栅栏的高度和偷情的汉子如何在黎明时分爬过栅栏；屋檐流水槽的倾斜度和一只猫如何沿着它溜进窗户；突然在海峡外出现的炮船的火器射程和炮如何打坏了流水槽；渔网的破口，三个老人如何坐在码头上一面补网，一面重复着已经讲了上百次的篡位者的故事，有人说他是女王的私生子，在襁褓里被遗弃在码头上。[②]

诚如结构主义大师莫霍利·纳吉对设计的广义理解："设计不是一种职业，它是一种态度和观点。"而本文也正是基于此来理解"广义设计学"的。广义设计学不是要总结一套静态的知识系统，因为知识系统需要不断地更新与重构；它也不是一种模式化的设计科学方法论，而是以宏观的视野、系统的思维、整合的态度来看待设计，它是一种对待设计的态度、一种探索设计的方式和一种有机生成的理念。广义设计学的目的是将设计放到文化和日常生活中理解，让大众和设计师通过敞开的视界理解外部世界、理解人类自身、选择生活的意义并通过设计塑造它们。

三、广义设计学的实在性

或许也有学者质疑，这种广义上的设计对具体的艺术设计是否有所助益呢？我们认为，在学习设计的过程中，除了可以掌握特有的专业语言和知识体系之外，学习行为本身，思考设计的活动本身就是锻炼自己解决问题能力的过程。以多角度、多学科的视野，放

---

①（法）马克·第亚尼，非物质设计－后工业世界的设计、文化与技术[M].滕守尧，译.成都：四川人民出版社，2004.

②（意）依塔洛·卡尔维诺，看不见的城市[M].张宓，译.南京：译林出版社，2006.

大思考设计的格局，无疑对设计思考能力是一种极大的锻炼，对设计问题本质的认知也会更有深度，对设计问题的解决方案也会更加多样化，对设计在社会生活中的真实运作也会有更深刻的认识。然而，当前的问题是“设计教育的分隔培育了因不同设计类型而不同的思维模式，他们也导致了设计定义的支离破碎、并且因此障碍了设计在社会中成为一门综合全面的学科的大胆构想”。(维克多 · 马格林，1989)然而事实上，不同的设计类型有太多的交叉点可以实现知识共享，我们完全没有必要做重复的研究或者树立知识的壁垒。况且，这样一种教育模式对设计的认知都是支离破碎的，又如何去认知完整的人，完整的世界呢?

设计大师勒 · 柯布西耶也有对设计的广义理解，他认为:“建筑，是一种心智活动，而非是一门手艺。”这意味着建筑物仅仅是通过具体的形态表达了你思考建筑的结果，而你具有什么样的心智，决定了你思考的方式，或者说预示了你思考的结论。如果说以往我们认为这种说法只是哲理性的玄思的话，那么最新的脑神经研究成果可以为这种说法提供实证性的解释。

麻省理工学院计算机神经学教授承（Sebastian Seung）研究发现，我们每个人区别于其他人的地方不在于基因不同，而在于我们每个人的脑神经网络不同。通过实验，他发现脑神经活动是思想、感觉和认知的物理基础，并且编译成我们的思想、感觉与认知。那么，我们可以说其实每一个设计者区别于他者之处也在于他的脑神经网络不同，实际上设计思想的物质载体正是每个设计者的脑神经网络。并且，承教授将神经活动比喻为“水”，将脑神经网络比喻为“河床”，来说明二者的互动关系。神经活动就如同流水一样一直在活动变化，并不静止；大脑神经网络就如同河床决定了神经活动的运行渠道。但并不是神经网络这个“河床”只能约束神经活动之“水”，而是经过长时间的神经活动，神经网络就会重塑其“河床”的形态。[①] 所以说，长期从多维的角度思考设计，对于设计师的具体工作而言，不仅具有跨学科研究设计的意义，这一活动本身还在改变设计者的脑神经网络，从而改变其设计思想。而工业时代倡导的简单化的思维方式塑造的简单化的脑神经网络，在整合时代显然难以应对复杂的世界和变动中的问题。所以，我们需要的是建立多种连结世界的方式，才能更好地连结大脑中的神经网络。这需要具有广泛的兴趣和探索的精神，才能去关心与设计相关的一切，而不是功利的区别什么是有用的，什么是无用的，其结果只能维持现有的、僵化的脑神经网络。

---

① Sebastian Seung. I am my connectome.［EB/OL］. http://www.ted.com/talks/sebastian_seung.html. 2010－9.

小结

20 世纪是左脑发达的世纪，而左脑的应用过度导致了人成为了机器。(乔布斯 Steve Jobs) 21 世纪使我们意识到世界的整体性和人的整体性。面对新世纪的危机需要群体的智慧与努力，这需要用“望远镜”预期未来并关照全局，而不是抱着“显微镜”低头赶路却忽略了不远处的陷阱。而广义设计学正是从整体的视野，多维的角度看待设计，从更广泛的角度寻找解决设计问题的方法，扩展我们看待设计的视界。它并非是一种空洞的研究，而是让我们重新塑造自己的大脑，重新看待并定义我们的生活和文明，它可以让我们以更少的能耗、更少的人力、更少对环境的破坏创造人类宜居的幸福生活。圣雄甘地曾经说：“以少得多，服务众人。”这将是广义设计学未来的设计理想。

第四节　迈向“广义设计”的实践理论

建筑师威廉 · 麦克多诺 (William McDonough) 曾经在 TED① 做过一次题名为《从摇篮到摇篮的智慧设计》的演讲，他指着一只塑料玩具鸭子的图片问道：加州政府将这只玩具贴上禁告，他们认为“此类产品含有的化学物质可能导致癌症、先天性残疾或其他生育障碍”，问题是什么样的文化会制造出这样的产品，再贴上标签卖给小孩呢？而事实上，这正是当前文化危机与设计危机的一面镜子，很多设计实践往往是以局部的商业价值为准绳，但是对潜在的系统性危机却视而不见。尽管目前“广义设计”更多是在设计研究领域被正式的探讨，当然也不乏原研哉、布鲁斯 · 莫、提姆 · 布朗等将“广义设计”作为设计思考原则的设计师，但是仍然有很多设计师仅仅是在“专业”范围内思考问题，设计产品的各种后果以及附带的环境、社会、文化责任并没有被纳入到“设计问题”的范围。

由此，我们需要对“设计研究”和“广义设计学”作出一种反思：设计研究不能只是“生产知识”，设计实践不能只是“应用知识”；“广义设计学”不能只在逻辑空间上搭建，也不能满足于“普遍性、抽象性知识的汇总”，在种种新的关系网络中，“设计研究”与“广义设计学”需要一种新的界定。

一、重新理解“设计研究”(Design Research)

“设计研究”这一提法源于 1979 年在英国发行的一本杂志的标题，它也常常用来指代一个涉及内容广泛的、新的学术领域。在设计研究的发展过程中，研究者之间的分歧主要在于：设计研究应该属于自然科学，

① TED（指technology, entertainment, design在英语中的缩写，即技术、娱乐、设计）是美国的一家私有非营利机构，该机构以它组织的TED大会著称。

还是人文社会科学；设计研究的哲学基础应该是科学主义，还是人文主义；设计研究应该是以工程为导向，还是以社会文化为导向。由于设计的复杂性，人类认知能力的局限性和逻辑的不完备性等因素，我们不大可能用一种唯一的范式去垄断设计研究这一交叉性的学科领域。随着研究人员与设计人员的分工，研究与实践出现了"分离"，很多设计研究不但滞后于设计实践，并且对设计实践的作用也并非富有成效。由于过度的商业化和理论化，在设计高校还存在着"设计研究"、"设计教育"与"设计实践"严重脱离的现象。因而我们有必要从整体的角度对设计研究作出新的解释。

1. 设计研究的概念

"设计研究"从不同的角度有很多种不同的解释。英国皇家艺术学院的布鲁斯·阿彻(Leonard Bruce Archer)教授认为，设计研究就是系统性的调查，是关于人造物和人造系统中的结构、组成、用途、价值和意义的知识。[①] 意大利米兰理工大学的曼奇尼（Ezio Manzini）教授认为：设计研究是使用设计工具、技能和感知能力所进行的研究活动；其中的"研究"是指知识的共享和积累以作为研究和项目的新起点，"使用设计工具、技能和感知能力"意指设计师解决复杂的设计问题、发现新观点和解决方案的研究活动。[②] 赫伯特·西蒙（Herbert Simon）认为可以把设计研究活动称为"研究人工物的一门新型科学"。在《设计研究的多重使命》一文中，维克多·马格林（Victor Margolin）对以往的"设计研究"定义进行了拓展，他认为设计研究是"一个涵盖所有与设计相关领域的研究，并为它定位一批概念性的术语，以成为设计领域中的'惯用词语'。"[③] 后来他将这个定义扩展为："一项可以解释的实践，以人类科技和社会科学为基础而不限于自然科学。"[④]

国内学者杨砾和徐立认为，"设计研究，简言之，无非是对广义设计的任务、结构、过程、行为、历史等方面进行研究。"[⑤] 湖南大学的赵江洪教授认为，设计研究是指描述和解释设计的研究活动，包括解释或说明设计结果（名词性）和设计过程（动词性）的外延和内涵。设计研究可以明确归纳为两个领域：一是将设计作为一个设计问题求解过程来进行研究，即设计"动词化"研究；另一个是将设计作为满足需求的一个对象物（产品）来研究，即设计"名词化"研究。设计研究包括设计行为、设计过程和设计中认知活动的分析

---

① L. B. Archer, "A View of the Nature of the Design Research" in Design: Science:Method, R. Jacques, J. A. Powell, eds.(Guilford, Surrey: IPC Business Press Ltd.,1981), 30—47. L. Bruce Archer gave this definition at the Portsmouth DRS conference.

② 刘存，英美设计研究学派的兴起与发展[M].南京：南京艺术学院硕士论文，2009.2.

③ 维克多·马格林，人造世界的策略：设计与设计研究论文集[C].金晓雯、熊嫕，译.南京：江苏美术出版社，2009.289.

④ 维克多·马格林，人造世界的策略：设计与设计研究论文集[C].金晓雯、熊嫕，译.南京：江苏美术出版社，2009. 302.

⑤ 杨砾、徐立，人类理性与设计科学：人类设计技能探索[M].沈阳：辽宁人民出版社，1988.22.

和模型构建。①

对于“设计研究”的概念概括得较为全面的是美国维基百科(Wikipedia)中的解释：设计研究是把研究运用到设计过程中，也指在设计过程中进行研究，总体来讲都是为了更好地理解和改进设计过程。设计研究的研究对象涉及所有设计领域的设计过程，因此它与一般性的设计方法或特定学科的设计方法密切相关。② 这一定义不但较好地涵盖了设计研究的内涵和外延，并且消除了设计研究与设计实践之间的对立。

2. 设计研究关心的主要问题

自然科学代表了最理想的学术活动，生物学家爱德华·O·威尔逊认为，自然科学“是收集世界的知识、并且将其浓缩成规律和法则的有组织的、系统化的事业。”③ 但是这种科学观从一开始就将科学简化为一种认知事业，却忽略了科学作为一种介入性的探索活动。这不但将文化、社会等维度统统排除在外，也割裂了科学与现实世界和日常生活的关联。倘若我们以实践的角度看，科学活动并不只是“为了知识而求知”，而是要探求何谓实在，如何认识实在，科学知识仅仅是对实在的理解和概念的凝结。

假如我们将设计研究与科学研究进行类比的话，那么设计研究作为一种实践，同样是在探求何谓设计，以及如何更好地设计。设计研究输出的成果是设计知识，但是这种知识是指向实践的，并不是“为了研究而研究”。设计研究除了可以为设计实践贡献知识或分析工具之外，还是使设计实践概念化的必要途径。因为从设计教育的角度而言，只有将设计行为转化为系统化的设计知识、设计态度和设计方法才能使设计教育超越个人经验层面而转向学术化的设计教育。另外，设计实践、设计研究和设计教育都是需要方法的，因为方法论研究的水平直接代表了一个学科的成熟和先进程度。设计学作为一个学科的存在，就要有基本的假设、概念、理论、方法和工具。而且孤立的、零散的求知行为并不能构成设计研究，只有遵循特定的认识论与方法论的体系化过程才能被认可为学术化的设计研究行为。④

对于设计研究的基础仍然是存在争议的，一种是延续“科学的”路径，以自然、社会科学的基本准则为出发点；另一种是创造知识的“设计师式”的理论途径。“科学的”路径除了前文曾提到的“设计科学”和“科学化设计”之外，土耳其伊斯坦布尔科技大学的尼根·巴亚兹（Nigan Bayazit）教授在《探究设计：设计研究四十年回顾》一文中认为，设计研究作为人文学科的一部分，它有义务去回答以下几个问题：

---

① 赵江洪，设计和设计方法研究四十年[M].装饰，2008，9：44－47.
② Design Research[EB]. http://en.wikipedia.org/wiki/Design_research.
③（德）克里斯蒂安·根斯希特，创意工具：建筑设计初步[M].马琴，万志斌，译.北京：中国建筑工业出版社，2011.20.
④ 郭湧，当下设计研究的方法论概述[J].风景园林，2011，（2）,68-71.

（1）设计研究关心人工物的物质内涵，它们是如何履行其职责的，又是如何运作的。（2）设计研究还关心如何解释人类的设计行为，设计师如何工作、思考，如何开展设计活动。（3）设计研究还关心在设计的最终，如何才能称得上完美的实现了既定的设计目标，人工物是如何实现的并如何体现了其内涵。（4）设计研究还关心结构的具体化。（5）设计研究是一个系统化的寻找和获得关于如何将设计计划与设计活动结合起来的知识。①

而事实上，设计研究是具有多重使命的，用任何一种唯一的视野判断所有问题是危险的，用任何一种唯一的方式去解决所有问题也是力所不及的，故此将上述任何一种途径判断为唯一正确的立场似乎是不恰当的。作为相互补充的两种体系，它们有各自的研究目的和解决问题的侧重点，各自有其优势和不足，有时又服务于设计实践的不同阶段。

例如，“设计科学”在建构设计知识体系方面的积极意义是不容忽视的，同时也增强了设计分析的科学性。但是这些知识对设计行为的影响却是间接的，它不能被简单提取并直接应用，它需要设计师根据具体的问题情境来重构，这些“公共知识”必须内化为“个人知识”才能从设计过程中注入设计作品。因此，假使我们想要弥合实践、研究、教育之间的隔膜，就必须在一个平等对话的平台上创造一种跨学科、跨方法论的设计研究，以此来从多元化的视角解决当下的设计问题。

“通过设计做研究”（RTD）开辟了另一个设计研究的方向并试图架构设计学自身。它将设计理解为一种过程，强调设计行为本身在研究中的角色和意义，而研究者必须懂设计并且要亲自介入。奈杰尔·克洛斯教授提出：设计应当是并列于“科学”和“艺术”的第三种人类智力范畴，并在《设计师式的认知方式》一书中形成了独立于科学和艺术的“设计学科”这一思想基础，他主张设计应该有其独特的认知对象、认知方式以及解决问题的方式。这些方式与“科学家式的”或者“学者式的”认识方式并不相同，而是“设计师式的认知方式。”在他看来这三者是有区别的：方法体系方面，“科学主要采用受控的实验、分类和分析方法；人文则主要采用类推、比喻、批评和评价；设计采用建模和图示化等综合方法。”文化价值方面，“科学的价值主要是客观、理性、中立，关注‘真实’；人文的价值为主观、想象、承诺，关注‘公正’；设计的价值为实用、独创、共情，关注‘适宜’。”②2009年布莱恩·劳森教授出版了著作《设计专长》，对“设计”及所需要的“专长”进行了研究，并概括出一些设计专长的共性。通过这些新的探索，新的设计研究范式摆脱了僵化的科学方法论，从而将科学方法、人文方法都置于设计师特有的设计专长和设计师式的思维模

① Nigan Bayazit.Investigating Design:A Review of Forty Years of Design Research.Design Issues,Vol.20,No.1,Winter 2004.

② 郭湧，当下设计研究的方法论概述[J].风景园林，2011，（2）,68-71.

式下进行跨学科的综合运用。

3. 设计研究的途径与导向

清华大学的青年学者唐林涛认为，从研究的范畴上看，设计研究存在下列的三种途径：

Research **about** design “关于”设计的研究；

Research **for** design “为了”设计而研究；

Research **through** design “通过”设计做研究。

具体而言，第一种研究主要是史论方面，再加上设计哲学或者设计教育等。尽管其输出的成果往往是文本，但是它应该是在实践的基础上进行分析、理解与思考，而不是书斋研究；第二种研究具有较强的针对性，主要是解决设计实践中提出的新问题，从设计实践的角度去生产新的设计知识，从而“以研究带动设计”；第三种研究具有一定的基础性和“实验性”，输出的成果大多是“物质性”的草模型、原理形态或结构、节点等。假如套用工科的术语，这三种类型的研究可以分别叫做“理论研究”、“应用研究”和“基础研究”。而问题的关键在于，不论是何种研究都必须建立在与实践互动的基础之上，并不是研究生产知识，实践使用知识，二者不能割裂开来。事实上，研究不仅仅是提供知识，研究本身也是在解决问题，也是一种设计，而设计实践也往往融入研究的成分，二者并不存在明显的界限。不论是“理论研究”、“应用研究”还是“基础研究”，其研究的最终目的是一致的，都是为了更好的设计。①

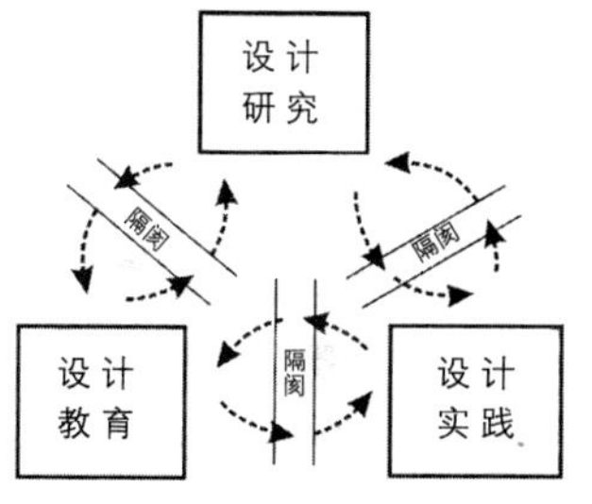

设计研究/设计教育/设计实践之间的隔阂

随着设计的发展，尽管设计实践与设计研究的对象越来越精细化，设计实践与设计研究的人群开始出现了分化，然而两者不但在设计中需要互相依靠、相互合作，而且其工作性质还具有类似性。“设计师说 Design as research（像做研究一样做设计），而设计研究者说 Research as design（像做设计一样做研究）。”实际上，设计活动中研究与实践是连续的，是一体两面的。②

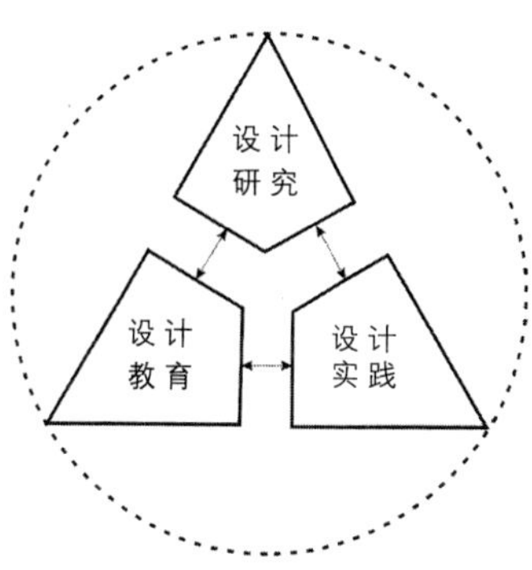

设计研究/设计教育/设计实践之间的整合

设计研究、设计教育与设计实践的整合

青年学者王效杰从设计研究管理的角度认为，“设计研究”是针对设计机构与设计项目，主要解决设计领域现实问题与预测、准备未来问题。而设计研究的主体也不仅仅是高校与研究机构，更多更现实的问题是经由市场——企业这一管道涌现出来的，从而使企业也加入了设计研究的行列。经过设计研究可以集中大家的智慧，针对现实与未来，使设计项目与设计经营更加畅通和方向明确。陈文龙的浩汉设计正是通过设计研究协助企业提高竞争力。他们以开放的态度吸收多元领域的价值观、新信息的灵感刺激与丰富的人文精神内涵，激荡出了整体设计的创意火花，使浩汉设计得以维持在设计创意与创新领域

① 唐林涛，设计研究的三条途径[A].袁熙旸，设计学论坛（第①卷）[C].南京：南京大学出版社，2009.371–374.

② 唐林涛，设计研究的三条途径[A].袁熙旸，设计学论坛（第①卷）[C].南京：南京大学出版社，2009.374.

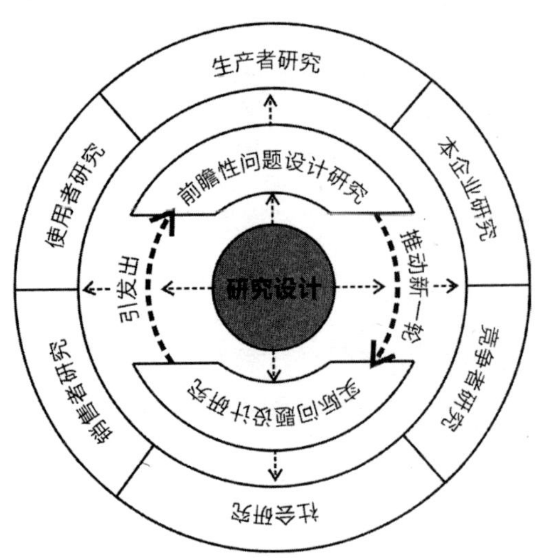

设计研究的框架，王效杰，《工业设计：趋势与策略》

的顶尖地位。①

不同形式的设计研究具有不同的研究目的、研究方法、评价标准和研究策略。企业中的设计研究针对实效，以帮助企业解决问题为目的，通过研究指明行动方向。但是面对设计中的层层问题需要认清问题的性质、有主次、有轻重、有缓急的整体把握，从方向、层次、体系方面有序的展开设计研究。② 而不同阶段、不同层级的设计研究的具体框架也是根据不同的问题属性、问题解决范围等具体条件动态建构并调整的。

由此可以看出，设计研究不应该被狭义化为理论的研究，设计研究的内涵和外延是随着设计的发展和研究者的需求和选择而不断被再建构的。随着设计概念的"广义化"，设计研究也应该呈现出多元化与开放性的特征：

第一，设计研究的导向是多元化的，不论是以工程为导向，还是以社会文化为导向都只构成了设计研究的一个向度；第二，设计研究的途径是多角度的，不论是理论研究、应用研究还是基础研究，都是设计研究的一个重要方面，缺一不可，只有消除对立，增强互动与了解才能组成完整的设计研究体系，从而在深度和广度上取得新的发现；第三，设计研究的主体是多样化的，不论是设计机构、企业中的设计研发部门、高校、研究机构等都能构成设计研究的主体，甚至任何个人也能从事不同层次的设计研究；第四，设计研究输出的结果也是多层次的，它不但解决了现实设计问题，生产出新的设计知识，创造性的新产品，还创造出一些思考设计的方式方法。

不论从广义的角度还是从狭义的角度看，研究与设计的关系既是紧密的，又是有区别的。尽管设计是人类的一种特殊智能，由人设计又服务于人，但是研究终究是分析性的，而设计却是综合性的。建筑诗哲路易 · 康曾写道："人的一切没有一件是真正'可度量的'(measurable)。人绝对是'无可度量的'(unmeasurable)，人处于'不可度量的'位置，他运用'可度量的'事物让自己可以表达。"③ 在设计过程中，设计师往往是将"不可度量"之物转化为"可度量的"，但最终还要回归到"不可度量的"整体性。是故不论设计研究如何发展，它都应该为设计服务，为人服务，而研究作为一种"手术刀式"的工具，如果用力过度或者使用不当或许就有扼杀设计生命的危险。

---

① 王效杰，工业设计：趋势与策略[M].北京：中国轻工业出版社，2009.196-197.
② 王效杰，工业设计：趋势与策略[M].北京：中国轻工业出版社，2009.198.
③（美）约翰 · 罗贝尔，静谧与光明：路易 · 康的建筑精神[M].成寒，译.北京：清华大学出版社，2010.20.

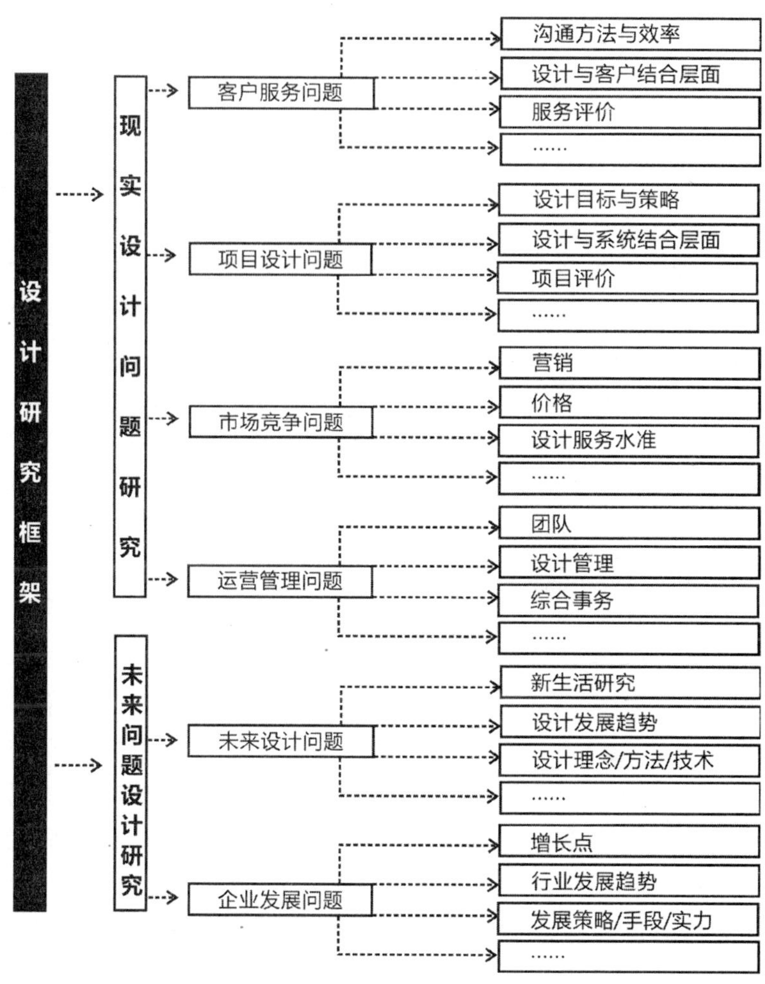

设计研究的具体框架，王效杰，《工业设计：趋势与策略》

二、重新连接“研究”与“现实世界”

早期的设计研究是按照机器时代的思维逻辑缔造的，所谓“研究”具体体现在需要从理论或者实际问题入手，系统的收集和分析数据，从而得到有意义的研究结论，而“科学”具体体现在“知识的规范化”和“形式化表达”。按照“逻辑实证主义”的科学观，设计研究被建立在可重复性、可学习的逻辑之上。设计研究需要去描述和解释设计，以解决“设计应该符合什么”的问题，并具有典型性和规范性。[①] 随着科学的发展与设计的发展，这种观念的悖论不断地受到各种挑战与修正。

1. 科学世界与生活世界的统一

“设计科学”与“设计方法运动”是将设计置身于“科学世界”，它们所理解的“广义设计学”也是透过“科学世界”看待“广义设计”的。而近代科学观视野下的“科学世界”是以简单性、普遍性、客观性和数学化为特征的，日常生活的丰富性、人类感情世界的多样性，都被

① 赵江洪，设计和设计方法研究四十年[M].装饰，2008，9：44－47.

精确的、可度量的数学性取而代之。在自然科学的客观化和数学化的过程，正是一个不可避免的排除和否定主观性、差异性、情感性世界的过程。①

以往的"广义设计学"具有视野上的局限性是因为"科学世界"所探讨的"事实"仅仅是片段化的事实。"科学被分为若干部门，是一种牵强的办法，各个不同学科，仿佛是我们对于自然界的概念上的模型的截面——更确切地说是我们用以求得一个立体模型观念的平面图。一个现象，可以从各个不同的观点来观察。一根手杖在小学生眼里，是一长而有弹性的棒杆；自植物学者看去，是一束纤维质及细胞膜；化学家认为是复杂分子的集体；而物理学家则认为是核和电子的集合体。神经冲动，可以从物理的、生理的或心理的观点来研究，而不能说某一观点更为真实。"② 尽管科学知识的力量是惊人的，但是这些作用也表明，"从一个有限的视角获得的众多知识可能是意见十分危险的事情。"③ 面对复杂的、真实的世界，我们需要一种更加整体的认识论，也需要从更加多元的角度去处理问题。

2. 自然世界、社会世界、人文世界的统一

无疑我们生活在一个高度复杂的世界，但是我们头脑中对这个复杂世界的图像却完全依赖于我们对它的"已有的认识。"抛弃掉已有的认识，我们将失去对世界起码的想象和认知能力。我们作为世界的"立法者"，我们所谈论、所栖居、所体验、所改造、所恨或所爱的世界本身只能是"人的"或"人文"的世界（整体世界的统称）。④ 而设计也正是存在于这个整体世界之中，而不应该存在于被简化的、被遮蔽的世界。

对于整体世界的认知与分析，中国古代曾经通过"天"、"人"关系来建构中国思想的本体论。在西方也曾经对"自然世界"、"社会世界"与"人文世界"这种"三分"关系作出了长久的探讨。北京师范大学的石中英教授认为，所谓"自然世界"是由纯粹的自然事实和事件所构成，在人的因素介入之前由"盲目的"自然力量所支配，在人的因素介入之后成为了"人化的自然"，自然规律制约着人的主体性实践。所谓"社会世界"是在"自然世界"基础上建立起来的新世界，由各种社会事实或事件所构成，社会价值规范作为"社会世界"的核心制约着人的社会实践。所谓"人文世界"是在"社会世界"基础上所建立起来的一个新世界，或者说是在"社会世界"之中建立起来的一个新世界，它是由"社会价值"以及对这种价值进行总体反思和体验所形成的"意义"所构成。在"人文世界"中"意义"是核心的要素，"人文世界"还具

① 李建盛，艺术·科学·真理[M].北京：北京大学出版社，2009.195.
② （英）W.C.丹皮尔，科学史及其与哲学和宗教的关系[M].南宁：广西师范大学出版社，2007.449.
③ （美）理查德·塔纳斯，西方思想史[M].吴象婴等，译.上海：上海社会科学院出版社，2007.482.
④ 石中英，知识转型与教育改革[M].北京：教育科学出版社，2007.264.

有强烈的“历史性”、“个体性”和“主观性”。[①]

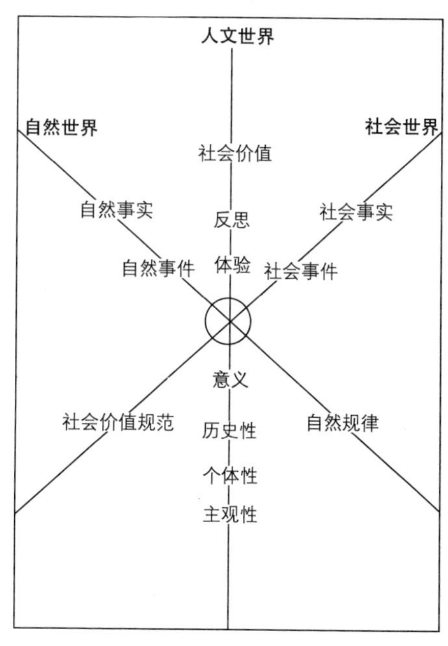

自然世界、人文世界、社会世界的统一

尽管“自然世界”、“社会世界”与“人文世界”之间的逻辑关系和现实关系还有待进一步的论证，但是假使按照这种“三分”世界，以往的“广义设计学”所面对的世界仅仅是整体世界的一个方面，不但过度的强调了“自然世界”,还与其他“世界”对立起来。赫伯特·西蒙的“设计的科学”、富勒的“设计科学”更多关照到经过简化的、平面化的、一维的“自然世界”。而悖论是西蒙曾经在《人工科学》中将设计定义为“恶性问题”，就意味着在设计中不能由局部的性质推论出整体的性质，并且旧问题的解决往往又带来有待进一步解决的新问题。那么只局限于“科学世界”来解决所有的设计问题本身就是值得怀疑的。对于西蒙所提出的严谨的“设计的科学”，马瑞佐·维塔认为，任何实践方法和目标都以其功能性领域之外的价值为条件。他认为，设计文化不仅包括了有用物的生产，也包括了它们的销售和消费。设计文化包含了“在设计有用物时应该考虑的科学、现象、知识、分析手段和哲学的全部，因为这些物品是更加复杂和难以琢磨的经济、社会模式的语境下生产、销售和使用的。”尽管赫伯特·西蒙通过《人工科学》将设计“广义化”并建立起不同类型的设计之间的联系，但是我们不能假定一种单一的模式能定义每一个人的设计过程。[②]对于地方性、个人性、情景化的设计问题同样是不可以忽视的。

维克多·帕帕奈克曾经呼吁设计师应该为真实的世界而设计，这需要我们走进现实世界，走进生活去发现设计的需求，去承担设计师的社会责任,而不是狭义的关注于孤立的物品与技术。“广义的设计”作为一种连接“人”、“境”、“事”、“物”的方式，作为使“自然世界”、“社会世界”与“人文世界”契合在一起的媒介，应该不仅仅是专业人员参与的一种实践，它还是一种以多种不同方式进行的基本人类行为。[③] 并且“广义设计”中意义的问题不能兑换为价值问题，意义需

① 石中英，知识转型与教育改革[M].北京：教育科学出版社，2007.273-274.
② (美)维克多·马格林，设计问题：历史·理论·批评[M].柳沙、张朵朵，译.北京：中国建筑工业出版社，2010.4-5.
③ (美)维克多·马格林，设计问题：历史·理论·批评[M].柳沙、张朵朵，译.北京：中国建筑工业出版社，2010.26.

要的匮乏不能由价值需要弥补，而“人文世界”的危机也不可能通过“社会世界”的重建得以解决。因而，只有将“广义设计学”回归到整体的世界中，才能不仅仅关注设计的“事实”，而是将设计的“事实”、“价值”与“意义”统一起来。

3. 心之轴、感性轴、理性轴的统一

设计作为改造世界并改变人类自身的活动，不但要统合“外在世界”，还要统合“内在世界”，才能进一步实现“个人”与“世界”的契合。就像深泽直人所言，设计是我们感知和观看世界的方式，通过设计我们可以扩展既有的感知领域和观看方式。① “外在世界”可以理解为：由“自然世界”、“社会世界”与“人文世界”契合在一起的“完整世界”；“内在世界”可以理解为：由“心之轴”、“感性轴”、“理性轴”② 三位一体的“完整世界”。③ 而设计行为必须要建立在人与物，人与环境的关系之上，亦即在“外在世界”与“内在世界”交互活动中不断创新。并且，“‘设计’具有一种特性，只能借由实际经验才能理解；无论如何精确的掌握设计的理论，若无法在行为上开花结果，就不具有任何意义。因为，必须将身体感官的经验注入理论，才能够确实明了所谓设计这种行为。”④ “广义设计学”为了实现新的整合，必须重新建构新的关系，在这些关系中重新思考设计。对于主观与客观，理论与感性，心灵与身体，人与环境，人与物等问题也必须摆脱非此即彼的二元哲学，去掉固有的成见与预设。

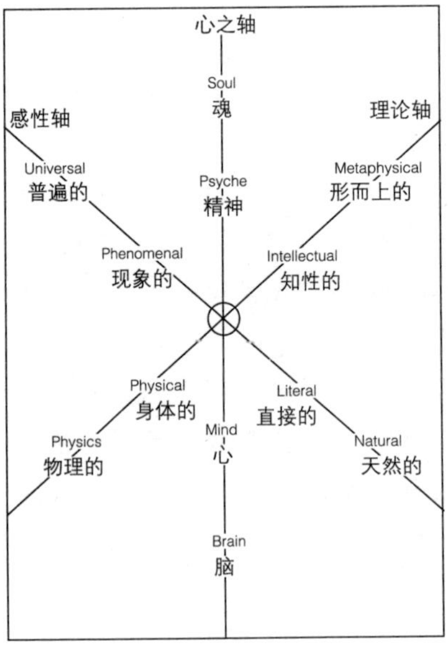

心之轴、感性轴、理论轴的统一，后藤武、佐佐木正人、深泽直人，《不为设计而设计，最好的设计》

此外，之所以强调“内在世界”的整合还在于辩证地看待“个人知识”与“公共知识”的关系。当设计被作为一个学科的时候，就势必会忽略其个人性与特殊性，转而强调普遍性。为了将设计的经验与理论的可表述、可解释、可传授，设计行为和设计研究会转化为“显性”的公共知识，而设计中却存在大量“隐性的”的波兰尼所谓的“个人知识”。路易·康“将能产生此个人之知的器官称为‘心.’（mind），而让人

①（日）后藤武、佐佐木正人、深泽直人，不为设计而设计，最好的设计：生态学的设计论[M].黄友玫，译.台北：漫游者文化出版社，2008.281.
②（日）后藤武、佐佐木正人、深泽直人，不为设计而设计，最好的设计：生态学的设计论[M].黄友玫，译.台北：漫游者文化出版社，2008.274.
③ 当然，这里所阐释的“内在世界”和“外在世界”仅仅是一种关系模型，并不是等同于真实世界的镜像。
④（日）后藤武、佐佐木正人、深泽直人，不为设计而设计，最好的设计：生态学的设计论[M].黄友玫，译.台北：漫游者文化出版社，2008.12-13.

获得知识的是脑(brain)。”他认为：“心和脑大不相同，脑只是一件工具，而心是独一工具……心所带来的是‘非度量的’(unmeasurable)，而脑能做的是‘可度量的’(measurable)，两者的差异如昼夜之别，如黑白之分。”① 故此，每个设计师不同于他者之处并不在于“可度量”，可沟通的“公共知识”，而是来自内心，来自直觉，来自顿悟的“个人知识”。格里高利·贝特森认为：“当我们骄傲地发现自己找到了一种新的、更加严格的思想或者表达方式的时候……我们就失去了思考新想法的能力。”② 故此，设计是存在于“规范”与“自由”之间的张力中，设计中只有“适宜”，而没有绝对的好与坏或高级与低级。

三、重新理解“广义设计学”

1. 设计研究与广义设计学

尽管“广义设计学”作为一个专门的概念进入到国内设计学界的视野始于赫伯特·西蒙，但是随着设计研究的进展采用多学科的视角扩大设计研究的范畴已经得到了以下的共识：

第一，设计是作为文化和日常生活的核心而存在于这个世界上的，设计在个体、社会、文化、生活中广泛存在。

第二，设计含义解读的可能性引发了关于设计的众多不同概念与阐释。关于设计定义与含义的争论，逐步地扩大了学科的范畴，展现出设计产品的新面貌，并且为设计实践及其作用的研究提供了可供选择的研究方法。

第三，尽管对于设计的具体学科问题还未有定论，但认识到设计是一门跨学科、跨方法论的学科，是进行这方面研究的认知基础。

第四，设计是一个具有争议性原理与价值的学科领域。

对以上问题的研究影响了对设计潜力的整体理解，影响了公共意识、设计观念、设计教育的发展，设计专业化的发展，也影响了设计研究新兴领域的设计研究调查。③

而基于这种认知与国内设计发展的现实问题，我们也可以对应的得出一些新的认知：

第一，在思维方式上，一种新的“广义设计学”应该体现出生成性、关系性和批判性，而不是本质主义的思维或实体主义的思维。基于设计的复杂性和变动性，使得解释设计本身都异常的困难。设计作为一种用变化的眼光看待世界的方法，在人类文化多样性与设计多样性的视野下，它应该超越学术情景与经验领域，去主动发现文化与设计中新的连接方式或交叉领域，它还应该具有反思的能力，甚至是跳出自身来反思自身。

---

① 王维洁，路康建筑设计哲学论文集[C].台北：田园文化事业有限公司，2010.77.
② (德)克里斯蒂安·根斯希特，创意工具：建筑设计初步[M].马琴，万志斌，译.北京：中国建筑工业出版社，2011.20.
③ (美)理查德·布坎南、维克多·马格林，发现设计：设计研究探讨[M].周丹丹等，译.南京：江苏美术出版社，2010.4-6.

第二，在整体观念上，一种新的“广义设计学”应该体现出整体性和开放性。它应该从人类文化的“整体”角度理解设计，以更敞开的视角审视设计。通过建立一种“广义设计”的文化平台，将更多不同的设计专业乃至社会大众连结起来，从整体上提高社会大众对“设计概念”和“设计价值”的认知。

第三，在文化观念上，一种新的“广义设计学”不能仅仅停留在对西方设计文化中“形而下”的“有形之物”的模仿上，它必须走进设计文化的深层,去关注其“精神文化”,才能从整体上了解“设计表象”的生成机制。而简单的模仿只能使设计成为“无魂之器物,无根之浮萍。”

第四，在世界观上，一种新的“广义设计学”，应该从“客观的对象化世界”回归到“生活世界”。也只有在生活世界中，在不同的社会和文化场域中才能更好地实现“人的观念和思维方式的现代化”，“人的行为方式的现代化”和“人的生活方式的现代化”。

第五，在知行观上，一种新的“广义设计学”应该是面向生活世界并介入设计实践的探究，它应该从宏观的“合力”角度调整各种元素和关系，使其处于动态的平衡状态。

同复杂性思想研究一样，在国外的设计研究历程中，很多研究尽管没有直接使用“广义设计学”这一称谓，但是实际上已经取得了很多的研究成果。“广义设计学”作为设计研究的一部分，是以“广义设计”为认知基础，在更深层次发掘设计的潜力，以更多维度加深对设计的理解，以更包容的心态建立设计活动与其他学科的联系，以更开放的姿态去建立设计与现实生活世界的联系。正如布迪厄的实践社会学一样，它是一种“做法”而非“作品”。“广义设计学”并不是试图抽象出一个简单性的关于所有设计的教条，而是基于对“广义设计观”的认知去解决复杂莫测的设计问题。“广义设计”作为一种设计活动和研究活动，其最终目的是从整体的高度，“和而不同”的方式，实现更好的设计。正如吴良镛先生在《世纪之交的凝思：建筑学的未来》中所总结的，“一致百虑，殊途同归”。

2. 设计学与广义设计学

一种新的“广义设计学”并非是对传统设计学的否定，也不是简单地将“设计学”的研究范围扩大化而沦为泛泛的空谈。“广义设计学”不仅仅是一种人文理想,它是具体的、可操作的。在很多学科领域都有“广义”和“狭义”的定义,如“广义的建筑学”重在宏观层面,关注于整个社会的、文化的、政治的和组织方式的问题；“狭义的建筑学”重在微观层面，关注风格、技术等问题。随着设计实践和设计教育的发展，纯粹以技术的角度理解设计越来越受到质疑，这也促使国内的设计教育和设计研究也开始走向将“设计”概念广义化的探索。

1989 年，吴良镛先生曾经提出了“广义建筑学”，他认为新时代要求我们扩大建筑专业的视野与职业范围，强调“整体的观念”

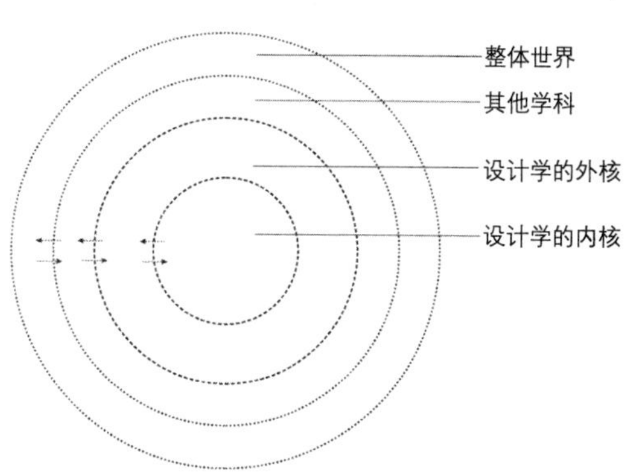

广义设计学研究的范围

分析与综合辩证统一，将传统建筑学展扩为全面发展、兼容并包的、开放的“广义建筑学”。[①] 2000年，张永和回国后成立了北京大学建筑学中心，从他起草的建筑学研究生教学提纲中，也可以看出设计教育思想的某种转向。张永和将教学分为两个方向，一个是“建造的研究：基本的，物质的，微观的，纯建筑学的”，另一个是“城市的研究：宏观的，社会性的建筑学。”[②] 尽管这个框架代表了张永和个人对建筑的理解，但是目标明确，可操作性强，同时还与其成立的“非常建筑”工作室的实践态度相对应，构成了一个完整的系统。在《第三种态度》一文中，张永和将这种研究方式与“立场”、“策略”和“概念思维”有机的契合在一起，成为他的“第三种态度”——批判性的建筑实践。假如借用他的思考方式，我们可以认为，在“广义设计”的研究中，对待“广义设计”的态度决定了立场，在立场的基础上才会有工作时的方向和方式上的决策。在设计实践中，立场和策略把设计的沟通放在讨论问题或思想的基础上，明确立场是试图回答为什么做设计的问题，制定策略是试图宏观地回答如何做好设计的问题，设计师在立场和策略的基础上做具体的设计决定的过程，即试图做微观的回答如何做设计的问题。在设计实践中，设计与研究的关系不是线性的，可能是同时进行，并互为工具，也就是说，研究是连续的，如同概念思维，也贯穿设计的每个阶段。[③] 张永和正是通过整套系统的建立，实现了他作为设计师在各种错综复杂的关系网络中如何批判性的实践。

一种新的“广义设计学”并非只关注“宏观层面”，或试图瓦解设计学科自身，它与传统设计学的区别在于研究的视角和对边界的认识。尽管设计学是一个交叉性、边缘性的学科，但是设计仍然是有其特有的研究对象的，“体系”的存在是设计学的主要标志。所谓“体系”就是采用专门术语和规范的一套完整的研究框架和研究方法，但是这一“体系”只存在于设计学内核，设计学的外核则没有，这也造成了设计学内部的分裂。建筑理论家戴安娜·阿格雷丝特认为，“体系”的定义是涵盖了其包容与排斥或约束的对象，对“体系”的再定义可以解决存在的分裂与学科危机。[④] 而一种新的“广义设计学”所关注的不仅仅是“实体性”的设计学的内核或

① 吴良镛，广义建筑学[M].北京：清华大学出版社，1989.
② 谢天，当代中国建筑师的职业角色与自我认同危机：基于文化研究视野的批判性分析[D].同济大学博士论文，2008.48.
③ 张永和，建筑名词：张永和的作文本[M].台北：田园城市文化事业有限公司，2006.257-264.
④ 谢天，当代中国建筑师的职业角色与自我认同危机：基于文化研究视野的批判性分析[D].同济大学博士论文，2008.50.

北京大学建筑学院建筑学研究中心研究生教学提纲

方向		具体内容		备注
纯建筑学	建造的研究（微观）	形式的研究	材料、建造、结构与形式的关系	在房屋技术的支持下，探索建筑设计的规律，人与自然的关系
		形态的研究	空间、材料等	
		建构的研究	建筑语言、真实性	
		建造传统的研究	传统营建方法的当代应用	
		生态因素的研究	材料的再利用、传统的生态技术	
		结构体系的研究	混凝土砌块承重墙、夯土承重墙等	
		围护体系的研究	保温隔热、采光遮阳等	
社会性的建筑学	城市的研究（宏观）	密度	建筑、街道、商业的密度	是具体的而非抽象的城市生活与城市空间，关注人与社会的关系
		步行与生活质量的关系	作为城市空间的街道与漫游的关系	
		城市交通与商业的关系	作为城市景观的商业	
		住宅	包括大院、小区的性质与城市的关系	
		城市形态	当代和传统的城市形态；环状城市、带状城市等	
		垂直城市	城市空间的竖向分层以及层与层之间的关系	
		城市生态环境	城市与自然地貌的关系	
		全球化城市	城市秩序对都市建筑的影响	
		中国城市的个案研究	北京、上海、深圳、广州等城市	
		东南亚城市的个案研究	新加坡、曼谷、东京等	

来源：张永和，《北京大学建筑学研究方向（提纲）》

外核，而是将设计理解为内在于社会、文化的人类实践活动，它的视野是在“微观”与“宏观”之间流动的，它所关注的是如何在整体的网络中把握总体的关系。

小结

随着人们对复杂性的认知不断深入，一切人、地、事、物都被紧密地联系在一个复杂的“网络”之中，而一切设计也应该由“平面的”逻辑世界转向更加“立体的”生活世界。设计者与研究者也应该从原有的二元对立的“单向逻辑”转化为“双重逻辑”：一方面关注“外在的”、宏观视野中的设计；一方面关注“内在的”、微观视野中的设计。“外在”

的立场因为可以保持批判的距离而使设计获得一种开放性与鲜活性；“内在”的立场因为可以保持实践感而使设计获得一种具体性与现实性。只有从“大处着眼，小处着手”，才能去发现，去解决事关人类生存与发展的设计问题。而一种“双向的逻辑”应该以实践的方式，介入的姿态，在“宏观”与“微观”，“外在”与“内在”，“广义”与“狭义”之间“互动”、“游走”，在现实生活中整合。假如我们借用人类学家王铭铭对于中国“西方学”的观点，我们就可以这样理解广义设计学和人类设计文化：“无论在中国，还是在‘非中国’，一个群体，一个民族，若要成其社会，成其文化”，成其设计，“则都必定有其超越‘自我’且内在于‘自我’的‘他者’存在。”①

本章结语

我们的一切生活无一不被打上了“设计”的烙印，设计已经成为了文化和日常生活的核心而存在于这个世界上。所以，我们需要“从设计实践的狭窄概念界定中跳出来，站在文化的与哲学的角度来审视……如果不将设计实践与当代文化语境的问题结合起来思考，它的概念是得不到充分而恰当的理解的。”② 当然，从文化和哲学的角度审视设计，不是说游离于设计实践而自说自话，而是将设计理论和设计实践从整体的角度整合起来，探索一种新的“契合”方式。正如哲学家艾伯特·伯格曼所说，设计的职责是要将世界“契合”（engagement）在一起，即“维系人类与现实之间的对应关系。”并且只有从多学科的视角，才能使人们更好的理解从工业时代到后现代这一过渡期内设计的新发展。随着逻辑原则的失落和对多样性的认知，一种单一的声音和视角越来越难以包罗设计的方方面面，越来越受到人们的质疑。这些声音都表达了扩大设计的讨论范围，从不同学科，不同立场，不同角度来探讨设计的重要意义，从广义的角度研究设计成为当下设计研究的中心议题。

受到近代表象主义科学世界观的影响，以往的“广义设计学”都是建立在“设计科学”的框架内的，这种研究范式至今仍然有效，但是并不能解决当今涌现的难以解决的新问题。并且近代科学世界观导致的科学危机和文化危机已经迫使西方社会反思以往的哲学观，“现代西方哲学主张理性应回归人的生活世界，将人的生活世界视为科学世界的意义源泉，以此来重建人类的意义世界和精神家园。”③ 面对中国社会人文精神的缺失或萎靡，我们就更需要“自然世界”、“社会世界”、“人文世界”的新统一。“人文世界”作为总体世界的“灵魂”，由“意义问题”

---

① 王铭铭，西方作为他者——论中国“西方学”的谱系与意义[M].北京：世界图书出版公司北京公司，2007.168-169.
② （美）理查德·布坎南、维克多·马格林，发现设计：设计研究探讨[M].周丹丹等，译.南京：江苏美术出版社，2010.1.
③ 王攀峰，走向生活世界的课堂教学[M].北京：教育科学出版社，2007.4.

和“意义危机”所导致的“人文世界”的破碎和萎靡必然导致整个人类总体世界的分裂与塌陷。意义的失落已经成为个体与整个现代人类社会种种“病态”和“荒谬”的总根源。① 作为人文学科的“设计研究”必须以“设计”为媒介介入到这种“人文世界”的重建中。

因而，必须重构一种新的“广义设计学”，它所面对的是“自然世界”、“社会世界”与“人文世界”“三位一体”构成的人类总体世界，它通过设计将“事实”、“价值”与“意义”契合在一起，将人类行为与现实世界契合在一起。

参考文献

[1]（美）维克多 · 马格林，人造世界的策略：设计与设计研究论文集 [C]，金晓雯、熊嫕，译 . 南京：江苏美术出版社，2009.

[2]（美）维克多 · 马格林，设计问题 [C]，柳沙、张朵朵，译 . 北京：中国建筑工业出版社，2010.

[3]（日）岸根卓郎，我的教育论——真 · 善 · 美的三位一体化教育 [M]，何鉴，译 . 南京：南京大学出版社，1999.

[4] 郝凤霞、张春美，原创性思维的源泉 [J]，自然辩证法研究，2001，（9）：55.

[5] 蓝色创意跨界创新实验室，中国蓝色创意集团，跨界 [M]. 广州：广东经济出版社，2008.

[6]（美）丹尼尔 · 平克，全新思维 [M]，林娜，译 . 北京：北京师范大学出版社，2007.

[7]（美）爱因斯坦，爱因斯坦文集第三卷 [M]，许良英、赵中立、张宣三，编译 . 北京：商务印书馆，2009.

[8] 柳冠中，系统论指导下的知识结构创新型艺术科学人才培养 [J]，艺术百家，2006，89（3）：14 — 19.

[9]（法）马克 · 第亚尼，非物质设计—后工业世界的设计、文化与技术 [M]，滕守尧，译 . 成都：四川人民出版社，2004.

[10]（意）依塔洛 · 卡尔维诺，看不见的城市 [M]，张宓，译 . 南京：译林出版社，2006.

[11] Sebastian Seung. I am my connectome.[EB/OL]. http://www.ted.com/talks/sebastian_seung.html. 2010 — 9.

[12]（美）科恩，你身体里藏着多少毒 [J]，科技新时代，2010，（1）：64 — 71.

[13] 张永和，物体城市 [Z]，桂林：广西师范大学出版社，2004.

[14] 崔有斌，“设计之都”与都市设计 [N]，美术报，2010，02，(27)：34.

[15] 海军，现代设计的日常生活批判 [D]，北京：中央美术学院博士论文，2007.

[16] 杭间，设计道—中国设计的基本问题 [M]，重庆：重庆大学出版社，2009.

[17] 孙邦金，《庄子》的“自然”概念及其意义 [J]，温州师范学院学报（哲学

① 石中英，知识转型与教育改革[M].北京：教育科学出版社，2007.278.

社会科学版)，2006，(6)：49 — 55.
[18]（丹麦）盖尔，人性化的城市 [M]，北京：中国建筑工业出版社，2010.
[19] 许平、周博，设计真言—西方现代设计思想经典文选 [M]，南京：江苏美术出版社，2010.
[20] 冯天瑜、何晓明、周积明，中华文化史 [M]，上海：上海人民出版社，2005.
[21]（南斯拉夫）德耶 · 萨德奇，被设计淹没的世界 [M]，台北：漫游者文化事业股份有限公司，2009.
[22] 吕品田，人际和谐——中国艺术设计价值取向冀望 [J]，饰，2009，(2)：17 — 20.
[23] 王文元，人类的自我毁灭—现代化和传统的殊死较量 [M]，北京：华龄出版社，2009.
[24]（法）亨利 · 勒菲弗，空间与政治 [M]，上海：上海人民出版社，2008.
[25]（美）詹姆斯 · C. 斯科特，国家的视角—那些试图改善人类状况的项目是如何失败的 [M]，北京：社会科学文献出版社，2004.
[26]（法）马克 · 第亚尼，非物质设计—后工业世界的设计、文化与技术 [M]，成都：四川人民出版社，1998，2004.
[27]（美）安乐哲，中国哲学问题 [M]，台北：台湾商务印书馆，1973.
[28] 张岱年，张岱年全集（第三卷）[M]，石家庄：河北人民出版社，1996.
[29] 邱春林，设计与文化 [C]，重庆：重庆大学出版社，2009.
[30] 唐林涛，设计研究的三条途径 [A]，袁熙旸，设计学论坛（第①卷）[C]，南京：南京大学出版社，2009.
[31] 谢天，当代中国建筑师的职业角色与自我认同危机：基于文化研究视野的批判性分析 [D]，同济大学博士论文，2008.
[32] 吴良镛，广义建筑学 [M]，北京：清华大学出版社，1989.
[33] 张永和，建筑名词：张永和的作文本 [M]，台北：田园城市文化事业有限公司，2006.
[34]（日）后藤武、佐佐木正人、深泽直人，不为设计而设计，最好的设计：生态学的设计论 [M]，黄友玫，译 . 台北：漫游者文化出版社，2008.
[35] 石中英，知识转型与教育改革 [M]，北京：教育科学出版社，2007.
[36]（美）理查德 · 塔纳斯，西方思想史 [M]，吴象婴等，译 . 上海：上海社会科学院出版社，2007.
[37]（英）W.C. 丹皮尔，科学史及其与哲学和宗教的关系 [M]，桂林：广西师范大学出版社，2007.
[38] 李建盛，艺术 · 科学 · 真理 [M]，北京：北京大学出版社，2009.
[39] 王效杰，工业设计：趋势与策略 [M]，北京：中国轻工业出版社，2009.
[40]（法）皮埃尔 · 布迪厄、华康德，实践与反思：反思社会学导引 [M]，北京：中央编译出版社，1997.
[41] 王敏、申晓红，两方世界，两方设计 [M]，上海：上海书画出版社，2005.

[42] 方晓风，寻找设计史，分裂与弥合——兼议“工艺美术”与“艺术设计”[A]，袁熙旸，设计学论坛（第①卷）[C]，南京大学出版社，2009.
[43] 许平，青山见我 [M]，重庆：重庆大学出版社，2009.
[44] 张夫也，提倡设计批评，加强设计审美 [J]，装饰，2008，增刊，128 — 130.
[45]（美）郝大维、罗思文，“论语”的哲学诠释 [M]，北京：中国社会科学出版社，2003.
[46]（美）阿历克斯 · 英克尔斯，人的现代化：心理 · 思想 · 态度 · 行为 [C]，殷陆君，译 . 四川人民出版社，1985.

第四章　复兴与统合：设计·艺术·科学的合力

在科学中，我们所遇到是论证经验并发展概念来概括这些经验的系统协作，其做法就如同把石头搬来并垒成一个建筑一样；而在艺术中，我们所遇到的却是更加直觉地唤起情感的个人努力，这种情感使我们想到自己的处境的整体。……正像“真理”一词一样，知识的统一性问题显然包含着歧义性。事实上，在精神价值和文化价值的问题上，我们也会想起和一种恰当的平衡有关的那些认识论的问题，这种平衡存在于我们企图得到一种无所不包的看法来看待千变万化的生活的那种欲望和我们以一种逻辑上合理的方式来表达我们自己的那种能力之间。

——波尔

艺术与科学提供了不同的人类经验层面，二者都以它们自己的方式为我们对自己有更深刻的意识作出贡献。这两个方面经常是不同的，有时甚至是矛盾。想一想贝多芬的奏鸣曲产生的艺术体验与音乐引起的神经脉冲的声波研究之间的区别。这两种想法是相互补充的。用其中一个是理性的而另一个是情感的来区分是错误的。人们对某种科学思想可能充满了感情，人们也可以理性地思考艺术和它的表现方式，但是，科学和艺术中运用的理性是两种非常不同的理性 。

——维斯科普夫

第一节　艺术与科学、技术的关系

当整个人类社会在经历了现代主义大幅改造之后，各式各样的现代主义之后的理论不断涌现，这些理论之中无一例外地将艺术与科学、技术统筹论述，用艺术的手段来解决科学技术无法规避的弱点已成为人类社会的共识。然而，艺术到底是不是科技社会的救星，是不是能够解救这个同质化的社会，社会各界都没有具有说服力的观点，艺术与科学、技术之间的关系问题，由此来看，是一个辩证的问题。

设计学科是人类文化中为数不多地，科学精神与艺术精神居于同样地位的学科，学科中艺术与科学、技术之间的统一更为和谐，艺术与科学、技术之间的对立也更为尖锐，二者之间能否对立统一决定了一定时期人类文明能否健康发展，在广义中融合艺术与科学、技术的设计理论也将决定人类文明成果能否可持续地更新保留。

一、艺术与科学、技术词义及内涵的发展过程

1. 相辅相成的艺术与科学、技术

“science”（科学）来自拉丁文“scientia”，意思是指学问、知识，它也相当于希腊语中作为“Sophia”（智慧）叠词的“philophia”（哲学）。在古希腊人看来,“科学”与“哲学”是同一种东西,哲学则被定义为“科学之科学”。由此可以看出“科学”一词的发展走过了一条由抽象到具体的过程。艺术（art）的现代含义（即比较单纯的关于美的艺术的观念）要迟到 18 世纪后期才确立起来，希腊语中的 techne 和拉丁语中的 ars 都含有技能、技艺的含义，其间有过反复，意大利文艺复兴时期，“艺术”又恢复了古老“技艺”的含义。

科学是一种介入性的实践活动而不是对世界的表象；同时，科学实践不可避免地同其他社会文化实践勾连在一起，构成一幅开放、动态的图景；科学的文化多元性并不是对科学的客观性的消解，而正是科学的“强客观性”得以形成的条件和背景：科学正是在全球性与地方性的知识之间保持一种张力，不断在开放中自我完善自我发展的。

2. 低生产力时期艺术的升华与科学的螺旋式前进

低生产力时期，人类改造自然的能力相对较低，对科学的执着直接表现在对艺术的追求上，这个时期诞生了迄今为止都令人叹为观止的艺术奇迹，其中包括“七大奇迹”。这个时期，建筑物和构筑物建筑周期通常以百年为周期，在这个过程中，人类的技术通常会有一定的提升，结果就是同一建筑前后期的风格和特色有较大的不同，人类对艺术、对科学、技术的认识也在不断地实践之中深化。在这个较长的时期内，艺术的发展明显快于科技的发展，究其原因，生产力的低下，使得人类对自然的改造能力低于人类对自身思想意识的改造，形而上的发展快于现实中的发展，但同时意识形态的发展也促进了科学的螺

旋式上升。艺术也在这个时期具象而且多产，罗马时期留下了大量可称之为艺术品的公建，中世纪留下了大量教堂与古堡，文艺复兴初期也产生了大量引发社会变革、科学进步的壁画、设计手稿，艺术的成就同时催生了建筑的成就，重现了古典时期艺术的辉煌，也成就了艺术史上至今无法逾越的高峰。

3. 机械化进程中艺术的消逝

文艺复兴之后，资本主义以复古的名义逐步占据社会各个角度，进而工业化大生产也逐渐成为世界的主要生产方式，适应工业化发展的快速化、程式化的生产模式也逐步进入各个行业，中世纪动辄百年而成的建筑施工方式也慢慢退出历史舞台，取而代之的是对生产技艺的追逐和对生产艺术的简化。在这个过程中，首先是山花、柱雕等纯装饰的简化消逝，然后是屋顶、窗户等建筑构件的简化，继而程式化的工程师仅仅保留功能性的构件，传统装饰、传统形式逐步退化，保留在城市空间的仅仅是密斯口中的“钢和玻璃方盒子”。

艺术在这个时期也发生了变化，应用于现实可称之为艺术品的作品越来越少，反而是表达人类观念与意识的绘画、文学作品丰富而高产，这间接表现了这一时期，人类思想激烈的碰撞与对抗，同时代表人类科技成就的工业产品批量生产，单一产品的艺术价值逐渐降低，反应在大众思维中的观念便是普通艺术品的贬值，凝结人类心血成本较高的艺术珍品、孤品更多成为商业资本追逐的对象，泛大众艺术开始消逝，人类整体的艺术水平随工业同质化商品的普及而同一化，简单化，希腊罗马以来积累的光辉逐渐消逝。东方艺术以及其他族群艺术作为机械化时代的边缘艺术更多地走向没落，在与西方化的“科学、技术”对抗中全面落败。中华本土艺术更是如此，与现代科学、技术本不同源的中华艺术，在逐渐走向庸俗与不伦不类。

4. 被误解的现代主义

第二次世界大战之后建筑界现代主义盛行，间接扩大了艺术与科技之争，现代主义建筑形态被认为是现代科技的典型的代表，程式化、同一化、简单化成为现代建筑外观形态的标识，精雕细刻的建筑雕塑与建筑装饰逐渐走向没落，于是现代主义建筑与现代主义城市成为艺术家不断诟病的对象。

整个现代主义思潮就像艺术没落的替罪羊，遭受着各方各面的谴责，成为科学、技术负面影响的代表，但人云亦云的批判却从来没有思索过现代主义盛行的背景与意义，对现代主义的艺术成就全面否定，为西方世界观的失败寻求着遮羞布。包豪斯毋庸置疑代表了现代设计的最高水准，从那里诞生了现代家具以及现代设计教育，其校舍也是典型的现代主义建筑，但这些设计在简单的外表之下，内在深邃的艺术思维，悠远而协调的空间结构都阐述了现代主义的不平凡。以包豪斯为基底的现代主义设计，现代主义作品在世界各地生根发芽，极大促进了现代化文明的发展，在这个过程中，形似而神不似，粗制滥造的建筑物、构筑物、艺术赝品也遍布世界每一个角落，最终造成现代主义阻碍艺术发展的假象，艺术与科学、技术之间的关系则更加扑朔迷离。

5. 现代主义之后的畸形

意识形态之上，人们心中纯艺术发展远远被科学技术的发展抛于身后，于是各式各样名义上的纯艺术模糊甚至是割裂了艺术与科学、技术之间的关系，艺术于意识界与科学界之间不断游离，但却没有任何一个流派对艺术的归宿作出合理的解释，却产生了大量迥异于现代主义与古典主义的新流派建筑艺术作品，思想上的争论也喋喋不休，艺术与科学、技术之间的争论也进入了新的时代。

6. 艺术与科学、技术的局限性与时效性

通过上文的分析，可以得知艺术与科学、技术都没有永恒的定义，各个时期人们对艺术与科学都有不同的理解与诠释，在整个人类文明的过程中，各个主流文明也都有自己的艺术观与科学观，各个民族、各个族群对艺术，对科学也都有各不相同的观点与认知，艺术、科学的局限性与时效性也伴随其发展进步的全过程，以真理为定义的艺术、科学与技术都是主观意识上的行为认知，而非对客观事实的表述，艺术、科学、技术的发展是一种可持续的发展，艺术与科学、技术之间的关系也是不断更新的关系。

二、艺术与科学、技术的辩证统一

随着现代科学技术的突飞猛进，科学与艺术之间不断地相互渗透、相互贯通、相互作用，越来越向着综合化、整体化的方向发展。它们之间存在着明显的对立与统一，艺术与科学的争论贯穿整个人类发展史，与人类文明发展息息相关。

1. 艺术与科学、技术的对立

由于思维方式、追求目标的不同，艺术与科学之间也存在着显而易见的对立，这种对立也是学科分类的重要依据，文章从下面几个方面进行分析。

（1）研究对象及其时空范围大小不同

艺术是人类对可认知或不可认知世界通过意识的加工改造进行的表达，其研究对象涉及人类生活的各方各面，抽象行为与主观意识可以作为艺术发展的原动力，由于几千年的演进，艺术已经成为人类文化不可分割的一部分，大多数流传甚久的人类行为都被冠以“艺术”的称谓；艺术可以跨越人类可感受的时空，艺术灵感可以引导科学假想，促进科学的发展，艺术的边界是无限的，并不为人类认知范围所限制，艺术史中存在着一座座代表时代光辉高峰，在科学精神盛行的现代主义时期，这些高峰或许永远无法逾越。科学是以各个时期“真理”为目标，以实验验证为手段，时空范围以人类的认知为界限，以寻求“真理”为目标,但“真理”总是与时俱进,故科学的探寻只要“真理”未求，就永远无法达到高峰。

（2）思维方式不同

人类脑部的功能分区不同决定了人类不同的思维方式。左半球同抽象思维、象征性关系和对细节的逻辑分析有关，具有语言的、理念的、分析性的、连续的和计算的能力，其功能在于科学方面。右半球同知觉和空间有关，具有音乐、绘画、综合性的、整体性的和几何空间的鉴别能力，其功能在于艺术方面。思维区位的不同也从根本上决定了艺术与科学之间的对立。

（3）追求的目标侧重点不同

科学追逐的是反映可认知的事实，科学需要真实反应客观，任何不能验证的推测都不属于科学的范围。艺术追求的是主观世界对客观实践的反应，真实与否并不是其关注的重点，关键在于能否满足人类主观需求，宗教的存在其实更具艺术性。科学在人类历史的发展的过程中，每一个分段更像过客，演进的过程易被人们忘记，艺术的推进则更为精彩，流传的故事则更加丰富。

2. 艺术与科学、技术的统一

科学与艺术之间不仅有区别，而且存在着联系。这主要体现为以下几个方面之间的同一性。

（1）科学与艺术在目的上的一致性

在物理层面，左右脑具有不可分割的协同性，人们无论做什么工作，都需要大脑两个半球的自由沟通，这就从本质上说明了大脑左右半球有着统一的有机联系。正由于左右脑的这种协同性，抽象思维与具象思维共同作用构成人的基本行为。艺术与科学都可以作为人类社会进步的动力，科学技术推动人类物质文明的繁荣昌盛，艺术则推动人类精神文明的进步，促进了社会结构的变革。在长期的历史发展过程中，人类通过实践活动，一方面促使“自然界人化”，不断地改造客观世界；另一方面，也促使自身“人化”，使人的本质力量不断得到丰富和发展。人从自身的“人化”所获得的审美感觉和纯洁的理想，又反过来作用于实践，促使人们去创造更新、更美好的客观世界，从而推动社会文明的发展和进步。

（2）科学与艺术都具有历史的继承性

科学的发展毋庸置疑是螺旋式上升的过程，整个过程是在历史的积淀和曲折之上进行的，而且还在不断地发展更新，对历史的总结和检讨是促进科学发展的重要手段，人类所有的科学都是建立在“1+1”理论体系之上，对历史的继承实际上是对自身价值体系的继承。艺术的发展实际上也是对原始美学的演进，建立在人类原始认知的基础之上，每一个艺术发展过程都是整体发展的片段，没有一种艺术形式是孤立于历史的发展，孤立于科学的进步。

（3）艺术的“直觉”对科学、技术的创造

“直觉”一词在不同的层面有不同的解释，直觉用在这里是指在科学思考时一种突如其来的领悟或理解，也就是人们在不自觉地想着某一题目时，虽不一定但却时常跃入意识的一种使问题得到澄清的思想。灵感、启示和“预感”这些词也是用来形容这种现象的，其中艺术的感观对科学问题思考中的“直觉”有着举足轻重的作用，当人们不自觉地想着某一题目时，戏剧性地出现的思想就是直觉最突出的例子。但是，在自觉地思考问题时突如其来的思想也是直觉。在刚刚得到资料时，这种直觉往往并不明显。很可能一切思想，包括在一般推理中构成渐进步骤的那些简单思想，都由直觉的作用产生。将艺术的“灵感”应用于科学的“直觉”的科学家不在少数，爱因斯坦擅长小提琴，达·芬奇既是著名的画家又是享誉世界的发明家，他们无一例外地站在科学与艺术的两座高峰之上，科学研究颇受益于艺术的修养，由此可见艺术与科学相辅相成，可融会贯通达到辩证的统一。

三、小结

无论是科学，还是艺术，都同样存在着逻辑思维、辩证思维、形象思维和灵感思维，尽管它们的表现形式和特点各有不同。例如，科学中存在着通过对个别事例进行归纳总结来概括出一般规律的方法，艺术中也有通过个别的、独特的或典型的艺术表现形式来揭示事物一般性质或关系的方法，这都属于由特殊到一般的逻辑思维方法。这些共同的思维方法体现着科学与艺术这两大人类实践活动所蕴含的深层次的内在的统一性。

第二节　论设计与艺术的关系

艺术创作是设计之初与设计之源，设计的结果是创造产品，在机械时代到来之前，每一件作品都是设计创作的结果，艺术通过设计来产生，当物质水平得到提升，艺术不仅仅需要满足人们的物质需求，还需要服务于人们的精神需求，大量抽象艺术，脱离人类日常用途的艺术形式大量产生，但从根本上讲，艺术催生的设计，设计促进了艺术的发展。

一、艺术源于设计

1. 设计是存在目的的艺术行为

设计是人类的一种有目的的创作活动，是针对一定目标所采用的一切方法和所产生的结果的总和。设计是以通过改造物质现状为手段，最终完成既定目标，最初的设计产生的是简单的工具、原始的装饰品以及拜物的原始宗教品，在很长的时间内，人类并没有产生设计产品的艺术性的评判标准，所以设计产品并不都是艺术品，但创造的过程尤其是人类早期的设计过程都是包含艺术性的期望，也包含大量的艺术思维，故所有创造的设计都是艺术行为，都是存在目的的艺术行为。机械时代之后，由于复制手段不断提升，机械化大生产的产品进入生活的各个角落，大量存在的单一设计产品，艺术原创性大大降低，但包豪斯创造的现代家具的雏形产品却永远闪烁着艺术的光辉。

2. 艺术是高于设计的精神体现

艺术是对精神产品的创造，是人类自由活动的一种主要形式，是人类通过实践使客观规律性与自身目的性相统一，从而按照自己的需要改变世界的活动。显然在不同生产力时期，艺术的标准和人类的诉求并不相同，也不是所有的设计品都是艺术品，设计可以催生艺术，但不可成就艺术。在第二次世界大战之后，现代主义熏陶下的现代社会，设计师活跃在社会的各个层面，但设计品成为精品的机会却越来越少，成为艺术品的则凤毛麟角。同时不同的文明也会诞生不同的艺术评判标准，这是源于彼此不同的价值标准和精神观念，由此东西方对艺术和美的观念迥然不同；不同的自然环境也会催生不同的设计手法和艺术成果，例如东方产生以木架构为主建筑体系，小木作随大木作的性质变更而发展，设计艺术呈现定制化，模数化；西方建筑以混凝土砖石结构为主，常年徘徊于屋顶与墙的关系之上，厚重的强体、彩色的琉璃窗成就了西方的教堂艺术，绘画艺术，东西方艺术观念的分野也大致如此。艺术显然是高于设计手段的精神价值观的体现。

二、设计发现艺术

1. 艺术藏于自然，需要设计的制动

随着文明的进步和社会的发展，艺术的范畴在不断扩大，千百年不断传承的文化、历史、建筑、绘画都成为艺术的范围，同时人类不断努力改造的原初自然的本初的艺术性也被人类重新发现，自然、宇宙被重新认定为艺术的源头，机械世界尽然的现代社会被设计者们认定为师法自然的成果。西方历史上，两次艺术的高峰罗马时期、文艺复兴时期，都是对艺术原初性的有意再造。希腊罗马时期，自然科学、艺术设计发展迅速，绘画、哲学、科技等艺术形式交相辉映，不同学科的设计者，不断向自然寻求灵感，探寻人类发展之路，时至今日，那时产生的艺术、哲学依然指导人类前进之路；设计的高峰实际上是出现在文艺复兴，恢复罗马荣光的口号下，新的设计思维与设计手段不断迸发，同时也是大师云集的时代，这些大师级设计者们不断反思历史发展的道路，艺术从不断脱离自然的宗教中逐渐回归，这一时期新的艺术形式，新的设计逐渐活跃，这个设计的过程结果就是制动艺术的发展，师法自然，返璞归真。

2. 设计源于自然，启自艺术的灵感

设计一词源于软科学，近代以来，科学技术不断发展，建筑等艺术形式也不断科技化，设计进入技术的领域，在科学领域被赋予新的含义。不管在哪个领域，设计的走向依然是“师法自然”，依靠自然的原理，发挥人类的主观能动性，最终改造自然。由此设计与艺术的关系变为启发与实践，而且之间存在着对立，设计成为艺术创造的原初，随着人类文明的不断进步，新的艺术也往往以过往艺术为积淀，设计则通过艺术灵感的启发创造出适合时代发展的新的艺术。

三、文艺复兴之后的艺术与设计

1. 文艺复兴中艺术与设计

中世纪的教会美学蔑视“世俗”文艺对现实生活的反映，他们认为艺术是为神学服务，只能表现上帝的心灵，这个时期，艺术发展桎梏不前，设计也仅仅遵循定制，缺乏自然地思考。到了文艺复兴时期，人文主义艺术家为了把艺术从神学的桎梏下解放出来，致力复兴古希腊的模仿说，艺术模仿自然，把师法自然作为自己的审美标准和行动纲领，艺术家们也通过设计的手段不断体现自身的艺术见解，从而推动了整个人类社会的发展，促进了“爱琴文明”的发展。这一时期，兼具艺术与设计才能的大师频出，他们也不断通过实践来诠释艺术与设计的关系。米开朗琪罗、达 · 芬奇等都是这个时代的巨匠。

达 · 芬奇根据“我们的一切知识都来源于知觉”这一个基本观点分析艺术和设计的关系，指出自然是艺术的源泉，艺术是自然的模仿者，设计是从自然到艺术的桥梁；又根据古罗马以来艺术的发展史，指出如果设计师取法自然，艺术就昌盛，不取法自然，艺术就衰微——从哲学和历史两方面说明设计师必须以自然为师从而创造艺术，现代艺术与现代设计之间的关系从此确立。米开朗琪罗是文艺复兴时期的艺术巨匠，他兼设计师、艺术家多种身份于一身，作品有建筑、壁画及浮雕。由于其影响力巨大，其大量建筑作品由其执笔，完成从设计到最后装饰的所有过程，这就规避了设计思维与设计过程的冲突，设计作品成为人类艺术史上经久不衰的精品，从设计到艺术的过程也完美契合，设计师也终于脱身工匠，从艺术家中诞生，自此以后设计师逐步步入上层社会，设计行业也逐渐成为贵族行业，为人类艺术的发展贡献力量。

2. 包豪斯之后的艺术与设计

包豪斯毋庸置疑，是现代艺术与现代设计的起源之地，其设计作品充满着整个人类现代社会，大量简洁而使用的，可大量大规模生产的设计产品不断涌现，设计的产品成为艺术品的概率也大大降低，单一产品的艺术附加值也在不断降低，设计师们从大量的繁文缛节中解脱，从寻求效果到寻求效率。由于现代主义的高效，第二次世界大战

之后其设计成为社会发展的主流，人类文明的差异性与艺术性也在降低，在这个过程中人类对艺术的观点也有所转变，现代设计在古典艺术与现代艺术之外也催生了各种扭曲的怪诞艺术种类，“现代主义之后”成为它们共同的名称，求新求异而不是寻求永恒成为另类艺术的目标，各种昙花一现的形式也被冠以艺术的名号，包豪斯在创造现代文明的同时诞生的负面影响也显而易见，从那以后，人类历史上第一次设计的目标不再是艺术品。

四、设计与艺术的共生

从人类历史的发展过程来看，人类文明中所诞生的艺术都是人类艺术家设计的结果，人类妄图摆脱自然的设计，最终都不会诞生艺术，从艺术发展史来看，所有熠熠生辉的艺术都是师法自然的设计，设计与艺术本就是共生共荣的关系，设计是人类社会发现艺术的手段。作为人类历史上艺术顶峰时代之一的文艺复兴时代，设计师与艺术家通过对艺术形式的再设计推动了人类文明的进步，体现了人类社会原初的艺术情感。

1. 艺术是情感的体现

人类的朴素追求包括物质追求和精神追求这两个不可分割的方面，而精神追求是更为重要的力量，精神价值是更为基本的价值。人类对精神力量的追求从来就没有停止过，其结果往往通过艺术的形式来表达，并且随着文明的不断进步，这种追求反而显得格外的热烈。遍布世界各地的种族部落的神秘图腾就能说明艺术的这种精神力量，艺术以惊人的感召力，唤起人类下意识地对艺术的崇拜。物质力量、物质产品满足人对物质的需要，在这个基础上，精神力量、精神产品满足人的精神需要。后者以前者为前提，但具有其相对独立性，同时作为精神价值体现的艺术，才是人类情感的最终的诉求，人类通过各方各面的设计，构建心灵之中的过去、现今、未来，由此产生了宗教、绘画、歌剧、建筑等艺术形式，以完成最终的自身升华。

2. 设计是进步的源泉

设计是创造产品的过程，产品中的精品称之为艺术品，没有设计作保障，艺术和艺术欣赏就无从谈起。同时，人类生活是建立在基本需求之上的，而这些基本需求都是通过设计产生的，正是设计的这种被需要性推动了社会的发展，当某种需要被提上日程的时候，其他一切活动都要退而求其次。我们也要看到，人类从远古时期的茹毛饮血、赤身裸体到现代社会的饮食多样化、衣着时尚化，是历经了几万年甚至几十万年的一点一滴的需要的不断积累进步完成的。在这个过程中，艺术和设计是齐头并进的，不过艺术作为精神辅助品，更能体现出一个时代发展的速度和水平，体现当时的人文风貌和政治诉求；设计更多的是作为人类创造艺术手段存在，体现人类改造自然创造自然地能力，同时基于生产力的提高，设计技巧不断提高，由此获得的物质产品也大幅提高，在此基础上，艺术创作的动力更加充足，成为人类进步的巨大源泉。

五、小结

艺术和设计的关系式相辅相成，不可分割的，设计之于艺术是必要条件而不是充要条件，人类整个文明其实来自于设计的过程，这个过程之中产生的精华称之为艺术。综上，艺术是建立在实用的基础上经过审美指导而成的设计；而设计是由审美作指导的具有审美价值的艺术形式。二者之间相互作用，相互制约，没有艺术意义的设计过程机械的过程，为人类社会的发展不具备促进性；没有经过设计过程的艺术是伪艺术，不能成为人类社会上升的动力。设计产生艺术，艺术产生文明，文明的成果反过来促进设计手段的更新，支撑人类文明的进步，这个过程中艺术往往回归源泉，师法自然，去探寻人类本身的思考。

第三节　设计与统一于文化的科技与艺术

一、基于文化传统的艺术、设计与科技

近代社会以前，人类社会各大文明之间交互较少，文化传统是决定艺术形态、设计手段的主要因素，文化的不同决定了不同的设计形制与科技发展速度，当然也形成不同的艺术价值观。

1. 艺术与文化

艺术本身就是文化的重要组成部分，不同的文化造就不同的艺术形式，就绘画艺术而言，西方文化写实，东方文化写意，在近代之前它们完全沿着不同的方式发展，中国绘画仅仅是在近代西方化的大潮中逐渐被压缩，但其影响触及中国社会的点点滴滴，各种绘画术语成为文化描述中写意之词，由此看出文化和艺术之间本就相通，就似词典中可以相互解释的同义词。文化之美甚至是文化之丑在现代社会都被冠以“艺术”的称号，积淀已久的文化都被认为是艺术的范畴，文化与艺术之间的转换并不存在障碍。艺术可以通过对文化的感悟设计而出；文化由不同的艺术形式积淀而成，二者既在目标上相互融合，又在形式上相互区别。

2. 科技与文化

文化的内涵决定科技的走向，笼统来讲，提高生产力的手段和方式都可以称之为科技。文化的差异决定手段的差异，即科技发展的差异，东方文明倾向混沌，不求具象，所以现代科学实验所必需的透明玻璃容器没有从东方产生，并且东方文明倾向现世化，崇古、尊古、墨守成规，汉唐时期类似西方文艺复兴的议古论今在宋明以后不复存在，结果就是整个文明缺乏向上向新的动力，科技创新桎梏不前。西

方文明倾向机械化的制动，现代精确的度量衡都源于西方，西方文明妄图以最为基本的科学原理解释繁杂的宇宙万物，在这种文化下，西方科技以对立自然的方式改造自然，尽管成效立竿见影，但后置灾害也大量存在。工业革命以来，西方文明下的科技发展极大地促进了生产力的发展，同时也造就当前的科技文明，但科技革命之后，西方文化对科技的制动力在不断下降，加速度下降结果的终究是速度下降，不甘的人们在到处寻求新的制动力，人类的视角在这个过程中也不断投向东方，东方文化是否能成为新的科技制动力，保持人类发展的持续进步，是这个时代的新课题。

3. 科技与艺术统一于文化的锻造

现代艺术正在积极地向科技领域渗透，城市建设、园林建筑、日用工业品乃至航天飞船的设计，无不体现这现代人的美感直觉和审美情趣：优美雅致的韵律、流畅明快的节奏、丰富独特的内涵等。而且，从科技实践中正在逐渐形成的工程美学、实用美学、建筑美学等各学科互相渗透、融汇，正在构建着科学和技术美学的完整的学科体系。系统论、控制论、信息论及结构论、突变论、协同论等现代科技理论不仅已经应用于艺术创作和研究，同时也正在把艺术作为素材来丰富和发展自身。这种艺术与科学之间的渗透、沟通与重新综合的趋势，近些年正在蓬勃发展起来。

与此同时，科技与艺术一直以来都被认为是对立的两方面，艺术的灵感又被认为是科学前进的动力，二者之间的辩证统一被认为是社会健康发展的决定因素。不同的文化背景，其科技与艺术的情况各不相同，单一思维的融合，其正动力会逐渐降低，负动力则逐渐显现。这种情况下，文化的发展则至关重要，变革的文化，东西方交互的文化则成为时代发展思想的源泉，科技与艺术在统一于文化的锻造，成为多元世界发展的根本。

4. 文化背景下的设计

设计是创造艺术的过程，文化对产品的不同认知促生不同的设计形制，比如东方建筑以木架构的“七梁八柱”为主；西方建筑则以石质与混凝土形制为主。西方设计注重过程，千炼成钢；东方设计注重结果，忽视积累。这些巨大的差异都是源于文化性格的不同，也导致东西方的设计向不同的方向发展，西方讲求创新，东方讲求实用，故现代意义的科学源于西方机械文明，同时东方的设计更倾向模仿，大可师法自然，小到追随先贤，时至今日多乏善可陈。西方设计崇古，意在变革；东方设计崇古，多食古不化、拘泥不全。不过东方古典设计多不与自然相对，讲求天人合一；西方设计则对立尖刻，当代多数“城市病”便由此而来。设计可以认为是文化创造革新的手段，文化性格不同则不同，设计的趋同则代表文化的趋同，过分的趋同则带来文化的衰弱，东西方等各色设计交相辉映，文化则灿烂辉煌。

二、统一文明下的文化回归

1. 统一形制的现代社会

第二次世界大战之后的现代社会，文明体系逐渐趋同化，人类对生活的认同度也逐步统一，机械文明逐步成为世界最为主要的文明。这个同化的过程在很长的时间内造就了快速发展的人类社会，这期间设计品的水准也超越了任何时代，来自世界各地的材质、手法在现代技术的融合之下交相辉映、相映成辉，各式各样的艺术流派也寻求到存在价值，为社会的发展提供动力。但单一排外的文明在快速增长之后，速度滞缓的过程中，其艺术发展都倾向于扭曲化、形式化，尤其是借助现代科技力量的当代艺术，文化诉求中的无质化体现得更为突出。统一形制的排外也造成人类社会的同化，消逝的文明与传统只能给当代艺术带来退化。自然规律下，无竞争的社会，当其自身问题不断放大后逐渐走向衰亡。统一形制的现代社会正在面临无竞争的困境，在逐渐多元开化的反思中求解。

2. 传统文化的逆向回归

统一的形制锻造统一的进步成果，但统一的负面矛盾也在人类社会反复出现，文明的“生物多样性”似乎成为人类解决现代病的唯一手段。生态平衡是生物社会基本原理，一方独大最终的结果生态破坏，祸及整个生物世界。之于文明，之于文化道理相似，强势的西方文明带来繁荣的现代生活之外，也带来了严重的社会问题，其中机械化的发展模式下最严重的问题及环境的不可持续发展问题，这个问题基本可以涵盖现今所有的发展中面临的关键问题。当西方文化面临困境的时候，东方传统文化的“天人合一”的有机思想重新被人们所认识。设计作为科技与艺术之间的桥梁，承担着拥有文化思维的艺术与人类文明结晶科学技术之间的交流，设计思维偏向传统文明，设计成果则偏向传统，反之亦然。设计师的文化修养与艺术修为，以及他们对传统与现代之间的认知决定着整个科技发展的走向。这种认识在人类科技、艺术、设计等各个领域都有不同的表现，其中东方艺术的回归复苏的表现最为强势，在以西方哲学为基础的科技方面则较为缓慢，但传统文化的逆向回归已成为人类世界各个领域共同的特点，设计则在这个过程承担着急先锋的作用，引领回归的过程。

三、设计与统一于文化的科技与艺术的辩证统一

1. 设计是统一于文化的科技与艺术的创造过程

设计是思想由抽象走向具象的过程，人类环境下的艺术、科技、文化都是创造的结果，都有一个被设计的过程，而这些结果都在下来一轮的设计之中发挥作用，所以设计的概念逐渐走向广义，设计的思

维也在逐渐走出局限。在建筑、城市等人类成果的设计过程之中艺术、文化、意识等思维传统都在发挥着越来越重要的作用，由于现代社会基本构架与原始创造已基本完成，设计也不再是单一层面的创造过程，它必须统筹现有的成果与思维，以最小的创造成本造就最大的设计成品，而艺术是能见的设计成果中最为精粹的部分，它对设计的反馈也最为形象，文化引领下的可持续性的艺术走向往往可以决定未来的设计走向。在人类主观能动性之下，科技无疑是促进设计创造效率的有效手段，但科技在创造巨大的文明成果的同时，带来的负面影响远远超过其他因素，这就要求科技的发展方向要有所诉求，而不是妄为和无为，综合历史发展的流程来看文化的诉求与科技的诉求正好吻合。由此看来不管是艺术还是科技都可以在文化统筹之中寻求统一，而设计是统一于文化的科技与艺术的创造过程。

2. 统一于文化的科技与艺术是设计的源泉

艺术与科技笼统来讲都是人类师法自然的成果，科技是人类模仿自然界现实存在的改造能力而产生，艺术是人类对自然原初及经自身加工过的感知的表达，它们二者之间相互作用成为人类社会文化主要构成要素，同时各个地域由于相互之间的作用力各不相同，便产生了不同的文化，科技与艺术的发展，殊途同归，都要归之于文化，而文化又促生文明的产生与变革，所以在文化背景下艺术与科技的相互统一，相互协调，共同作用下产生的成果，成为现今社会与未来社会发展的主要源泉。人类的思维不可能超越时代的界限，不同时期、不同文化肯定会产生不同思维，背离这种思维的思考、设计肯定会被淹没在时间的洪流之中。在设计的过程中同样没有无源之水、无本之木，在设计的思潮中，不管是现代主义还是地域主义都有其产生的背景，都有其发生的场所；场所的不同、背景的不同，同样的设计成果势必会产生不同的效果，好的效果流芳百世，促进艺术、科技的发展，反之亦然。1949 年以来，中国的城市发展实际走上了现代主义的发展道路，西方近现代的城市建筑成果成为中国人的模仿对象，尽管这个过程推动了中国城市在各方面质的飞跃，但与传统文化格格不入的设计与推动手法并没有得出令世界认同的结果，北京城并其引领的中国城市建设全部成为现代主义与政治偏见的殉葬品，中国传统城市不复存在，中国人的城市、建筑设计从此丧失了源泉，我们可以得出结论，统一于文化的科技与艺术才是设计的源泉。

3. 辩证与统一

统一于文化的科技与艺术是设计的结果，而这些结果又反作用于下一轮的设计过程，产生新的设计结果。统筹来看，二者之间是辩证与统一的关系；统一于文化之下的科技与艺术又是新的辩证统一，相互作用又相互影响；科技、艺术各自又与文化达成辩证统一，可相互促进又相互阻碍。从设计之源到设计本身，广义上讲就分上面三个层级，每个层级达成辩证统一的辩证统一又须与各个层级达成辩证统一，当一系列的辩证统一达成后，设计就归源于广义，归源于人类远古最初的不受影响的设计本意，改造自然、创造自然、回归自然。

参考文献

[1] 戴吾三，刘兵 . 艺术与科学读本 [M]，上海 ：上海交通大学出版社，2008.41–46.

[2] 王丽君，略论科学与艺术的区别与联系 [J]，社会科学辑刊 .1998, 4. 13–14.

[3] 周世辉、刘芸薪，略论设计与艺术的关系 [J]，吉林工程技术师范学院学报 .2007,23 (10). 50–51.

[4] 王茜，文艺复兴艺术大师中的“科学怪人”[J]，美术大观 .2009, 2. 50–51.

[5] 陈志华，外国建筑史（第二版）[M]，北京：中国建筑工业出版社，1997.132.

[6]（英）马丁 · 约翰逊，艺术与科学思维 [M]，傅尚逵，刘子文，译 . 北京：工人出版社，1989.1–2.

基于广义设计观的设计文化

第一章　设计文化的思想基础：演进与反思

当我手握着尺规站在桌边时，莫非一定我得丈量桌子，难道有时我不该检查一下量尺？

——维特根斯坦

哲学其实在许多面向上就如同建筑，它是一种自我的追寻。追寻对自我的一种理解力，一种世界观（以及对他的一种想望）。

——维特根斯坦

导言

在人类学中，将研究人类社会生活的学科称为“社会人类学”。人类是通过习得行为方式来适应环境，并通过这种“文化适应机制”才能够在各种特定的环境中劳动生息，只要有人类的活动行为，就会产生设计行为。美国思想家赫伯特 · 西蒙有这样的观点：“工程师并不是唯一的职业设计者。从某种意义上说，每一种人类行动，只要是意在改变现状，使之变得完美，这种行动就是设计性的。”认识到设计作为人类创造性能力的普遍性及其广泛而重要的文化与哲学意义，成为设计的动力源泉。

哲学使人明目，看待事物明晰，可以使设计师对人内在需要的判断及对未来社会发展趋势有明确的把握。哲学还会使相同的理论由于理解的不同而具有不同的内涵。可以使设计师对相同的产品从不同的视角出发进行设计创意，创造不同时代、不同民族、不同流派的设计风格及社会生活方式，从而对人们的伦理观念、行为准则、社会风气产生深刻的影响。

现今，设计范畴不仅扩展到具有一切创造性的并与之相关目的而进行的物化生产，如人造物的领域，还包括文学、艺术等的精神创制领域，包括经济规划、科学技术发展的前景、国家大政方针等诸方面的决策和方案等。只要是为了一定目的而从事设想、规划、计划、安排、布置、筹划、策划的都可以说是“设计”。

设计同时具有贯通能动性，设计学甚至是把认识论、伦理学与现实生活联系起来的主要渠道。在现实社会中，即便被视为最具客观性的科学研究，就其作为一种社会现象来说，也往往有经济、技术和价值取向上的考虑，因此出现了科学规划和科学管理概念。

广州美术学院尹定邦教授主编的《设计学概论》，讨论了设计学的研究范畴与研究现状，将设计学界定为一种既有自然科学特征，又有人文科学色彩的综合性学科，初步搭起融汇自然科学与人文科学的学科框架，并详细地分述了设计与艺术、设计与科学技术、设计与经济发展之间的相互关系，还对中西方设计源流进行了初步研究和概要性的回顾。本章节借鉴了哲学学科的有关思维与研究方法，尝试从文化学和社会学的层面寻求定位，为广义设计学阐述架构。

在广阔的设计领域中，如工业、制造以及建筑和城市规划等实际的社会实践中去探索设计的哲学问题， 就是为了寻找设计的出发点、设计的独特视角，启发设计创新的思维，走出模仿的干扰，实现设计的超越。

第一节　对现代主义的反思

回顾历史， 在 20 世纪 20~50 年代是现代主义的发展时期：科学技术革新及设计观念的变化使得新材料、功能主义及标准化为发达国家带来了巨大的物质文明，使得欧洲国家以及东方的日本等国的国力有了很大的提升，人们从传统的观念解放出来，开始了大国寻求更大发展空间的争夺，使地球陷入了疯狂和动荡。

现代主义设计中的技术决定论、理性主义、功能主义和简单的几何形风格，与社会文化价值中的个人主义、消费主义、享乐主义，尤其是资本主义的社会制度混杂在一起，使工业文明乃至整个人类文明的发展出现了严重的危机。今天，在追求高度工业化的背景下，整个社会生活都被定义在专业化、标准化、集中化、规模化的程序中，生产与消费发生偏差， 人在设计和生产中的目的和意义模糊、迷失，似乎生产和市场本身即是目的，即为资本的积累。生产与人、设计与人、技术与人之间出现了明显的错位和矛盾，建筑与城市的“国际化风范”否定了民族文化自身的传统。人们在享受越来越富足的物质生活的同时，内心世界却越来越空虚，对生活的热情也不断地衰竭和迷茫。到了 60 年代末、70 年代初，在西方所有的商业中心的玻璃幕墙、立体主义和减少主义的大厦、缺乏人情味的家具和工业用品、简单无生气的平面广告设计中，不但使用者的心理功能需求被漠视，就是现代主义倡导的功能需求设计也没有得到满足。在东方的中国，思想的禁锢与高度的统一，导致百花齐放的枯萎，设计大多局限于军工和日用品上，服饰、建筑、产品及平面设计的高度标准化。以致由 80 年代才开展设计哲学的研究，探讨更切合的设计理念和设计风格，成为我国发展工业化和现代化中的切实迫切的课题。

一、理性主义

理性主义（Rationalism）是建立在承认人的推理可以作为知识来源的理论基础上的一种哲学方法。现代主义设计思想中的理性主义，可以说是近现代技术决定论的深层哲学基础。一般观点认为，理性主义是随着笛卡尔的理论而产生，17、18 世纪时期主要在欧洲大陆得以传播，本质上体现资产阶级的科学和民主，是启蒙运动的旗帜。典型的理性主义者认为，人类首先本能地掌握一些基本原则，如几何法则，随后可以依据这些推理出其余知识。最典型的持这种观点的是斯宾诺莎（Baruch Spinoza）及莱布尼茨（Gottfried Leibniz），在他们试图解决由笛卡尔提出的认知及形而上学问题的过程中，他们使理性主义的基本方法得以发展。斯宾诺莎及莱布尼茨都认为原则上所有知识（包括科学知识）可以通过单纯的推理得到，另一方面他们也承认，现实中除了数学之外人类不能做到单纯用推理得到别的知识。

理性主义绝对相信世界是可以理性地加以把握的，思维（理性）与存在具有内在的同一性。理性主义不仅是一种世界观，而且是一种人性论，它同时坚信理性是人的最重要的本性。而改造和重建世界的标准不是人的多方面的需求和趣味，而是所谓理性本身，实际上也就是主宰现代世界的机器的逻辑、技术的逻辑。设计文化的传统，城市的历史记忆，人的多方面的文化和心理需要，就此被颠覆。这种设计理念，的确反映了工业时代的文化要求，客观上也为工业化的进程起到添砖加瓦的作用，其严重的后果是否定了文化（这里指设计文化、建筑文化等）的多样性和继承性，伤害了人们的审美趣味，削弱了现代世界的艺术性。

二、功能主义

设计在现代工业世界中的迅速崛起，被认定为工业革命的产物，如工业产品设计、建筑设计、城市规划等，成为工业文明形成与飞速发展的助推器，而现代主义设计偏执的理念和风格，也同时积累着工业文明的危机，存在着设计的哲学基础的分析是否超越现代性的问题，涉及寻求广义设计的基点。

当前的学术与文化领域，现代性与后现代性，现代主义与后现代主义的差异和对立，由现代主义向后现代主义的转变。这种反思和现象的显现，即使没有揭示新时代的具体内容，但也的确反映了社会和文化格局的内在矛盾和问题。

早在公元前 1 世纪，古希腊维特鲁威所著《建筑十书》中的第一章就提到了建筑三原则：牢固、实用、美观。可见在艺术设计中，功能主义的思想并非现代人所独有，但是设计的形式与功能的关系是现代主义设计着力阐述的问题，“少即是多”、“形式服从功能”代表了现代主义设计的主要思想。格罗皮乌斯曾说：“功能主义真实的多重含义和它的心理方面概念（像我们在包豪斯创新的那样）已被人们忘记了。它被误认为是纯功利主义的态度，缺乏给予生活第一刺激和美的任何想象力”。同时，对于功能的片面强调也使得手工业时代的那种个性化与艺术化融合的精致仅仅是标准化下的附加价值。现代主义建筑大师密斯·凡·德·罗提出的现代主义设计的准则“少即是多”，是现代主义哲学在形式和造型上的表现，[①] 但切莫进入千人一面的简洁主义的格调。

现代主义对产品功能的研究促进了人体工学的新发展，满足人体工学中数学和物理要求，因此也成为现代主义设计追求的目标。犹如建筑师追求“居者有其屋，行者享于境。”但索塔萨斯认为，这是一种误解。他说：“当你试图规定某产品的功能时，功能就从你的手指缝中漏掉了。因为功能有它自己的生命。功能并不是度量出来的，它是产品与生活之间的一种可能性。”现代设计采用新材料，讲究经济目的，其高度功能化和理性化的特点非常适合全球化的商业社会。功能主义提供了有效的设计基础，这在信息社会里显得尤为重要。经济

① 朱红文，对一种现代性的哲学批判[J].浙江社会科学，2003.

全球化、设计资源的共享等因素都为功能主义的继续发展提供了空间。

三、从包豪斯到乌尔姆

自 1919 年创建至 1933 年停办，包豪斯在设计方面的影响（尤其在中国）却是如此深远，以至于在一段时期内几乎成了“现代设计”的同义词。包豪斯是约翰 · 拉金斯、威廉 · 莫里斯等设计大师及后来的德国工业联盟、俄国构成主义、荷兰风格派的优秀设计思想与 20 世纪初欧洲经济发展相结合的必然产物。它的出现为第一次世界大战后的工业设计奠定了坚实的基础，对现代设计艺术理论、设计艺术教育与实践及后来的设计美学思想等方面都有极其重要意义。

由工艺美术向现代设计过渡的历史背景下，当今国内近 700 所有设计专业的高校的教学中，大多还贯穿着包豪斯当年的设计教育体系。翟墨在“批评包豪斯”一文中指出：“有的单位还在以‘中国的包豪斯’自居。他们没有意识到你已经‘过时’又对西方眼花缭乱的后现代设计不得要领，所以没有感到设计理念更新的必要和设计体系重建的迫切。”并提出由“工业设计”走向“信息设计”，由“构成设计”走向“有机设计”，跨学科地广汲文化营养实现设计“融创”。[①]

德意志民族还在 20 世纪 50 年代培育了设计艺术学科建设和发展史上的又一座丰碑——乌尔姆造型学院。其教员汉斯 · 古格洛特发展的系统设计理念在与德国家用电器企业 BRAUN 公司的设计协作中得以完善，并逐步从工业产品设计发展到其他设计领域。如宝马汽车、莱卡相机、意大利的皮具与服装、北欧的精良的家具等。同时其尤为强调的功能、美感、触觉、人体工程学和环保等各方面统一的完整设计体系理念，至今还使得许多各领域跨国企业受益成为行业龙头。

同短暂的包豪斯一样，作为“新包豪斯”的乌尔姆学院也只有 15 年的短暂历史，却以对包豪斯的继承与批判为特色，为设计艺术学科的发展作出了确立以理性和社会性优先为原则的新贡献，而更加印证现代主义设计的根本缺陷就在于割裂了技术与艺术、工业与人文传统、功能与形式的辩证联系。现代主义设计家精心设计的作品，消费大众却并不领情。他们以精密、严谨，甚至可以说科学的手法，充分展示了技术的力度、刚性。用格罗皮乌斯的话来说，只有艺术家“才能给机器不动产注入生机”。但是，从风格上讲，却不免显得冷峻、压抑，过于冷漠。当现代主义设计成为一种国际式风格的时候，消费大众就会开始明确地对现代主义设计的否定，有人对著名建筑师密斯 · 凡 · 德 · 罗的“少即是多”格言作了反面的诠释，认为“少就是烦”（参见杰姆逊，《后现代主义与文化理论——杰姆逊教授讲演录》唐小兵译，陕西师范大学出版社，1986 年版，第 149-150 页）。现代主义设计乃至现代工业为基础的“现

---

① 翟墨，批评包豪斯[J].美术观察，2003，(1).

代性”逐渐走向“死亡”，后现代主义也就适时地在设计和建筑领域首先“合乎逻辑”地出现了。

第二节 对后现代主义反思

广义的后现代主义其实指的是现代主义之后的各种设计流派。而狭义的后现代主义则指的是后现代主义这一种设计流派。随着时间的洗礼、自我的批判、思维的争鸣，终于，我们对于西方文化艺术理解与植入有了些许的不再盲目与“冲动”。我们由于历史、文化、语言、现实环境的差异，对于西方文化艺术的理解存在这样那样的误解、误读，必然影响了许多学习、设计中的选择以及判断的片面。如浙江大学沈语冰教授的《为什么要批判后现代主义》一文中，“我们质疑那种认为后现代主义乃是中国艺术的命运的说法。”“后现代主义在中国的传播有着深层次的历史原因，也有着更为具体可感的现实动机。后现代主义的反基础主义、反总体性、反主体性、强调动态过程胜于静态结构，与中国前现代性思维是如此合拍，以至于人们稍加思索就不难从后现代主义当中辨别出中国保守主义者的弦外之音。” 后现代主义极力喧嚣的“散点透视”、“非线性几何”、“不对称”、“中国园林式后现代空间”等所谓后现代主义视觉美学，其实与中国前现代性美学就某些内容和某些结论来说如出一辙。于是，后现代主义把贫困时代的灾难性混乱、粗野的地方性崇拜与不加克制的复活主义宣布为后现代性的前卫性，而把“经济起飞年代”的那些拙劣的伪现代建筑与陈词滥调的现代主义不加区分地宣布为“现代主义的垃圾”。

一、后现代主义艺术演进

后现代主义是 20 世纪 60 年代兴起于西方，在 70 年代达到繁荣的哲学、社会文化与艺术思潮。80 年代初，主要由于哈贝马斯 (Habermas)《现代性：一项未完成的方案》(Modernity:An Unfinished Project) 的宣读，西方思想界开始了对后现代主义的强大的批判运动。80~90 年代西方人文学科与社会科学的一个主题，可以被归结为现代主义与后现代主义之争。

在艺术运动中，它不仅体现在德国“新表现主义”对美国波普艺术的宣战中，体现在 1998~1999 年美国现代艺术博物馆所举办的波洛克 (Pollock) 大型回顾展中 (比较 80 年代批评波洛克及其高度现代主义的著名论文集《波洛克之后》Pollock and After)，以及 1999 年出版的“批判之批判”论文集《波洛克：新的取向》(Pollock：New Approaches)，还体现在人们对晚期德朗 (Derain)、巴尔蒂斯 (Baltllus) 与莫兰迪 (Morandi) 的具象绘画那种持久高涨的热情中。

中国式后现代主义的盛行也是 20 世纪 80 年代末中国激进知识分

子新启蒙运动受挫的结果。从此，后现代主义成为文化保守主义与新左派的最佳药方，并加速了文化保守主义与新左派在反对现代主义中的结盟，完成了对80年代中国现代主义的覆盖。

20世纪90年代以来，几个特殊的案例事实上已经宣判了作为一种持续的哲学、思想文化与艺术思潮的后现代主义的死亡，尽管它的某些假设还将产生持久的影响。这也是沈语冰教授著《透支的想象：现代性哲学引论》中传递的结论之一。

二、孟菲斯的后现代主义艺术设计思想

咖啡杯 埃托·索特萨斯

家具 埃托·索特萨斯

波特兰市政大楼（美）M. 格雷夫斯（Michael Graves）

由许多设计师组成"孟菲斯"团队，在20世纪80年代之后成为影响西方社会艺术设计潮流的一股力量，是国际公认的后现代主义设计思潮的代表。他们反对任何限制设计思维的固有观念、无形的设计思想，使其主旨都是为了打破艺术设计界"现代主义"一统天下的局面。孟菲斯对现代主义设计所倡导的设计思想和生活方式不以为然。他们认为整个世界是通过感性来认识的，并不存在一个先验的模式等待设计师去探索。索特萨斯认为："设计不再是一个结论，而是一种假设；不是一种宣言，而是一个步骤、一个瞬间。这里没有确定性，只有可能性；没有真实性，只有经验性。"

孟菲斯设计师十分重视装饰，把装饰作为设计的有机组成部分。米切尔·达·卢齐说："材料和装饰是组成产品的细胞，我们应当做到研究细胞比产品更多。"他们喜欢用抽象的图案、色调差异大的色彩产生一种颤动的视觉效果，来强调设计的个性化。正如查尔斯·依姆斯设计出他的椅子之时，其实并不是设计了一把椅子，而是设计了一种坐的姿势。他以此来表达其功能设计是一种文化系统，而设计师的责任不是去实现功能，而是去发现功能。

孟菲斯设计师们在设计实践中总是竭力表现富有个性的文化含义，认为产品是一种自觉的信息载体，是某种文化体系的隐喻或符号。使产品的符号语义呈现出独特的个性情趣，由此派生出关于材料、工艺、色彩、图案等诸多方面的独创性来。

同时，孟菲斯对于材料的态度是感性而非理性的，不仅把材料看成是设计的物质品质保证，而且还是一种积极交流感情的媒介。孟菲斯使用材料没有限制，塑料、木材、玻璃、大理石、赛璐珞片、钢铁、油漆、彩色灯泡、玻璃纤维及铝材等无所不用，对于设计发展起到积极的作用。而后现代主义提出的科技与艺术的融合这一问题将在信息时代的设计中得以解答。人们的需求重点从物质领域向精神领域转移。

正如德里达的解构主义思潮由于其激进和自身的缺陷，于20世纪80年代后期落入低谷，但日后出现的各种"后现代"思潮却无不深深地打上了它的痕迹；"孟菲斯"设计思想也由于其过于激进，实用性的某些欠缺，缺乏生存活力基础而行渐式微，但它所倡导的后现代设计

观念和美学原则至今仍深刻地影响着整个世界的设计。

三、后现代建筑的影响

第二次世界大战结束后，现代主义建筑成为世界许多地区占主导地位的建筑潮流。1966 年，美国建筑师 R. 文丘里在《建筑的复杂性和矛盾性》一书中提出了一套与现代主义建筑针锋相对的建筑理论和主张，文丘里批评现代主义建筑师热衷于革新而忘了自己应是“保持传统的专家”。在建筑界特别是年轻的建筑师和建筑系学生中，引起了震动和响应。到了 20 世纪 70 年代，建筑界中反对和背离现代主义的倾向更加抬头。对于这种倾向，曾经有过不同的称呼，以“后现代主义”用得较广。后现代主义否认建筑艺术中的既有规律，排斥逻辑性，宣扬主观随意性，代以杂乱、怪诞和暧昧为美，致使建筑作品实际上是对古典建筑的调侃。这与我国早些时期的“复古主义”和“大屋顶”建筑形式不能等同看待，他们反映了官本主义与民族情结。詹克斯的话“最典型的后现代主义建筑表现出明显的双重性和有意的精神分裂症”，“我仍然把高迪视作后现代主义的试金石”，对于弄清后现代主义的实质极为重要。19 世纪末、20 世纪初，西班牙建筑师高迪 (Antonio Gaudi) 以他怪诞的表现主义的建筑而出名。他们把后现代主义精髓之所在，明如指掌般给诠释了。

德国斯图加特美术馆内部 詹姆斯 · 斯特林（James Sterling）

以波浪造型和铸铁的阳台扶栏著称的米拉之家 安东尼奥 · 高迪

古埃尔公园广场上瓷座椅 安东尼奥 · 高迪

我们可以看到，后现代主义其实是现今一种形式的建筑思想，它的倡导者向人们推荐的样板是：复古主义、非理性主义、美国的市井艺术，把注意力集中在形式、装饰、象征意等方面。实际上现代主义有着很强的西方文化背景，传承着西方古典文化，例如勒 · 柯布西耶在《走向新建筑》一书中将“汽车”与“帕提农神庙”的比较，而现代科学也是从基督教中衍生出来的。那么，在对待中国悠久的历史文化时，把建筑这个复杂问题简化到只考虑在外观和材质上作些样式装饰，是流于表层肤浅的表象，也是近十几年来影响现代建筑师的症结所在。美国建筑评论家詹克斯说：“后现代主义这个词仅仅包括那些把建筑当作语言对待的建筑设计者。”虽然问题的提法与过去有点不同，可思想是旧的。这是极其不符合中国国情的。后现代主义者同先前的学院派一样，都宣传唯美主义的建筑观点。影响所及，将引导建筑师、建筑学生鄙视实际，轻视群众的感受，规避建筑师所应承担的社会职责，而向往着在“纯艺术”的象牙塔中自我满足。中国的后现代主义艺术也就流于抽象符号的卖弄或者功能主义的极端做法，应引发思考。

虽然应肯定后现代主义深化了对古建筑和传统城市价值的理解，它的作用在 20 世纪 70 年代和 80 年代发达国家不断扩大保护和修复古建筑的作用得以体现，但也产生了不少负面影响。这可能主要源自于它的不够严肃的历史态度，它强调的是对历史的记忆、印象和象征符号，以及对历史的自由诠释，而不相信历史的真实性，它在打开认识和利用方面的禁锢的同时，也为古建筑和传统城市的商业开发提供了理论上的依据。其结果致使一些是真正的历史建筑被任意改造。一方面原有的建筑技术、材料、空间被破坏，历史和文化内涵逐渐消失；另一方面迪斯尼式虚假的历史建筑被大量复制和到处滥用，脱离了地域、历史和文化（作为另一种“商业文化”的运作确是较为成功的）。而真正的文化和历史却淹没在喧嚣的叫卖声中，重新导致环境、文化和美学的贫困，使我们无法深刻理解历史，如同伪造了的历史印迹。如以克罗齐为代表的现代艺术哲学家们提出了“艺术即直觉”的观点，直觉不同于知觉，后现代主义其实也被现代艺术哲学解构了。

文化是一个不断创新也不断继承的过程，即使是现代建筑，也还是在传统的积淀下发展出来的。当然，后现代主义只是多元化思潮中的一个分支，我们不能拿它解决当代存在的所有建筑问题，从其指导思想和表现手法看，后现代主义着重强调的是注重形式与更新传统这两个方面，此二者包含着可能的内在缺陷。首先，如果过于注重形式，而忽视对形式科学的研究，切断形式与建筑内外多种复杂因素的关系，将导致建筑的浮夸与无意义。其次，过于注重传统而不善于去挖掘传统创造者的匠心，只求形似而无所谓神似，这将导致将继承传统理解为保留传统面貌的片面认识，使建筑传统与现代生活脱节而被当代人漠视，难于接受，这也阻碍了建筑发展的步伐。总之，对后现代无论喜欢与否、认同与否，也不应简单地绝对否定，至少提醒我们不必完全重复现代主义的套路。

第三节 文化多样性与欧洲中心的转移

一、文化多样性与设计

随着 19 世纪工业革命的迅猛发展，人文理想中的自由与人权渐渐被科技理性所主导的标准化、统一性、整体性所侵蚀，这样人所创造出来的科学技术反过来控制了人的思想行为与文化生活。

工业革命为工业设计的诞生提供了必备的物质条件。如果说工业设计的出现是一个质变，那么就需要量变积累才能完成质的飞跃。在此之前的量变主要是科学技术的发展带来的社会进步。第二次世界大战中纳粹的暴行所展示的冷酷理性、精密科技和野蛮兽性的结合更使人的尊严扫地，让人不得不对文明作出痛苦的反思。

文化多样性如同地理环境多样化一样是不可替代的。为了保护这种多样性，各国在积极发展经济的同时也在大力弘扬发展本民族的文化。全球化对文化的影响并不是简单的民族文化的同质化或单一化，而是民族文化之间产生不可分割的相互联系。

其一，经济全球化的进程使世界各国、各民族和各地区越来越相互接近、相互交往、相互依赖和相互制约，可以说全球化的触角已伸到社会的每一个角落；同时，经济全球化不仅对世界经济格局和各国经济建设产生深刻影响，也对世界政治秩序和文化关系产生了重要的影响。由此提出了文化多元化、民族化、本土化是否面临着消亡的问题。但对于经济全球化对文化的影响，无论在理论界还是各主权国家 ，分歧都是很大的。

其二，文化承载着太多的内涵。文化首先在大多数情况下总是地方性、民族性的，任何跨文化传统的价值目标和价值认同都必须基于这一前提。设计有时就是文化，任何一个民族赖以生存的文化传统都是这个民族的灵魂。假如一个民族失去了自己的生活方式、价值体系、传统、信仰，以及基本的人权观念，那么，这个民族的灵魂也就迷失了，其设计就必将随之枯萎，设计何足道哉!

二、中心论反思

1. 人类中心论的观点

人类中心主义实际上就是把人类的生存和发展作为最高目标的思想。马克思特别强调人的主体性，他指出，人类主体性表现于精神生活中，就在于意识到了思维与存在的对立；人类主体性表现于现实生活中，则是以人对自然的全面控制与利用为标志的现代生活方式，及其在世界范围内的普及与发展。

其观点为：在人与自然的价值关系中，只有拥有意识的人类才是主体，自然是客体。价值评价的尺度必须掌握和始终掌握在人类的手中，任何时候说到“价值”都是指“对于人的意义”。并且，在人与自然的伦理关系中，应当贯彻“人是目的”的思想。最早提出“人是目的”这一命题的是康德，这被认为是人类中心主义在理论上完成的标志。而自然中心主义企图通过把“自然”作为伦理主体来看待，这虽然对克服旧人类中心主义有积极意义，但是，本身却违反了伦理学的基本原理。

一种超越自然中心主义的“新人类中心主义”是把人作为“感性和理性统一”的主体来看待的，因而，为人类的生存提供了理由，所以旧人类中心主义首先是有积极意义的，它让人类发现了自己，充分展示了主体的力量，从此人类不再是被动地接受自然的支配，有利于从必然王国走向自由王国。但是这种主体性的过分强调进一步加剧了人与自然的紧张关系，引起了人类发展中更深层次的矛盾——即人与环境的矛盾，进一步破坏了人的可持续发展。

2. 欧洲中心的转移

欧盟国家经过艰辛的努力实现了货币一体化，世界市场的相互依存度越来越高，生产的国际化和金融的国际化等加速了全球化进程。在全球化的大潮中，各国应该以行政力量为杠杆，推行各种积极措施，包括大力发展民族文化事业、完善教育制度以提高国民文化教育水平。从长远看，这不仅能够促进经济的发展，也有助于消除以美国文化主导的“全球文化”发展的隐忧。

20世纪30年代，美国文化人类学家露丝·本尼迪克特在其《文化模式》一书中阐发了一种新的文化学研究理论——“文化模式”论。在本尼迪克特看来，所谓文化，其实就是民族性，亦是各种民族的民族性的形成。本尼迪克特的创造性贡献在于把心理分析的概念引入文化研究，注重从人们的心理特征上来解释文化的差异。本尼迪克特明确指出，欧洲中心主义实质上就是种族中心主义，它用西方文明的标准来解释西方文明与其他文明的差异，甚至要使其他文化都适应西方文明的标准，这是一种霸道的强权主义。她认为，文化人类学理论的未来发展，必须超越种族中心主义，确立一种世界文化意识，只有真正从全人类的立场出发，才能理解并解决文化进步与文化多样性的关系，而这种世界文化意识是蕴涵于各民族文化之中的。

2007年度诺贝尔文学奖得主多丽丝·莱辛，通过创作作品来传达打破“欧洲中心论”、消解“白人优越论”等一系列解构二元对立项的“中心”思想，为弱势群体确立话语权力，不断地为处于边缘地位的有色人种、老人、女性、少数者的权利呼吁，一直表现出深刻的人道主义精神和对立统一的辩证思维方式。倡导以宽容、平等的眼光看待分布在世界上的多元的文化。

3. 设计的民族化

设计是为生活造物的艺术，生活既是设计的出发点，又是它的归属。设计的目的是为了创造能为人所用的具体的有实际价值的“物”，在设计中多少会因为地理、气候、人文诸多因素自然积淀或折射而具有“民族性”的特征，而“民族化”却不同于这种自然积淀、无意折射，而是一种刻意的追求和深化。①

由大工业时代向信息化时代转变之时，产品设计与标准化生产逐渐淡化了那种手工业时代产品和技艺的民族性、地域性特点表现得很充分的倾向。有些特定民族、国家的出口产品必须尽量抛弃自己固有的民族意识和文化习惯而入乡随俗。以三星和索尼公司为代表的在各地聘请设计师的举措，使这些公司的国际化策略是因地因时因需而变，设计师作为设计文化的传感器，敏锐地捕捉和把握国际市场和需求动向，及时地调整自己的设计策略，改变产品方式和形式，以适应国际市场。

全球化是一种趋势，设计作为经济的、文化的、艺术的工具，其设计观念的变革、对设计的重新定义、设计的跨区域交流，甚至包括本土化的设计概念，无一不与全球化这一趋势发生关联。如汽车、家

① 李砚祖，设计的“民族化”与全球化视野[J].设计艺术，2006.

电类全球化程度高的设计，无论是法国的、日本的，其功能、价值等主体方面是相同的,而“民族化”的问题不是必不可少的目标之一（这里有别于区域经济的旅游特色的设计）。因此，我们必须将自己的设计置于全球化的视野之中，一方面在为本国市场进行设计时提高设计的水平和质量，使我们的设计在世界范畴内也是优秀的；另一方面，要有全球化的眼光，为我们的产品进入世界其他地方提供优质的设计。

英国著名设计师、英国设计委员会设计与创新主管克里夫 · 格瑞亚，在《为国际化价值而设计》一文中对全球化的设计进行了分析，他认为无论在全世界哪个地方使用产品和服务，每个竞争者即使是最小的公司都将是国际化的，因为面临的挑战是开发同人们的需求和愿望相关联的产品和服务。如苹果的产品设计建立在国际化的基础之上，奉行的设计原则是为所有人共同需要和认可的基本原则。在这种接受中我们的态度和选择的取向并不是意味全盘接受，放弃选择和自身文化的被取代。美国式文化观念的植入，例如住宅小区名为“罗马花园”，设计看似是形式的借用问题，实质上是自我文化生命力弱化以及外来文化强势扩张的表现。如何辩证地看待全球化的态势，发展本土化的设计，从民族文化中汲取优秀的传统精神，用全球化视野创建有民族特色、先进的设计文化，不仅是发展经济、参与国际化竞争的需求，也是设计本身发展的职责。

在当今时代，随着全球化进程的深入，人类的相互依赖感增强了，人类日益认识到互相了解、交流、建立大家都可接受的价值体系对于人类生存和发展的重要意义。这种理解和沟通并不意味着要消除文化模式的多样性而建立起某种单一的文化模式，更不意味着人类会拥有相同的价值观念和思维方式，而是各民族各自以其特有的方式来理解、探讨人类共同的问题，同时通过对外来文化和新的文化因子的自动撷取或排斥，即有意识的文化选择，确立适合各民族自身特点的发展道路，这正是本尼迪克特的文化模式论给予我们的启示。

小结

在本节中，力图将哲学话语与广义设计话语交织起来，不仅仅是哲学的考虑将如何有益于设计实践，而且反之亦然。对于复杂性的实践理解，希望能引发后现代设计的讨论。

毋庸置疑，后现代主义确实改变了我们看事物的方式。只有广泛地借鉴其他学科的有关思维与研究方法，才能够全面、客观地研究广义设计学的基础理论。回头来看，过去充斥各种报刊、文章的“飞速发展”、“变革的时代”等词汇，随着视觉、听觉的“疲劳”，我们变得不再敏感。当一切成为习惯，艺术就被“广义”了，设计也被“广义”了。设计从根本意义上讲是社会和文化思想的反映，因而设计艺术从某种角度上说，是一种社会的理想。设计艺术的发展必须符合社会文化背景，设计离不开庞大的哲学思想，离不开悠久的民族传统，儒、释、道是中国传统文化的三大要素，每一个中国人所受的教育均以这三种为基础。倘若对这些基本思想缺乏深入了解，而试图透过设计来传递这种思想概念是不可想象的。随着时代的变迁，设计的观念也在不断变化，如果说需求催生设计，那么设计在改变、引领着我们的生活，这也是哲学之道。

参考文献

[1]（美）露丝 · 本尼迪克特．文化模式 [M]．王炜译．北京：三联书店，1988.

[2]（美）H.G. 布洛克．现代艺术哲学 [M]．滕守尧译．成都：四川人民出版社，2001.

[3]（德）阿多诺．美学理论 [M]．王柯平译．成都：四川人民出版社，1998.

[4] 朱红文．对一种现代性的哲学批判 [J]．浙江社会科学，2003，1.

[5]（美）卡斯腾 · 哈里斯．建筑的伦理功能[M]．申嘉译．北京：华夏出版社，2002.

[6] 吴焕加．20 世纪西方建筑史 [M]．郑州：河南科学技术出版社，1998.

[7] 萧默．文化纪念碑的风采：建筑艺术的历史与审美 [M]．北京：中国人民大学出版社，1999.

[8] 李砚祖．设计的“民族化”与全球化视野 [J]．设计艺术，2006，2.

[9] 董占军．西方现代设计艺术史 [M]．山东：山东教育出版社，2002.

第二章　文化的概念与文化多样性

每一种文化都以原始的力量从其母土勃兴出来，并在其整个生命周期中和母土文化紧密联系在一起；每一种文化都把它的材料、它的人类印在自身的意向内；每一种文化都有自己的观念，自己的激情，自己的生命、意志和情感，乃至自己的死亡。这里确实充满色彩、光和运动，但理智的眼睛至今仍是视而不见。

——奥斯瓦尔德 · 斯宾格勒

我们所面临的环境问题，不是技术、经济、社会或政治性质的，它是人的问题，是防止人的同一性丧失的问题。人由于自己自以为是、妄自尊大的“自由”而从自己的场所出走，去“征服”世界。所以，人就被遗留在虚无缥缈、全无真实的自由之中，人忘掉了“居住”的意义。

——诺伯格 · 舒尔茨

第一节 文化的概念

人类的文明进程，既可以从多重视角进行科学而量化的理性测量，又可以从文化的脉搏跳动来进行丰富而细致的感性体认。文化，在世界不同的文明类型中，不仅有着共性的普世特质，更有着多元化的历史渊源、精神基因、符号范式、审美风格、生活方式。

文化的概念，《现代汉语词典》概括为三个方面：

1. 人类在社会历史发展过程中所创造的物质财富和精神财富的总和，特指精神财富，如文学、艺术、教育、科学等。

2. 考古学用语，指同一个历史时期的不依分布地点为转移的遗迹、遗物的综合体。同样的工具、用具，同样的制造技术等，是同一种文化的特征，如仰韶文化、龙山文化。

3. 运用文字的能力及一般知识，比如，学习文化、文化水平。

英国人类学家泰勒（E.B.Tylor）在《原始文化》一书中把文化定义为：包括知识、信仰、艺术、法律、道德、风俗以及作为一个社会成员所获得的能力和习惯的复合整体。

泰勒把文化视为一个多层次、多维度的复合体，包括知识、信仰等的思想信念，艺术、法律一类的表意符号，习俗、道德一类的伦理规范。

《设计的文化基础：设计、符号、沟通》一书提出文化三层说，把文化在人类社会结构中的位置进行了直观的图表演示：

无论从生活方式、符号系统还是从任何一个维度解析，都可以看到，在社会生活中，文化能起到指引人们行动方向、统合人们行动使之成为社会秩序的作用。与此同时，文化在不同群体和共同体内还体现为特定的习惯、习俗、礼法、规约、审美范式等，经过历代沿革、丰富升华、传承创新，凝结为多样化的文化传统。

第二节 文化的多样性

在人类漫长的文明进程中，积淀了灿烂多姿的文化类型，形成了世界多种文化传统。其中，基督教文化传统、伊斯兰教文化传统、犹太教文化传统、儒家文化传统、佛教文化传统、道教文化传统、印度教文化传统、日本神道文化传统等，博大精深，源远流长，对世界文明的历程产生了深远的影响。

姚伟钧、彭长征主编的《世界主要文化传统概论》[①] 将上述提及的世界主要文化传统进行了系统梳理，对各文化的滥觞、流变和特征及其影响进行了总体勾勒。

---

① 姚伟钧、彭长征，世界主要文化传统概论[M].武汉：华中师范大学出版社，2004，本章节世界主要文化传统相关资料选自于该书。

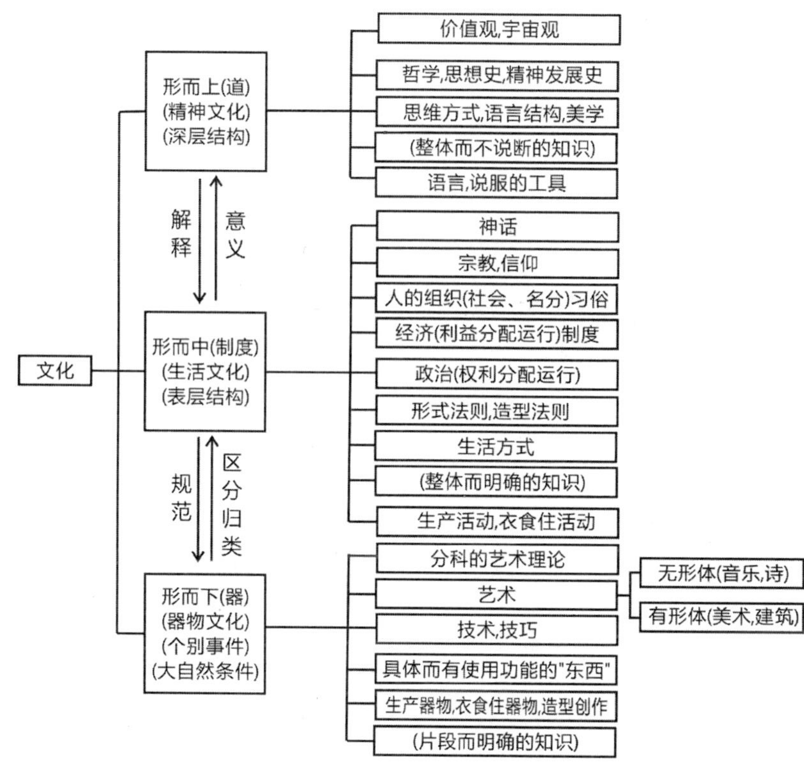

文化三层说，杨裕富．设计的文化基础：设计、符号、沟通

一、基督教文化传统

基督教产生于公元 1 世纪中期古罗马帝国统治的巴勒斯坦地区。目前，分布于 150 个国家和地区，信徒占全球总人口的三分之一，按保守估计也占全球人口的四分之一。基督教自公元 1 世纪中叶产生后，不断发展成熟，构成了西方社会两千年来的文化传统和特色，成为欧美文化的主要精神支柱。基督教已经渗透到人类社会的各个角落，深刻地影响着西方人的价值观念、生活方式和世界历史的发展。在 21 世纪的今天，基督教不仅支配着全世界近 20 亿基督徒的精神生活，而且也在不同程度上影响着非基督徒的社会生活。

基督教的经典是《圣经》,包括《旧约全书》和《新约全书》两部分，所谓“约”，指“盟约”和“约法”。基督教认为，上帝通过摩西所传的律法是上帝同他的以色列人订下的约法，以公义为本，但因以色列人后来背约遭罪，上帝乃结束前约，差遣圣子基督以人的形式降临人世，实行救赎。所以前约为“旧约”，另立的为“新约”。旧约是圣父耶和华的启示，新约是关于圣子基督的言行。基督教自产生起在流传过程中不断分化，分为天主教、东正教、新教三大主要分支、105 余派。虽然它们在教义、组织制度和礼仪方式上有一定差异，但均认为耶稣是救世主，这是基督教区别于其他宗教，特别是犹太教的基本特点之一。我们所说的基督教指产生于公元 1 世纪左右，以信仰基督为核心的各个教派的总称。

二、伊斯兰文化传统

伊斯兰文化即伊斯兰教文化，或称阿拉伯·伊斯兰文化。它是广义的，含有并超出阿拉伯半岛地域范围以外的，以伊斯兰教教义为主导思想和表现形式，以阿拉伯语言为主要表达工具的阿拉伯世界的文化。这是由于伊斯兰文化脱胎于阿拉伯半岛，随后在伊斯兰教的新月旗下，在对外征服过程中，以阿拉伯半岛为中心向伊斯兰世界辐射而成。伊斯兰文化受伊斯兰教教义所制约，其教义经典是《古兰经》，它不纯粹是一部宗教经典，其内容包罗万象，不仅是阿拉伯帝国，而且也是其后所有伊斯兰国家有关政治、经济、法律、思想文化，以及伦理规范的依据。伊斯兰，并非专门指称一种宗教意识、信仰体系，它同时代表着阿拉伯世界所独有的一种特定的社会制度、生活方式、文化形态，甚至一种时代特性。

默罕默德（公元 570–632 年）创立伊斯兰教，是阿拉伯人历史上具有重大文化意义的事件。在此之前，阿拉伯人处于游牧部落状态，在此之后，具有文化凝聚力的政教合一的阿拉伯国家诞生了。因此伊斯兰教的诞生是阿拉伯世界政治上的分水岭。

伊斯兰文化具有多元的复合性特征。阿拉伯 – 伊斯兰文化是阿拉伯游牧民族和被征服地区各族人民共同智慧的结晶。除了以阿拉伯半岛的贝都因文化为母胎以外，还有在征服和统治过程中，所承袭、融合和发展的被征服地区的诸多文化传统，如原拜占庭的古希腊 – 罗马文化传统、中亚的古波斯文化传统、美索不达米亚的古代亚述 – 巴比伦文化传统、尼罗河流域的古埃及文化传统、西亚地区的犹太教文化传统、西南欧伊比利亚半岛的基督教文化传统，以及外来的中国和印度文化的影响等。可以说，阿拉伯·伊斯兰文化几乎是当时旧大陆所有古老文化传统的综合。

12~13 世纪，世界文化潮流开始了一个以阿拉伯 – 伊斯兰世界为中介，自东向西的大传播过程。阿拉伯人将古希腊罗马文化的各种译本，连同自己的文化成果，主要通过伊比利亚半岛的科尔多瓦和托勒多，西西里岛的巴勒摩和巴勒斯坦等地区，经过拉丁化的再处理而输往欧洲，长期作为欧洲大学教材，培养了大批知识分子，从而使古希腊—罗马文化与欧洲文艺复兴之间建立了纵向联系，奠定了西欧新文化的基础。与此同时，中国的以造纸术、火药和指南针等为主体的实用技术，以及印度的十进位数码系统等，均以阿拉伯人为中介陆续传往西欧，照亮了中世纪的欧洲。

三、犹太教文化传统

犹太教文化发祥于亚洲西部、地中海东岸的巴勒斯坦地区。这一地区在犹太教的《圣经》，也就是基督教的《旧约》中，称为“流奶与蜜”

之地，在上古时期称为“迦南地”，意即迦南人居住之地。后来因曾在其沿海居住的腓尼基人入侵这一地区，从而称其为“巴勒斯坦”。

早期的犹太教文化，是指公元前 1 世纪之前的希伯来人文化，它是犹太人的先祖希伯来人创造的。希伯来人原是生活于阿拉伯半岛的游牧部落“闪族”的一支,逐水草而居。后来向北迁移,来到属于“肥沃新月”地带的两河流域的乌尔，仍以游牧为生，受古巴比伦文明的影响。在公元前 2000 年左右，他们在酋长亚伯兰（尊称亚伯拉罕）率领下，辗转来到迦南。迦南地区居民称他们为“哈卑路人”，意即“渡河而来者”，转音而成为“希伯来人”。传说亚伯拉罕生子雅各，力大无穷，曾与神摔跤获胜，被赐名为“以色列”，意为“与神角力者”。他后来成为希伯来人部落首领，并生有十二子，后来繁衍成为十二个部落。所以希伯来人也自称为“以色列人”，即“雅各的后代”。

希伯来人在长期的生产生活实践中，通过口耳相传的方式，把民族的历史经历、生产经验、社会生活习俗、人生感受和情感体验等以神话、传说、诗歌、谣曲和谚语等形式流传下来，成为希伯来文化的早期资料。希伯来人的宗教也在这个时期初步形成，是希伯来文化的集中体现。

公元前 11 世纪，便雅悯部落的扫罗被推举为王，开始了希伯来人统一王国的时代。扫罗以后，犹太部落的大卫成为国王。他征服了割据势力，驱逐了腓尼基人，扩大了领土，加强了统一，并定都耶布斯城，改名为“耶路撒冷”，意为“和平之城”。公元前 10 世纪，扫罗之子所罗门继位，希伯来王国达到极盛。在此期间，希伯来人经历了从游牧到农耕的转变，宗教和文化也进入一个繁荣昌盛时期。民间神话传说由文人学士笔录成文,形成了希伯来人的宗教经典《摩西五经》的雏形。为了巩固统一国家，大卫王大力扶持犹太教，定为国教。它是人类最早的系统的一神教，称为“人类世界观的一场革命”，并成为统一希伯来各部落的思想武器。

犹太王国存在到公元前 6 世纪，被新巴比伦帝国灭亡。包括国王在内的大批犹太王国居民被掳往巴比伦，史称“巴比伦之囚”。从“巴比伦之囚”到公元 2 世纪约 700 年间，是犹太文化发展的重要时期，形成了犹太教的主要成文经典。公元前 5 世纪中期（公元前 444 年），犹太教确立了第一部成文经典《托拉》，意为“律法”。此间还完成了希伯来文献《先知书》和《圣录》的整理编纂。这三大部经典共同组成了希伯来的圣经，根据希伯来文开首字母而称为“塔纳赫”，它奠定了犹太教文化的最重要基础，是犹太文化的集大成者。

犹太教产生于上古时期，它能历数千年并在其主体犹太民族长期流散而没有固定活动地域的条件下保存至今，一个重要原因在于它在坚持自身基本信仰和特质的同时，变革更新，与时俱进。犹太教在历史发展中经历了从圣经犹太教到拉比犹太教，再到现代犹太教的转变，实现了传统文化的自我扬弃和自我更新，正如所罗门的名言："古老传统持久的生命力就在于它能不断地更新自身以适应变化的世界。"

四、儒家文化传统

儒家文化是一个历史发展的概念，在古代中国，历经两千多年的演变，形成了不同时期不同的理论形态，没有一个一成不变的儒家文化。它大体经历了先秦儒学、汉唐经学、宋明理学、现代儒学四个阶段，反映了儒家文化从发生、发展、鼎盛到转型的整个过程。

先秦时期的六艺，即礼、乐、射、御、书、数，是文化教育的主要内容。"艺"为"艺能"之意。礼包含政治、道德、爱家爱国、行为习惯等内容；乐包含音乐、舞蹈、诗歌等内容；射是射箭技术的训练；御是驾驭战车的技术培养；书是识字教育；数包含数学等自然科学技术及宗教技术的传授。"六艺"教育的特点是文、武并重，知能兼求和注意到年龄的差异及学科的程度而教育有所别。"六艺"中礼、乐、射、御，称为"大艺"，是贵族从政必具之术，在大学阶段要深入学习；书与数称为"小艺"，是民生日用之所需，在小学阶段是必修课。当时，庶民子弟只给予"小艺"的教育，唯贵族子弟始能受到"六艺"的完整教育，完成自"小艺"至"大艺"的系统过程。

汉代罢黜百家，独尊儒术，确立了经学在国家意识形态领域的主流地位，经学就是训解、阐发和研究儒家经典的学问。儒家经典《诗》、《书》、《礼》、《乐》、《易》、《春秋》，即六经，是孔子杏坛教育的教科书。战国以降，又成为儒家学派授受的教本，及至汉代，正式出现"经学"一词。汉武帝立五经博士，五经包括：《诗经》、《尚书》、《礼记》、《周易》和《春秋》（六经之中的《乐经》亡佚了，剩下五经）。五经遂成为治国的法典，孔学遂成为官学。唐朝时，《春秋》分为三传，即《左传》、《公羊传》、《谷梁传》；《礼经》分为三礼，即《周礼》、《仪礼》、《礼记》。这六部书再加上《易》、《书》、《诗》，并称为九经，也立于学官，用于开科取士。南宋时《孟子》正式成为"经"，和《论语》、《尔雅》、《孝经》一起，加上原来的"九经"，扩充为"十三经"。

隋朝创立了中国的科举制度，它完善于唐朝，发展于宋朝，鼎盛于明朝，一直延续到清朝晚期。可以说，经学从汉代成为主流意识形态的代言者开始，直至成为中国科举制度的核心内容，一直在中国文化史上扮演着权威的角色。经学，几乎就是中国传统主流文化的代名词。

1905年是中国文化教育史上的重大转折点，它正式废除了从隋朝大业元年（公元605年）的进士科到光绪三十一年（1905年）的科举制度。美国社会学家罗兹曼所主编《中国的现代化》一书称："1905年是新旧中国的分水岭，它标志着一个时代的结束和另一个时代的开始。"他说："科举制度的废除，代表着中国已与过去一刀两断，其意义大致相当于1861年沙俄废奴和1868年明治维新后不久的废藩。"

由此开始，一个贯穿百年的现代化文明过程在中国开始了光辉而艰难的旅程。①

天行健君子自强不息，纵观中国古代的儒家文化，从政治思想到伦理思想，乃至人生哲学、审美精神，无不体现着一种积极入世的观念。修身齐家治国平天下，是大多数古代士人共同的人生目标；而兼济天下与独善其身的互补人生价值取向，则是他们共同的心态；为天地立心，为生民立命，为往圣继绝学，为万世开太平，成为古代士人的人生哲学。

英国学者汤因比深信，中国儒家伦理对未来世界文明的建设有积极影响。诚然，儒家提倡的道德本位、和为贵、中庸、自强不息、厚德载物、包容和谐、和而不同等主张，有着毋庸置疑的普世价值，深刻认识分析和弘扬儒家文化传统的宝贵精髓，是中国文化历久弥新永不衰竭的思想源泉。

五、佛教文化传统

佛教创立于公元前 6 世纪后半期的南亚次大陆恒河中游地区，从公元前 3 世纪中期开始，佛教向次大陆以外地区传播。从印度南部和东部传入斯里兰卡、缅甸、泰国等东南亚地区的佛教称为“南传佛教”；从印度西北经丝绸之路传入中国内陆，并且由此流向东北亚的朝鲜半岛和日本的佛教称为北传佛教。佛教和印度教密宗结合后形成的密教在唐代传入中国西藏地区，形成“藏传佛教”，后来在蒙古和中亚部分地区流行的佛教也主要属于这一系统。亚洲各地的佛教经历了一个本土化的过程，本土化不是一场异地移植的经历，而是一个与不同风貌和气质的文化嫁接在新的环境下生长的过程。佛教的传播和本土化极大地丰富了亚洲人民的精神、文化生活。

佛教诞生于一个社会领域战争频繁、思想领域百家争鸣的时代。乔达摩由于善于观察社会和思考人生，终于觉悟成道，创立佛教。原始佛教的核心在于阐述“空”、“苦”二字，使用了“三法印”、“缘起法”、“四圣谛”和“八正道”等系统方法。佛教反暴力的“戒杀生”信条和反婆罗门等级制度的平等社会理想使其具有广泛的社会影响力。佛陀舍家弃子的献身活动，为佛教僧伽的创建奠定了根基。佛教在阿育王时期（公元前 273– 公元前 232 年）达到繁盛，开始越出南亚流传四方。

小乘佛教与大乘佛教的区别表现在以下几个方面：

其一，从世界观方面看：小乘一般主张“我空法有”，即“我”虽然是没有，但“法”却是真实的，也就否定了“人我”的实在性，而承认五蕴本身即“法我”的实在性。依据诸法要素而产生的人（或世界）虽不得永存但其构成的要素即是实在的。大乘则主张“我法皆空”，把“人我”和“法我”一起加以否定，即认为一切事物都不过

① 何家蓉、李桂山，中外双语教学新论[M].北京：科学出版社，2010.6.

是互相依存的种种表现，根本没有固定的实体。

其二，从修道方面看：小乘主张自度，即通过修道使个人断绝苦因得度，以解脱自己为中心（重视自觉）。大乘则主张兼度，（即不仅自度，还要度他）。因此，大乘主张在小乘的修三学（戒、定、慧）之外，还要兼修（六度）（六波罗密），即布施、净戒、忍辱、精进、禅定、般若。

其三，从修行果位方面看：小乘认为佛陀的伟大人格是累世修行的结果，一般人现世修行无法达到，因而把达到涅槃境地中的阿罗汉果当作追求的目标。大乘则不以阿罗汉为最高果位，坚持把菩萨当作理想的对象，深加崇仰。菩萨本为一种精神境界或果位，但以后被形象化，常常以种种化身现世于人间，甚至救度众生。所以菩萨传到中国以后完全成为偶像化的东西，成了佛陀的种种化身，从而失去其本意。

其四，从佛陀观方面看：早期的小乘视佛陀为导师，将其视为僧众中之一员，后来逐渐把他描述成理想的存在；到了大乘时代，则对佛陀无限神化，乃至提出有二身、三身（法身、报身、应身）的一些说法，即把佛陀偶像化。

其五，从经典方面看：小乘一般比较忠于佛说，经论多为短篇，用纪实文体，不承认大乘经典。大乘则承认小乘经典，又在其基础上托言佛说撰写新的经论，且大多是长篇。写作上多用通俗的演绎、故事、譬喻、偈颂等。

佛教在西汉哀帝元寿元年（公元前 2 年）传入中国，当时并未引起重视。到了东汉明帝时，派人出使印度（大月氏），抄回《四十二章经》。汉桓帝、灵帝在位期间（公元 147–189 年），西域佛僧安世高、支娄迦谶、康孟祥等相继东来，在这一时期，佛教只在上层人士中传播。发展到三国时期，佛教虽然在魏国境内流行，但只有削发而未受戒的僧人，所有斋供礼仪，都照中国传统的祈祷方式进行。到了公元 250 年（魏嘉平二年），正式确立了佛制（即建立了处理僧团事务的制度——羯磨），开始有了受戒的沙门。这是最初的僧团组织，对于佛教在中国的发展起着组织保障的作用。当时来华的僧人大量翻译佛经，佛教的《般若》义理得到广泛的传播。

中国佛教经过南北朝的发展，到隋唐进入了它的极盛时期。这个时期的标志，一是寺院林立，二是僧尼众多，三是宗派涌现，它的教义普遍为当时士人所研究。另外，佛教还通过至今仍家喻户晓的文学名著提供故事情节和思想内容，成为中国文化库藏中的瑰宝，如《西游记》、《封神演义》等。

在全球化时代，佛学在融入现代社会科学，与西方哲学和社会科学的对话中，显现出新的生命力。

六、道教文化传统

道教的正式产生，是在东汉末年，但其文化源头，则要追溯到先秦道家思想以及更古老的巫术与秦汉时期的神仙方术。总之，它是汇聚了多样文化来源而形成的一种中国本土性的宗教。

道教最重要的思想来源，是先秦的道家思想。代表人物及其著作是老子的《老子》，庄子的《庄子》。

老子（公元前604？－前531？），是道家思想的奠基者。他真正的姓名是李耳，战国时人多称他为老聃。老子曾在周的都城洛阳做了王朝的史官。由于对周王室的衰败感到失望，所以辞官隐居。据说他在西去出关之时，应关尹的请求，写下了五千言的《老子》，即后人所说的《道德经》。这部书原本分章并不固定，从汉代开始，学者才逐渐把章节排列固定下来。到后来，81章的分法最为流行，这就是我们今天看到的《老子》了。

老子的一生，基本上可分为史官和隐者两大段。史官因为负责天道、礼法、记录历史等的关系，所以拥有关于自然、社会和人生的广博知识。他也靠这种知识成为天子及贵族的顾问，所以与政治有比较密切的关系。隐士的经历则使老子可以摆脱职业的束缚，以一种较自由的心态去反思现实社会。这样，丰富的知识，自由的思考，再加上动荡的社会，共同造就出体现于《道德经》中的思想。

“道”是老子思想中最重要的概念。老子的“道”有丰富的含义。首先，“道”先天地而存在，是万物的本原，天地万物都从“道”中产生。老子经常把“道”比作天地万物的母亲，称它为“玄牝”。其次，“道”是一个混成之物，它自身包括“无”和“有”两个方面，是“无”和“有”的统一体。再次，“道”是运动变化的，它的运动形式是“有无相生”。即“有”和“无”互相转化，老子有时也把这叫做“反”，“反”兼有“反对”与“返回”两种意义。最后，“道”具有无为、柔弱等主要性质。老子所谓“道法自然”，乃是“道”随顺万物之自然。

庄子名周，宋国蒙（今河南商丘附近）人。他生活的年代（公元前369？—前286？）与孟子相近，比老子和孔子晚两百年左右。此时正值战国中期，是中国历史上一个非常混乱的时代。根据《史记》记载，庄子曾做过漆园吏，这是一个管理漆树园的小官，但他的一生基本是过着隐士的生活。

庄子是老子思想的继承者和发展者，后人常常把他与老子并列，合称老庄。庄子的思想主要表现在《庄子》这部书中。《庄子》最早有52篇，十多万字。后来经过一些人的陆续删节，到晋代郭象那里确定为33篇，七万多字。这33篇被区分为内、外和杂三个部分，它们并不全是庄子所作。一般认为，内七篇的作者是庄子，外篇和杂篇则是他的后学所作。整部《庄子》可以看做是庄子学派的文献。

庄子思想的中心是要追求人的精神自由。庄子认为，人类生存最大的困境是丧失精神的自由，除了社会动乱之外，更重要的是人丧失了自己的本性，而被外物所统治，他称之为“殉”。人创造了财富和文明，反过来为财富和文明所统治，成为物的奴隶。《庄子》说：“天下尽殉也。”“殉”就是为了追求外在的“物”而牺牲自己自然的本性。《庄子》说：“自三代以来，天下莫不以物易其性矣。小人则以身殉利，士则以身殉名，大夫则以身殉家，圣人则以身殉天下。故此数子者，事业不同，名声异号，其于伤性以身为殉，一也。”总之，是“伤性以身为殉”、“以物易其性”，就是因为追逐外物而改变了、丧失了自己的本性，造成了人与自身的分离以及人与世界的分离。这是人类的困境。

要摆脱这种困境，庄子认为最根本的道路是要达到“无己”，就是超越自我。普通人“有己”。“有己”，就有生死、寿夭、贫富、贵贱、得失、毁誉种种计较。只有“至人”、“神人”、“圣人”才能超越自我，“至人无己，神人无功，圣人无名”。“无己”、“无功”、“无名”，也就超越了主客二分，克服了人与世界的分离。①

滥觞于道家思想的道教不是一下子就形成的，而是经过一个酝酿阶段，有多种形式，称之为“早期道教”。首先是黄老道的形式，黄老道出现于方仙道之后，是道教产生的重要一环。黄老道是汉代黄老思想和方仙道结合的产物。黄老思想是道家的变种之一，产生于战国中期的齐国，称为稷下黄老学派，主张黄帝老子的道德之术。汉代初年，黄老思想主要表现在帝王南面之术和阴阳五行思想，也包含神仙思想。汉武帝时，方士们以黄帝附会神仙学说，逐渐将神仙思想与黄老思想捏合在一起，于是言神仙者都托名黄帝，成为整个汉代流行的思想方术。在黄老思想和方仙道的结合过程中，方士化的儒生起了推波助澜的作用，如谶纬之学就推动了黄老道的形成。黄老道和方仙道一样，没有系统的教义和宗教理论，没有形成宗教组织，是道教的前身。之后是东汉的太平道。太平道因《太平经》而得名，约发生于东汉晚期，由巨鹿人张角发起。太平道信仰中黄太一神，和五斗米道一样具有较浓的巫教色彩。

东汉顺帝时，沛人张陵在蜀中创立了正一盟威道，即五斗米道。张陵传子张衡，张衡传子张鲁，祖孙三人被后世道教称“三张”，张陵为天师，张衡为嗣师，张鲁为系师，即“三师”。书法家王羲之父子，也曾加入五斗米道。五斗米道时期，是道教正式形成时期。

晋代道教又有分化，道教的一部分走向官方，一部分活动于民间，还有些隐居山林。葛洪的《抱朴子》内外篇，内道用以养生求仙，外儒用之兼济天下，充分体现了魏晋玄学家儒道互补的特色。葛洪将道

① 叶朗、费振刚、王天有，中国文化导读[M].北京：生活·读书·新知三联书店，2007.189.

教神仙学体系和儒家纲常名教结合，强调修仙必须以遵守儒家伦常为先决条件，这样就将道教改造为符合统治者要求的宗教。

南北朝道教基本上被改造成官方宗教，教理教义进一步充实提高，完成了向“高级宗教”的转化。当时的道教分为南、北天师道，北天师道流行于北朝地区，代表人物是道士寇谦之。南天师道流行于南朝，代表人物陆修静，他编撰了《三洞经书目录》，这是中国道教史上第一部道经目录，以后道经的编目和成藏都以三洞分类法为基本原则，再补充以“四辅”。

道教在隋至盛唐时呈现兴盛局面，教理大发展。当时中华文化出现大交融现象，南北道教大汇合。唐代皇帝尊崇道教最力者是玄宗李隆基，在他大力扶持下，道教发展达到了顶峰。魏晋南北朝道教呈分化之势，唐朝道教则呈融合之势。

北宋统治者如真宗和徽宗都崇道，道士地位很高，出现不少道教的著名学者，如陈抟、张伯端、张无梦、陈元等人。南宋偏安，统治者对道教不再像北宋时期那样狂热。

元代道教在统治者提倡下，出现兴盛局面。新老道派呈现合流的趋势，形成了北方以全真道为代表，南方以正一道为中心的格局。教团组织蓬勃发展。

明太祖朱元璋制定了以儒教为主、三教并用的政策。清代统治者对道教缺乏信仰和了解，但政治上也适当利用道教。道教走到明清，已成强弩之末，特别是明中叶以后，道教已衰微。然而道教对社会生活的渗透力，与民情民俗的结合，不容忽视，这从明清乃至民国的小说中可以看到。起自民间的道教，自此又开始了回归民间的历程。

道教的核心是神仙思想，又有追求现世利益的理想，希望个人长寿永生，社会和谐安乐。因此，道教的特点是既出世，又入世，它不追求飘渺的未来，也不沉湎于过去，而是努力寻求现在的满足。这种现实主义色彩，使得道教最能体现中国人现实主义的精神。

七、印度教文化传统

印度教是世界几大宗教中历史最为悠久的宗教。印度教，连同其早期形式吠陀教和婆罗门教，形成的文化传统，对南亚地区有深远的影响。这个地区包括今天的印度、尼泊尔、斯里兰卡、巴基斯坦、孟加拉、不丹和锡金等国。南亚是东西交通和文明交流的中间站。

南亚次大陆的文化传统在印度河文明之后，经历了从吠陀教过渡为婆罗门教，再到印度教的漫长过程。吠陀教是公元前两千年中期起来到古印度西北部的雅利安游牧部落的信仰。吠陀，意为“明”，即知识，特别是指那种精神神圣、超越世俗的学问，是印度上古文献的总集。典籍《梨俱吠陀》的出现是吠陀教产生的标志。

公元前 1000 年左右，在印度最初的奴隶制国家逐渐形成过程中，吠陀的宗教被注入新的内容而成为婆罗门教。婆罗门教建立在部落与农村经济基础之上。婆罗门占据至高地位，其依据是吠陀神话宣布他们应占据特权地位和垄断祭祀，体现在婆罗门教吠陀天启、祭祀万能乃至婆罗门至上的三大纲领中。公元前 6 ~ 前 5 世纪的印度思想界斗争十分激烈，出现了与婆罗门教相对立的沙门思潮。沙门思潮是当时自由思想家及其派别的统称。

公元 4 世纪笈多王朝崛起后，婆罗门教文化得到复兴。在笈多王朝统治时期，编纂了婆罗门教和后来的印度教的基本法规《摩奴法典》、《耶门纳瓦尔基耶法典》、《那罗陀达法典》等，史诗《罗摩衍那》和《摩诃婆罗多》也在这个时期最后形成。以承认吠陀为权威的正统派哲学家制作了大批经论，使婆罗门教的哲学开始系统化。《摩诃婆罗多》中的《薄伽梵歌》是对婆罗门教作出新的解释和调和各种思潮的哲学诗篇，为婆罗门教向印度教演变做好了思想理论上的准备。

“印度教”是阿拉伯人在公元 8 世纪时使其流行起来的，当时是指那些信奉盛行于印度的宗教的人们即湿婆与毗湿奴的崇拜者。婆罗门教在公元前 200 年到公元 300 年间经历了很大变化，出现一些新特征，这些特征今天被认为是印度教。

印度教号称自天上七国到地下七界，共有神灵 33000 万。但主要的崇拜对象是“三位一体”的梵天、毗湿奴、湿婆及其无数的化身、配偶、子神和守护神等；其次是人格化的自然神（太阳神、月神、暴风神、地母神等等），动植物（牡牛、神猿、龙蛇、菩提树、莲花等）以及木石和男女生殖器等；此外还有被神化了的祖先和英雄的精灵，阿修罗、夜叉和罗刹等恶灵恶魔。

在 16 世纪葡萄牙、法国殖民主义者相继侵入印度次大陆，特别是 19 世纪中叶印度沦为英国殖民地以后，印度的封建生产关系瓦解，资本主义逐步发展。在此过程中，印度教与充满活力的西方基督教文化、现代生活和科学技术发生接触，教内新派别纷纷兴起，构成现代印度教。

印度教没有统一的经典，也没有公认的教主，故其信仰、哲学伦理观点等相当复杂甚至相互矛盾，信仰印度教的各社会等级、集团和不同的文化阶层有着各自相异的信仰和实践。马克思说：“这个宗教既是纵欲享乐的宗教，又是自我折磨的禁欲主义的宗教；既是林伽崇拜的宗教，又是札格纳特的宗教；既是和尚的宗教，又是舞女的宗教。”①

印度教实质上是一神论的多神崇拜，这是从吠陀教时期的多神崇拜逐步演化而来的。印度教认为，世界周而复始地处在不断创造又毁灭的过程中。每一次创造到毁灭成为“一劫”。它相当于梵天的一日，延时约 43 亿 2 千万世俗年。

婆罗门教的神学家们在梵书、奥义书中系统地为宗教作了理论证

① 中共中央马克思恩格斯列宁斯大林著作编译局，马克思恩格斯全集第9卷[M].北京：人民出版社，1961.144.

明。他们把梵看作是一种脱离客观实在和人类认识的一种最高实体，世界的创造者，一切存在的终极原因，并把这个梵和作为人的主体的阿特曼即灵魂、“我”结合和等同了起来，从而建立了“梵我一如”的原理。意为：作为外在的、宇宙的终极原因的梵和作为内在的、人的本质即灵魂的阿特曼在本性上是同一的，亦即“大宇宙”和“小宇宙”是统一的。阿特曼归根结底应该从梵那里去证悟。但是由于人的“无明”即无知，人对尘世生活的眷恋，受到业报规律的束缚，才把梵和我看作了两种不同的东西。如果人能摈弃社会生活，抑制七情六欲，实行“达摩”即法的规定，那么他就可以直观阿特曼的睿智本质，亲证梵我同一，从而获得宗教上的解脱。与“梵我一如”相辅而行的是业报轮回和解脱的思想。

八、日本神道文化传统

神道教由日本民族的原始宗教发展而来，最初以万物有灵和祖先崇拜为主要内容，此后逐渐形成“皇国主义”、“现实主义”和“明净主义”等特征。随着中国的道教、佛教和儒学陆续传入日本，神道教又吸收了上述宗教的某些教义、仪式，以及儒学的伦理道德观念，共同构成神道文化。其核心的神道，包括神社神道、皇室神道（宫廷祭祀）、学派神道（理论神道）、教派神道、民间神道（民俗神道）五个领域。而这五个领域神道的产生和发展，又分别与不同的社会历史阶段相对应。

公元 7 世纪以前的日本神道教称为“原始神道”，因为在这以前神道教的名称并未确立。“神道”二字出现于中国六经中的《易经》，彖卦曰：观天之神道，而四时不忒。圣人以神道设教，而天下服矣。这个词在日本出现，最早见于公元 720 年成书的《日本书纪》，该书《用明纪》称“天皇信佛法尊神道”，《孝德纪》则称“天皇尊佛法轻神道”。佛法是从中国和朝鲜传入日本的，神道则是日本固有的信仰和礼仪。这两句话，一是说用明天皇同等对待佛法和神道，而孝德天皇则尊崇佛法而相对轻视神道；二是表明正是由于外来佛法的影响和刺激，使得原始的神道自觉起来，因而出现与佛法相区别、竞争的态势。

在《古事记》和《日本书纪》里，称日本固有的宗教和礼仪的名称，除了“神道”之外，还有“本教”、“神习”、“德教”、“古道”等。但日本人最终选择了“神道”一词。“神道”名称的出现和确立，表示日本神道教最终脱离了“原始神道”的历史阶段。有人称脱离了原始神道之后的阶段为“神社神道”。

日本神道教对日本民族、日本社会的影响是全方位的，深刻影响着日本人价值观的形成。神国主义、尽忠报主的道德观念等，加强了日本人的民族、国家认同，形成了他们一致对外的整体主义；而热爱自然、追求人与自然的和谐，使得日本人珍爱他们国家的一山一水、一草一木，日本的生态环境因此得到很好的维护和保持；由于信仰神人合一，重视人的尊严和每个人的责任和使命，因而注重现实，工作认真勤勉。这是日本人精神世界的优长，也是日本文明虽然晚出，但能迅速发展提升，很快跻身于世界富强之国的深层原因。

小结

纵观世界各个主要文化传统与类型，无不彰显了对生命和心灵的关怀。不仅如此，各主要文化传统中还都包含着关于人类可持续发展、为人处世、生存方式的普遍原则。比如，人道原则已经于 1993 年被世界宗教大会确认为全球伦理，作为世界各主要文化传统沟通对话的道德基础，以维系人类共同的生存基点。环球同此凉热，尽管各文化类型语言各异、教义不同，但是千回百转、殊途同归，终极的归结点，都是为了谋求人类的幸福，寻找和建构人类的美好家园。

文化是人类的存在方式，多元化的审美存在方式，和谐共处于一个地球家园，这是人类的理想国。未来的设计文化，就是设计包容多元文化、倡导审美栖居、实现人类梦想的理想国。

参考文献

[1] 杨裕富. 设计的文化基础 . 设计、符号、沟通 [M]. 台北：亚太图书出版社，2006.

[2] 姚伟钧，彭长征. 世界主要文化传统概论 [M]. 武汉：华中师范大学出版社，2004.

[3] 何家蓉，李桂山. 中外双语教学新论 [M]. 北京：科学出版社，2010.

[4] 中共中央马克思恩格斯列宁斯大林著作编译局. 马克思恩格斯全集第 9 卷 [M]. 北京：人民出版社，1961.

[5] 叶朗，费振刚，王天有. 中国文化导读 [M]. 北京：生活 · 读书 · 新知三联书店，2007.

第三章　文化的危机与设计的偏离

设计是一种社会——文化活动，一方面设计是创造性的、类似于艺术的活动。另一方面，它又是理性的、类似于条理性科学的活动。

——迪尔诺特

设计应该成为一个全面塑造和构建人类环境的关键性平台，它能改善人们的生活，增加生活的乐趣。

设计从本质上可以被定义为人类塑造自身环境的能力。我们通过各种非自然存在的方式改造环境，以满足我们需要，并赋予生活以意义。

——约翰·赫斯特

第一节　设计的危机即文化的危机

文化的危机，是一个时空交错、纷繁复杂的历史形态和时代现实，也是一个内涵深刻、表现多样的哲学概念。从 20 世纪开始，人类的文化危机呈现出愈来愈明朗化、现实化的态势，逐步波及个体的日常生活，人类的存在方式、审美潮流、精神家园开始发生巨大的变革。

朱立元《现代西方美学史》将 20 世纪的文化哲学思潮概括为人本主义与科学主义两大思潮的流变更迭。现代人本主义思潮的基本特点是非理性主义，是对黑格尔以理性主义为特征的传统人本主义的反动。现代科学主义无论是审美经验的描述，还是语言和逻辑的分析，都是建立在实证主义和主观经验主义基础上的，都是从具体特殊的审美经验或事实出发来进行理论推演和一般概括的，这是从另一侧面对黑格尔的思辨哲学的反动。科学主义“从下而上”的方法，是对黑格尔“从上而下”的“形而上学”思想观念和思维方式的巨大变革。现代西方哲学正是从这两个方向反对黑格尔为代表的传统哲学，发展出了人本主义和科学主义两大思潮。

一、人本主义

所谓人本主义，就是以人为本的哲学理论与思潮。其根本特点是把人当做哲学研究的核心、出发点和归宿，通过对人本身的研究来探寻世界的本质及其他哲学问题。

人本主义思潮在西方源远流长。从文艺复兴起始的反神学的人本主义，经17、18 世纪形形色色的人道主义到费尔巴哈的人本主义，属古典人本主义范畴，它们都竭力提倡理性，发扬个性，提高人的地位与价值；它们在自然观上，一般倾向于唯物主义，在社会历史观上由于主张抽象人性而陷入唯心主义。然而，从 19 世纪中叶起，人本主义思潮在延伸中开始发生质的变化，而具备了某些“现代”特点，即不仅在社会观，而且在自然观与本体论上也转向了唯心主义；不仅把人抽象为生物学上的自然人，而且把人的本质等同于“自我”的生命、“心灵”、“幽灵”或其他某种非理性的生理心理功能（如意志、欲望、直觉、情感、人格等）；这样，就把人的某种非理性因素抽象化、普遍化，上升到本体论和认识论的高度，如叔本华、尼采的唯意志论，克罗齐的直觉论，柏格森的生命哲学，弗洛伊德的泛性欲论等无不如此。这种表面上不一定强调人，实质上把人局部的非理性的精神本质夸张到荒谬、神秘的地步的做法，正是现代人本主义的显著特点。

二、科学主义

现代科学主义的思想基础是主观经验主义和逻辑实证主义，其哲学前驱是 19 世纪 30 年代孔德的实证主义（实证主义第一代）和 19 世纪末 20 世纪初马赫的经验批判主义（实证主义第二代）。孔德继承发挥了贝克莱、休谟的主观经验主义和怀疑主义哲学，认为知识建立在主观经验即感觉的实证基础上，"科学哲学只能指述、记录、整理人对现象世界的主观感觉（经验），找出其先后、相似关系来"，而不能讨论传统哲学关注的根本问题，即所谓"形而上学"问题和世界的客观规律。他说："探索那些所谓始因或目的因，对于我们说，乃是绝对办不到的，也是毫无意义的。"这就在实际上同黑格尔为代表的德国古典哲学走着相反的道路。马赫主义同样坚持把知识局限于经验之内，拒绝讨论经验以外的任何"形而上学"问题，把主观经验和感觉"中性"化、"要素"化，认为世界就是非心非物、心物同一的经验要素的复合。20 世纪以实用主义和逻辑实证主义为主体的实证主义第三代在"科学哲学"旗号下，沿着其前驱的反传统、反黑格尔主义道路继续前进。科学主义一般是以经验主义和实证主义为基础，方法论上偏重于归纳法，这同黑格尔为代表的以理性主义和演绎法为特征的研究方向是背道而驰的。

科学主义在 20 世纪后半期似乎比人本主义略占优势。但从 20 世纪 60 年代起，两大主潮出现了某些交融的趋势，对立潮流所属各派之间不断出现互相吸收与渗透的情况，以至于冲淡和削弱了两大主潮的对垒色彩。而且，对于传统哲学，包括对黑格尔的哲学美学，出现了某些反思、再评价和回归的迹象。特别是 70 年代之后，出现了各种后结构主义哲学美学思潮，如法国德里达等人为代表的解构学派，美国的耶鲁批评派等，他们在理论上带有后现代主义的色彩，并且还在发展演变的过程之中。

三、人本主义与科学主义的历史性对立

现代人本主义与科学主义两大哲学美学思潮在理论上具有一系列历史性的对立，它们的形成与发展也都有各自深刻的社会文化背景，就其理论倾向而言，大体上表现为非理性主义对理性主义的冲突。这两种倾向的对立体现在诸多方面，诸如对"科学"、"认识论"、"理性与非理性地位"的理解等都存在着差异和冲突。

两大哲学文化思潮的历史性对立，也体现了现代社会的文化困境，即技术文明与精神危机的两极分化，给人类社会提出了严峻的生存挑战。

21 世纪以来，一方面自然科学和技术文明取得了突飞猛进的发展。相对论、量子力学、计算机、互联网、生命基因、系统论、控制论、信息论等的创立，宇宙科学、航天技术的发展等，使世界图景迥异于经典科学所描述的画面。发达资本主义国家达到高度的工业技术文明，已经进入后工业社会。这一现实极大地提高了人类的理性自信。这正是科学主义、技术主义和实证主义思潮得以存在与发展的客观依据。科学主义哲学美学，就是在承认科学、逻辑的理性至上地位的前

提下，尝试对人的艺术和审美等精神现象作出近似于自然科学的精确分析和说明。

另一方面，由于资本主义制度内在矛盾的积累和激化，20 世纪爆发了两次世界大战。现代科学技术被用来充当杀人武器，造成了惨绝人寰的世界悲剧。同时，人类在快速走向现代化的过程中，破坏了生态环境，使人类面临可持续发展的生存困境。社会性和自然性的双重灾难，其共同性在于：人凭借自身的理性能力创造了无与伦比的物质和技术文明，但这种文明却反过来成为压迫和毁灭人类的强大异己力量。高度的技术文明与深刻的精神危机形成巨大的反差。这正是现代人本主义得以生长发展的历史文化背景。

尽管现代人本主义认为，人与自然应是和谐统一的有机关系，自然既是人的生活源泉，也是人的想象和美的观念。但工业技术的高度发展却切断了人与自然联系的纽带，使人变成无根基的存在，以对人自身的侵犯和精神褫夺为代价来征服自然，获取物质成果。人类社会不是服从于科学法则的原子堆集，人类的精神自由是科学理性的狭隘视界无法容纳的。法兰克福学派在这方面作了深刻的研讨。阿多诺认为，科技进步带来的人与自然界的日益分离和对自然界的支配，并不能推动人类的解放，因为这种进步是以劳动分工的发展及由此引起的对人类自身日益增长的社会和心灵压迫为代价的。同时，这也造成人从自然的异化，世界被归结为它纯粹的量的方面，人变成抽象的物，简单地服从既定的社会秩序，而科学发展只是完成这种专制统治的工具，所以，恐怖是和文明分不开的。他由此认为，作为启蒙精神核心的科学理性在现代技术文明条件下走向了反面。为了真正解放人类，就要恢复人与自然的和谐关系，就要摆脱逻辑与数学即科学理性的专制主义统治。马尔库塞进一步抨击逻辑理性和科学，认为理性用形式逻辑和数学结构对丰富的现实进行抽象归类或等同，造成对现实的歪曲；科学只关心事务的量及技术的应用，而不问其质即应用的目的，把真同善、科学与伦理分割开来了，剥夺了善、美、正义的普遍有效性，从而蜕化成变了形的、奴役人的科学。法兰克福学派的观点典型地代表了现代人本主义对科学理性的绝望和幻灭。他们希望在人的非理性方面寻找人类解放的途径。重建艺术和审美之维就是他们实现乌托邦理想的一个药方。①

四、哲学的危机与文化的危机

哲学的危机，根本上也就是文化的危机，文化是哲学的基础，也是哲学的表现形态。文化的表象是符号，文化的实质是人类活生生的现实存在方式。文化不仅仅是一系列的形而上的概念术语，它更深刻的

① 朱立元，现代西方美学史[M].上海：上海文艺出版社，1996.33–34.

涵义是人类的具体生活。李鹏程为《文化的反思与重建——跨世纪的文化哲学思考》[①]一书所作序言，清晰阐述了文化、生活、文化哲学等几个层面的关系，并提出新世纪的文化哲学使命。文化不是简单的个别的具体事物和现象,简单的个别的具体事物和现象只能是“文化事物”和“文化现象”。文化从其个体来说，是指某一个民族和国家的人类群体的生活样式系统，从其整体来说，是指人类的全部生活样式系统。

这个系统具有自己的自足性特色和规定，有自己的动力机制和自我调节机制，有一种公共的价值理念，即追求完善自身、完美自身的意向，有以集体的方式处理自身与物质自然界交换关系的能力和经验。并且，就个体文化间的关系而言，它们有整体地处理自身与其他文化之间的物质关系、社会关系、制度关系和思想关系的能力和经验。

文化的根本特质是生活，即具有生命的人类共同体的现实存在。这个“存在”不是凝固的模式，而是一个充满活力、情感赋向和思想活力的永不休止的动态过程。这个存在的最普遍、最一般、最日常的生活样式及其变化和进步，以及对这些样式和进步的最具有普遍性的思考，就是哲学的根基。

生活作为“存在”，它实实在在的就是人类生命的生活过程，而人类的生命过程是物质与思想的“共在”过程，“没有物质生活而思想着的人”与“没有思想而只过着物质生活的人”，二者都是在现实生活中并不存在的抽象的人，只是历来哲学的假设。所以理解人的物质性和思想性二者不可分割的复杂共在关系，是理解生活意义的关键。把人类生活只理解为“物质生活”，即人与自然的物质交换和人的社会物质交往活动，这是对生活的抽象和片面解释。

李鹏程先生进而对概念与现实、哲学的功能性悖论等进行了清晰概括：对于真实事物的“具体地”、“特殊地”把握，永远也离不开哲学的概念和理念，对于事物的普遍性的把握，更不能离开哲学的概念和理念。

一旦哲学的概念和理念被巧妙的思维技术成堆成套地建构起来之后，哲学体系的强大思想威力就被作为可以征服普遍的现实存在的意识形态武器。现实被它以概念和理念所描述的“模型”、“模式”和“理想图景”所牵引，而活生生的现实生活，必然被它合法地加以“裁制”和“改造”。这种裁制和改造，可能是好事，也可能是坏事。

这是因为，在哲学从具体现实得到与其相符合的一些概念和理念的情况下，哲学可能是“好的”哲学，这种好的哲学可能是引导现实前进的伟大思想旗帜和响亮的时代号角，哲学思想由于符合具体现实而推动现实，是哲学的功绩；但恰好在这时，哲学很容易被夸大为一种思想的绝对性功能，这必然导致哲学的威力被绝对化为宗教般的“神

① 李小娟，文化的反思与重建——跨世纪的文化哲学思考[M].哈尔滨：黑龙江人民出版社，2002.9.

圣”思想。到了这个时候，加之现实是永远变化着的，它并不受哲学模式的限制，于是，现实的真实性和其自然合法性，在许多情况下，就可能被哲学已经固定了的意识主体性任意压制，这时候的哲学就成为“坏的”哲学。这就是哲学的时间性悖论。

与此类似，哲学在一个或一些民族和国家的“好”品格，常常被作为绝对的好品格来看待，似乎它对于其他民族和国家也必然是“好”的。但往往由于它并不真正地知道它所陌生的民族和国家真实的生活，以及所赖以生活的文化，因而，一旦被引入和搬运到其他民族和国家，反而会给这些民族和国家带来伤害和灾难，它的“好”品格意想不到地变成了“坏”品格。这就是哲学的空间性悖论。

哲学功能上的两面性——即时间性悖论和空间性悖论，根源于人们在必然需要哲学的同时，把哲学的意义和功能绝对化了。这样一来，哲学在人类历史上总是不可避免地交替扮演着“天使”与“魔鬼”的角色。

小结

面对这一悖论的宿命，哲学要保持自己现实的思想效能，即保持自己的生命力，就必须寻求自己生存的基础和空间。必须从自我完满的绝对物、永恒的大全包容物这种意识状态中苏醒过来，而去努力寻求自己的真实的“被包容性”，寻求自己的生命基础，寻求自己所属的那个真正的“大全”。即，哲学并不是“原因的原因”、“理由的理由”的终点，而是自己本身也是某种因果链的中间一环，它也有自己的原因、自己的理由。我们应该追寻它们，它们，就是文化。

第二节　回归“和而不同”的设计文化

20世纪以来，以现代科技和大工业为核心的现代化，是一种超越民族文化差异的经济力量，这种以普遍一致的理性化、标准化、通用化、模式化为特征的物质力量，对全球加以普遍一致的改造，使得人类的外部物质世界和生活方式变得单调、雷同，正在无形地销蚀着世界各民族文化的个性及多样性特征，造成现代人精神世界与文化空间的日益趋同、单调。这种平面式的、单向度的人类思维与精神文化模式，可能会抑制人类生机勃勃的创造性、丰富奇妙的想象力和对多元文化、异域文化的理解与宽容，从而使人类丧失文化上精神上自我更新、自我改造的机会与途径[①]。

21世纪的人类进入了设计的时代，设计就是生活方式，生活方式就是设计文化。然而工业化时代带给人们的机械式现代设计多是“同

① 孙艳华、李霞玲，世界面临“文化危机”及文化多样性的保护[J].科技创业月刊，2004，（6）.

而不和”。这样的设计在给人类带来便捷的同时，也使自然生态和人类的可持续发展陷入了全面危机。反向思维，以“和而不同”的传统审美文化挽救设计哲学的困境，能给陷入困境的现代设计带来生机，这是设计多元化的生存方式、构建未来和谐社会，使人类走向诗意人生、审美生活的博大智慧和思想资源。

“和而不同”作为中国传统文化的经典精神基因，一直贯穿、渗透、传承在中国审美文化、社会文明、个体生活之中，几千年来，这种优秀基因滋养了江山代代更迭、文化历久弥新、样式多彩纷呈的东方文明。在日益全球化的当代，“和而不同”的中国传统审美思想，必将成为人类共同的精神文化遗产，为世界的未来和人类的终极幸福贡献博大而包容的大智慧。以“和而不同”的宏阔视野透视当代世界的设计取向，设计的价值立场、人文关怀才能彰显其核心诉求，即，从“和而不同”走向审美生活继而达到人类幸福，是一切设计的设计，是设计的终极。

一、“和而不同”的古代审美思想

对“和而不同”讨论最生动、最细节化、最有故事性、最具文学色彩的议论，是先秦典籍中齐景公和晏子的一段对话，《春秋左传 · 昭公二十年》载：

齐侯至自田，晏子侍于遄台，子犹驰而造焉。公曰：“唯据与我和夫！”晏子对曰：“据亦同也，焉得为和？”公曰：“和与同异乎？”对曰：“异。和如羹焉，水火醯醢盐梅以烹鱼肉，燀之以薪。宰夫和之，齐之以味，济其不及，以泄其过。君子食之，以平其心。君臣亦然。君所谓可而有否焉，臣献其否以成其可。君所谓否而有可焉，臣献其可以去其否。是以政平而不干，民无争心。故《诗》曰：‘亦有和羹，既戒既平。鬷嘏无言，时靡有争。’先王之济五味，和五声也，以平其心，成其政也。声亦如味，一气，二体，三类，四物，五声，六律，七音，八风，九歌，以相成也。清浊，小大，短长，疾徐，哀乐，刚柔，迟速，高下，出入，周疏，以相济也。君子听之，以平其心。心平德和。故《诗》曰：‘德音不瑕。’今据不然。君所谓可，据亦曰可；君所谓否，据亦曰否。若以水济水，谁能食之？若琴瑟之专一，谁能听之？同之不可也如是。”

齐景公是春秋后期的齐国君主，晏婴和梁丘据时为权臣。梁丘据逢迎齐侯，深得宠信。景公慨叹“只有梁丘据与我和啊”，晏子趁机把“和”、“同”的含义淋漓尽致地阐发了出来。其中心思想是：（1）“和”与“同”是有差别的两个概念。（2）以烹饪为例阐述“和”的含义。譬如用各种不同的原材料做肉汤，醋酱盐梅鱼肉等适当调配，水火烹煮，各种味道恰到好处地融汇一起，才能做出美味的肉羹，这个美味，就是“和”的味道。（3）“同”，就是没有差异的同质化物质或现象。就像用水来调和水，不会有味道，亦即相同性质的材料做不出“和”的美味，只能做出“同”的味道。（4）以音乐为例举出五声、六律、七音、八风、九歌等都是“和”之音，而非单调之音。如果琴瑟只弹一个音调，那就没有悦耳的美感了。(5)能够弥补君主缺失，使之尽善尽美的臣子，是与君主“和”；君云亦云，只会点头称是的臣子，是“同”。

《论语·子路》中的“君子和而不同，小人同而不和”，是孔子对“和”与“同”的解释，这句话被当代人广泛引述，可以说家喻户晓，其核心思想与晏子的言论是一致的。

《国语·郑语》记载：“夫和实生物，同则不继。以他平他谓之和，故能丰长而物生之；若以同裨同，尽乃弃矣”。史伯对郑桓公讲的这番话，与上述晏子对齐景公讲的话，遥相呼应。史伯又曰：“声一无听，物一无文，味一无果，物一不讲”。列举单一的声调不成音乐，单一的颜色不成绚烂，单一的味道不成美食，单一的事物无从比较鉴别。说明古人已经从美学意义上意识到美是多样性的和谐统一。

对“和”与“同”的理解与讨论，历史典籍中的记载浩如烟海，仅从上述所举几例便可看出，早在中国文化的源头先秦时代，“和而不同”，不分学派，是当时的普遍认识。这种认识作为一种大智慧，已经从自然物质现象层面的观察上升到政治、文化、审美等精神层面的哲学思考。

二、“同而不和”之现代设计危机

历史不断渐进向前，历史也充满悖论。人类从洪荒的远古走到繁华的当代，在自然的人化和人化的自然之漫长历程中，不断改变着存在方式。从科技的创新到人文的启蒙，再到对世界与生活的自觉设计，对完美的追求，人类取得了骄傲的成就。不过这种追求的结果，却走向了“同而不和”，整齐划一，机械僵化，云合雷同，千人一面，千篇一律。于是，人类为自己的追求也付出了异化的代价。这个异化，包括人类体能的大幅衰退和生态自然的全面破坏。人类面临着生存和可持续发展的危机。

深入反思人类所创造和设计的现代生活方式，千篇一律的“同而不和”现代设计，是危机的渊薮之一，其表现方式所在，大至国家发展战略，小至日常生活用品，无不波及。举其荦荦大者，当属中国当代的城市设计。首先是宏观规划的趋同化造成的千城一面的水泥森林城市，人类生活在高楼大厦里，分割在一个个隔绝的单元空间，虚拟化的网络生活使得真实的生命体验渐渐失去激发和活跃的机会。城市并没有成为理想国，并没有使生活更美好，城市使人失去了精神的归依和生命的温情。其次是微观设计的类型化塑造了标准化的生存环境，在类型化的环境里，人群被按照消费目标分类组合，生命的个性化和多样化空间逐渐被消解，人最终被迫异化为一个个标准尺码的机器，才能在当代社会里有效生存。生存的困境下隐藏着更深的精神危机，这个精神危机，就是现代设计对人类幸福的全面颠覆。

21世纪进入了设计的时代，人类的一切无不打上设计的烙印。人类设计自身，也被设计所设计，设计就是生活，生活就是设计。设计无处不在，那么，直面现代设计的危机，是人类必须解决的宏大命题。

三、从“和而不同”走向审美生活

从“同而不和”的困境中解脱出来，建设“和而不同”的多样化现实世界，使人类走向诗意人生、审美生活，需要哲学思想的再次启蒙，对本末倒置的设计理念进行反思。

联合国教科文组织（UNESCO）和世界文化与发展委员会（WCCD）联合撰写了《文化多样性与人类全面发展——世界文化与发展委员会报告》，报告中指出：“没有人文背景的发展，只是一种没有灵魂的经济增长而已。经济的繁荣本身就是人类文化发展的一部分。所谓发展，不仅包括占有物质生活资料，也包括人类有机会选择完整的、满意的和有价值的生活方式，还包括作为整体人类生存方式的繁荣昌盛。狭隘的发展观只强调物质资料的重要性，但是物质生活资料之所以有价值，只是因为我们扩大了我们选择生活方式的自由。无论强调文化对发展的促进作用还是阻碍作用，这种观点只是把文化作为一种从属地位，视作促进经济增长的一种工具而已。在狭隘的发展观看来，文化只是达到某种目的的一种手段，这种看法完全不对，文化恰恰是形成这些目的的社会基础。归根结底，发展和经济都是人类文化的一部分。”

反思人类的文明历程，从“和而不同”不可遏止地发展到“同而不和”，在利益和欲望的驱使之下，日益向片面物质化的生活狂奔，速度越快，离理想的幸福越远，南辕北辙的车轮，已经到了猛回头的时刻。“同而不和”的设计，使人类的生活走到了危急的关头，在世界面临生存困境和精神困境的双重压力下，设计何为？人类走向哪里？冷静回顾东西方的文化渊源和基本特质，我们不妨从中国传统文化中寻找思想资源，中国古人提出的“和而不同”的哲学思想，无疑是解决现代化危机的济世良方之一。而上述的联合国教科文组织（UNESCO）和世界文化与发展委员会（WCCD）联合撰写的《文化多样性与人类全面发展——世界文化与发展委员会报告》所说的“扩大我们选择生活方式的自由”，其指向也正是“和而不同”。

以“和而不同”的哲学思想来规划人类的未来世界，世界将呈现出多元文明交相辉映的灿烂景观，无论是东方文明还是西方文明，都可以在这个世界大花园里万紫千红百花齐放，共享人类的优秀文化遗产和智慧结晶 。

以“和而不同”的审美思想来设计生存环境，城市将呈现多姿多彩的个性风貌，乡村将保持独特的地理人文色彩，人类的生活将因为多样化的和谐共存而变得幸福美好。

“和而不同”是中国古人的伟大智慧，一直在中国文化中存活着，千百年来以不同的表现形式在传达着中国人的和谐梦想。历史学家王瑞来先生在整理北宋文人宋祁文集时，对其中的一段话击节赞叹，其曰："上戒以和。公顿首言，和无莫济者，有如乐焉，音异乃谐。若可否出一，是同也。同则生党。""音异乃谐"，不仅仅表达了士人的政治理想，更是对先秦以来中国传统审美文化的继承和发扬。

小结

"音异乃谐"，大哉斯言！区分"和而不同"与"同而不和"，探索人类社会的真正和谐。中国古人已经作出了卓越的思考。然而，正如王瑞来先生所指出的，这些闪烁着智慧光芒的思想，或许大多是我们祖先面对弊病弊端的一种矫枉的期许，而非社会存在的现实。人类需要发掘这些智慧的思想，树立以人为本的设计关怀，建设多元化的和谐世界，从"同而不和"回归"和而不同"，继而走向审美生活。这不仅仅是中国古人的期许，更是全人类的共同梦想。

参考文献

[1] 朱立元．现代西方美学史 .[M]．上海：上海文艺出版社 ,1996.

[2] 李小娟．文化的反思与重建——跨世纪的文化哲学思考 [M]．哈尔滨：黑龙江人民出版社，2002.

[3] 左传，十三经注疏本 [M]．北京：中华书局，1980.

[4] 国语 [M]．上海：上海古籍出版社，1988.

[5] 论语，十三经注疏本 [M]．北京：中华书局，1980.

[6] 王瑞来 . 音异乃谐 [EB/OL]. 乘桴子时空 http : // blog.sina.com.cn/ruilaiw，2010-05-18.

基于广义设计观的设计思维

第一章　中国历史上的系统观与广义设计思想

大哉乾乎，刚健中正，纯粹精也。六爻发挥，旁通情也。

——《文言·乾》

大哉乾元，万物资始，乃统天。云行雨施，品物流形。大明始终，六位时成，时乘六龙以御天。

乾道变化，各正性命，保合大和，乃利贞。首出庶物，万国咸宁。

——《乾·彖》

阴阳相错，四维乃通。或死或生，万物乃成。

——《淮南子·天文训》

引论

“系统”思想是一个近代名词，但从“系统”的角度和视野来看待人与自然万物的整体观念古已有之。自从人类诞生以来，人们对各种自然现象以及天、地、人相互关系的探索与考察就从未停止过。在控制自然和利用自然十分低下的远古时代，人们的生活要受制于自然、依赖于自然。当面对日月运转、星辰起落、季节更迭、风雨突变等诸多自然现象的变化时，先民们对天地万物产生的更多的是恐惧心理进而是崇拜之情。被动地求生、发展的艰难过程，也促使人们开始自发和有意识地探索自然界的各种天象、地理的奥秘以及天—地—人之间的关系并以此来改变自身的生存境况。人们在从天—地—人关系出发探索宇宙万物及其变化规律的过程中逐步萌发了原始的、朴素的系统思想。这种视“天、地、人”为一个整体的系统思想在中国历史发展进程中曾释放出巨大的影响力，在中国传统文化思想中，从先秦诸子的天、地、人“三才”会通，到秦汉之时的“天人之际，合而为一”，再到宋明理学“万物一体”论的形成，虽然表述不同，但就其本质而言，都是在“天、地、人”系统思想的框架内展开的。以天、地、人“三才”作为理论框架的系统整体观念就如同一根红线一般鲜明地贯彻于中国古代文化思想史的全过程，对中国古代的各种造物思想和造物活动曾产生了深远的影响。

第一节 中国古代系统思想的奠定期——先秦的系统思想

在中国文化的发展进路中，夏、商、周三代被称之为中国思想文化的“轴心时代”[①]。在这一时期产生了伟大的思想和学说，中国传统文化以及传统哲学的基本特征在此时已经形成。影响中国传统文化几千年的系统整体思想亦是在这一时期奠基的。中国古代先民经过长期的观察、领悟以及实际生活实践，逐渐形成把影响自身生存的诸多因素联系起来，作为一个整体或系统来进行分析和综合的思想。随着时代的发展，到夏、

① 所谓“轴心时代”一词是雅斯贝斯提出的，他说：“发生在公元前八百年至二百年间的这种精神的历程似乎构成了这样一个轴心，正是在那个年代，才形成我们与之共同生活的这个‘人’。我们就把这个时期称作‘轴心时代’吧，非凡的事情都集中发生在这个时期。中国出现了孔子与老子，中国哲学中的全部流派都产生于此，接着是墨子、庄子，以及诸子百家。在印度，是优婆沙德（Upanishad）和佛陀（Buddha）的时代，正如中国那样，各派哲学纷纷兴起，包括怀疑论和唯物论、诡辩术和虚无主义都发展起来。在伊朗，左罗阿斯脱（Zara-thustra）提出了他关于宇宙过程的挑战性概念，认为宇宙过程就是善与恶之间斗争的过程。在巴勒斯坦，则出现了许多先知，如伊利亚（Elijah）、以赛亚（Isaiah）、耶利米（Jeremiah）、后以赛亚（Deufero-Isaiah）。希腊产生了荷马，还有巴门尼德、赫拉克利特、柏拉图等哲学家、悲剧诗人，修昔底德、阿基米德。所有这些巨大的进步——上面提及的那些名字仅仅是这种进步的表现——都发生在这少数几个世纪，并且是独立而又几乎同时发生在中国、印度与西方。”卡尔·雅斯贝斯著，柯锦华等译，智慧之路[M]，北京，中国国际广播出版社，1998.68-70.

商、周三代之时，以系统的观念和系统方法来整体地观察事物、处理问题已经成为一种牢固的模式渗透到先秦诸子的学说和思想之中。

一、儒家的系统整体观念

1. 会通天人——《易传》的系统思想

系统整体的思维是中国古人普遍采用的运思方式，在先秦时代的诸子言说中均有体现，然尤以《周易》发挥得最为充分和完备，也是最能体现天、地、人“三才”整体思想的著作。自春秋以后，《周易》被儒家尊奉为“群经之首”和“大道之源”，对中国的文化和思维方式产生了重大的影响。《周易》提出的“观其会通”的思想，强调从整体的、统一的视角去观察万事万物，开启了系统思想的东方传统，其所蕴含的天人会通、阴阳和合等朴素的整体思想更是成为中国古代系统思想的活水源头。

在传统的观念中，《周易》通常被认为是一部占卜之书。无论是《周礼》所谓“太卜掌《三易》之法”，抑或《左传》、《国语》所载诸多《易》筮史例，还是《汉书 · 艺文志》曰：“易为筮卜之事”，似乎都在印证这一事实。这在某种程度上是古代先民对自然的一种屈从和顺应。从其内容上来看，古代的占筮往往都与国之大事以及人们的生产、生活有关。古人借助卦象仰观天文、俯察地理、辨四时之变化来领会阴阳之运行、天人之相交时的种种形式和处身之道，以指导国事、农耕以及各种营造活动。因此，在占筮的过程中，事实上影响人们思想、左右人们行动的关键因素是《周易》所表露出的整体观察事物的哲学内涵。换言之，如若抛弃了《周易》所蕴含的整体性哲学意义，则其书也未必能够被历代统治者、学者奉为“圣典”加以研读。春秋以后，孔子作《十翼》来阐释《易经》，使《易经》从占筮的偏见中摆脱出来并将其提升至哲学的高度，成为指导人伦规范的义理之书，如孔子所说：“五十以学《易》，可以无大过也。”所以，宋代儒学家朱熹在指出“《易》本为卜筮而作”的同时也强调其所隐含的哲学意蕴，他说，“孔子恐义理一向没卜筮中，故明其义”[①]。清代人皮锡瑞亦言道：“孔子所以韦编三绝而翼赞之也……见当时之人，感于吉凶祸福，而卜筮之史加以穿凿附会，故演《易》系辞，明义理，切人事，借卜筮以教后人，所谓以神道设教。其所发明者，实即義、文之义理，而非别有义理；亦非義、文并无义理，至孔子始言义理也。”[②]皮氏在这里并没有简单地把《周易》归为“占卜之书”，而认为八卦、六十四卦符号以及卦爻辞均含有“义理”。孔子作《十翼》来诠释《易经》的卦爻辞便是“推天道以明人事”，使《周易》所隐含的义理更加切近“人事”。正如孔子所解释：“圣人立象以尽意，设卦以尽情伪，”即古之圣人是借卦象来表达语言所不能尽述的深意，以揭示事物的内在情态。卦象

---

① [宋]，黎靖德，朱子语类[M].北京：中华书局，2007.
② 皮锡瑞，经学通论[M].北京：中华书局，1954.12.

只是一种外在的表现形式，其本质还是在于探索天、地、人，以及万物之间的关系。从皮氏的论述中可以看出，及至孔子之时《周易》的占筮功能已逐渐弱化，而它的义理功能被日渐提升。故有"易为君子谋，不为小人谋，善易者不占"之说。春秋以后《周易》的主要功能不再是卜筮，而是探察天地万物以及社会人事的发展规律，作为指导人们如何更好地生存、为事、治理国家的原则。《周易》通过孔子的富有创造性地阐发以后，"以其巫术的外壳发掘其'义理'就构筑起一座富含深邃哲学意义的殿堂，"[①] 成为一个试图以六十四个高度结构化的卦形作为真实世界的模型化工具对自然、社会，以及人事作出统一诠释的体系与模式，这种基于六十四卦的系统结构建立起来的朴素的系统模式反映了一种原始的系统观和系统思维，而这种系统观和系统思维作为中国古代系统思想的认识论基础，渗透到中国文化的方方面面，成为探索中国古代建筑、艺术、造物、医学，以及历法、兵法等各种实践活动的哲学原点。

《周易》所包含的系统思想主要体现在三个方面：天人会通、阴阳和合与多元一体。

在天人会通方面：《周易》认为人和天地是一个有机统一的整体，三者之间是一气相通、一脉相承的。因而，天、地、人"三才"会通的整体观也就成为《周易》系统思想的核心。《易经》虽然没有明确提出"三才"的概念，但其思想却贯穿于整个周易的体系之中。如李泽厚所说："它的全部做法都是建立在这样一个根本的前提上：天与人是相通的、一致的，自然本身的运动变化所变现出来的规律也就是人类在他的活动中所应当遵循的规律。"[②] 在楚简的记载中也验证了这一点，《郭店楚简 · 语丛一》曰："易，所以会天道、人道也。"它的意思是说《周易》是探究会通"天道"和"人道"关系的著作。这一思想可以从《周易》八卦的形成过程中探知。《系辞下传》曰："古者包牺氏之王天下也，仰则观象于天，俯则观法于地，观鸟兽之文，与地之宜，近取诸身，远取诸物，于是始作八卦，以通神明之德，以类万物之情。"[③] 朱熹认为："易之为书，卦爻彖象之义备，而天地万物之情见。"这说明《易经》的八卦是通过仰观俯察、远取近取天、地、人诸物形成的，这就使天地人"三才"融合于八卦的卦象之中。从八卦的卦位而看，每一卦都是由三爻组成，其中上爻象征天，中爻象征人，下爻象征地。八卦两两重叠形成六十四卦，每卦都有六爻，六爻中初、二爻表征地，三、四爻表征人，五、上爻表征天。就卦义而言，无论是作为整体的八卦、六十四卦，还是作为子系统的单个卦爻，都从不同的方面暗合天、地、人"三才"。故而，《系辞下传》曰："《易》之为书，广大悉备：有天

---

① 魏宏森，曾国屏，系统论—系统科学哲学[M].北京：中国出版集团，2009.6.
② 李泽厚、刘纲纪，中国美学史–先秦两汉编[M].合肥：安徽文艺出版社，1999.272.
③ 黄寿祺，张善文，十三经译注 · 周易译注[M].上海：上海古籍出版社，2004.533.

道焉、有地道焉，有人道焉。兼三才而两之，故六；六者，非它也，三才之道也。"[①]《说卦传》亦曰："兼三才而两之，故《易》六画而成卦。"这说明"范围天地之化而不过，曲成万物而不遗"[②]的《周易》的全部内容不过是天、地、人三才的统一与和谐而已。

"三才"作为《周易》的核心价值观之一，以及构成《易经》六爻的基础，天、地、人"三才"的和合会通是化生万物的根本，如董仲舒所言："天地人，万物之本也。"[③]所以，《系辞上传》就说："六爻之动，三极之道也"，其意旨是《易经》的六爻变化包含着上至天，下至地，中至人的道理。在天、地、人三者的关系中，人是天地的产物，这一点上《周易》是有明确表述的，《序卦传》载："有天地然后有万物，有万物然后有男女。"人作为天地万物的衍生物，其行为要效法天地之象、合于天地之道，与天地万物的发展规律保持协调，而《易经》所包含的"会天道、人道"的思想也正是在于探索天、地、人之间的会通之理与和谐统一的问题，故而，《系辞上传》提出："《易》与天地准，故能弥纶天地之道。仰以观于天文，俯以察于地利，是故知幽明之故……与天地相似，故不违；知周乎万物而道济天下，故不过。"[④]《系辞》的这段表述明确了《周易》的创作原则及其基本思想。在创作原则上《周易》是与天地相准拟，包含天地间的道理，其思想是通过仰观天上日月星辰的文采，俯察地面山川原野的理致，了解天地万物的生发道理，最终达到与天地的道理相接近，使人的行为不违背天地自然的发展规律。《周易》所表露的将天、地、人视为一个死生存亡的统一整体以及在行为上力求与天地融通和谐的思想在某种程度上是古人原发的、朴素的系统观的体现，也成为古代有机整体观的思想渊源。

在阴阳和合方面：阴阳学说作为古人探索世界的哲学思考，在先秦之时已经形成了较为完备的理论体系。《易经》则是阴阳观念的第一次系统展现，阴阳被《易经》看作是最基本的、也是最高的哲学范畴。在《易经》的世界里，宇宙万物都是由阴阳这两种相反相成的物质构建而成的，宇宙间任何事物的发展变化也都是阴阳这两种对立物质相互斗争、融合的结果。《周易》用由阴爻（--）和阳爻（—）排列组合而成的六十四卦系统描绘了一幅宇宙生成的整体图式，这种以阴阳为基本理念的宇宙图式成为贯穿《周易》始终的"大道"。所以《系辞上传》曰："一阴一阳之谓道。继之者善也，成之者性也。"[⑤]其意一方面是说阴阳的交通成和是化生万物的大道之源，另一方面也指出《易经》里的"道"指涉的是阴阳，因而《庄子》谓："《易》以道阴阳。"[⑥]庄子精炼地概括了《易》理的本质，即《易经》所阐发的是阴阳之"道"。朱熹在对《易经》的注

① 黄寿祺，张善文，十三经译注·周易译注[M].上海：上海古籍出版社，2004.560.
② 黄寿祺，张善文，十三经译注·周易译注[M].上海：上海古籍出版社，2004.500.
③ 阎丽，春秋繁露[M]，哈尔滨：黑龙江人民出版社，2003.95.
④ 黄寿祺，张善文，十三经译注·周易译注[M].上海：上海古籍出版社，2004.500.
⑤ 黄寿祺，张善文，十三经译注·周易译注[M].上海：上海古籍出版社，2004.503.
⑥ 王世舜，庄子译注[M].济南：山东教育出版社，1995.637.

解时更是进一步指出："天地之间无往而非阴阳；一动一静，一语一默皆是阴阳之理。"[①] "阴阳"也就成为"易"道的喻象融贯于易学之中。

《周易》以代表天的至阳之物"乾"和代表地的至阴之物"坤"二卦作为起始来认识世界，将其余象征万事万物的六十二卦置于其后，表现出一种系统整体观。故《易传》提出："有天地，然后万物生焉。盈天地之间者唯万物。"[②] 孔子在作《易传》时也曾指出，乾、坤是探索《易经》的基础，他说："'乾、坤，其《易》之门邪？'乾，阳物也；坤，阴物也。阴阳合德而刚柔有体，以体天地之撰，以通神明之德。"[③] 孔子认为作为"阳"的"乾"和作为"阴"的"坤"是认识《周易》门户，阴阳德行配合而刚柔成为形体可以用来体察天地的撰述营为，用来贯通神明之德。这是古人作《易》的缘故。所以《说卦传》中说："昔者圣人之作《易》也，将以顺性命之理。是以立天之道曰阴与阳，立地之道曰柔与刚，立人之道曰仁与义。兼三才而两之，故《易》六画而成卦；分阴分阳，迭用刚柔，故《易》六位而成章。"[④] 古代圣人创制《易经》是为了顺合万物的性质和自然命运的变化规律，所以用阴和阳来确立"天道"，用柔与刚来确立"地道"，用仁与义来确立"人道"，这样一来就把天、地、人"三才"统一起来表现为乾坤，并作为乾坤的衍化物存在。如《系辞上传》曰："乾道成男，坤道成女。乾知大始，坤作成物。"[⑤] 即乾坤是创生天地人的契始，所以，宋儒张载说："三才两之，莫不有乾坤之道也。易一物而合三才，天（地）人一，阴阳其气，刚柔其形，仁义其性。"[⑥] 在《易传》里，无论是乾坤、刚柔抑或仁义本身都是阴阳的一种表述方式，在本质上体现的依然还是"阴阳"之意，《周易》也正是通过阴阳这种符号系统将一切自然现象和人事的吉凶祸福全部纳入由阴爻和阳爻所构建的六十四卦卦象系统之中。卦爻分别代表各种不同的物象及其变化，从而贯穿于《易经》所指涉的天道、地道和人道里面。

《周易》用来阐释宇宙万物运动变化规律的两种基本物质——"阴"和"阳"并不是孤立存在的，而是处于对立统一关系之中的事物的两个方面。在《易经》六十卦中，每一卦都是由阴爻（--）和阳爻（—）组成的，卦爻的吉凶悔吝则是由阴、阳的和谐状况来决定的。当阴阳处于一种和合的状态时，卦爻就吉利，当阴阳游离时卦爻就不吉。这一点可以从《泰》卦和《否》卦中察知。《泰》卦的卦形是下乾（天）上坤（地），《否》卦的卦形是上乾（天）下坤（地）。在《易经》中《泰》卦是吉利、亨通之卦，而《否》卦则是不吉祥之卦。其原因在于：天属阳，阳气轻清而上腾；地属阴，阴气重浊而下降。当轻清之天在下，重浊之地在上二者方能交通成和，相互渗透成为一体。《泰》卦卦象说明天地阴阳和合，万物

---

① [宋]，黎靖德，朱子语类[M].北京：中华书局，2007.
② 黄寿祺，张善文，十三经译注·周易译注[M].上海：上海古籍出版社，2004.598.
③ 黄寿祺，张善文，十三经译注·周易译注[M].上海：上海古籍出版社，2004.548.
④ 黄寿祺，张善文，十三经译注·周易译注[M].上海：上海古籍出版社，2004.571.
⑤ 黄寿祺，张善文，十三经译注·周易译注[M].上海：上海古籍出版社，2004.493.
⑥ [宋]，张载，张载集[M].北京：中华书局，1978.23.

生养之道畅通，故吉、亨。如《象》曰："天地交而万物通，上下交而其志同也。内阴而外阳，内健而外顺，内君子而外小人：君子道长，小人道消也。"① 《象》亦曰："天地交，泰；后以财成天地之道，辅相万物之宜，以左右民。"② 如果轻清之天在上，重浊之地在下，则阴阳之气处于游离状态，由于"天地不交而万物不通，"导致阴阳乖离失和，所以就不吉利。从《泰》卦和《否》卦的卦意可以看出，"万事万物都遵循着'互渗律'，一方面主体与客体互相占有对方的属性，另一方面主体之心智与想象向客体投射。"③ 只有当主体和客体处于和合之中万物才能化生，即所谓："天地氤氲，万物化醇，男女构精，万物化生"④ 之理。这种思想对后来的儒家思想产生了重要的影响。如《礼记》："天地合而后万物兴"⑤，《荀子》的"天地合而万物生，阴阳接而变化起"⑥，以及二程的"天地之生，万物之成，皆合而后能遂"⑦。这种天地（阴阳）交而万物成的思想体现了古人的整体观，在他们的意识里宇宙是一个大系统，天、地、人、万物都是这个大系统的构成要素，只有各要素之间相互作用，彼此协调，整个系统才能实现良性运转，天地万物才能和谐有序发展。《周易》所体现出的这种整体性认知模式对当代具有深刻启示意义，它促使人们在认识天地以及自然万物时应建立一种系统的观点，注重整体性，将整体视为事物之本质和主旨，关注局部与整体之间的协调性，而不是只见树木，不见森林。

在多元一体方面：《周易》把世界看做是一个多元统一的系统整体。在《周易》的世界系统体系中，宇宙是一个由八种不同属性的基本要素构成的复杂巨系统。《系辞上传》曰："《易》有太极，是生两仪，两仪生四象，四象生八卦，八卦定吉凶，吉凶生大业。"⑧ 《易》作为先于太极的存在，包含着太极；太极是天地阴阳未分时的一种混沌状态，《正义》云："太极，谓天地未分之前，元气混而为一。"太极在某种力量的推动下分化为两仪即天地或阴阳二气，阴阳二气的交合化生为四象，即少阳、老阳、少阴、老阴。四象互相摩切又衍生出四阴四阳的八卦，八卦之间"刚柔相摩，八卦相荡"遂使万物繁盛。因而，《周易乾凿度》说："《易》始于太极，太极分而为二，故生天地；天地有春夏秋冬之节，故生四时；四时各有阴阳刚柔之分，故生八卦。八卦成列；天地之道立，雷风水火山泽之象定矣。"⑨ 在《周易》宇宙系统中，八卦即是乾、坤、震、巽、坎、离、艮、兑，分别代表着天、地、雷、风、水、火、山、泽八种构成宇宙整体的基本实体元素。八

① 黄寿祺，张善文，十三经译注·周易译注[M].上海：上海古籍出版社，2004.98.
② 黄寿祺，张善文，十三经译注·周易译注[M].上海：上海古籍出版社，2004.99.
③ 列维-布留尔，丁由译，原始思维[M].北京，商务印书馆，1985：277.
④ 黄寿祺，张善文，十三经译注·周易译注[M].上海：上海古籍出版社，2004.542.
⑤ 杨天宇，十三经译注·礼记译注[M].上海：上海古籍出版社，2004.322.
⑥ 蒋南华，罗书勤等，荀子全译[M].贵阳：贵州人民出版社，1995.354.
⑦ [宋]，程颢，程颐，二程集[M].北京：中华书局，2004.802.
⑧ 黄寿祺，张善文，十三经译注·周易译注[M].上海：上海古籍出版社，2004.519.
⑨ 四库全书会要·经部，第三册。

种元素有着一个共同的本源就是“太极”，“太极”作为一个整体统摄八卦，而八卦又象征着天地万物，这从某种程度上也就表露出《周易》从整体和系统上把握宇宙的意向。

在一个统一的体系内，指涉宇宙万物的八种自然物质并不是孤立的存在，《易传》将它与人类以及其他自然物之间作比类，来进一步说明整个宇宙的整体性。《说卦传》把八卦与人体和家庭匹配曰：“乾为首，坤为腹，震为足，巽为股，坎为耳，离为目，艮为手，兑为口。”① “乾，天也，故称乎父；坤，地也，故称乎母；震一索而得男，故谓之长男；巽一索而得女，故谓之长女；坎再索而得男，故谓之中男；离再索而得女，故谓之中女；艮三索而得男，故谓之少男；兑三索而得女，故谓之少女。”② 另外，八卦还被喻作各种动物：“乾为马，坤为牛，震为龙，巽为鸡，坎为豕，离为雉，艮为狗，兑为羊。”③《易传》以人体器官、家庭成员设喻，首、腹、足、股、耳、目、手，以及口等八种器官是构成人身的整体，父母兄弟姊妹是组成家庭整体，而八卦所指涉的各种动物也是构成人的完整生活的一个组成部分。从八卦“观鸟兽之文，近取诸身，远取诸物”的思维中可以看出，《周易》所理解的八卦是一种作为构成宇宙万物的整体性思维模式存在。以这种模式来观察世界万物也由此形成了《周易》特有的原始、朴素的系统整体思想。

从《周易》所体现的“天人会通”、“阴阳和合”，以及“多元一体”的系统思想来看，它开启的这种整体思想不仅成为中国古代特有的思维模式，贯穿于后世诸子言说的思想之中，同时，也渗透在中国传统的造物文化之中，成为指导中国古代设计的主旨思想之一。

2. 参赞化育——《中庸》的系统思想

《中庸》作为儒家学说的核心思想之一，在中国文化思想史上具有重要的地位。宋儒程颐认为《中庸》“放之则弥六合，卷之则退藏于密，其味无穷。”④ 近人胡适也将《中庸》看做是“一般中国人的宗教”加以推崇。在传统观念中人们一直将《中庸》视为一种处理事件时所采取的“不偏不倚、中正无邪”的态度或行为方式，但实际上“中庸”的这种行为方式蕴含的却是一种丰富而朴素的系统整体思想。其从整体上对客观世界进行把握和理解的思维方式，已经作为一种处理人与人、人与社会以及人与自然关系的思想观念渗透到中国传统文化的各个方面，并成为指导中国古代设计的主导思想。《中庸》的系统思想主要体现在：贵和持中、天人相参以及整体性与多样性相统一三个方面。

“贵和持中”即是“尚和”、“尚中”的“中和”思想，“中和”思想是贯通《中庸》全篇的主旨。《中庸》认为“中和”是一种境界、是道，也是宇宙的本原状态。故而曰：“喜怒哀乐之未发谓之中，发而皆

① 黄寿祺，张善文，十三经译注・周易译注[M].上海：上海古籍出版社，2004.583.
② 黄寿祺，张善文，十三经译注・周易译注[M].上海：上海古籍出版社，2004.584.
③ 黄寿祺，张善文，十三经译注・周易译注[M].上海：上海古籍出版社，2004.585.
④ [宋]，程颢，程颐，二程集[M]，北京：中华书局，2004.1152.

中节谓之和。中也者，天下之大本也；和也者，天下之达道也。致中和，天下位焉，万物育焉。”[①]《中庸》从人的情感出发来设喻“中和”的思想，当人的喜怒哀乐之情没有表现出来时就是中，表现出来而又符合节度就是和。“尚中”是天下各种情感和道理的本源；“贵和”是天下一切事物的通理。达到中和的境界，天地间一切事物就能各得其所，各尽其宜，万物就能生机勃勃。《中庸》这里所说的“中”是一种处理不同事物之间关系的态度和方法，意指无过无不及，既不过头，也不不够，而是各适其度，它强调的是一种“适度性”，诚如孔子所说“过犹不及”。朱熹解释“中”为：“喜怒哀乐，情也；其未发，则性也。无所偏倚，故谓之中。”[②]喜怒哀乐之未发谓之中，本身所指的并非喜怒哀乐的表情，而是借喜怒哀乐等情欲的控制来暗示处理事物时要秉承一种“持中”状态。“和”是指在“中”的思想指导下所取得的行为效果，是“无所不谐”，朱熹注释说：“发皆中节，情之正也，无所乖戾，故谓之和。”[③]“和”实际强调的是不同事物或同一事物的不同要素按照一定关系组合而成的一种和谐的状态。《中庸》在这里将“中”视为“天下之本，”“和”作为“天下之道，”当事物达到了一种“中和”状态时，万物的关系就顺畅了，即“致中和，天下位焉，万物育焉。”对此，朱熹认为：“致，推而极之也。位者，安其所也。育者，遂其生也。自戒惧而约之，以至于至静之中，少无偏倚，而守其不失，则极其中而天地位矣。自谨独而精之，以至于应物之处，无少差谬，而无适不然，则及其和而万物育矣。盖天地万物本吾一体。”[④]朱熹从“天地万物本吾一体”的道理来阐明通过“致中和”实现“天地位育”的思想，这就赋予了“中和位育”一种强烈的整体和谐的价值取向。“中和位育”的思想也因此被作为儒家伦理的基本精神，成为儒家处理和协调人与人、人与社会，以及人与自然之间关系的原则。在儒家看来自然、社会、人之间是一个相辅相依、相互关联的系统整体，其之间的和谐是万物存在和发展的基础。所以处理这些关系时，要从“中和”的整体思想出发，万物才能各安其所，各遂其生，实现彼此之间的和谐发展。这一观点也就是现代系统思想强调的构成系统的各要素之间相互依存、和谐共生，共同构建一个稳定平衡的系统状态。

《中庸》的系统思想还包含着天人相参的观念。《中庸》一开篇就开宗明义地讲道：“天命之谓性，率性之谓道，修道之谓教。”这是《中庸》关于天人关系理论的宗旨，也是儒学关于“天人合一”的典范表达和本体论述。它将天命与人性合而为一，并且作为普遍命题提出来，体现了《中庸》所阐扬的“天人合一”的整体思维模式。天人之间是如何成为一个整体的，《中庸》提出了以“诚”为核心的学说。谓：“诚者，天之道也；诚之者，

---

① 杨天宇，十三经译注·礼记译注[M].上海：上海古籍出版社，2004.691.
② 鲁枢元，自然与人文[M].上海：学林出版社，2006.107.
③ 鲁枢元，自然与人文[M].上海：学林出版社，2006.107.
④ 鲁枢元，自然与人文[M].上海：学林出版社，2006.107.

人之道也。"① "诚"在天人之际架起了一座桥梁，沟通了天道与人道之间的联系。故《中庸》又说："诚者物之终始，不诚无物。"② 即"诚"是贯通一切事物的始终，没有诚就没有万物。

《中庸》里所说的"诚"在万物之间的意义到底如何？王岳川先生认为"诚"有三个维度：其一是："诚"维系并连接着天和人（天命之谓性），"诚"是"天人合一"的一种规范，既重天，又重人，体现了从"礼"到"人"，从"天"到"人"的重要历史转折；其二："诚"是贯通天、地、人"三才"的一种普遍规范，使天和人、地和人、人和人、人和社会处于一种和谐的理想状态；其三："诚"是强调个体与群体的关系，"诚"既是道德本体，亦是道德实践，既是个人自身修养，也是人际关系充分协调的原则，更是国与国之间的交往的准则。"诚"要求以双方之"诚"寻求对话沟通以避免恶性的竞争甚至斗争，最后达到和谐状态。换言之，中庸追求的是以"诚"来实现人—— 物之间的"中和位育"的境界。故而《中庸》说："唯天下至诚，为能尽其性；能尽其性，则能尽人之性；能尽人之性，则能尽物之性；能尽物之性，则可以赞天地之化育；可以赞天地之化育，则可以与天地参矣。"③ 在《中庸》看来，只有具备至诚之心才能充分发挥人的天赋之本性，能够发挥人的天赋之本性，才能彻底发挥人的一切本性；能发挥人的一切本性，才能发挥万物的本性；能充分发挥万物的本性就可以辅助天地化育万物，能够辅助天地化育万物就可以与天地相参配，与之并列为三了。《中庸》在这里将"至诚"、"尽性"和"与天地相参"联系起来，从"至诚"到"与天地参"是一个由内而外、由个体至群体、由人类至物类、由物类而及天地，层层演进、步步扩大，乃至充塞于天地之间，与天地鼎立的过程。这体现了儒家学派在心性层面上与天地相参的整体观。这种整体观为后来的宋明理学承袭，并成为其理论的价值取向。其中的"诚"，也成为宋明理学家反复申述的贯通"三才之道"的系统观的核心范畴。如朱熹说："天下至诚，谓圣人之德之实，天下莫能加也。尽其性者德无不实，故无人欲之私，而天命之在我者，察之由之，巨细精粗，无毫发之不尽也。人物之性，亦我之性，但以所赋形气不同而有异耳。能尽之者，谓知之无不明而处之无不当也。赞，犹助也。与天地参，谓与天地并立为三也。此自诚而明者之事也。"④ 程颢在解释《中庸》"天人相参"时也说："至诚可以赞天地之化育，则可以与天地相参。参者，参赞之义，'先天而天弗违，后天而奉天时'之谓也。"⑤ 从他们的注解中可以看出，都突出"诚"在连接天地人之间关系的重要性，体现了一种以"诚"为核心沟通"三才"的整体性思维。所以《中庸》最后又强调："唯天下至诚，为能经纶天下之

① 杨天宇，十三经译注·礼记译注[M].上海：上海古籍出版社，2004.705.
② 杨天宇，十三经译注·礼记译注[M].上海：上海古籍出版社，2004.711.
③ 杨天宇，十三经译注·礼记译注[M].上海：上海古籍出版社，2004.705.
④ 鲁枢元，自然与人文[M].上海：学林出版社，2006.109.
⑤ [宋]，程颢，程颐，二程集[M].北京：中华书局，2004.1159.

大经，立天下之大本，知天地之化育。”“大经”指人伦之常，“大本”指天地和合之本，人作为天地化育中的一员，又是执行天地化育之道的主体，只有具有至诚之德的人才能够通晓天地化育之功，依据“先天而天弗违，后天而奉天时”① 的天地化育之道，实现人与人，人与自然界的协调统一。在实现人与自然协调统一方面《中庸》以孔子为例来进一步阐明“人与天地相参”。《中庸》载：“仲尼祖述尧、舜，宪章文、武，上律天时，下袭水土。譬如天地之无不持载、无不覆帱，譬如四时之错行，如日月之代明。万物并育而不相害，道并行而不相悖。”② 其意是说孔子上遵天时、下从地利、中效人和来实现与天地并立为三，最终达到“万物并育而不相害，道并行而不相悖”的境界。其中“万物并育而不相害，道并行而不相悖”这一表述所体现的人与自然的和谐统一、共荣共生的观念，不仅成为《中庸》思想的主旨与核心，同时也成为当代“共生思想”的历史原点，为当代设计重新反思人与自然的关系以及化解人与自然的矛盾提供了一种新的思维方式。

《中庸》系统思想的第三个方面体现在整体性与多样性的统一。《中庸》提出君子 “致广大而尽精微”，其意是说在观察万物时既要关注宏观性的整体又要注重微观性的局部，做到统筹兼顾全体与局部、整体与部分，要将二者统一起来对待。这既是自然界自身发展演化的规律，同时也是保持自然界和谐统一的必然要求。由于自然界是一个由天地及其万物共同构成的有机整体，组成这个整体的各种杂多的事物虽然具有独立性，但各种元素之间并不是分裂的，而是有一个统一之道，这就是《中庸》所反复强调的“诚”字。所谓“天地之道可一言而尽也：其为物不贰，则生物不测”即是指此而言。“为物不贰”意指自然界并不限制多样性的存在，正是因为有了多样性的“不贰”自然界才有了其“生物不测”，“不测”就是不计其数，杂多而不可揣度。这种关系反映的正是统一性与多样性的关系。从《中庸》对天地万物的论述中也表明了这一点。《中庸》说：“今夫天，斯昭昭之多，及其无穷也，日月星辰系焉，万物覆焉。今夫地，一撮土之多，及其广厚，载华岳而不重，振河海而不泻，万物载焉。今夫山，一卷石之多，及其广大，草木生之，禽兽居之，宝藏兴焉。今夫水，一勺之多，及其不测，鼋、鼍、鲛、龙、鱼、鳖生焉，货财殖焉。”③《中庸》在这里通过对天、地，以及山、水存在价值的描述来进一步说明了全体与局部、整体与部分之间的关系。其中所说的“无穷”、“广厚”指的是“致广大”，即整体或全局，自然界的覆载生养之功也是建立在整体基础之上的，即“天地合而万物生。”山、水及其衍生物则是天地化育的结果，是天地整体的“精微”之处。在这组关系中天、地、山、水指的是全局和整体。草木、禽兽、

① 黄寿祺，张善文，十三经译注·周易译注[M].上海：上海古籍出版社，2004.542.
② 杨天宇，十三经译注·礼记译注[M].上海：上海古籍出版社，2004.710.
③ 杨天宇，十三经译注·礼记译注[M].上海：上海古籍出版社，2004.707.

鱼鳖等指的则是包含在整体之中的部分或局部，而其中天、地之于山、水；山、水之于草、木、禽、兽又是全局与局部的关系，同时还是整体与多样的关系。在这一系列的复杂关系中无论是山川河流抑或草木禽兽最后又统一于天地，受天地地统摄成为一体。《中庸》所阐述这种关系集中展现了整体性与多样性的统一。因此，它提醒人们只有维护自然界的多样性，才能实现整体的和谐，同时，也只有承认自然界的整体性，也才能保持自然界的可持续发展。

《中庸》所体现的“贵和持中”、“天人相参”等系统思想，作为中国传统文化的基本精神之一，渗透在中国古代社会的生活的各个方面，尤其是在环境设计领域体现得更为清晰和明显。古代许多方正有序的建筑，包括民宅、宫室、村落以至于城市的布局都融入了这一思想。早在“中庸”思想没有系统提出之前，中国古代建筑中无论是建筑单体还是建筑组群已经呈现出“持中”布局的萌芽。诸如在陕西岐山凤雏村发现的早周遗址即是一个典型。“该遗址是一座相当严整的四合院式建筑，由二进院落组成，其中轴线上依次为影壁、门、前堂、廊、后室。门的两侧各有相同的塾，廊的两侧有相同的院。塾、堂、院、室两侧有排列着东西厢房。每侧各有八间。”① 从这组建筑的布局中不难看出它的“持中”特点非常明显。实际上，中国以后的宫室与城市规划也大都采取了这种对称性的“持中”布局样式，如《考工记》所记载的周代王城制度：“匠人营国，方九里，旁三门。国中九经、九纬，经涂九轨。左祖右社；面朝，后市。市，朝一夫。”② 周王室依据中轴对称的规划思想将不同功能、形态的单体建筑沿中轴线依次排列形成一种秩序感、层次感十分强烈的建筑群。自《中庸》“贵和持中”的思想明确提出以后，住宅、宫室、城池规划的“持中”便有了理论依据，在规划中“不偏不倚、中正无邪”思想进一步得到加强，人们期望通过借助这种布局方式来效法天地，并以求得与天地的沟通。这一思想直接影响到先秦以后历代的宫室、城市以及礼制建筑，包括明堂、辟雍等建筑形制的规划布局。

3.《尚书 · 洪範》的系统思想

在中国传统文化中，“五行”学说是最具影响力的哲学思想之一。它同《周易》一样都提出了关于天地万物生成的理论框架。《周易》以八卦（天、地、雷、风、泽、火、山、水）的形式来解释世界，而“五行”则以五种属性不同的物质（金、木、水、火、土）来阐述宇宙的根本秩序，以及事物之间的相互影响与相互联系。在中国传统文化的历史进程中，“五行”学说不仅对古代的自然科学、人文科学以及应用技术产生了巨大的影响，而且在一定程度上还推动了中国古代系统思维的发展，并作为一种整体性的思维范式渗透在各个领域之内。诚如著名历史学家顾颉刚先生所言：“五行，是中国人的思维律，是中国人对于宇宙系统的信仰；

---

① 吾淳，中国思维形态[M].上海人民出版社，1998.302.
② 杨天宇，十三经译注 · 周礼译注[M].上海：上海古籍出版社，2004.665.

二千余年来，它有极强固的势力。”①

“五行”学说在中国的萌芽很早，起源于殷商之时的四方和四方风已是原始“五行说”的滥觞② 。从甲骨文的记载中可以清晰地看到对四方风的叙述 ：“东方曰析，凤（风）曰协。南方曰夹，凤曰微。西方曰夷，凤曰彝。北方曰宛，凤（风）曰役。”③ 在描述商周以来社会面貌和人们生活状态的《诗经》中也包含着许多有关“四方”的概念，如“四方来贺”(《大雅 · 下武》)，“四方既平”(《大雅 · 江汉》)，以及“商邑翼翼，四方之极”(《商颂 · 殷武》) 等。四方和四方风概念的运用显示出古人意欲用方位来总结时空的整体意向，这种思想已经包含了早期整体观念的萌芽。从西周初期之后，在人们的思想观念中逐渐兴起了“五材”论。如《尚书大传》载 ：“武王伐纣，至于商郊，停止宿夜。士卒皆欢乐达旦，前歌后舞，格于上下，咸曰：‘孜孜无怠’。水火者，百姓之所饮食也；金木者，百姓之所兴生也；土者，万物之所滋生 ；是为人用。”④ 另外，西周末年史伯在答郑桓公之问时也谈到：“夫和实生物，同则不继。以他平他谓之和。故能丰长而物归之。若以同裨同，尽乃弃也。故先王以土与金、木、水、火、杂，以成百物。”⑤ “五材”说是当时人们对于物质生活基本构成要素的共同认识，在他们看来，金、木、水、火、土，五种材质是构成和化生万物的基础。“五材”说的出现，从某种程度上映射了古人试图从五种不同属性物质构成的关系上来把握一切有形物体的整体意识。这一时期“五材”还并不是“构成宇宙的五种成分或势力，而只是对于人的生活有用的和不可缺少的五种物质形态。”⑥ 所以，春秋列国大夫论政每以“天生五材”立论，如宋国大夫子罕说 ：“天生五材，民并用之，废一不可。”⑦ 晋国大夫叔向曰：“譬之如天，其有五材，而将用之。”⑧ 这说明那时“五材”还只是与人们的日常生活密切相关的五种具体的物质材料，还没有将其抽象为构成天地万物的五种元素。在对“五材”认知的基础上，这一时期还出现了“五行之官”的信仰。如《国语》记载鲁国大夫展禽在讨论祀典时说 ：“及天之三辰，民所以瞻仰也，及地之五行，所以生殖也。”⑨ 展禽把“五行”与天之三辰并列，足以见“五行”在当时人们思想意识中的重要性。“五行”观念作为一种普遍信仰在春秋后期又呈现出与神祇的联系。如晋国大夫蔡墨说：“五行之官，实列受氏姓，奉为上公，祀为贵神。社稷五祀，是尊是奉，木正曰句芒，火正曰祝融，金正曰蓐收，水正曰玄冥，土正曰后土。”⑩ 蔡墨把“五

① 转引自艾兰等，中国古代思维模式语音样五行说探源[M].南京：江苏古籍出版社，1997.118.
② 胡厚宣：释殷代求年于四方和四方风的祭祀，复旦学报（人文科学）[J].1956. 1.
③ 胡厚宣：甲骨学商论丛初集[M].北京：商务印书馆，1952.
④ [汉]，伏胜，尚书大传，四库全书总目，卷十二，经部十三・书类存目一。
⑤ 黄永堂，国语全译[M].贵阳：贵州人民出版社，2008.477.
⑥ 冯友兰著，中国哲学史新编[M].北京：人民出版社，1995.71.
⑦ 李梦生，十三经译注・左传译注[M].上海：上海古籍出版社，2004.837.
⑧ 李梦生，十三经译注・左传译注[M].上海：上海古籍出版社，2004.1021.
⑨ 黄永堂，国语全译[M].贵阳：贵州人民出版社，2008.139.
⑩ 黄永堂，国语全译[M].贵阳：贵州人民出版社，2008.217.

行”与“五神”对应，虽然为“五行”观念披上了一层神学色彩，但从另一种角度看“五行”与“五神”的配属，也在天（神）—人之间架起了一座沟通交流的桥梁，这不仅体现了“五行”学说把天、地、人、神等一切与自身生活相关的因素作为一个整体看待以及对事物进行整体观察的系统思想的逐步形成，同时，它所构建的“天人一体论”的宇宙图式，也成为奠定“五行”学说系统思想的理论雏形。

五行学说作为在“四方说”和“五材说”基础上发展而来的一种整体宇宙认知模式，在商周之际四方只是人们对方位的体认，而五材说也只是把金、木、水、火、土五种物质当作其具体的生活物质材料来看待。在中国传统重整体、重综合等直觉思维方式的影响下，对五种材质的结构、属性并没有纵向深入地探究下去，而是将注意力集中到五种材质的动态功能及其相互关系的外在表现上，即横向联系。如李约瑟所说：“中国人的思想在这里独特地避开本体而抓住了关系。”[①] 于是在这样一种思维方式的影响下便产生了具有整体意向的“五行”学说。据现有资料记载，最明确、最系统地提出“五行”学说的是《尚书·洪範》。《尚书》作为儒家经典著作，记述了先秦之时中国的政治、历史、思想以及文化等诸多方面的内容，成为研究中国传统思想文化的一部重要典籍。著名经史学家金景芳先生称《尚书》是“中国自有史以来的第一部信史”[②]。《洪範》是《尚书》中的一篇，其中五行为《洪範》九畴的第一畴。文中对五行的描述为：“我闻在昔鲧陻洪水，汩陈其五行。五行：一曰水、二曰火、三曰木、四曰金、五曰土。水曰润下，火曰炎上，木曰曲直，金曰从革，土爰稼穑。润下作咸，炎上作苦，曲直作酸，从革作辛，稼穑作甘。”[③] 这段文字说明了五行的具体形态及其价值功用，较之以前的“五材说”有很大的进步。在《尚书·洪範》的五行理论体系中，水、火、木、金、土已不再是“五材说”认为的五种具体生活资料，它们的意义也从五种材料抽象为具有五种特定功能的性态元素。其中水有润下的功用，产生咸味；火有炎上的功用，产生苦味；木有曲直的功用，产生酸味；金有被熔铸的功用，产生辛味；土有生长稼穑的功用故而产生甘味。从《洪範》这些带有普遍联系的观点中已经可以窥探出古人原始的、朴素的系统思想的萌芽。自《尚书·洪範》以后，《礼记·月令》、《吕氏春秋》、《春秋繁露》，以及《淮南子》、《白虎通》等著作把五种性态元素提取出来作为相互联系、相互制化的五个方面，分别由木、火、土、金、水来表示。与此同时，把五行作为划分天地万物的五项标准同四方、四时、五音、五色、五谷、五常，以及人体的五脏等进行一一配属，从而构建一种稳定的五行整体结构模式。在五行学说看来，“五行”贯通着自然与人类社会的一

① 转引自魏宏森、曾国屏著，系统论–系统科学哲学[M].中国出版集团，2009 .11.
② 李民、王健，十三经译注·尚书译注[M].上海：上海古籍出版社，2004.1.
③ 李民、王健，十三经译注·尚书译注[M].上海：上海古籍出版社，2004 .219.

切事物，整个宇宙就是一个按照五行法则组成的庞大系统，宇宙间万事万物莫不统一地具有五行结构。正是基于这样的理论观点，形成了完整的五行学说。

继《尚书 · 洪範》之后，五行学说在发展演化过程中，其认识的重心逐渐发生转移，由《洪範》中的着力于探索五行的价值功用向探索彼此之间的相互关系倾斜。据李约瑟、薮内清等诸氏的研究，认为“五行说不是以金、木、水、火、土为构造万物的元素，如西方地、水、风、火四行说的样子，而是以五行间的相互关联，形成一套以相胜相生为主的有机作用来解释万物的变化成毁。也就是说中国的五行说‘关系’的意义重过‘元素’的意义。”① 五行之中最简单也是最重要的关系为“比相生而间相胜”。其相生的次序为：木生火、火生土、土生金、金生水、水生木，这是“比（邻）相生”。相胜（相克）的次序为：木胜土、土胜水、水胜火、火胜金、金胜木，这是“间相胜”。这种五行相生相克的关系是古代先民在长期的生活实践中观察所得：木可以生火，火烧物成灰烬后变成土灰，各种金属又是出自土中，金属遇冷即会凝生露水，水浇灌树木，树木方能得以成长。相反，筑土为堤则可以防水，水可灭火，火可熔金，金属工具可以伐木。所以这种相生相克的关系在自然生成过程中循环往复，以至无穷。从五行的相胜相生的原理可以看出，一方面，事物之间的生化克制是事物内部自发运行的结果，不需要外力的干预，人要尊重并顺承这一自然规律，不要违逆自然规律，否则就会阻碍事物正常的发展演化进程。如清代李渔在《闲情偶寄》中所说：“顺其性者必坚，戕其体者易坏。”② 另一方面，五行间相生相克的原理是维系自然万物正常化育与协调发展的基础，这种正常的制化关系一旦被破坏就会打破整个自然界的平衡状态，继而导致各种灾难的频发。

通过对以《尚书 · 洪範》为基点的“五行”学说的探究可知，五行的系统思想可以体现在四个方面。其一是：普遍联系性。“五行”学说认为一切事物内部都具有一定的结构，这就要求人们从不同事物结构关系的总体及其与外界环境的联系上研究事物，反对孤立地考察事物的构成要素和个别过程，因此，“五行作为一种方法论，包含着把所有相关事物都作为一个自然存在的系统整体来看待的思想。”③ 其二是：同根同源性。“五行”学说认为自然界的一切事物都是按五行法则构成的，自然万物在内在的结构形式上都具有“五行”的特征，在其逻辑上它们都存在着普遍的相似性，通过五行就可以推知其他事物的关系和特征。其三是 ：动态平衡性。“五行”结构具有维持动态平衡的能力，五行之间通过其相生相克使不同性质的事物彼此处于一种平衡中的状态。其四是：多样性统一。“五行”

① 转引自刘岱主编，格物与成器[M].刘君灿，生克消长—阴阳五行与中国传统科技，生活、读书、新知三联书店，1992.65.
② [清]，李渔，闲情偶寄[M].天津：天津古籍出版社，2000.300.
③ 刘长林著，中国系统思维[M].社会科学文献出版社，北京，2008：238.

学说开创了一种整体性的思维方式，它把整个世界看做是由各种不同性质和不同形态的事物构成的有机整体，而且把不同的事物统一纳入到五行结构之中。最终形成了这样一种借助于“术数化”的归纳形态，来阐述多样性统一的思想模式。“五行”学说所体现的以上四个方面，从本质上讲已经体现了一种以时空交互为核心的朴素的系统论思想。

自“五行”学说形成以后，以五行为核心范式的整体观念对中国古代的政治、文化、医学、农业、军事等领域都产生了重要的影响，尤其是对绘画、建筑以及城市规划等艺术和环境设计领域的影响更为深远。如在绘画方面，它被用来总结绘画的技巧：“画缋之事，杂五色：东方谓之青，南方谓之赤，西方谓之白，北方谓之黑，天谓之玄，地谓之黄。杂四时五色之位以章之，谓之巧。”[①] 在建筑方面也体现着五行思想，如在建筑方位上，东为木、西为金这是两种实物；南为火、北为水，这两种为虚物。所以大多数中国古代建筑东、西方向多用实体的山墙；南北多用虚空的门窗，可以开启，以便让气流和阳光通畅。另外，在建筑颜色的选择上也有意识地运用着五行思想，如徽派建筑所采用的粉墙黛瓦，粉（白）在五行配列上属金，金又是财富的象征，黛（黑）在五行上配列上属水，水能克火。因为古代建筑是以木构架为主，防火也就成为木构建筑面临的主要问题，所以，古人就以黛瓦作为一种象征性的寄托来祈求生活的平安。从上述这些事例可以发现，“五行”学说作为一种普遍适用的整体思维模式对中国传统文化的影响和渗透之深。而且随着历史的发展，这种思维方法在以后的营造活动中被普遍遵循。

二、道家的系统思想

1. 道生万物——《老子》的系统思想

道家思想作为影响中国传统文化的诸多宗派之一，对于中国古代生活的各个方面都提出了独到而深刻的见解。与儒家在探讨关于宇宙存在与生命境界的哲学体系中确立的以“诚”、“仁”和“礼”为核心的天、地、人“三才”合一的系统整体观不同，以老子为代表的道家形成了以“道”为核心的系统整体观念。“道”是老子思想的核心观念，也是老子哲学本体论的基本范畴，“整个老子的哲学思想都是由‘道’这样一个基本的概念推演出来的”[②]。但“道”一词非老子的首创，在殷商之时的金文中已经出现。“道”最原初的概念是指“道路”，有四通八达之意，后来“道”的内涵又从具体到一般，逐渐抽象，被引申为“方法”、“途径”，这已初步地具有了“规律性”、“普遍性”和“法则性”的意涵。春秋时期的子产首次提出“天道”、“人道”的概念，“天道”是指天象运行的规律，“人道”表示人生吉凶祸福的规律和人类的行为准则。老子在汲取了“天道”、“人道”的一般含义的基础上

① 杨天宇，十三经译注·周礼译注[M].上海：上海古籍出版社，2004.640.
② 葛荣晋，道家文化与现代文明[M].北京：中国人民大学出版社，1991.183.

将其概括为宇宙万事万物存在和变化的最普遍的原则。老子认为"道"是宇宙万物之根源与本体，也是宇宙万物所共同具有的一切物质的和观念的存在，是为感官所不能觉察的物质实体。所以，在《道德经》一书中对"道"进行了反复的阐述。老子在其著述的第一章就开宗明义地讲道："道可道，非常道；名可名，非常名。无，名天地之始；有，名万物之母。"① 老子在这里一方面揭示"道"是不可言说的，是用任何概念都无法廓清的一个"指称"，但它却又是"天地之始"，"万物之母"。另一方面老子提出了"道"与"有"和"无"的关系，"道"是"有"、"无"的统一体。"有"、"无"是道的两种形态："无"是指万物在没有形成之前，"道"的本初状态。"有"则是万物形成之后，"道"蕴含在万物之中的一种存在形式，此时的"道"谓之"有"，"有"和"无"是产生天地万物的根基。所以老子又说："天下万物生于有，有生于无。"② 韩非子作为距离老子时代最近的一位思想家，也是对《老子》思想进行注解的最早的人。他在《解老》中曾阐发老子关于"道"作为世界本原的思想，他说："道者，万物之所然也，万理之所稽也。理者，成物之文也；道者，万物之所以成也。"③ 即韩非子认为老子所说的"道"是成就万事万物的根本。

老子虽然一直强调"道"是世界的本原，但"道"为何物，他并没有给出明确的解释，只是说："有物混成，先天地生。寂兮寥兮，独立而不改，周行而不殆，可以为天下母。吾不知其名，强字之曰道。"④ 这就是说有一种浑然而成的物质，在天地形成之前就已经存在，它无形无迹、无物无状，不依靠任何外力而独立存在，永不停息，循环运行而永不衰竭。可以作为天地之根、万物之母，宇宙之本原的这种物质就是"道"。老子在这种非凡的假设、想象之后总结出了天地万物生成变化的规律，也由此构建了他的宇宙生化论："道生一，一生二，二生三，三生万物。万物负阴而抱阳，冲气以为和。"⑤ 这句话揭示了宇宙万物顺化的过程。"道"产生"一"，"一"是道混沌未分的整体。"一"分化之后成为阴、阳二气，阴、阳二气相互作用而产生"清"、"浊"与"中和"之气，分别为天、地、人。天、地、人"三才"和合又产生出千差万别的天地万物，这便是老子构建的宇宙化生模式。这一模式体现了两个方面的环境哲学的意义：其一是：和实生物，老子说："万物负阴而抱阳，冲气以为和。"从天地万物的共性来看，都含有"阴阳"，"阴阳"是一切生命体的基本要素，宇宙万物的发生变化都是由阴阳二气相互和合的结果。如《周易·系辞下》所云"天地氤氲万物化醇，男女构精万物化生"。⑥ 因此，"冲

① 陈国庆、张养年，道德经[M].合肥：安徽人民出版社，2001.1.
② 陈国庆、张养年，道德经[M].合肥：安徽人民出版社，2001.114.
③ 王先慎，诸子集成·韩非子集解[M].北京：中华书局，2006.95.
④ 陈国庆、张养年，道德经[M].合肥：安徽人民出版社，2001.72.
⑤ 陈国庆、张养年，道德经[M].合肥：安徽人民出版社，2001.119.
⑥ 黄寿祺，张善文，十三经译注·周易译注[M].上海：上海古籍出版社，2004.542.

气以为和”体现出了一种“天地合而万物生，阴阳接而变化起”① 的“和实生物”思想。其二是：多元一体，“道”即是“一”，体现了万物的统一性，“万物”则彰显了宇宙的多样性。“道”生“万物”说明了自然界是一个由“道”衍生的多样性的物质世界，这个多样性的世界最后又同归于“道”的范畴之内，并在“道”的含摄下形成一个统一的整体。亦如庄子所云：“万物一也”。这就显示出了“道”蕴含有多元一体的特征。老子在其哲学体系中用“道”这样一个“范围天地之化而不过，曲成万物而不遗”② 的形而上概念，把天、地、人等宇宙万物连贯成为一个整体，并以此作为考察和审视天地万物的基础，从而树立了一种朴素的系统整体观。

在老子的哲学思想中，“道”作为“万物之宗”和“天地之母”是天地万物的根源和基础，自然界的一切事物都是以“道”为统摄的有机统一体。老子认为在宇宙中有四大，即“道大，天大，地大，人亦大。域中有四大，而人居其一焉。”③ 老子把人也列为宇宙“四大”之一，与天地万物同等并列。但同时他又认为：人作为“道”的产物，人之“大”具有从属地位，从属于“道”之大和“天”、“地”之大，所以他说人“亦”大。人既然与天、地一样是构成宇宙整体的元素，又从属于天地，那么人的行为就必然要遵从于道与天地。所以老子说：“人法地，地法天，天法道，道法自然。”④ 即人要以地为法则，地要以天为法则，天要以道为法则，而道的法则就是纯任自然。据（汉）河上公《老子注》中的解释说：“人法地”即“人当法地，安静柔和也。种之得五谷，掘之得甘泉”。“地法天”，即法天“与而不求，为而不争”。“天法道”即法“道清净不言，阴行精气，万物自生也”。“道法自然”即“道性自然，无所法也”。晋·王弼在《老子道德经》中也说：“法，谓法则也。人不违地，乃得全安，法地也。地不违天，乃得全载，法天也。天不违道，乃得全覆，法道也。道不违自然，乃得其性，法自然。法自然者，在方而法方，在圆而法圆，于自然无所违也。自然者，无称之言，穷极之辞也。用智不及无知，而形魄不及精象，精象不及无形，有仪不及无仪，故转相法也。道顺自然，天故资焉。天法于道，地故则焉。地法于人，人故象焉。所以为主，其一之者主也。”⑤ 从上述四者之间的关系看，人应当法天则地，师法自然。究其实质而言，就是人的一切思想和行为要遵从自然之性，顺任万物之情，与自然规律保持一致，尽量减少人为的对自然干预，让万物自然而然地发展演化。

2. 道通为一 ——《庄子》的系统思想

庄子是继老子之后先秦时期的又一位道家学派的宗师，他与老子

① 蒋南华，罗书勤等，荀子全译[M].贵阳：贵州人民出版社，1995.400.
② 黄寿祺，张善文，十三经译注·周易译注[M].上海：上海古籍出版社，2004.500.
③ 王弼，诸子集成·老子注[M].北京：中华书局，2006.14.
④ 王弼，诸子集成·老子注[M].北京：中华书局，2006.15.
⑤ 王弼，诸子集成·老子注[M].北京：中华书局，2006.15.

一起被后人称之为“老庄”。在哲学上庄子继承了老子“道”的思想，也把自己的哲学体系建立在“道”的基础之上。庄子承袭了老子以“道”为“万物之宗”的宇宙本体论思想，也主张“道”是天地万物的本原。他说：“夫道，有情有信，无为无形；可传而不可受，可得而不可见；自本自根，未有天地，自古以固存；神鬼神帝，生天生地；在太极之先而不为高，在六极之下而不为深，先天地生而不为久，长于上古而不为老。豕韦得之，以挈天地；伏羲得之，以袭气母；日月得之，终古不息。”① 这即是说，“道”虽然无形无迹，无踪无影，但它是一种真实的存在，而且是先于天地之前就已经存在。天、地、鬼、神等万物都是“道”的产物。豕韦氏得到它便可混同于天地万物，伏羲得到它就可以深入元气的底蕴，日月得到它就可以终古运行不息。庄子认为“道”不仅化生万物，而且是万物存在的根基，他说：“夫道，覆载万物者也，洋洋乎大哉！”② “万物皆往资焉而不匮，此其道与。”③ 庄子在这里阐述了“道生万物”以及万物“涵道”的思想，并且庄子从结果反推本原，从具体探求普遍本质，通过最终本原和普遍本质地追溯把所有具体事物统一在“道”的范畴之内。

在庄子看来，“道”在衍生万物的同时，还在支配着天地万物的运行变化，天地万物的存在、发展都要严格遵循由“道”所赋予的本性和规律。庄子说：“以道泛观而万物之应备。故通于天地者，德也；行于万物者，道也。”④ “道”就是贯通天地，支配万物的法则。“道者，万物之所由也，庶物失之则死，得之者生，为事逆之则败，顺之则成。故道之所在，圣人尊之。”⑤ “道”是产生万物的根源，存在于万物的发展变化之中，是万物发展变化必须遵循的规律。因此，无论什么，失去了道就要殒灭，得道才能生存。人的思想行为也一样，违背了道就要失败，符合道就能成功。所以，庄子在《天道》篇中就说：“天道运而无所积，故万物成。”天道的运行不息，是化生天地万物的基础。从庄子的这些言论可知，庄子从存在论的角度阐述了“道”是天地万物本原的思想。在庄子的思想中，天地万物都产生于“道”，“道”是天地万物共同的本性，也是天地万物所必须遵循的规律和法则。

庄子在阐扬“道”是万物本原的同时，又将“道”的含义进一步的发挥和扩展。在庄子的“道学”思想中，他认为整个宇宙万物是一个多种多样，千变万化，生意盎然的系统整体。这个系统整体又具有统一性，即统一于“道”，在此基础上形成了他“道通为一”的整体性思想。庄子在《大宗师》篇中说：“故是为举莛与楹，厉与西施，恢诡憰怪，道通为一。”⑥ 意思是说无论是草茎与梁柱，丑女

---

① 王先谦，诸子集成·庄子集解[M].北京：中华书局，2006.37.
② 王世舜，庄子译注[M].济南：山东教育出版社，1995.206.
③ 王世舜，庄子译注[M].济南：山东教育出版社，1995.416.
④ 王世舜，庄子译注[M].济南：山东教育出版社，1995.204.
⑤ 王世舜，庄子译注[M].济南：山东教育出版社，1995.611.
⑥ 王世舜，庄子译注[M].济南：山东教育出版社，1995.31.

或美女，还是千奇百怪的东西，从道的观点来看，都是一样的，都根源于“道”，并统一于“道”。即使它们的物质形态或存在状态发生了改变，依然是在“道”的范畴内进行的，而没有脱离“道”的框范，所以庄子接着说道：“其分也成也；其成也毁也。凡物成与毁，复通为一。为达者知通为一。”[①] 因为在“道”的世界里物无成毁，人无厉美，万物都是一样的，这是庄子“天地一体”、“万物皆一”的整体性思想的体现。在此基础庄子发展出了“泛爱”的思想，庄子在《天下》篇中说：“汜爱万物，天地一体也。”[②] 即以普遍的爱泛观万物，天地就是一个整体。在这个整体中天地万物都是同宗同源的，都是由“道”衍生的共同体。在人与天地万物的关系上，庄子提出了：“天地与我并生，而万物与我为一”[③] 的万物齐平的观点。郭象在解注庄子的《齐物论》时说：“圣人处物不伤物，不伤物者，物亦不能伤也，唯无所伤者，为能与人相将迎。”[④] 意思是说：圣人待物而不伤害万物，不伤害万物的人，万物亦不伤害他，只有人与万物不相伤害，彼此才能和谐共处，成为一个整体。这种“万物齐一”思想的提出不仅体现了庄子的“共生”意识，同时也成为道家对待天地万物的一种普遍态度。

庄子在《齐物论》篇中提出“道通为一”的概念，而且“一”在多篇中反复出现。庄子所谓的“一”就是“道”,它含有“整体”和“统一”之意。庄子对于“一”的认识显然与老子的思想是分不开的，在老子的言论中也多次论及“一”，如，“道生一”；“天得一以清，地得一以宁，神得一以灵，谷得一以盈，万物得一以生”。[⑤] 天之清，地之宁，神之灵，谷之盈，万物之生都是由“一”所成，“一”是天地万物之母，也是天地万物统一的基础。庄子在其思想中也认为“一”是万物之本，他说：“圣有所生，王有所成，皆原于一。”[⑥] 庄子在这里是借圣王来譬喻万物生成的原因，即神圣自有其由来，王业自有其成因，但根源只有一个，就是“道”。庄子不仅认为“一”为万物本原，同时还认为“一”是天地万物多样化统一的基础，他说：“天地虽大，其化均也；万物虽多，其治一也。”[⑦] 天地虽然广大，他们的运动变化都是出于自然，万物虽然繁杂他们的生长都有自身规律，这种规律就是“一”，即“道”。所以庄子就引用老之所做的《记》说明“一”的价值和意义：“通于一而万事毕。”即通晓“道”就能包举万事。这是庄子“道通为一”思想精华的凝炼和总结。这一思想也“为道家构建了有机统一性的理论依据。”[⑧]

从以上老子以及庄子的论述中可以看到，“道”作为道家哲学的

---

① 王世舜，庄子译注[M].济南：山东教育出版社， 1995.31.
② 王世舜，庄子译注[M].济南：山东教育出版社， 1995.652.
③ 王世舜，庄子译注[M].济南：山东教育出版社， 1995.38.
④（晋）郭象：庄子·齐物论[M].卷一，四库全书。
⑤ 王弼，诸子集成·老子注[M].北京：中华书局，2006.25.
⑥ 王世舜，庄子译注[M].济南：山东教育出版社， 1995.632.
⑦ 王世舜，庄子译注[M].济南：山东教育出版社， 1995.204.
⑧ 赵安启，胡柱志主编，中国古代环境文化概论[M].中国环境科学出版社，2008.82.

核心概念，既是超然于万事万物之上，又是寓于天地万物之中的一种客观必然性。它衍生万物，又统摄万物，是天地万物生存、变化的依据。沟通和联系着天、地、人，以及万物的关系。正是由于“道”的存在，使自然万物得以在它的框架里形成一个系统整体。道家哲学中的“道法自然”以及“道通为一”所体现的系统整体思想，为后人呈现出一幅自然、社会、人类相互依存、相互联系、循环往复、生生不息的天、地、人“三才合一”的宇宙图式。这种“三才合一”的整体思想对中国古代的建筑、园林以及城市规划等领域都产生了深远的影响。

三、先秦其他诸子思想的系统观

人与天调、然后天地之美生——《管子》思想中的系统观

作为管子言论的汇辑，《管子》一书在内容上包罗万象，宏博精深。罗根泽先生认为《管子》“在先秦诸子，裒为巨帙，远非他书可及。”[①] 在这部综合性的巨帙中，《管子》的思想涉及天文、地理、哲学、政治、经济、农业以及城市规划等方面的理论和知识。《管子》的内容虽然庞杂，但在主体思想上却秉持着以自然、地理和人事三者融为一体的整体性思维方式来看待一切事物的思想。这种思维方式源于管子的整体宇宙观或万物相连的整体观。管子认为宇宙万物是一个统一的整体，他说：“天地，万物之橐，宙合有橐天地。”[②] 这是说天地是万物的橐囊，宙合又囊括天地。“宙合之意，上通于天之上，下泉于地之下，外出于四海之外，合络天地以为一橐。”[③] 在管子看来天地万物无一不包含在宙合之中。宙合有天地，天地又化育人，“凡人之生也，天出其精，地出其形，合此以为人。”[④] 人是天地和合的产物。在宇宙衍生的顺序上宙合一天地一人。天一地一人也就是组成宇宙万物的基本要素，三者共存使宇宙成为一个有机统一的整体。而这个有机整体的产生又是“和”的结果。如管子所说：“和乃生，不和不生。”所以，天时、地利、人和三者的和谐发展构成了《管子》思想的主要理论框架，并贯穿《管子》思想的始终。

天、地、人“三才”相互依存、协调发展作为一种整体性的思维方式，是《管子》的核心思想。在《管子》的整个思想体系中都贯通着“三才”合一的系统整体思想。同时，天、地、人“三才”的平衡与和合也成为管子的施政纲领和治国方略。管子认为在无论是治理国家、发展经济还是从事其他生产劳作，都要审时度势，举措得宜，行为适度，充分考虑天时、地利、人和三个方面的因素，才能使事业成功。他在《五辅》中说：“上度之天祥，下度之地宜，中度之人顺。”[⑤] 意思是说人们的在从事各种行为活动之前要上考度天时，下考度地利，中考度人和，当三者的关系达

---

① 谢浩范，朱迎平，管子全译[M].贵阳：贵州人民出版社，2009.
② 谢浩范，朱迎平，管子全译[M].贵阳：贵州人民出版社，2009.134.
③ 谢浩范，朱迎平，管子全译[M].贵阳：贵州人民出版社，2009.134.
④ 谢浩范，朱迎平，管子全译[M].贵阳：贵州人民出版社，2009.500.
⑤ 谢浩范，朱迎平，管子全译[M].贵阳：贵州人民出版社，2009.110.

到一种和谐、适度的状态时便无事不成。尹知章对此解释说“天祥、地宜、人顺，则事可成。”如果三者失和，则万事不成。所以，管子说：“天时不祥，则有水旱；地道不宜，则有饥馑；人道不顺，则有祸乱。”[①]不遵守天时，就会出现水旱之灾；不因地制宜，就有饥馑发生；人道不和顺，就会有祸乱发生。这种情况的出现是由于三者关系的失衡所致。因此，凡举事就需统筹兼顾，整体权衡量天时、地利与人和这三个要素，使之各得其所，各尽其宜。这样一来就可使之物阜民丰，无内忧外患。故而，管子在《禁藏》篇中说：“顺天之时，约地之宜，忠人之和。故风雨时，五谷实，草木美多，六畜蕃息，国富兵强，民材而令行，内无烦扰之政，外无强敌之患。”[②]即顺应气候变化，依凭地理条件，发挥人的能动性，就可以实现风调雨顺、五谷丰登、草木繁茂、六畜兴旺、百姓富裕、国家安定的愿景。不仅人们日常的劳作和各种营造活动要受天、地、人“三才”影响，而且军事行动也要充分考虑这三者之间的配合。管子说：“若夫曲制时举，不失天时，毋圹地利，其数多少，其要必出于计数。”[③]管子之意在于阐述采取军事行动时要上观于天时，下察于地理，中用于人和。三者相和则能攻无不克，战无不胜。

在天、地、人“三才”的关系中，三者虽然相互联系、相互制约，但彼此之间又是一个相对独立的整体，如管子说：“天有常象，地有常形，人有常礼。”[④]即天、地、人各自都有既定的运行规律和发展轨迹。在三者之中，人既非天地的主宰，亦非天地之心，人与天地不是一种“主仆”关系，作为“万物之灵”的人只是以一个参与者的身份介入天地万物的生发化育过程，人的行为要“法天地之位，象四时之行”，“参于日月，伍于四时。”[⑤]即人类的生产、营造活动以及其他一切行为要“无违自然”，通过认识并遵循自然规律，因地制宜地发挥人的主观能动性，协调彼此之间的关系，最终才能达到“人与天调，然后天地之美生”[⑥]的理想境界。

管子在提出“人与天调，然后天地之美生”的终极目标之后，并没有停留在“人与天调” 这一空泛的宏观概念上，而是对影响国计民生的天、地、人各系统要素进行了详细的分析、研究和阐述。

在“天”这一方面，管子提倡要“尊天道”。效法和顺应天道是《管子》的基本思想主旨。他在《形势》篇中说：“持满者与天，安危者与人。失天之度，虽满必涸。欲王天下而失天之道，天下不可得而王也。得天之道，其事若自然，失天之道，虽立不安。”[⑦]其意是说：掌握天道，依据自然规律办事，就可以获得成功，如若违背了天道，即使暂时取

① 谢浩范，朱迎平，管子全译[M].贵阳：贵州人民出版社，2009.111.
② 谢浩范，朱迎平，管子全译[M].贵阳：贵州人民出版社，2009.110.
③ 谢浩范，朱迎平，管子全译[M].贵阳：贵州人民出版社，2009.68.
④ 谢浩范，朱迎平，管子全译[M].贵阳：贵州人民出版社，2009.328.
⑤ 谢浩范，朱迎平，管子全译[M].贵阳：贵州人民出版社，2009.646.
⑥ 谢浩范，朱迎平，管子全译[M].贵阳：贵州人民出版社，2009.453.
⑦ 谢浩范，朱迎平，管子全译[M].贵阳：贵州人民出版社，2009.14.

得了成功最终还是要失败的。从管子对天道的论述中可知，管子所谓的“天”或“天道”指的是自然或自然规律，即春、夏、秋、冬“四时”的更迭，以及风、雨、霜、雪等气象的变化。管子之所以提倡“尊天”一方面是因为人与天地万物是一个相互联系、相互依存的整体，彼此之间牵一发而动全身。另一方面，万物的生长发育要直接受气候的影响和制约，“万物尊天而贵风雨。所以尊天者，为其莫不受命焉也；所以贵风雨者，为其莫不待风而动，待雨而濡也。”① 顺应时序的变化是万物正常生长发育的前提和基础。因此，“尊天道”就是遵守自然时序的变化来安排各种活动。使人的生产活动“风雨无违，远近高下，各得其嗣。”管子在《四时》篇中对顺应四时变化的重要性进行了论述，他说：“四时者，阴阳之大经也”，“唯圣人知四时，不知四时乃失国基。”管子在这里把“四时”提升到与国家生死攸关的高度，认为四时不仅是天地、阴阳变化的根本法则，同时也是影响国家生存和发展的根基。管子倡导的“知四时”，就是强调上至国君施行政令，下至庶民日常生产劳作，都要与四时的节律发展变化相一致、相适应。诸如：春季“其德喜嬴，而发出时节。号令修除神位，谨祷獘梗，宗正阳，治堤防，耕耘树艺，正津梁，修沟渎，甃屋行水。然则柔风甘雨乃至，百姓乃寿，百虫乃蕃。”② 春天的性德是促使万物生长，万物应时而发，这时人们就要依据时令安排各种活动，如：修整神位，修筑堤防、桥梁、道路、房屋，以及及时的耕耘土地、修剪果园。这样，和风甘雨就会到来，百姓就会长寿，六畜就会兴旺。如果违反天时“春行冬令则凋，行秋政则霜，行夏政则欲。”即春季做冬季的事情万物就会凋零，如果施行秋季的政令就会出现霜杀的气象，施行夏季的政策就会出现湿热的气象。这些现象的发生都不利于人们的生产和生活。所以，管子说：“合于时则生福，诡（违）则生祸。”③ 另外，管子在《度地》篇中以土工为例进一步阐明了适宜每一季节劳作的原委。他说：“春三月，天地干燥，水纠列之时也。山川涸落，天气下，地气上，万物交通。故事已，新事未起，草木荑生可食。寒暑调，日夜分，分之后，夜日益短，昼日益长，利以作土工之事，土乃益刚。夏三月，天地气壮，大暑至，万物荣华，利以疾薅杀草薉，使令不欲扰，命曰不长。不利做土工之事。秋三月，山川百泉踊，降雨下，山水出，海路距，雨露属，天地凑汐，利以疾作，收敛毋留。一日把，百日餔，民毋男女，皆行于野。不利作土工之事，濡湿日生，土弱难成。冬三月，天地闭藏，暑雨止，大寒起，万物熟实，利以填塞空隙，缮边城，涂郭术……四时以得，四害皆服。”④ 管子在这里对各季节的气候、物候特征及其适宜的劳作内容进行了详细地剖析和描述，充分地反映了古人对于气

① 谢浩范，朱迎平，管子全译[M].贵阳：贵州人民出版社，2009.646.
② 谢浩范，朱迎平，管子全译[M].贵阳：贵州人民出版社，2009.443.
③ 谢浩范，朱迎平，管子全译[M].贵阳：贵州人民出版社，2009.441.
④ 谢浩范，朱迎平，管子全译[M].贵阳：贵州人民出版社，2009.566.

候与人们生活关系的认知程度。为了保持生活财货的源源不断以及自然资源的永续利用，管子还提出了“适时”、“适度”地开发利用自然资源的思想。他在《八观》篇中说：“山林虽广，草木虽美，禁发必有时。”① 以及“山林梁泽，以时禁发而不正也。”② “禁发必有时”、“以时禁发”说明自然资源的利用必须遵守生物的自然生长规律，重视时间性、季节性，否则，“山泽虽广，草木毋禁；闭货之门也。”③ 就是说山林湖泽虽然广大，但草木的采伐没有休禁的时期，就会堵塞财货的来源，影响生物的可持续发展。“春者，阳气始上，故万物生；夏者，阳气毕上，故万物长。”④ 春天阳气开始上升，是万物萌发的时节，夏天阳气完全上升，是万物生长的季节，在这两个季节里要维护生物的自然生长。“春三月……毋杀畜生，毋拊卵，毋伐木，毋夭英，毋拊竿，所以息百长也。”⑤ “春尽而夏始，毋行大火，毋断大木，毋斩大山，毋戮大衍。”⑥ 为了促使人的行为能够严格遵循时间的更张，管子甚至主张以法令的形式将其确定下来，命之曰“四禁”：“春无杀伐，无割大陵，倮大衍，伐大木，斩大山，行大火，诛大臣，收谷赋。夏无遏水达名川，塞大谷，动土工，射鸟兽。秋毋赦过、释罪、缓刑。冬无赋爵赏禄，伤伐五谷。故春政不禁则百长不生，夏政不禁则五谷不成，秋政不禁则奸邪不胜，冬政不禁则地气不藏。四者俱犯，则阴阳不和，风雨不时，大水漂州流邑，大风漂屋折树，火暴焚地燋草，天冬雷，地冬霆，草木夏落而秋实……六畜不蕃，民多夭死，国贫法乱。”⑦ 从这一论述中体现了管子“举事不时，必受其灾”的因顺天时的思想。

管子在积极倡导尊重天时的同时，也重视对地利的研究。天时与地利这两个方面的因素是相互影响，不可分割的。当考虑天时之时，也要联系到地利，当考虑地利时亦要联系天时。管子说：“天以时使，地以财使”，“天生四时，地生万财。”天是以时序的更易来影响人的生活，而地则哺育万物为人民们提供源源不断的生活资料。所以，管子认为：“地者，万物之本原，诸生之根菀也。”⑧ 即地是万物产生的本原，是各种生命得以生存的根蒂。从整部《管子》的思想来看他是非常重视地利的。在《牧民第一》篇中就开宗明义地说：“凡有地牧民者，务在四时，守在仓廪。不务天时则财不生，不务地利则仓廪不盈”，⑨ “民缓于时事而轻地利，轻地利而求田野之辟、仓廪之实，不可得也。”⑩ 可见管子将“地利”与“天时”放在同等重要的地位。在管子的施政思想中他主张依据地形、地貌以及地质属性的不同，因地制宜，最大

① 谢浩范，朱迎平，管子全译[M].贵阳：贵州人民出版社，2009.159.
② 谢浩范，朱迎平，管子全译[M].贵阳：贵州人民出版社，2009.310.
③ 谢浩范，朱迎平，管子全译[M].贵阳：贵州人民出版社，2009.159.
④ 谢浩范，朱迎平，管子全译[M].贵阳：贵州人民出版社，2009.602.
⑤ 谢浩范，朱迎平，管子全译[M].贵阳：贵州人民出版社，2009.542.
⑥ 谢浩范，朱迎平，管子全译[M].贵阳：贵州人民出版社，2009.857.
⑦ 谢浩范，朱迎平，管子全译[M].贵阳：贵州人民出版社，2009. 529.
⑧ 谢浩范，朱迎平，管子全译[M].贵阳：贵州人民出版社，2009. 434.
⑨ 谢浩范，朱迎平，管子全译[M].贵阳：贵州人民出版社，2009. 1.
⑩ 谢浩范，朱迎平，管子全译[M].贵阳：贵州人民出版社，2009. 24.

限度地发挥土地功用。他在《地员》篇中详细地论述了土地的种类和相宜的物产，尤其是与人们生活密切相关的各种农作物、树木和百草。他把土地依据地势的高下和水位的深浅，以及土壤的类别、土质的性状分类，系统地分析了各种土地及其相宜的植物。另外，植物与土壤之间有一定的适应规律，有些植物生长在地势高而干旱的地方，有些植物生长在地势较低的沼泽之地，各自有不同的生长环境。管子在《地员》中还详述了依据植物习性和生长水位之深浅，因地制宜地发展不同性质物种的做法。他列举了十二种不同的植物来说明彼此之间的相互关联："凡草土之道，各有穀造。或高或下，各有草土。叶下于芰，芰下于苋，苋下于蒲，蒲下于苇，苇下于雚，雚下于蒌，蒌下于荓，荓下于萧，萧下于薜，薜下于萑，萑下于茅。凡彼草物，有十二衰，各有所归。"[①] 管子认为，大凡百草和土地的规律，都是各有相宜的，只要因势利导就可以最大限度地让自然做功，实现其"尽地利"的思想。管子在这里把地形、土壤以及生物条件等多种因素综合在一起，将其作为一个整体进行研究的思想，明显带有一种整体自然观的倾向。

管子在阐述人与自然的关系时，它既承认"事"、"物"的客观存在以及尊重"事"、"物"规律的重要性，同时又突出"人"的主观能动性及其在自然界中的主体性地位。虽然管子并不主张人对天地万物的控制和主宰，但却强调"圣人参与天地。"他说："天生四时，地生万财，以养万物而无取焉。明主，配天地者也，教民以时，劝之以耕织，以厚民养。"[②] 天生成四季，地产生万物，天地养育万物而毫无索取，明主是与天地并立之人，他授民以天时，劝民以尽地利，来增加人民的生活资料。管子借明主来喻意通晓天时、地利之人，一旦通晓天时、地利就可沟通与天地的联系。管子说："通乎阳气所以事天也，经纬日月，用之于民，通乎阴气，所以事地也，经纬星历，以视其离。通若道然后又行，然则神筮不灵，神龟不卜。"[③] 其意说明，如果人真正掌握了自然的规律，就完全可以生存自如，达到自由的境界，实现《五行第四十一》说描述的："天为粤宛，草木养长，五谷蕃实秀大，六畜牺牲具，民足才，国富，上下亲，诸侯和"人与自然协调，物阜民丰的生活图景。而这种生活图景实现的基础正是天、地、人"三才"的和谐与统一。

从以上的叙述可以看出，管子以多种角度对天、地、人的关系进行了反复解释，具体的对"人与天调"的思想进行剖析，使其认识到人并不是孤立的存在物，人既不可能脱离自然界的约束，也不能无视自然界的变化而独立发展，自然的规律性变化与人们的社会生活是密

① 谢浩范，朱迎平，管子全译[M].贵阳：贵州人民出版社，2009. 578.
② 谢浩范，朱迎平，管子全译[M].贵阳：贵州人民出版社，2009. 622.
③ 谢浩范，朱迎平，管子全译[M].贵阳：贵州人民出版社，2009. 452.

切相连的，人类的活动必须要参合于自然。所以，他说："夫为国之本，得天之时而为经，得人之心而为纪。"[①] 管子倡言的以天时为经纬，以人心为纲纪，将天时、地利、人和作为一个整体是管子一以贯之的核心思想。这一思想在某种程度上也折射出了他将宇宙、人事合而为一的系统整体观。

第二节　中国古代系统思想的形成期——秦汉时期的系统思想

从发生学的角度来看，先秦之际是我国古代文化的奠基时期。在这一时期诸子迭兴，百家争鸣。虽然各家学派的思想主张不尽相同，但都涉及一个共同关注的问题，就是关于人、自然、社会和谐共处的问题，围绕这个议题诸子学派展开了激烈的争辩。儒、道、墨、法等诸家从各自的角度进行阐释，并最终形成了以天、地、人"三才"为框架的系统整体思想。这种思想蕴含在诸子学说之中，伴随先秦学术思想上的繁荣，这种系统观念也获得了很大的发展。秦汉时代随着国家的逐步统一，中国传统文化也呈现出从多元并存向多元归一的方向发展的趋势。并随着儒、道、墨、法、阴阳等诸子学说的合流，春秋战国以来的各种系统整体观念也被进一步继承和发扬，并最终形成一种固定的思维模式传承后世，对中国古代的设计产生了重要的影响。

秦汉诸子学说中的系统思想

1. 天地万物、情同一体——《吕氏春秋》的系统思想

《吕氏春秋》以儒家为核心，以阴阳、五行家的宇宙图式为理论框架，并兼收道、墨、法、纵横以及名家、兵家、农家等百家之说，在吸取和发扬先秦朴素系统理论的基础上，重新构筑了一个融天文、地理、人事在内的具有整体结构的庞大思想体系。在中国古代系统思想的发展历程上具有重要的意义，正如刘长林先生所说："《吕氏春秋》起了承前启后、继往开来的特殊重要作用。"[②]《吕氏春秋》的系统思想主要体现在两个方面，一是"宇宙一体化"的思想，二是"效法天地"的思想。

在宇宙演化以及万物生成的认识上，《吕氏春秋》汲取了《老子》和《周易》万物化生论的思想，而提出了"万物本于太一"的观点。在宇宙万物的衍生顺序上老子认为："道生一，一生二，二生三，三生万物。"[③] 在老子的思想里"道"是世界的本原，它无名无形，周行不殆，独立不改。"道"产生"一"，"一"与"道"都是宇宙万物的一种混沌状态。"一"产生天地即阴阳，阴阳交合化生万物，万物最后

① 谢浩范，朱迎平，管子全译[M].贵阳：贵州人民出版社，2009. 541.
② 刘长林，中国系统思维[M].北京：社会科学文献出版社，2008.88.
③ 王弼，诸子集成·老子注[M].北京：中华书局，2006.26.

又统一于“道”。万物的形成是一个“合—分—合”的顺化过程。《周易》认为万物生于“易”，它的化生过程是：“《易》有太极，是生两仪，两仪生四象，四象生八卦。”[①] 即《易》产生太极，太极也是宇宙的一种混沌未开时的状态，太极又产生天地（阴阳），天地错合产生四象（少阳、老阳、少阴、老阴），四象更迭，产生八卦，八卦蕴含万物。《周易》中的“易”相当于老子的“道”，而《周易》中的“太极”则与老子的“一”同。《吕氏春秋》将二者进行了有机的融合，提出“道也者，至精也，不可为形，不可为名，强为之，谓之太一。”《吕氏春秋》所谓的“太一”即是《周易》的“太极”与老子的“一”的结合，称之“太一”，“太一”就是宇宙本体，万物根源。所以，《吕氏春秋》说：“万物所出，造于太一，化于阴阳。”[②] 即天地万物生于“太一”，“太一”是天地万物的本原。在具体的化生过程方面《吕氏春秋》提出：“太一出两仪，两仪出阴阳。阴阳变化，一上一下，合而成章，混混沌沌，离则复合，合则复离，是谓之天常。天地车轮，终则复始，极则反复，莫不咸当。日月星辰，或疾或徐，日月不同，以尽其行。四时代兴，或寒或暑，或短或长，或柔或刚。”[③] 其意是说：“太一”产生天地，天地生阴阳，阴阳相合化生万物。从《吕氏春秋》万物生成论的思想来看，在“太一生万物”的过程中，“和合”起了决定性的作用。正如它所说的：“一上一下，合而成章”。“和合”作为化生天地万物的基点，这也是《吕氏春秋》的核心思想之一。它在《有始》篇中说：“天地有始，天微以成，地塞以形。天地和合，生之大经也。以寒暑日月昼夜知之，以殊形殊能异宜说。夫物合而成，离而生。知合知成，知离知生，则天地平矣。”[④] 这是说天是由轻清之气形成的，地是以重浊之气形成的，天地之气相互交合，是万物产生的根本，也是万物化生之道。万物虽然形状不同，功能各异但都是天地阴阳和合与分离的结果。“合者，天地阴阳之和合；离者，一物脱胎他物而自立。”这说明懂得阴阳交合就通晓了万物形成之道，知道分离就了解了万物的生长之道。天地万物都是天地阴阳和合而形成，通过分离而产生的。诚如荀子所谓：“天地合而万物生，阴阳接而变化起。”[⑤]

《吕氏春秋》在天地万物都“造于太一”的基础上，由此及彼，推己及人地联系到了人与天地之间的关系。它认为天地万物既然同出一源，彼此之间必然有着密切的关联，故此，《吕氏春秋》提出了“天地万物，情同一体”的观念。它说：“天地万物，一人之身，此之谓大同，众耳目鼻口也，众五谷寒暑也，此之谓众异。则万物备也。”[⑥]《吕氏春秋》在这里以人的身体比拟天地万物，认为人与天地万物大同小

① 黄寿祺，张善文，十三经译注·周易译注[M].上海：上海古籍出版社，2004.519.
② 关贤柱，廖进碧等，吕氏春秋全译[M].贵阳：贵州人民出版社，2008.112.
③ 关贤柱，廖进碧等，吕氏春秋全译[M].贵阳：贵州人民出版社，2008.112.
④ 关贤柱，廖进碧等，吕氏春秋全译[M].贵阳：贵州人民出版社，2008.112.
⑤ 蒋南华，罗书勤等，荀子全译[M].贵阳：贵州人民出版社，1995.409.
⑥ 关贤柱，廖进碧等，吕氏春秋全译[M].贵阳：贵州人民出版社，2008.303.

异。天地万物犹如一个人的身体，这是大同。人有耳目鼻口，天地万物有五谷寒暑，这是万物的差异。天地万物共同存在于一个整体之中，并且这个整体的内部有着如同“人之身”一般的结构和联系。所以它又说：“人之于天地同，万物之形虽异，其情一体也。”即：人与天地万物尽管类殊形异，但作为“太一”的派生，由阴阳二气和合而成，在本质上依然还是相同的，有着统一的结构、运动以及法则，并彼此之间相互联系，成为一个有机联系的系统整体。

人作为构成宇宙整体的一个有机组成部分，人的行为就应该与天地万物取得一致。所以在人与自然的关系上，《吕氏春秋》以“万物所出，造于太一”以及“天地万物，一人之身”的观点为契机，并吸收和借鉴儒家天、地、人“三才”相通，以及道家“因任自然”的思想，明确提出了“三才相合”的主张。“三才相合”究其实质而言就是通过推天道以明人事，以人道合于天道，来求得人与自然的和谐共存。在《吕氏春秋》的编著者们看来，天有“天道”，地有“地理”，人有“人纪”，所谓的“三才相合”就是：“上揆之天，下验之地，中审之人。”① 即仰观天时变化，俯察地理之宜，中度人的行为，使人的活动遵循天地运行的规律，合于万物生长的自然本性，达到人与天地万物的协调一致。若此，天、地、人“三者咸当，无为而行。”即天、地、人“三才”各司其位，各得其所就能实现孔子所谓的“万物并育而不相害，道并行而不相悖”的理想生存图景。所以《吕氏春秋》提出：“无变天之道，无绝地之理，无乱人之纪。”②

2. 天地运而相通、万物总而为一——《淮南子》的系统思想

《淮南子》又称《淮南鸿烈》是西汉皇室贵族淮南王刘安及其宾客共同编纂的一部综合性论著。这部著作以其无所不包的弘富内容和贯通天人古今的庞杂体系而彪炳史册。著名史学家刘知几先生评其为“牢笼天地，博极古今”。与先秦以来的其他著述相比，《淮南子》以其综合与兼容的态度“试图为思想世界提供一个可以容纳一切知识的构架，”③ 正如其《要略》所言：“夫作为书论者，所以纪纲道德，经纬人事，上考之天，下揆之地，中通诸理……观天地之象，通古今之事，权事而立制，度形而施宜……以统天下，理万物，应变化，通殊类。非循一迹之路，守一隅之指。”④ 体现出对先秦以前文化的系统总结。《淮南子》在对天文、地理、政治、经济、文化、军事以及自然科学等领域进行论述的过程中，也包含了诸多有关系统整体的思想在内，这些系统思想对中国古代的设计产生了重要的影响。

在整体观上《淮南子》继承了老子以“道”为其理论核心的思想，亦把“道”看作是天地万物生成的根源与存在的依据。《淮南子》在

---

① 关贤柱，寥进碧等，吕氏春秋全译[M].贵阳：贵州人民出版社，2008.239.
② 关贤柱，寥进碧等，吕氏春秋全译[M].贵阳：贵州人民出版社，2008.8.
③ 葛兆光著，中国思想史[M].卷一，复旦大学出版社，2009.244.
④ 刘文典，淮南鸿烈集解[M].合肥：安徽大学出版社，1998.718.

《原道训》篇中就开宗明义地说："夫道者，覆天载地，廓四方，柝八极，高不可际，深不可测，包裹天地，禀受无形……植之而塞于天地，横之而弥四海，施之无穷而无所朝夕，舒之幎于六合，卷之不盈于一握。约而能张，幽而能明，弱而能强，柔而能刚。横四维而含阴阳，纮宇宙而章三光。"① 《淮南子》在这里用"四方""八极""天地""四海""六合"等语汇来描述"道"的普遍性，说明"道"是一种无形无象，变化万千，既无所不包，又无所不在的一种存在。这种描述不仅阐明了"道"是天地万物的本原及其合理性的依据，同时也强调了"道"是自然界一切事物的支配性力量，贯穿于一切领域。无论天、地、人还是其他万物，都包含在"道"的框范之内，是"道"的化生。在"道"作为天地万物的本体和生命之基这一方面，《淮南子》显然是承袭了老子的"道生万物"思想。《淮南子》在这一基础上提出："道曰规，始于一，一而不生，故分而为阴阳，阴阳和合而万物生。"② 在老子的思想里"一"是"道"的产物。"道生万物"还是一种模糊状态，老子只是提出了一种万物化生的模式和框架，并没有深入分析"道"如何生成万物的过程。《淮南子》扬弃了老子对于万物化生认识的不足，把"道生一"改为"道始于一"克服了"一"与"道"的从属关系，将其提升至并列或共存关系。"一"即是"道"，"道"即是"一"，所以，在《淮南子》的许多论述中"道"的指称被"一"或"太一"所代替。如《诠言训》中说："洞同天地，混沌为朴，未造而成物，谓之太一。同出于一，所为各异。"③ 以及《原道训》："万物之总，皆阅一孔；百事之根，皆出一门。"④ 从《淮南子》的思想中可以看出，"一"是天地万物生发化育的根基，统领着万物，"夫天地运而相通，万物总而为一。"⑤ 在天地万物这个大系统中，天地的运行变换，万物的生长发育都是息息相通的，并最终要回归到"一"，"一"是维系天地万物这个系统存在的"大道"。"能知一，则无一之不知也；不能知一，则无一之能知也。"能通晓"一"这个"大道"，便可以了解宇宙万物，不懂得"一"就不能认识其他一切事物。因为"一"是天地万物的本原，万物是由"一"衍生而成的。"夫天之覆，地之所载，六合所包，阴阳所呴，雨露所濡，道德所扶，此皆生一父母而阅一和也。是故槐榆与橘柚合而为兄弟，有苗与三危通为一家。"⑥ 这说明天所覆盖的、地所承载的、上下四方所包容的、阴阳相合所孕育的、雨露所滋润的，以及道德所扶持的万事万物，都产生于同一个天地父母，最后归结到共通的"一"这个和谐之气中。在"一"的统协下槐与榆、橘与柚虽然异种，却可以成为一家；有苗与三危虽然殊类也可以相通变成一体。

① 刘文典，淮南鸿烈集解[M].合肥：安徽大学出版社，1998.1.
② 高诱，诸子集成·淮南子[M].北京：中华书局，2006.46.
③ 高诱，诸子集成·淮南子[M].北京：中华书局，2006.235.
④ 高诱，诸子集成·淮南子[M].北京：中华书局，2006.12.
⑤ 高诱，诸子集成·淮南子[M].北京：中华书局，2006.101.
⑥ 高诱，诸子集成·淮南子[M].北京：中华书局，2006.24.

《淮南子》的这种“万物总而为一”的思想，在某种程度上体现了它所蕴含的多样性与统一性的思想。

在“万物总而为一”思想的推助下,《淮南子》的编著者认为，人作为组成天地万物的一个部分，人同其他万物一样是天地和合化生的结果。他在《精神训》中说：“夫精神者，所受于天也；而形体者，所禀于地也。”[①] 即人是天地产物，他的精神来自于上天，形体源自于大地。既然人生于天地，那么人在本质上就应该与天地是一致的，所以《淮南子》言道：人“头之圆也象天，足之方也象地。天有四时、五行、九解、三百六十六日，人亦有四肢、五藏、九窍、三百六十六节。天有风雨寒暑，人亦有取与喜怒，故胆为云，肺为气，肝为风，肾为雨，脾为雷，以与天地参也。”[②]《淮南子》通过对天、地、人在结构、形态及其运息规律上一致性的描述，不仅阐明了人能参赞天地之化育，与天地并列为三的原因，同时也从整体上揭示了人与天地之间的关系。

在人与天地相参的关系上,《淮南子》认为天、地、人及其他万物同出一原，都是“道(一)”的衍生物，“道”虽然“生万物而不有，成化像而弗宰”，但却渗透在万物之中，成为万物必须遵循的原则。所以对于“道”而言，人只能因势利导地顺应它，而不能违背它。人的行为和活动要“修道理之数，因天地之自然”，就是遵循道的规律，顺应天地自然的变化布施各种政令。因而《淮南子》提出了“人君者,上因天时，下尽地财，中用人力”[③] 的“三才”整体思想。所谓“上因天时”就是仰观天象，依据四时变换，顺时以修的安排人类的各种活动：“以时种树,务修田畴滋植桑麻”。所谓“下尽地财”就是,俯察地理,相其所宜,依据地形、地貌以及土壤的属性因地制宜地发展生产：“肥墝高下各因其宜。丘陵阪险不生五谷者,以树竹木,春伐枯槁,夏取果蓏,秋畜疏食,冬伐薪蒸。”[④] 在维护自然资源的可持续发展方面,《淮南子》提出要遵守自然万物的生长规律，以时禁发：“畋不掩群，不取麛夭；不涸泽而渔，不焚林而猎，豺未祭兽，罝罦不得布于野；獭未祭鱼，网罟不得入于水；鹰隼未挚，罗网不得张于溪谷；草木未落，斧斤不得入于山林；昆虫未蛰，不得以火烧田。孕育不得杀，𪇰卵不得探，鱼不长尺不得取，彘不期年不得食。”[⑤] 这就是说，人们在从事各种生产、营造活动之时，首先要从整体观念出发，综合兼顾天、地、人、生等万物的发展规律，在考度天时，权衡地利的基础上发挥人的能动性。诸如依据时节播种植物，整饬田务，发展生产。根据地形及土质肥饶程度来耕种五谷及其他作物，使之四时丰盈，这就最大限度地发挥了土地的功用。为了使生活资料能够源源不竭,《淮南子》提出了早期的可持续发展概念，

① 高诱，诸子集成・淮南子[M].北京：中华书局，2006.99.
② 高诱，诸子集成・淮南子[M].北京：中华书局，2006.100.
③ 高诱，诸子集成・淮南子[M].北京：中华书局，2006.147.
④ 高诱，诸子集成・淮南子[M].北京：中华书局，2006.70.
⑤ 高诱，诸子集成・淮南子[M].北京：中华书局，2006.134.

他认为对自然资源的索取要有时、有度、有节，人的行为若能对天、地、人整体考量，应时修备，不仅可以实现富国利民的宏愿而且也能够达到万物和谐共生的理想生活境界。

通过对《淮南子》“天地运而相通、万物总而为一”思想的考察可知，《淮南子》在其论述中构建了一个以“道（一）”核心，以天、地、人“三才”为框架的系统理论体系，在这个体系内天时、地利、人和贯通始终，并联结成为相互制约、相互依存的整体。这种“三才”相恤相生的整体观念对中国古代的园林以及城市规划等环境设计均产生了重要的影响。

3. 天人之际、合而为一 ——《春秋繁露》的系统思想

董仲舒是汉代著名的儒学思想家，他在综合先秦儒学成就的同时，兼收道家以及阴阳诸家的思想，构造了一个以天、地、人“三才”为核心，以阴阳、五行为基本构架的宇宙图式，这种完整的天人宇宙图式不仅把天、人的关系推进到了一个新的阶段，而且阐明了人与天、地之间的统一关系。正如他在《立元神》篇所说的：“天、地、人，万物之本也。天生之，地养之，人成之。天生之以孝悌，地养之以衣食，人成之以礼乐。三者相为手足，合以成体，不可一无也。”[①] 天、地、人三者就如同一个人身体的各个组成部分那样结合成一个整体，相互依赖、缺一不可。在董仲舒揭示天人之间整体关系的叙说中，运用了诸多原始的系统思想，董氏这种系统思想主要体现两个方面，即：天人合一与阴阳五行。

“天人合一”思想并不是董仲舒的首创，在先秦诸子的思想中已经呈现出“天人合一”观念的萌芽，董仲舒在借鉴这一思想的基础上提出 “用天之利”来“立人之际”，这种究天地之理以接人间之事的观念，便由此确立了他关于“天人合一”的思想框架。“天人合一”是董仲舒哲学体系的核心内容之一，他的其他思想基本都是围绕这一主题展开的。在其著述《春秋繁露》一书中，董氏多次提到“天人合一”的思想主张。如“是故事各顺于名，名各顺于天。天人之际，合二为一。”[②]《深察名号》：“天亦有喜怒之气、哀乐之心，与人相副。以类合之，天人一也。”[③]

在有关天、人的认知上，董仲舒一方面汲取了荀子等人的思想认为“人”是万物之灵，天下最贵者，他说“天地之精所以生物者，莫贵于人。人受命乎天，故超然有以倚。”即人是天地精粹之气的凝结，而且又禀受天命，所以，人的地位超乎万物。另一方面，董仲舒又接受了商周时期人们对天的理解，宣称“天”是有人格、有意志、至高无上的神，是宇宙万物的主宰者和缔造者。如他说 “天者，百神之君也”；“天者，万物之祖，万物非天不生”，以及“天者，群物之祖也。”而在天与人之间的关系上董仲舒提出，人是天的产物，天是人的始祖：“为生不能为人，为人者天也。人之为人，本于天，天

① 阎丽，春秋繁露[M].哈尔滨，黑龙江人民出版社，2003.95.
② 阎丽，春秋繁露[M].哈尔滨，黑龙江人民出版社，2003.172.
③ 阎丽，春秋繁露[M].哈尔滨，黑龙江人民出版社，2003.213.

亦人之曾祖父也。”[①] 为了阐明人与天地这一关系，董仲舒在借助于《公羊春秋》“五（伍）其比，偶其类”以及《淮南子》天人同构的思想上，臆想和假设了人是天的副本，是与天地有着共同的结构、形态和情感的存在物。他在《人副天数》中如是说：“天气上，地气下，人气在其间……是故人之身，首坌而员，象天容也；发，象星辰也；耳目戾戾，象日月也；鼻口呼吸，象风气也；胸中达知，象神明也；腹饱实虚，象百物也……颈以上者，精神尊严，明天类之状也；颈而下者，丰厚卑辱，土壤之比也。足布四方，地形之象也……天地之符，阴阳之副，常设与身，身犹天也，数与之相参，故命与之相连也。……于其可数也，副数；不可数也，副类；皆当同而副天，一也。”[②] 以及“人有三百六十节，偶天之数也；形体骨肉，偶地之厚也；上有耳目聪明，日月之象也；体有空窍理脉，川谷之象也；心有哀乐喜怒，神气之类也。观人之体一，何高物之甚，而类于天也。”[③] 董氏在这里以“人副天数”来揭示天、地、人之间的对应关系，其意旨在于为建立三者之间的统一性寻找适恰的理由。具体而言，这一条件就是以人与天地相类为其理论原点，论证天、地、人之间的异质同构关系，以“合类”的思想为同类相动，物类相召等感应形式提供必要的理论支撑。既然天、地、人同形同构，三者之间必然也就呈现出内在的统一性关系。董仲舒以“天人同构”的形式来论述人的特殊性、优越性，以及天的主宰性和统治性。其终极目的并不是为了简单地描述“天人一体”的存在状态，而是以此为基点，要求统治者的行为及其施政纲领要遵循天意，顺应自然规律。

从董仲舒“人副天数”的思想可以看出自前秦以来天、地、人“三才”的发展脉络及其实现途径。以孔子、孟子为代表的儒家学派是从人伦道德上论述了“三才会通”和“天人和谐”的关系；以老子和庄子为首的道家学派则是从有机自然观方面阐述了 “三才合一”以及“天人相参”的关系 ；而董仲舒却发展了他的政治意涵，从政治和哲学上对天、地、人“三才相通”的关系进行了论述。董仲舒的这种建立在“天人感应”基础上的“三才”关系虽然带有浓重的唯心主义色彩和臆设成分，但这种思想却成为当时社会的一种主流思潮，对后世的造物思想产生了巨大的影响。

董仲舒在阐述其天、地、人关系的过程中兼收了先秦以来儒、道及阴阳等诸家中“阴阳、五行”的概念，并将其融入自己的学说之中，形成了以“阴阳、五行”为框架的宇宙图式。董仲舒说：“天有十端，十端而止已。天为一端，地为一端，阴为一端，阳为一端，火为一端，金为一端，木为一端，水为一端，土为一端，人为一端，凡十端而毕，天之数也。”[④] 这“十端”是构成天道的大数，同时也是形成万物的

① 阎丽，春秋繁露[M].哈尔滨，黑龙江人民出版社，2003.268.
② 阎丽，春秋繁露[M].哈尔滨，黑龙江人民出版社，2003.228.
③ 阎丽，春秋繁露[M].哈尔滨，黑龙江人民出版社，2003.228.
④ 阎丽，春秋繁露[M].哈尔滨，黑龙江人民出版社，2003.124.

十种基本元素。天、地、阴、阳、火、金、木、水、土、人这十种元素按照一定的结构和次序组织起来，形成一个宇宙整体。这个整体化生万物的次序为："天地之气，合而为一，分为阴阳，判为四时，列为五行。"[①] 董仲舒在阐述宇宙整体的这一化生过程时尤其注重阴阳、四时、五行的有序性，他认为秩序是决定万物生发化育以及人世间治乱存亡的成败之所在，因此他说："故治，逆之则乱，顺之则治。"[②] 按照董仲舒所臆想的秩序，天盖于上，地载于下，阴阳二气一前一后，一左一右运行于天地之间，形成春、夏、秋、冬四时："阳气始出东北而南行，就其位也；西转而北入，藏其休也。阴气始出东南而北行，亦就其位也；西转而南入，屏其伏也。是故阳以南方为位，以北方为休；阴以北方为位，以南方为伏。阳至其位而大暑热，阴至其位而大寒冻。"[③] 即阴阳在四个方位上的有序运行就会产生四时，四时的更迭又与五行的循环相对应。所谓五行，董仲舒说："一曰木，二曰火，三曰土，四曰金，五曰水……五行之随，各如其序，五行之官，各至其能。是故木居东方而主春气，火居南方而主夏气，金居西方而主秋气，水居北方而主冬气。"[④] 这样一来，阴阳移位产生四时，四时之易又与五行变化相配属。董仲舒根据这种天地、阴阳、四时、五行与人各有其位的思想，虚构了一个完整的宇宙图式，用以说明他所倡导的天、地、人及其万物的统一性。据此冯友兰先生认为："照这个图式，宇宙是一个有机的结构；天与地是这个结构的轮廓；五行是这个结构的间架；阴阳是运行于这个间架中的两种势力。从空间方面想像，木居东方，火居南方，金居西方，水居北方，土居中央。这五种势力，好像是一种'天柱地维'，支撑着整个的宇宙。从时间方面想像，五行中的四行，各主一年四时中的一时之气；木主春气，火主夏气，金主秋气，水主冬气，土兼之也。"[⑤] 冯先生的这一总结性论述不仅揭示了董仲舒在阴阳五行运息变化过程中对有序性的强调，同时也揭示了董氏思想中蕴含的整体思想。因此，从董仲舒的阴阳、五行思想来看，他是在借助于阴阳、五行循环论的基础上，把空间和时间有机地统一成一个整体，天地之气就在这个整体结构之中，依据阴阳、五行的运动法则化育万物。

第三节　中国古代系统思想的后续发展——宋明理学的系统思想

中国传统文化在历经秦汉的融合之后，发展至两宋之时又进入了

① 阎丽，春秋繁露[M].哈尔滨，黑龙江人民出版社，2003.234.
② 阎丽，春秋繁露[M].哈尔滨，黑龙江人民出版社，2003.234.
③ 阎丽，春秋繁露[M].哈尔滨，黑龙江人民出版社，2003.209.
④ 阎丽，春秋繁露[M].哈尔滨，黑龙江人民出版社，2003.192.
⑤ 冯友兰，中国哲学史新编[M].北京：人民出版社，1985.56.

一次新的综合、重建时期。秦汉之时的思想文化在国家大一统的基础上，呈现出对先秦诸子思想和学说的融合。这种融合是一种内在的文化整合。自秦汉以后，特别是中唐时期，随着禅宗文化的逐渐盛行以及新儒家的兴起，共同推动了中国古代思想文化的前进。到两宋之时儒家、道家以及佛家文化的文化融合导致了思想文化的重构，在历经两宋诸子的融合与再造之后并最终“创建了中国后期中古社会最为精致，而且最为完备的理论体系——理学。”①

理学又被称之为“道学”或“新儒学”，它是两宋诸子创建的以儒学为主体，兼收释、道哲学，在寓涵三教思想精粹的基础上建构的一种以“理”为最高宇宙本体和以“理”为哲学思辨结构最高范畴的理论体系。理学在两宋期间形成之后，一度成为影响中国传统文化的主流思想，自宋代至明、清理学就一直处于官方哲学文化的地位，受到诸子的普遍重视。

1. 天地万物同归于一 ——《太极图说》的整体观

在宋、明理学的整体行程中，周敦颐被历代学者尊为“道学宗主”和“理学鼻祖”。在思想上周氏继承并发扬了孔子、孟子、董仲舒和唐代韩愈以及当时释、道哲学思想而提出了一系列的哲学命题，诸如“太极”、“理”、气等。这些哲学命题都成为宋、明理学共同探讨的基本范畴。周敦颐在沿着“出入于释老”而“反求诸六经”的思路上，依据儒家经典《周易》并参照道教的《先天太极图》与宋初陈抟的《无极图》，在融汇先秦以来阴阳、五行、动静等思想的基础上，构建了一个以“象学”为主体形态来论证世界本原及其形成发展的宇宙图式，即《太极图》。为了诠释《太极图》所寓含的宇宙化生方式，周氏对此进行了解说，并形成了《太极图说》。周敦颐在《太极图说》里以提纲挈领的方式对宇宙万物的生发、化育过程进行了抽象的概括。这是儒家自先秦以来第一次清晰而明确地提出自己的宇宙化生观，从而构建了宋代以来儒学思想家对天、地、人以及万物之间关系的定位。《太极图说》载：“无极而太极。太极动而生阳，动极而静，静而生阴，静极复动。一动一静，互为其根。分阴分阳，两仪立焉。阳变阴合，而生水火木金土。五气顺布，四时行焉。五行一阴阳也，阴阳一太极也，太极本无极也。五行之生也，各一其性。无极之真，二五之精，妙合而凝。乾道成男，坤道成女。二气交感，化生万物。万物生生，而变化无穷焉。惟人也得其秀而最灵。形既生矣，神发知矣。五性感动，而善恶分，万事出矣。圣人定之以中正仁义而主静（自注：无欲故静），立人极焉。故圣人与天地合其德，日月合其明，四时合其序，鬼神合其吉凶。君子修之吉，小人悖之凶。故曰：‘立天之道，曰阴与阳。立地之道，曰柔与刚。立人之道，曰仁与义。’又曰：‘原始反

① 冯天瑜，何晓明，周积明著，中华文化史[M].上海：上海人民出版社，2005.511.

终，故知死生之说。’大哉易也，斯之至矣。”①

周敦颐在《太极图说》中构造了一个从“无极”经“太极”→“阴阳”→“五行”→“男女”至“万物”的宇宙万物生成过程。从周氏《太极图说》所阐释的宇宙生成模式来看，显然是对《周易》宇宙化生基本观念的传承和阐扬。从《太极图说》对《易》的赞颂：“大哉易也，斯之至矣”可以看出周敦颐关于宇宙化生的整体思想滥觞于《周易》。不同的是《太极图说》把《易传》中将“易”作为最高哲学范畴和宇宙本体的思想转换成了周氏的以“太极”为最高范畴的宇宙本原论体系。《易传》提出：“《易》有太极，是生两仪。两仪生四象，四象生八卦。”②即《周易》认为“易”最为广大，能弥伦天地之道，这其中就包含着“太极”（宇宙的本体），太极的运动产生阴阳，阴阳相摩生成四时，四时相迭形成八卦。在宇宙生成的次序上形成以“太极”→“阴阳”→“四时”→“八卦”这样一种图式。周敦颐在接受《周易》宇宙本体论的基础上又参照了老子的“道生一，一生二，二生三，三生万物。”的宇宙本体论思想。老子的宇宙化生结构是“道”→“一”（太极）→“二”（阴阳）→“三”（天地人）→“万物”。在综合了儒、道两家的思想之后，周敦颐从空间和时间两个维度，即从纵向和横向两个方面探索了宇宙万物化生的秩序。具体而言就是：“无极”→“太极”→“阴阳（两仪）”→“五行（水、火、木、金、土）”→“万物（天、地、人、生、物）”（空间轴向展开）；“无极”→“太极”→“阴阳（两仪）”→“五气（水、火、木、金、土）”→“四时（春、夏、秋、冬）”（时间轴向展开）。通过儒、道宇宙本体地对比可知，《周易》中的“易”，老子的“道”与周氏《太极图说》中的“无极”具有相同的意义，是宇宙化生前的一种存在状态。而《周易》中的“太极”与《太极图说》的“太极”以及老子的“一”意思是一致的，即是宇宙混沌之气。如《汉书·律历志第一》载“太极元气，函三为一。”③宋代易学研究者刘牧说：“太极者一气也，天地未分之前，元气混而为一。”④周敦颐亦承此说，认为太极就是天地未分之前的一种混沌之气。他在《通书》中如是解释道：“五行阴阳，阴阳太极，四时运行，万物始终。”⑤周敦颐认为木、火、土、金、水五行统一于阴阳二气，而阴阳二气又源于太极。“分阴分阳”表明阴阳二气是由未分化的太极化分而来的，这说明宇宙万物都产生于同一个本源，即“阴阳之气”。正如他在《太极图说》中所诠释的：“无极之真，二（阴阳）五（五行）之精，妙合而凝。乾道成男，坤道成女。二气交感，化生万物。万物生生。”⑥周氏认为宇宙万物生生不息，在本质上都是一气所演化，这就是“五行一阴阳也，阴阳一太极也，”

① 冯友兰，中国哲学史新编[M].第五册，北京：人民出版社，1982.54.
② 周振甫，周易译注[M].北京：中华书局，2009.247.
③ [汉]，班固撰，汉书[M].北京：中华书局，2005.837.
④ 转引自陈来，宋明理学[M].上海：华东师范大学出版社，2008.39.
⑤ [宋]，周敦颐，周敦颐集[M].北京：中华书局，2009.
⑥ [元]，脱脱，宋史[M].北京：中华书局，1985.

即万物统一于五行，五行统一于阴阳，阴阳统一于太极，而万物又以无形的太极为本。在这里太极与万物表明了一种统一性与多样性的关系，周敦颐把太极元气作为自然万物无限多样性的统一基础，从而构建了他的气一元论的整体宇宙观。在这一点上也显示出周敦颐对先秦以来的“气一元论”宇宙整体思想的承袭。

周敦颐在以太极图式诠释宇宙万物化生结构的同时，也推衍到了人。对人在天地之中的价值及其存在方式进行了明确的界定。在周氏的思想世界里，认为人是万物之灵，诚如他所言：“惟人也得其秀而最灵。”这是因为人是盈于天地之间，禀阴阳五行之精气而生的，如《宋史·五行志》说：“天以阴阳五行化生万物，盈天地之间，无非五行之妙用，人得阴阳五行之气以为形。”① 即人的形体是天地阴阳五行之气凝合而成的，故能灵于万物。另外，邵雍从人的性、情、形、体方面也进一步阐明人是万物之灵的原因，他说：“夫人也者，寒暑昼夜无不变，风雨露雷无不化，性情形体无不感，走飞草木无不应，所以目善万物之色，耳善万物之声，鼻善万物之气，口善万物之味。灵于万物。”② 而在人中最灵的又是圣人，其德行可以与天地、日月、四时甚至鬼神相合。这也是老子所强调的：“域中有四大，道大，天大，地大，王亦大。”人（王）与天、地共同成为构成宇宙之中的四大之一，在这一点上天、地、人“三才”实现了统一、平等，可以与天地并列为三了。这就在一定程度上提升了人在天地万物中的地位，缩小了人与天地在认识之源上的差距，有利于人的主体性意识的张扬。周敦颐在提出人为万物之灵的同时也规范了人的行为。人作为天地万物中的一物，是整个宇宙系统的组成部分，人的思想、行为要通过“中正仁义”来达到与自然的规律的一致，才可以实现吉祥亨通，如果悖逆自然规律，必然会遭到自然的报复。这是周敦颐从系统整体的角度来全面考察天地人之间关系的结果。

周敦颐通过《太极图说》以“援道入儒”的方式来探察天、地、人的生成演化规律的思想，一方面，为宋代以后的儒家构建了一个“整体的、分层次的，多阶段自发演化发展的天地人系统模式论，使得中国传统的系统思想推进到一个新的高度。”③ 另一方面，周敦颐也提出了天地系统的结构秩序是人类行为必须遵循的规范和准则，人的思想行为只有与天地合序，四时合明才能真正地实现天、地、人“三才”系统的和谐统一。

2. 本以天道，质以人事——《皇极经世书》的系统思想

邵雍是与周敦颐同时代的又一位宋代理学的代表人物。与周敦颐一样在哲学思想上他们都曾受到道家哲学的影响，在渊源上他们的

① [元]，脱脱，宋史[M].北京：中华书局，1985.
② [宋]，邵雍，皇极经世书[M].郑州：中州古籍出版社，2010.435.
③ 魏宏森，曾国屏，系统论–系统科学哲学[M].北京：世界图书出版公司，2009.20.

思想又都有一个象数派授受的来源，即传自于宋初的陈抟。据邵伯温在《易学辩疑》中说："陈抟好读《易》，以数学授穆修，修授李之才，之才授康节先生邵雍尧夫。（陈抟）以象学授种放，放授庐江许坚，坚授范谔昌。此一枝传于南方也。"而此时周敦颐正寓居南方讲学，很可能是传承了范谔昌的思想。周敦颐在融合《周易》与道家思想的基础上创立了关于宇宙结构及生成秩序的《太极图》。《太极图》有"象"而无"数"，成为后世"象学"的一个标本。邵雍在依据陈抟思想的基础上又结合《周易》以及世传的《河图》、《洛书》形成了关于宇宙生发化育基本图式的《先天图》。《先天图》在解释宇宙的发生过程时，既有"象"又有"数"，形成了一种系统的"象数学"体系。邵雍的"象数学"思想包含在他的著作《皇极经》一书中。《皇极经世》是一部虽明天道，而实责成于人事之书，它"本以天道，质以人事"，将天道、人事通过"象数"联系在一起，借助象数描绘了一幅天道、地道与人事息息相关的整体关系。正如冯友兰先生所说：此书"是一部包括天、地、人的历史的总历史。"①

"象数学"是邵雍思想理论的核心。在邵雍看来"象"与"数"是自然万物的两大基本存在形式，无论是宏观事物抑或微观事物都拥有自身的"象"和"数"。所以邵雍也把宇宙万物生发化育的过程归结为"象"和"数"的演化过程。他认为宇宙万物是由一个总的本原"太极"发展演化而来的。如他说："太极，一也，不动。生二，二则神也。神生数，数生象，象生器。太极不动，性也。发则神，神则数，数则象，象则器，器之变复归于神也。"② 这是说太极是宇宙之本体，万物之根荛。太极产生二，即阴阳，阴阳相合就有了神妙的功能，这种神妙的功能决定着事物化生的过程和品类的"数"，而"数"是决定万物形态，即"象"的依据。物体具备了"数"和"象"就具有了功能。于是事物就根据"数"和"象"的规定不断地发展演化以至形成万物。邵雍所提出的宇宙发生与构成理论，正是按照这种思路构建的。他说："太极既分，两仪立矣。阳下交于阴，阴上交于阳，四象生矣。阳交于阴，阴交于阳，而生天之四象；刚交于柔，柔交于刚，而生地之四象。于是八卦成矣。八卦相错，然后万物生焉。是故一分为二，二分为四，四分为八，八分为十六，十六分为三十二，三十二分为六十四。故分阴分阳，迭用柔刚，易六位而成章也。十分为百，百分为千，千分为万，犹根之有干，干之有枝，枝之有叶。愈大则愈少，愈细则愈繁，合之斯为一，衍之斯为万。"③ 邵雍的宇宙发生与构成理论是在兼合了《周易》以及老子的宇宙化生论的基础上提出的，不过他的关于宇宙万物生成秩序的理论比《周易》和

① 冯友兰，中国哲学史新编[M].第五册，北京：人民出版社，1982.67.
② [宋]，邵雍，卫绍生校注，皇极经世书[M].卷十四，郑州：中州古籍出版社，2007.522.
③ [宋]，邵雍，卫绍生校注，皇极经世书[M].卷十四，郑州：中州古籍出版社，2007.507.

老子更为细致和具体。邵雍认为，“太极”是宇宙万物的本原，太极划分阴阳、柔刚，阴阳相交、刚柔相摩产生天地四象，四象相合形成八卦，八卦相重产生十六卦，十六卦相分演为三十二卦，三十二卦又化生为六十四卦，六十四卦依次化生，继而产生万物。这种演化过程就如同一棵大树一样，由根生干，由干生枝，由枝生叶，逐曾发展衍化，以至于无穷无尽。无穷无尽的宇宙万物究其根源同出一体，衍化则又产生万物。在宇宙万物的演化过程中，两仪（阴阳），四象（太阳、少阳、太阴、少阴），八卦（乾、坤、震、巽、坎、离、艮、兑）是“象”；而一、二、四、八、十六、三十二、六十四则是与“象”匹配的“数”。邵雍就用这种层层相生的“加一倍法”，让一变二、二变四、四变八、八变十六、十六变三十二、三十二变六十四推演出了一个神秘的数字化宇宙系统，用以阐明自然万物的生成。从邵雍的宇宙发生论来看，这一宇宙推演理论带有明显的系统整体思想。首先他认为宇宙万物是一个多样统一的整体。在邵雍的思想世界里，宇宙并不是由单一物质构成的系统，而是一个多元事物的聚合体。众多的事物在存在状态上也不是分散的，而是受制于“太极”，在“太极”的统摄下分合聚散，衍生万物。即邵雍强调的“合之斯为一，衍之斯为万。”其次，多样性的事物又具鲜明的结构性和层次性。虽然宇宙万象形态属性各异，但都有同一个根源，彼此之间存在着普遍的关联，所以邵雍指出宇宙万物的关系：“犹根之有干，干之有枝，枝之有叶”渐次的演化发展，以成万物。再次，宇宙系统是一个逻辑性和秩序性统一的整体。邵雍在解释宇宙化生的过程时提出万物的演化是一个“一演二，二演四，四演八、八演万物”的无限分裂过程。他在《观物外篇下》中说：“万物各有太极、两仪、四象、八卦之次。……阴阳分而生二仪，二仪交而生四象，四象交而生八卦，八卦交而生万物。故二仪生天地之类，四象定天地之体，四象生八卦之类，八卦定日月之体，八卦生万物之类，重卦定万物之体。类者，生之序也；体者，象之交也。”① 第四，宇宙系统内部存在着相互依赖的特征。邵雍认为宇宙万物都是有“象”和“数”组成的，任何一个物体中，象和数的关系就如同形式与内容、体与用的关系，二者之间是相辅相生、相互依存的整体，缺一不可。而且通过对二者发展变化轨迹的分析和观察就可以从中发现事物的一般规律。

邵雍在探索天地万物生成的同时，还进一步提出了人与天地之间的关系。邵雍在《皇极经世书》中用了大部分篇章来解释宇宙万物的发生、结构及其秩序，但其目的并不在于为了单纯地阐述天地万物的演成规律，其终极目的是旨在“推天道以明人事”。正如四库馆臣在评价《皇极经世书》时曾说：“《经世》一书虽明天道，而实责成于人事。”② 这就是

① [宋]，邵雍，卫绍生校注，皇极经世书[M].卷十三，郑州：中州古籍出版社，2007.522.
② [宋]，邵雍，卫绍生校注，皇极经世书[M].郑州：中州古籍出版社，2007.6.

说邵雍推演、探索天地之道只是作为一种手段而已，其真正的目的在于申言人事。研究天人之事也就成为邵雍全部思想的主体。所以，他在《皇极经世书》结尾篇中提出“学不际天人，不足以谓之学”[①]的思想。

天人关系作为儒家及其他诸子学说的主流思想观念，贯通中国整个文化思想史和设计思想史，邵雍在传承自先秦以来诸家天人关系的基础上将其从一种生存观念提升到了哲学的高度，这是对天人关系理论的重大发展。邵雍认为人与其他天地万物一样，都是“道”的衍生物。他说：“天由道而生，地由道而成，人由道而行，天地万物则异矣，其于道也。”[②]即“道”是天地万物的本原，天地、万物与人是组成“道”这个系统整体的元素。邵雍认为在这个系统内人又贵于其他万物。他说：“唯人兼乎万物，而为万物之灵。如禽兽之声，以其类而各能得其一。无所不能者，人也。推之他事，亦莫不然。唯人得天地日月交之用，他类则不能也。人之生，真可谓之贵矣。”[③]其意是说，人兼合天地万物的长处，故能灵于万物。就如同飞禽走兽之类，因其种类的不同而各有一种辨别它类的声音，但人具有认识世界的能力，可以模仿不同的声音。从这一点上也能够推知其他事情，人类可以通过仰观、俯察、推理、分析进而察知天地万物之理。所以邵雍说人“能以心代天意，口代天言，手代天功，身代天事者焉。又谓能以上识天时，下尽地理，中尽物情，通照人事者焉。又谓能以弥纶天地，出入造化，进退古今，表里人物者焉。”[④]邵雍在此提出人类依凭主观能动性的发挥就可以代天行事，尤其是人通过上揆之天时，下量之地理，中度之物情、人事就能够实现“参天地，赞化育”的愿景。这是邵雍在对自先秦以来天、地、人关系深切领会基础上的精辟概括，不仅进一步阐明了天、地、人之间的相参关系，而且把“物情”纳入了“三才”之中，将“三才”的观念扩展至“天、地、人、物”的范畴，这是对“三才观”的重要发展。这种“三才观”所体现出的“因时”、“因地”、“因人”、“因物”及其所衍生的“宜时”、“宜地”、“宜人”、“宜物”的观念，对宋以来的城市规划、建筑和园林等环境设计思想产生了巨大的影响。

在邵雍的思想中，人虽然备于万物之性、兼于万物之类，贵于天地万物，但邵雍并没以此提出“人是自然万物之主宰”或“天地之心”的人类中心主义论断。相反，他认为人与天地万物并不是相互分裂的，而是一个相互关联、互为表里的整体。在结构形态上人与天地具有异质同构性。他说：“天有四时，地有四方，人有四肢。是以指节可以观天，掌纹可以察地。……人之四肢各有脉也，一脉三部，一部三侯，以应天数也。身，地也，本乎静，所以能动者，气血使之然也。水在人之身为血，土在人之身为肉，日为心，月为胆，星为脾，辰为肾脏也；石为肺，

① [宋]，邵雍，卫绍生校注，皇极经世书[M].卷十四，郑州：中州古籍出版社，2007.531.
② [宋]，邵雍，卫绍生校注，皇极经世书[M].卷十一，郑州：中州古籍出版社，2007.490.
③ [宋]，邵雍，卫绍生校注，皇极经世书[M].卷十四，郑州：中州古籍出版社，2007.527.
④ [宋]，邵雍，卫绍生校注，皇极经世书[M].卷十一，郑州：中州古籍出版社，2007.489.

土为肝，火为胃，水为膀胱府也。天地并行，则藏府配……天之神栖乎日，人之神栖乎目。人之神，寤则栖心，寐则栖肾。所以象天，此昼夜之道也。天地之大寤在夏，人之神则存于心，神统于心，气统于肾，行统于首。形气交而神主乎其中，三才之道也。"① 邵雍提出，天、地、人"三才"在结构形态上是一致的、相互对应的，天地之所有，人亦所有，这就是他强调的"一国一家一身皆同"的观念。

人与天地既然是同形同构的，人的行为自然就要效法天地，与天地万物协调一致。邵雍说："自然而然者，天也，唯圣人能索之。效法者，人也。若时行时止，虽人也，亦天也。"② 即顺其自然这是天之性，而人能效法天地，能依据天时来规划人的行为起止，这是人的本性，但同时也是天性。因此，邵雍就主张人类的生产行为以及各种营造活动不要对自然进行过度的干预，不要以人灭天，更不要戕害物性，而是尽可能地让自然做功，发挥自然的本性。在邵雍看来人与自然万物是居于一种平衡力量的两端，如果人干涉自然的力量强大了，自然的力量就会萎缩，从而导致人与自然关系的失衡，环境危机也就随之产生。这也就是邵雍所言及的："人智强，则物智弱。"③

为了维持宇宙系统内部各种力量的平衡，使其处于一种稳固的状态，一方面邵雍提出"量力"的思想，他说："事必量力，量力故能久。"这即是说人类并非是孤立的存在物，而是处在整个宇宙系统的相互依存的生态链之中，他要通过与其他万物不断地进行各种物质、信息、能量的交换来维持自身的生存和发展，因此，人的行为就要综合考量与其活动相关的各种因素和力量，并使各种力量处于一种均衡状态，这样人类就能获得持续发展的动力。另一方面邵雍倡导人的行为要顺应自然并与自然规律协调发展。他说："人谋，人也；鬼谋，天也。天人同谋而皆可，则事成而吉也。事无巨细，皆有天人之理。修身，人也；遇不遇，天也。得失不动心，所以顺天也，行险侥幸，是逆天也。求之者，人也；得之与否，天也。得失不动心，所以顺天也。强取必得，是逆天理也。逆天理者，患祸必至。"④ 邵雍认为，人的行为活动（即人谋）要符合天地的自然规律（即鬼谋），这样就可以万事亨通。如果天人关系不协调或不尊重自然规律逆天行事就会招致各种灾害的发生。邵雍还以用兵为例，进一步申述了顺应天人之理的重要性。他说："用兵之道，必待民富，仓廪实，府库充，兵强名正，天时顺，地利得，然后可以举。"⑤

从邵雍天人的思想中可以看出，在天、地、人"三才"中，邵雍把对人的研究和考察摆在了首要地位。他说："天时、地理、人事三者，

① [宋]，邵雍，卫绍生校注，皇极经世书[M].卷十四，郑州：中州古籍出版社，2007.528.
② [宋]，邵雍，卫绍生校注，皇极经世书[M].卷十四，郑州：中州古籍出版社，2007.526.
③ [宋]，邵雍，卫绍生校注，皇极经世书[M].卷十四，郑州：中州古籍出版社，2007.530.
④ [宋]，邵雍，卫绍生校注，皇极经世书[M].卷十四，郑州：中州古籍出版社，2007.530.
⑤ [宋]，邵雍，卫绍生校注，皇极经世书[M].卷十四，郑州：中州古籍出版社，2007.531.

知之不易。学以人事为大。"① 这说明在构成宇宙系统的天、地、人三种元素中，人对整个系统的价值和意义最为重大。这里隐喻了两个方面的含义，其一，人是社会的主体，人类的各种行为活动首先要考虑人的存在，并为人的生存谋取福祉；其二，由于人是具有理性的动物，人类凭借自己的智慧和力量不仅可以重新塑造自然，同样也可以破坏自然。因此人类要尽量克制自己的行为，使之与自然协调。这一点也是邵雍"三才"思想的主旨。从当代的环境危机就可以察知，当代所谓的"环境危机"其实质上并不是自然的危机，而是人类的危机。这种危机的根源就在于人类并没有把天、地、人及其万物视作一个相恤相生的系统整体，没有从根本上统筹兼顾人与其他万物的关系，而是借助工具理性过度的役使万物，打破了人与自然固有的平衡，导致环境污染、资源枯竭等危机的出现，并最终威胁到人类的生存。所以，邵雍提出的天、地、人"三才"以人事为大的思想，不仅对古代的环境设计产生的重要的影响，同样对当代的环境设计也有着莫大的启迪作用。

3. 民胞物与、万物一体——张载及其他理学家的整体思想

在宋明理学的发展过程中，周敦颐与邵雍是理学的开端发引性人物。而张载则为理学的进一步发展奠定了基础，他的学说对后来的二程、朱熹及其王阳明等人都产生了重要的影响。

在关于宇宙系统论方面张载继承了自先秦、两汉以来儒、道等诸家的哲学观念，形成了以"气化"为基础的宇宙系统思想。作为中国古代宇宙系统思想的气化理论早在先秦之时已经出现，古人认为，天、地、人及其万物都是由气的运行而产生的。庄子说："天地者，万物之父母也。合则成体，散则成始。"② "始"即是冥冥无伦，无形无迹的"气"。"人之生也，气之聚也。聚则为生，散则为死。"③ 即人是由气聚合而成，气聚则人生，气散则人死。庄子在这里用气解释了天地万物与人的起源。秦汉以后，"气"被抽象出来，成为无形而有能量的物质概念，并与当时盛行的阴阳学说相结合产生了阴气、阳气、和气等观念。如淮南子说："天地未形，冯冯翼翼，洞洞灟灟，故曰太昭（太始）。道始于虚霩，虚霩生宇宙，宇宙生气，气有涯垠……天地之袭精为阴阳，阴阳之专精为四时，四时之散精为万物，积阳之热气生火，火气之精者为日。积阴之寒气为水，水气之精者为月。"④ "精"即是"气"，淮南子认为宇宙开始之前，天地并不存在，只是混灟沌无分的状态，即是太始。然后，才依次形成道、宇宙、气。气的运息又分化成天地、阴阳、四时、水、火、日、月以及万物。从淮南子的论述中可以明显地看出"气"乃天地万物本原的思想。时至东汉，王符对宇宙生成的气本原论作了进一步的系统论述。他说："上古之

---

① [宋]，邵雍，卫绍生校注，皇极经世书[M].卷十四，郑州：中州古籍出版社，2007.531.
② 王先谦，诸子集成·庄子集解[M].北京：中华书局，1982.114.
③ 王先谦，诸子集成·庄子集解[M].北京：中华书局，1982.114.
④ 刘文典，淮南鸿烈集解[M].合肥：安徽大学出版社，1998.79.

世，太素之时，元气窈冥，未有形兆，万精合并，混而为一，莫制莫御。若斯久之，翻然自化，清浊分别，变成阴阳。阴阳有体，实生两仪。天地壹郁，万物化淳。和气生人，以理统之。”① 其意是说，在宇宙生成之前只有混混沌沌、冥冥无伦的元气，这种元气随着时间的推移逐渐分化成清气、浊气与和气。清阳之气上升为天，重浊之气凝聚成地，天地生成之后，天地之气相互作用，化生出万物。其中最精粹之气即“和气”产生出人类，并由人类来统理自然万物。北宋五子之一的张载在总结前人“气一元论”的基础上，经过吸收、融汇建立了系统的“气本体论”思想体系。他提出“太虚无形，气之本体，其聚其散，变化之客形尔。……太虚不能无气，气不能不聚而为万物，万物不能不散而为太虚。”② 张载认为，宇宙的本质就是气，万物都是气的聚合状态，太虚是气的离散状态。也就是说“气”的聚合离散产生了天地万物。张载的气本体论提出以后对其他的宋明理学家产生了重要的影响。如宋代杨时在《孟子解》中说：“通天地一气耳，天地其体，气体之充也。人受天地之中以生，均一气耳。”③ 明代罗钦顺在《困知记》中亦谓：“盖通天地，亘古今，无非一气而已。”④ 这即是说天地和人都是一种气的演化，气是天地万物的本原。

张载在提出以“气”为宇宙本体，来诠释自然万物的生成规律之后，并没有驻足于此，而是以宇宙系统论为基础进一步探讨了“天”（宇宙万物）与“人”的相互关系，继而提出了以“大其心”观视天地万物的整体观念。张载说：“人本无心，因物有心。若只以闻见为心，但恐小却心。今盈天地之间者皆物也，如只据己之闻见，所接几何?安能尽天下之物? 所以欲尽其心也。”“大其心则能体天下之物。物有未体，则心为有外。世人之心，止于闻见之狭，圣人尽性，不以闻见梏其心，其视天下，无一物非我。”⑤ 所谓“大其心”就是说采取从整体上探视宇宙万物的思想。张载认为天地之间的事物无穷无尽，而个人的耳听目视，所见所闻毕竟是有限的、狭隘的。如果要对宇宙万物有一个总体的把握和了解就要扩展自己的思维和视野，摆脱狭隘的感官经验以及表象范围的局限，建立一种整体性思维，从更加宽广的角度来观察天地万物，才能获得对事物全面系统的了解。另外，张载还从“气本体论”出发，指出天地万物都是禀气而生，人与天地万物本性都是相同的，因此人应该以宽广的心胸体尽天下之物，泛爱一切人和物，即“大其心则能体天下之物。”所谓“体天下之物”，“视天下、无一物非我”这是一种心存天下的广阔情怀，也是超越个人小我的狭隘界限和自我偏私的囿限束缚，以平等、宽容之心对待天下万物的大

① [汉]，王符，潜夫论[M].北京：中华书局，1997.365.
② [宋]，张载，张载集[M].北京：中华书局，2010.7.
③ [宋]，杨时，杨龟山先生集[M].清光绪五年杨缙廷刊本.
④ [明]，罗钦顺，困知记[M].北京：中华书局，1990.2.
⑤ [宋]，张载，张载集[M].北京：中华书局，2010.24.

我境界。在大我的世界里，人、物之间并无不可逾越的鸿沟或界限。人把自身融入于天地万物之中，将自己看作是组成宇宙系统的一个必要部分，把天地万物视为与自己相恤相生、息息相通的整体。在这样一种没有私欲和偏执，包容万物，承认差异，宽容的对待他物从而使万物保持个性，带来万物并生共育而不相害的和谐局面，是张载“大心”思想的主旨，并且他主张在通过对天地万物关系的认知中确立人的价值和地位。

张载也正是基于对“天”（宇宙万物）和“人”关系的深刻思考与深切体悟的基础上提出了“民胞物与”的整体思想。“民胞物与”思想的提出不仅是对自先秦以来儒、道诸家所追求的人与人以及人与天地万物整体和谐思想的推进，同时也是对中国古代天、地、人“三才”协调共生、平等互利关系的高度总结。张载在《西铭》中言道：“乾称父，坤称母，予兹藐焉，乃混然中处。故天地之塞吾其体，天地之帅吾其性。民吾同胞；物吾与也。”① 张载在这里显然是吸收了《周易》乾为阳、为天、为父，坤为阴、为地、为母的思想，以“大心”的视角来看待天地万物。张载主张抛弃偏私的“小我”，建立一种浑然与天同体的“大我”，他把自己和天地万物都看成是一个休戚相关的整体，甚至将万物就作为自己的一部分。人与万物虽然类殊形异，但同为天地自然的衍生物，应当具有平等的价值和存在的权利，人应该“平物我，合内外”与万物和谐共处。朱熹对此解释说：“盖以乾为父，以坤为母，有生之类，无物不然，所谓理一也。而人物之生，血脉之属，各亲其亲，各子其子，则其分亦安得不殊哉！一统而万殊，则虽天下一家，中国一人，而不流于兼爱之弊。万殊而一贯，则虽亲疏异情，贵贱异等，而不梏于为我之私，此《西铭》之大旨也。”② 又曰：“人之一身，固是父母所生，然父母之所以为父母者，即是乾坤。以父母而言，则一物各一父母；若以乾坤而言，则万物同一父母矣。”③ 朱熹此论涵盖两层意思，其一是提出“理一分殊”即统一性与多样性的概念。万物皆以天地为父母，这是统一性，而万物形态又是有差异的，这是多样性。万事万物虽形态各异，但在本质上是相同的，即“一统而万殊”。这就说明自然万物不论形态、属性如何，都应该是平等、共生的。其二是提出以整体性的视野来看待万物。若以微观的思维观视万物，万物是彼此孤立的，而以宏观（大心）的视角观看万物，万物就是一个相互联系、彼此贯通的整体。邵雍在《皇极经世书》也如是说：“道为天地之本，天地为万物之本。以天地观万物，则万物为万物；以道观万物，则天地亦为万物。”④ 又曰：“不以我观物，以物观物之谓也。”⑤ “以物观物，

①[宋]，张载，张载集[M].北京：中华书局，2010.177.
②[清]，叶方，御定孝经衍义・衍至德议・仁[M].卷二，四库全书.
③[清]，叶方，御定孝经衍义・衍至德议・仁[M].卷二，四库全书.
④[宋]，邵雍著，卫绍生校注，皇极经世书[M].卷十一，郑州：中州古籍出版社，2007.490.
⑤[宋]，邵雍著，卫绍生校注，皇极经世书[M].卷十四，郑州：中州古籍出版社，2007.506.

性也；以我观物，情也。性公而明，情偏而暗。”① 即是跳出“以我（小我）观物”的窠臼，而以一种宏观的、整体的视域来审视天地万物，天地万物皆为一整体。明代的曹端在结合朱熹的注解基础上也对张载的“民胞物与”思想进行了详细地阐释。他认为“民吾同胞”其意是“惟人也得其形气之正，是以其心最灵而有以通乎性命之全体，于并生中又与我同类而最贵者焉，故曰‘同胞’，则其视之也皆如己之兄弟矣。惟同胞也，故以天下为一家，中国为一人。”“物，吾与也”是说“物得夫形气之偏而不能通乎性命之全，故与我不同类而不若人之贵；然原其体性之所自皆以本质天地，而未尝不同也。故曰‘吾与’，则其视之也亦如己之侪辈矣，性吾与也，故凡天地有形于天地间者，若动、若植、有情、无情莫不有以若其性，遂其宜焉，此儒者之道所以必至于参天地，赞化育，然后为功用之全，而非有以强于外也。”②

从宋明诸子对“民胞物与”含义的阐释可知，张载认为，天地是万物的父母，人是生于天地之间的渺小一物。天地之气充塞着人的身体，天地之性统帅者人的本性。从气本原论而言，人与万物皆是由气构成的，在气的范畴内天、地、人及其万物是同根同源、同宗同构的，也是互利平等的。因此，六合之内、芸芸众生皆是我的同胞，四海之间、宇宙万象都是我的同辈。张载在这里以“民胞物与”的思想来喻设人与天地万物之间的密切关系，其用意并不在于要借助于“天下一家”或“中国一人”的宗法、血缘关系来编织一张涵盖宇宙万物的关系网，而是要借此超越个人的利害穷达，以“天下无一物非我”的道德境界，善待一切自然存在物，并在尊重各自生存规律的基础上，实现人与万物的和谐共处，利而不害，进而实现“天人合一”的理想境界。

受张载《西铭》思想的影响，程颢也提出“仁者，以天地万物为一体，莫非己也，认得为己，何所不至？”③ 以及“仁者，浑然与物同体。”④ 程颢这种建立在“仁学”基础上的整体思想与张载是相通的。其中，“以天地万物为一体”，“莫非己也”实质上就是张载所说的“视天下无一物非我”整体思想地转译。在张载、二程以及朱熹等理学家整体思想的影响下，明代理学继承者王阳明将“万物一体”的思想更向前推进了一步。他说“大人者，以天地万物为一体者也。其视天下犹一家，中国犹一人焉。若夫间形骸而分尔我者，小人矣。大人之能以天地万物为一体也，非意之也，其心之仁本若是，其与天地万物而为一也。”⑤ 王阳明在这里所谓的“大人”即是具有广博的胸怀，博爱的精神，能体尽天下万物，视天下人为一家，并兼济天下，心忧天下之人。小人是与大人相对之人，小人竭力区分物我，以小我为中心，

① [宋]，邵雍著，卫绍生校注，皇极经世书[M].卷十四，郑州：中州古籍出版社，2007.529.
② [明]，曹端，西铭述解[M].四库全书。
③ [宋]，程颢，程颐，二程集[M].北京：中华书局，2004.15.
④ [宋]，程颢，程颐，二程集[M].北京：中华书局，2004.15.
⑤ [明]，王阳明，王文成公全书[M].卷二十六，上海：商务印书馆。

只关心和注重局部的、个体的利益和需求，缺乏整体性、宏观性的视野，甚至会为一己之私而损害他物的利益。而大人则以仁体物，推己及人，具有泛爱万物的宇宙情怀。王阳明的这种“大人”思想是对前辈理学家张载的“大心”以及二程“仁者”的理想人格思想的继承。所谓“大心”、“仁者”以及“大人”其共同的特点就是具有心怀天地和包容万物之心的整体性精神。而这种整体性精神的实质也就是从宏观上和系统上把握世界。把人和天地万物统一起来看待，通过“视天下无一物非我”的高远思想并最终实现“道并行而不相悖，万物并育而不相害”[①]的天、地、人“三才”和谐发展的理想之境。

小结

综观中国传统文化中的系统整体思想，从先秦之际《周易》提出的天道、地道、人道“三才”会通为端绪，作为中国古代系统思想的滥觞，经过孔子“将天命与圣人直接联系起来，讲求知天命以实现天人合一”[②]和孟子通过天时、地利、人和三者的结合达到天、地、人三者地沟通，到庄子追求以“天地与我并生，万物与我为一”[③]来阐述世界的整体性，奠定了中国古代系统思想的基础。至秦汉之际，吕不韦、刘安、董仲舒等人以臆想的天人同构、天人相类理论为契机构建的天人合一的思想，确立了中国古代以天、地、人“三才合一”为理论基础的系统思想模式。再到宋明之时，以周敦颐、邵雍、张载、朱熹以及王阳明等为代表的理学家们在集先秦诸子思想之大成的基础上发展出的“天人一体”，“物我一体”的整体性思想，完成了中国古代系统思想的历史进路。在中国古代系统思想的发展进程中，诸子的哲学思想虽不尽相同，但都没有脱离天－地－人，基本是在“天－地－人”“三才”框架内来构筑自己的理论体系。也就说他们的思想言说具有一个共同的特征，即把天、地、人作为一个统一的系统整体，以“万物一体”、“天人合一”为其最高境界来发展自己的哲学思想。这种视天地万物为一体的整体性思想是中国传统文化和思维的特质，它影响并支配了人们的一切行为和活动。无论是统治者执政施教，还是巫、医、乐、师百工之人从事各种活动，首先都要从“三才”出发，“仰取天象，俯察地理，取诸人事”，通过“上考之以天，下揆之以地，中通诸理”，从系统和整体上全面考量影响人类生产、生活的各种因素，以便于“上因天时，下识地理，中尽人事”，使万物各得其所，各尽其宜。这种从宏观视野统筹兼顾各种相关问题，而不偏执于一方的整体思想是中国传统文化一直追求的终极目标，而其中所蕴含的天、地、人万物共生思想也是中国古代设计所追求的至高境界。

---

① 杨天宇，十三经译注·礼记译注[M].上海：上海古籍出版社，2004.710.
② 汪建，试析中国古代传统思维方式[J].哲学研究，1987（2）.
③ 王世舜，庄子译注[M].济南：山东教育出版社，1995.38.

参考文献

[1] 刘宝楠，诸子集成 · 论语正义 [M]，北京：中华书局，2006.

[2] 焦循，诸子集成 · 孟子正义 [M]，北京：中华书局，2006.

[3] 王先谦，诸子集成 · 荀子集解 [M]，北京：中华书局，2006.

[4] 王弼，诸子集成 · 老子注 [M]，北京：中华书局，2006.

[5] 魏源，诸子集成 · 老子本义 [M]，北京：中华书局，2006.

[6] 王先谦，诸子集成 · 庄子集解 [M]，北京：中华书局，2006.

[7] 张湛，诸子集成 · 列子注 [M]，北京：中华书局，2006.

[8] 孙冶让，诸子集成 · 墨子闲诂 [M]，北京：中华书局，2006.

[9] 张纯一，诸子集成 · 晏子春秋注 [M]，北京：中华书局，2006.

[10] 戴望，诸子集成 · 管子校正 [M]，北京：中华书局，2006.

[11] 王先慎，诸子集成 · 韩非子集解 [M]，北京：中华书局，2006.

[12] 曹操，诸子集成 · 孙子十家注 [M]，北京：中华书局，2006.

[13] 高诱，诸子集成 · 吕氏春秋 [M]，北京：中华书局，2006.

[14] 高诱，诸子集成 · 淮南子 [M]，北京：中华书局，2006.

[15] 王充，诸子集成 · 论衡 [M]，北京：中华书局，2006.

[16] 杨雄，诸子集成 · 杨子法言 [M]，北京：中华书局，2006.

[17] 王符，诸子集成 · 潜夫论 [M]，北京：中华书局，2006.

[18] 胡奇光，方环海，十三经译注，尔雅译注 [M]，上海：上海古籍出版社，2004.

[19] 杨天宇，十三经译注，礼记译注 [M]，上海：上海古籍出版社，2004.

[20] 金良年，十三经译注，孟子译注 [M]，上海：上海古籍出版社，2004.

[21] 金良年，十三经译注，论语译注 [M]，上海：上海古籍出版社，2004.

[22] 杨天宇，十三经译注，周礼译注 [M]，上海：上海古籍出版社，2004.

[23] 黄寿祺，张善文，十三经译注 [M]，周易译注，上海：上海古籍出版社，2004.

[24] 李梦生，十三经译注，左传译注 [M]，上海：上海古籍出版社，2004.

[25] 李民，王健，十三经译注，尚书译注 [M]，上海：上海古籍出版社，2004.

[26] 汪受宽，十三经译注，孝经译注 [M]，上海：上海古籍出版社，2004.

[27] 程俊英，十三经译注，诗经译注 [M]，上海：上海古籍出版社，2004.

[28] 金景芳，吕绍刚，周易全解 [M]，上海：上海古籍出版社，2008.

[29] 周振甫，周易译注 [M]，北京：中华书局，2009.

[30] 刘文典，淮南鸿烈集解 [M]，合肥：安徽大学出版社，1998.

[31] 王世舜，庄子译注 [M]，济南：山东教育出版社，1995.

[32] 陈国庆，张养年，道德经 [M]，合肥：安徽人民出版社，2001.

[33] 阎丽，春秋繁露 [M]，哈尔滨：黑龙江人民出版社，2004.

[34] 苏舆，春秋繁露义证 [M]，北京：中华书局，2010.

[35] 王利器，文子疏义 [M]，北京：中华书局，2009.

[36] 黄怀信，鹖冠子 [M]，北京：中华书局，2004.

[37] 张觉，吴越春秋全译 [M]，贵阳：贵州人民出版社，1994.
[38] 关贤柱，廖进碧，吕氏春秋全译 [M]，贵阳：贵州人民出版社，2009.
[39] 黄永堂，国语全译 [M]，贵阳：贵州人民出版社，2009.
[40] 王守谦，金秀珍，左传全译 [M]，贵阳：贵州人民出版社，1995.
[41] 许匡一，淮南子全译 [M]，贵阳：贵州人民出版社，1995.
[42] 谢浩范，朱迎平，管子全译 [M]，贵阳：贵州人民出版社，2009.
[43] 蒋南华，罗书勤，荀子全译 [M]，贵阳：贵州人民出版社，1995.
[44] 顾久，抱朴子内篇全译 [M]，贵阳：贵州人民出版社，1995.
[45] 刘春生，尉缭子全译 [M]，贵阳：贵州人民出版社，1995.
[46] 司马迁，史记 [M]，上海：上海古籍出版社，1998.
[47] 班固，汉书 [M]，北京：中华书局，2000.
[48] 许嘉璐，二十四史全译 · 晋书 [M]，上海：汉语大词典出版社，2004.
[49] 王明，太平经合校 [M]，北京，中华书局，1979.
[50] 江源，钱宗武，古今文尚书全译 [M]，贵阳：贵州人民出版社，1992.
[51] 黄怀信，逸周书汇校集注 [M]，上海：上海古籍出版社，1995.
[52] 黄怀信，大戴礼记汇校集注 [M]，西安：三秦出版社，2004.
[53] 汪荣宝，法言疏义 [M]，北京：中华书局，1987.
[54] 谷斌，郑开，皇帝四经今译 [M]，北京：中国社会科学出版社，1996.
[55] 张登本，孙理军，黄帝内经 [M]，北京，世界图书出版公司，2006.
[56] 任法融，黄帝阴符经释义 [M]，西安：三秦出版社，1999.
[57] 张载，张载集 [M]，北京：中华书局，2010.
[58] 周敦颐，周敦颐集 [M]，北京：中华书局，2009.
[59] 程颐，程颢，二程集 [M]，北京：中华书局，2004.
[60] 邵雍，皇极经世书 [M]，郑州：中州古籍出版社，2007.
[61] 孙星衍，尚书古今文注疏 [M]，北京：中华书局，1986.
[62] 杨寄林，太平经今注今译 [M]，石家庄：河北人民出版社，2002.
[63] 黎靖德，朱子语类 [M]，北京：中华书局，2007.
[64] 刘昫，旧唐书 [M]，北京：中华书局，1975.1335.
[65] 柳宗元，柳河东全集 [M]，上海：上海古籍出版社，2008.
[66] 戴震，孟子字义疏证 [M]，北京：中华书局，1982.17.
[67] 朱熹，吕祖谦，近思录 [M]，郑州：中州古籍出版社，2009.
[68] 罗钦顺，困知记 [M]，北京：中华书局，1990.2.
[69] 杨时，杨龟山先生集 [M]，清光绪五年杨缙廷刊本。
[70] 王阳明，传习录 [M]，郑州：中州古籍出版社，2009.
[71] 宋应星，天工开物 [M]，上海：上海古籍出版社，2008.
[72] 何清谷，三辅黄图校注 [M]，西安：三秦出版社，2006.
[73] 刘庆柱，三秦记辑注 [M]，西安：三秦出版社，2006.
[74] 郑同，堪舆 [M]，北京：华龄出版社，2008.1.
[75] 古今图书集成 · 考工典 [M]，北京：中华书局，1980.

[76] 顾炎武，历代宅京记 [M]，北京：中华书局，1984.
[77] 郭熙，林泉高致 [M]，济南，山东画报出版社，2010.16.
[78] 孙承泽，天府广记 [M]，北京：北京古籍出版社，1982.
[79] 皮锡瑞，经学通论 [M]，北京：中华书局，1954.
[80] 陆九渊，象山语录 [M]，上海：上海古籍出版社，2000.
[81] 王祯，东鲁王氏农书译注 [M]，上海：上海古籍出版社，1994.
[82] 王圻，王思义，三才图会 [M]，上海：上海古籍出版社，1990.
[83] 顾祖禹，读史方舆纪要 [M]，北京，天下出版社，2000.
[84] 沈括，梦溪笔谈 [M]，重庆，重庆出版社，2007.
[85] 李渔，闲情偶寄 [M]，济南：山东画报出版社 ，2006.
[86] 计成，园冶 [M]，济南：山东画报出版社，2006.
[87] 管辂，管氏地理指蒙 [M]，北京，华龄出版社，2009.
[88] 许慎，说文解字 [M]，北京：九州出版社，2006.
[89] 刘熙，释名 [M]，北京：中华书局，2008.
[90] 吴楚材，吴调侯，古文观止 [M]，上海：上海古籍出版社，2000.519.
[91] 缪钺，周振甫等，宋词鉴赏辞典 [M]，上海：上海辞书出版社，2002.1117.
[92] 王国维，观堂集林 [M]，北京：中华书局，2010.1115.

第二章　西方历史上的整体观与广义设计思想

我希望，建筑师成为整个社会之最杰出——精神之最富足（而非最贫乏、最平庸、最狭隘）。我希望，他们对任何事情都是开放的（而非像杂货铺的老板那样在自己的专业上故步自封）。建筑，是一种思维方式，而非是一门手艺。

——勒·柯布西耶

在共同分母的控制下，建筑师的责任是发明新技术的使用与新的表现语言，以充实人类视觉世界。

——华德·葛罗培

第一节 西方历史上的整体思想

一、古希腊朴素的整体观

在古代世界，人类在认识和改造自然与社会的过程中，产生了各种各样的、原始的、对世界进行整体性认识的系统观点、思想和方法。这些观点、思想和方法经过古代思想家的总结、整理和加工，通过理论化、系统化的升华，出现了最早的、朴素的整体观。

在古代西方，哲学家们对世界本性的认识基本从经验的角度出发，对世界万物的本原进行纯思辨的思考，形成了一种微观不变的朴素观念。贝塔朗菲所开创的系统科学的最显著特征是强调事物的整体存在性，而古希腊哲学家们致力于从千变万化的世间万物中寻求万物共有的东西，并进而把它们认为是世界的本原，从简单统一性层面对事物整体性存在特征进行论述。这种情景，按照亚里士多德的表述即是："一切存在着的东西由它而存在，最初由它产生，毁灭后又复归于它，万物虽然性质多变，但实体却始终如一"。[①]

以泰勒斯、赫拉克利特、德莫克利特和亚里士多德等人为首的著名古希腊哲学家们，从简单统一性层面对事物存在方式作出整体性解读。在他们看来，在千变万化的自然中一定存在某种东西是不变的，它应该是自然最初的开端和始终如一的主宰，非如此不能解释自然的永恒存在，这种不变的东西就是本原，就是存在物的元素和始基，因此他们便认为并没有什么东西产生和消灭，因为这种本体是常住不变的。

在不同认识论的指引下，古希腊的哲学家们也采取了不同的思维方式，因此这种始基的数目有多少，以及属于哪一种，他们的意见并不是都一致。泰勒斯认为"水"是世界的本原，阿那克西美尼认为"气"是世界的本原，赫拉克利特认为"火"是世界的本原，恩培多克勒把世界不变的始基规定为四种元素，德谟克利特等人把世界的始基规定为不变的原子，但是这些理论都具有坚持着某种微观不变的朴素观念的共同特征。

1. 古希腊早期整体思维

古希腊自然哲学家们，从泰勒斯到德谟克利特，在自然中寻找不变的物质元素时，着眼处在于水、气、火、原子等元素，并用这些元素的机械组合去说明自然万物和自然万物的变化。他们全部理论的基础是预先设定好的原理：部分先于整体，整体由部分构成。

泰勒斯被公认为是西方最早的哲学家，因为在现有的文字记载中，

① 苗力田，古希腊哲学[M].北京：中国人民大学出版社，1995.21.

他是第一个用抽象的哲学语言提出万物的根源或来源的问题并给予回答的人。泰勒斯宣称“大地浮在水上”，水是万物的本原。

泰勒斯所说的水，既不是特指的某条河流，也不是饮用的水，而是由各种各样具体的水中抽象概括出来的一般的水，具有普遍意义的水。对于泰勒斯的学说，亚里士多德是这样解释的：“他（泰勒斯）所以得到这种看法，也许是由于观察到万物都以湿润的东西为滋养料，而且热本身就是从湿气里产生，并靠潮湿来维持的（万物从其中产生的东西，也就是万物的本原）。他得到这种看法，可能是由于这个缘故，也可能是由于万物的种子都有潮湿的本性，而水则是潮湿本性的来源。”①

泰勒斯把世界不变的始基规定为水的学说，体现了早期自然哲学朴素、直观、辩证的有机自然观。

2. 柏拉图的理念论

自柏拉图开始，古希腊哲学开始转向由整体趋探究自然万物的形成，他提出整体事物三基元：大、小和理念。“大”和“小”指的是类似元素的质料，“理念”则是指事物整体“一”的形式。②

柏拉图认为，“理念”是独立存在于事物与人心之外的实在，“一方面我们说有多个的东西存在，并且说这些东西是美的，是善等……另一方面，我们又说有一个美本身，善本身等，相应于每一组这些多个的东西，我们都假定一个单一的理念，假定它是一个统一体而称它为真正的实在。”③ 所有的理念构成了一个客观独立存在的世界，即理念世界，这是唯一真实的世界。至于我们的感官所接触到的具体事物所构成的世界，是不真实的虚幻的世界。

但柏拉图在强调了整体的作用的同时又把“理念”与事物本身分离，独立成为了永恒不变的存在，割裂了一般与个别之间的联系，使得这一理论存在诸多问题，虽然晚期柏拉图提出了“通种论”，但是这些问题终究没有能得到解决。但这一理论的提出，为后来受他影响最直接，反过来批判他又最深刻的亚里士多德哲学的发展提供了理论前提。

3. 亚里士多德哲学所呈现出的整体系统性思想

亚里士多德在扬弃前人（主要是苏格拉底和柏拉图）思想的基础上，进行批判吸收，提出自己的整体性理论，在基本接受柏拉图着眼整体的思想路线的同时，也反对将理念与事物相分离，他认为这样无法说明整体事物运动变化的内在原因。

他把世界看成一个追求最高形式的有等级层次的依次联系的整体，自然界中所有的事物按其复杂性程度分了四个等级：四元素（“原初物体”）；同质物；异质物；有机的物体。他认为不同等级事物间的

① 亚里士多德，形而上学[M].北京：商务印书馆，1983.7.
② 亚里士多德，物理学[M].北京：商务印书馆，1982.187.
③ 恩格斯，自然辩证法[M].北京：人民出版社，1984.30.

区别同样会表现在这些事物的部分与整体的关系中。质料追求形式，把形式作为自己的目的，运动就是质料向形式的过渡。质料达到低一级的形式又会向高一级形式过渡，低一级形式对高一级形式而言是质料，高一级形式对更高一级形式也是质料，如此递进，直到形式的形式，纯粹的形式。这是一切事物运动的最高目的，整个世界就是以纯粹形式为中心的、动态的、等级结构的整体。亚里士多德所阐述的观点是："在事物的等级系列中，随着级别的上升，质料自身必然具有的那些属性在事物形成过程中的作用会越来越小。"① 越是复杂性程度高的事物，其整体性质先于部分性质的特征越是明显。他在《气象学》一书中写道："在自然较高层次的产物中，一般而言，在那些服务于某种目的的事物中，如各种工具，这种情形总是表现得更为明显。例如，死人只在名称上才是人，这是较明显的；同样，死人的手也只在名称上才是手……但在肉、骨头和类似之物中，情形就较不明显了；在火和水方面，更不明显。因为在质料占优势的场合，目的因最不明显……这些部分（有机复合物中的更为简单的元素）是由热与冷以及它们的运动的混合造成的。但是，却无人会认为复合成这些例如头、脚或手的复杂部分也是由这种方式构成的。虽然冷、热以及它们的运动是生成铜或银的原因，但却不是锯子、杯子和盒子的原因。"② 亚里士多德的意图说明在事物等级系列中的较低级的事物中，形式的作用只是不明显而已，并不是说它完全不起作用。

当代系统科学的奠基人贝塔朗菲则根据亚里士多德的观念提出了"总体功能可以大于它各个部分功能的总和"（整体大于部分；1+1>2）的整体性思想，并将这句话看成是系统思想的最高原则。应该说，古希腊所萌发的整体性思想，在亚里士多德这里达到了一个最高水平。

二、近代机械论整体观

15 世纪下半叶，近代科学兴起，人们注重那些经验性的事实，通过大量的科学实验，对客观世界进行了更加深入、更加细致的研究，力学、天文学、物理学、化学、生物学等学科——从哲学中独立出来。近代科学研究主要是通过分析还原的方法进行的，科学把研究对象还原为更深层次的元素，知识领域不断划分为更多更专门化的分支，使人们对客观世界的了解越来越深入，但同时这种还原方法也形成了撇开总体联系来考察事物和过程的形而上学思维方式，近代机械论的整体观在这种背景下形成。西方机械论把世界看作一台机器，宇宙是台大机器，人是一台构造精细的小机器，机械论整体观认为：万事万物都是可以用数学方法测定和计算的具有广延、形状、重量的物体，世界就是万事万物的总和，所以整体都是部分相加的

---

① 邬焜，古希腊哲学家的系统整体性思[J].重庆：重庆邮电大学学报(社会科学版)，2010. 01.
② （美）大卫・福莱，从亚里士多德到奥古斯丁[M].冯俊,等译，北京：中国人民大学出版社，2004.29.

结果。整体的运动都可以归结为机械运动或力的运动，其中存在着链式的因果关系。因此，整体的复杂运动就被还原成部分的简单运动之和。

恩格斯在《反杜林论》中对此有精辟的表述“这种观点虽然正确地把握了现象的总画面的一般性质，却不足以说明构成这幅总画面的各个细节。而我们要是不知道这些细节，就看不清总画面。为了认识这些细节，我们不得不把它们从自然的或历史的联系中抽取出来，从它们的特性，它们的特殊的原因和结果等方面来逐个地加以研究。这首先是自然科学和历史研究的任务。可是真正的自然科学只是从 15 世纪下半叶才开始，从这时起，它就获得了日益迅速的发展。把自然界分解为各个部分，把自然界的各种过程和事物分成一定的门类，对有机体的内部按其多种多样的解剖形态进行研究，这是最近四百年来在认识自然界方面获得巨大进展的基本条件。但是，这种做法也给我们留下了一种习惯：把自然界的事物和过程孤立起来，撇开广泛的总的联系去进行考察，因此，就不是把它看作运动的东西，而是看作静止的东西；不是看作本质上变化着的东西，而是看作永恒不变的东西；不是看作活的东西，而是看作死的东西。……就造成了最近几个世纪所特有的局限性，即形而上学的思维方式。”[①] 基于当时的科学发展水平，人们对世界整体或具体事物的哲学看法上则形成三大特征：第一个特征是把世界整体看成是各个部分的简单相加，认识了部分，也就认识了整体。笛卡儿就曾这样说过：“把我所考察的每一个难题，都尽可能地分成细小的部分，直到可以而且适于加以圆满解决的程度为止。”[②] 第二个特征是把整个世界看成是一架服从力学规律的机器，用机械观点去解释各种现象。英国哲学家霍布斯就认为，人是一架完全按力学性质运动的机器，心脏是发条，神经是油丝，关节则是齿轮。法国唯物主义哲学家拉美特利也认为，人的身体是一架自己会发动自己的机器。最后一个特征是把事物看成是孤立存在的，而否认事物相互之间的联系。恩格斯说，形而上学“堵塞了它自己从认识个别到认识整体，到洞察普遍联系的道路”，[③] 它“只见树木，不见森林”。[④]

机械论的方法使近代科学和技术得到了极为成功的发展。它对于弄清事物内部各部分的性质来说，是一种有效的方法。这种思想方法强调的精确性、明晰度是科学研究中所必不可少的。近代科学是以实验作为基础，而科学实验本身就带有很大的局限。它把所研究的对象从复杂的环境中取出，而置之于有条件的典型的环境之中，使事物简化，从而只能揭示出事物的某一个侧面、某一个层次。这种实验的方法在科研中是重要的，但对于近代机械论“加和性”的综合观和哲学上形而上学的思维方式的形成来说，却与之有着直接和间接的联系。

---

① 恩格斯，反杜林论[M].北京：人民出版社，1970.18.
② 全增嘏，西方哲学史[M].上海：上海人民出版社，2006.514.
③ 马克思、恩格斯，马克思恩格斯选集[M]: 第4卷，北京: 人民出版社，1995.287.
④ 马克思、恩格斯，马克思恩格斯选集[M]: 第3卷，北京: 人民出版社，1995.360.

这种方法过于强调“分析”，不能科学地对待整体与部分的关系。它把整体等同于部分相加之和，把人看成是一架机器，把自然界整体看成是机械组合的整体，用力学原理去解释一切整体运动。因此，它看不到世界是一个有机的整体，缺乏辩证的思维。机械论的方法在整个科学方法发展过程中是一个不可逾越的阶段。它既有利又有弊，它为人类认识自然界提供了有益的工具，作为整体观发展史上的承上启下的理论，为后来整体思想的发展提供了有价值的思想资料。

三、19 世纪有机论的整体思想

19 世纪以后，出现了以黑格尔为代表有机论的整体思想。黑格尔认为，整体与部分的关系类似于有机体与其部分的关系，整体有机的规定性和多样性，部分之间的有机联系构成整体，整体与部分是不可分割的。因此，也是不能用加或减的关系来衡量的。整体运动的动力在于整体的内在矛盾，整体运动的形式不仅有机械运动，还有物理的、化学的、思维的、社会的运动等形式。总的来讲，整体是一种不断发展、进化的过程，是不断从低级阶段向高级阶段运动的过程。马克思和恩格斯曾对黑格尔的整体思想给予很高的评价。恩格斯说：“黑格尔第一次——这是他的巨大功绩——把整个自然的、历史的和精神的世界描写为一个过程，即把它描写为处在不断的运动、变化、转变和发展中，并企图揭示这种运动和发展的内在联系。”①

18 世纪末到整个 19 世纪，是辩证整体观的形成时期。这时候，自然科学的发展由搜集材料阶段进入到整理材料阶段。所谓整理材料，也就是把前一阶段得到的关于自然界各个部分的认识联系起来加以研究和考察，表现在研究方法上就是从以分析为主过渡到以综合为主。这样一来，原来那种形而上学的整体观也就站不住脚了，特别是由于三大发现和自然科学的其他巨大进步，令人信服地证明了自然界的普遍联系特性，辩证的整体观也就不可阻止地诞生并成长起来。这一时期的代表人物为康德、黑格尔和马克思。

德国“先验哲学”的创始人康德对唯心的系统思想的形成起到了一定影响。他把人类的知识理解为一种有秩序、有层次，并由一定要素所组成的统一整体。他还强调整体高于部分，把自然科学界中的整体划分为机械整体与含目的性整体两大类，认为运用系统整体的目的观点来分析事物，有利于科学研究的深入与发展。康德提出的关于宇宙起源的“结构系统” 的星云假说，使辩证法的系统发展观念在理论自然科学中确立了真正的地位。正如恩格斯指出的，康德以这一观念为核心的星云假说在占统治地位的牛顿机械的自然观上打开了“ 第一个缺口”。星云假说本质上是一个自己运动的、由“微粒” 在万有引力

① 马克思、恩格斯，马克思恩格斯选集 [M]：第3卷，北京：人民出版社，1995.63.

中的相互作用所构成的动态系统。这一新理论以更接近宇宙自身的系统演化的形式，揭示了太阳系和恒星系的起源，不仅排除了牛顿借助上帝之手对太阳系的“第一次推动”，而且用类似方法推测到银河外的“更高的世界系统”的起源，康德还把系统结构的理论运用于当时观察到十分暗淡的“云雾状的星体”，认为它们“不是单个的星体”，而是由“许多星构成的系统”，更高的世界系统也不是互不相关，而是通过相互联系又构成一个更加广大的系统。他写道“这些恒星在整体上具有规则性结构……这些更高的世界系统也不是互不相关，而是通过相互联系，又构成了一个更加广大的系统。”对此，贝塔朗菲给予高度的评价，认为康德的观点中包含着系统的要素，具有丰富的系统思想。

作为世界哲学史上第一个全面地有意识地叙述了辩证法的一般运动形式的德国唯心主义哲学家黑格尔，他第一次把整个自然的、历史的、精神的世界看成一个过程。他的哲学理论充满着深刻的系统思想。黑格尔运用系统的观点和方法，按照“正（肯定）、反（否定）、合（否定之否定）”的三段式，将逻辑学、自然哲学、精神哲学三个部分，构造了一个完整的“绝对精神”辩证发展的哲学体系。他认为，一切存在都是有机的整体，它“作为自身具体，自身发展的概念乃是一个有机的系统，一个全体，包含很多的阶段和环节在它自身内。”[①] 黑格尔把人们的思维能力看成一个具有等级层次的系统过程：即知性——消极理性——积极理性的系统发展过程。他还把真理和科学作为有机的科学系统进行了深入考察，指出了这种系统及其要素之间内在联系的真实性和层次性。他说：真理的存在要素只在概念，真理的真正形态是科学体系。“科学只有通过概念自己的生命才可以成为有机体的系统”，他认为范畴体系是在历史过程中，逐渐地由抽象到具体，由低级到高级发展起来的，每一个发展阶段就是一个独特的科学领域并组成一个系统，从一个系统到另一个系统的过渡，反映了科学认识的扩展。由此可见，黑格尔的概念体系就是一个系统的休系。当然，也必须承认黑格尔的辩证法是“头脚倒置”的辩证法，就是说是用概念的系统发展来颠倒地反映客观现实的系统发展过程。但是我们也同样必须承认，他的辩证法思想特别是关于系统过程的整体的思想是伟大的，正如恩格斯赞誉的：“一个伟大的基本思想，即认为世界不是一成不变的事物的集合体，而是过程的集合体，其中各个似乎稳定的事物以及它们在我们头脑中的思想映像即概念，都处在生成和灭亡的不断变化中……。”[②]

19世纪下半叶以后，随着科学技术的发展，特别是自然科学中的三大发现，揭示了客观世界的普遍联系。这些包含在马克思、恩格斯创立的唯物辩证法之中。这时，系统思想取得了哲学的表达形式，

① 黑格尔，哲学史讲演录[M]：第1卷，北京：人民出版社，1957.32.
② 马克思、恩格斯，马克思恩格斯选集[M]：第4卷，北京：人民出版社，1995.360.

系统观成了辩证唯物主义世界观的组成部分。我们可以从以下三点来理解：

第一，马克思、恩格斯创立的唯物辩证法认为，一切事物和过程乃至整个世界都是由相互联系、相互依赖、相互制约、相互作用的事物和过程所形成的统一整体。恩格斯指出，宇宙是一个体系，是各种物体相互联系的整体。这就是系统思想最主要的特征，也是许多学者在回答什么是系统概念时，往往要借助辩证法来加以定义的原委。

第二，马克思、恩格斯曾明确提出系统概念和系统思想。马克思在他的著作中多次使用了“系统”、“有机系统”、“系统发展为整体性”等概念。恩格斯也说，我们所面对着的整个自然界形成一个体系，即各种物体相互联系的总体，思维既把相互联系点的要素联合为一个统一体，同样也把意识的对象分解为它们的要素，没有分析就没有综合。他还说，由于这三大发现和自然科学的其他巨大进步，我们现在不仅能够指出自然界中各个领域内的过程之间的联系，而且总的说来也能指出各个领域之间的联系了。这样，我们就能够依据经验自然科学本身所提供的事实，以近乎系统的形式描绘出一幅自然界联系的清晰图画。

第三，马克思、恩格斯运用系统观点、系统方法进行了具体的科学研究工作。这在他们的许多著作中都有体现。恩格斯在《自然辩证法》中按照物质运动形式的区别及固有次序，从简单到复杂、由低级到高级来区分和排列各门科学，根据当时科学发展水平和已有的材料，把世界各种物质运动概括为机械的、物理的、化学的、生物的、社会的五种基本运动形式，力图以系统的形式来描绘自然界的联系，就是生动的例证。马克思是运用系统观分析社会问题的典范。比如，马克思把社会经济形态视为一大系统，它由三个子系统构成，这三个子系统就是经济基础、上层建筑和社会意识形态。他认为，社会发展就是三者矛盾运动的结果。他找到了组成社会生产方式这一有机整体的四个基本独立的要素是生产、分配、交换、消费。这种把社会看成社会机体、把社会生产方式的更替看作是社会经济形态发展的必然结果的观点，就是运用系统观点分析社会运动的成果。

四、现代系统论的整体思想

进入 20 世纪以后， 整体思想和整体研究越来越受到人们的重视。这一方面是因为现代世界不断加快的整体化进程，迫使人们不得不更多地从整体的、宏观的角度来考察问题；另一方面也是由于科学自身的进步，具体知识的积累，使人们已经能够把自然界中的许多事物当作一个完整的对象进行较为精确的研究。于是，整体思维就成为现代科学许多领域中普遍流行的思维模式。最能代表和反映现代科学思维中整体化趋势的是系统论思想。贝塔朗菲认为，系统是到处存在的，各门科学的知识领域中都涉及系统的问题。一个星系、一条狗、一个原子等，都可以看作是一个系统。而所谓系统，就是整体或统一体。系统首先是一个整体，整体性原理是系统论中最为重要、处于第一位的原理。20 世纪后半叶，系统论思想得到进一步丰富和发展，又产生了许多相关的理论，包括协同论、耗散结构论、突变论、自组织理论、混沌理论、超循环理论等。这些理论无一不是以整体事物作为自己研究对象的，它们共同结合在一起，构成了一个庞大的新的科学体系，即系统科学。系统科学的诞生，是 20 世纪人类科学发展史上最辉煌的成果，也是整体观思想史上的最高成就。

现代整体思想是建立在三次科技革命的基础上，人们对客观事物已经有了深入和精确的研究，整体认识可以通过大量的具体资料，甚至是从可以经验的事实来获得，比如“黑箱”理论等。现在人们普遍认为，每一个学科的研究对象都有整体存在的方式和变化的规律，都必须从整体的角度考察，才能获得真正科学的认识。整体观从此不再为哲学所独有，每一学科都有它的整体理论和整体观念。

现代整体思想认为整体事物是极其复杂的。整体也可能小于部分之和，并且整体不能仅用部分的加减关系来表述，因为整体与其外部环境之间还存在各种相互关系，整体事物的变化是由多种因素多种相互作用造成的，可以是异因同果，也可以是同因异果，整体的运动方向同时具有可逆性和不可逆性，是一种非线性运动。现在人们认识到整体是一个多层次、多维度的网络结构，涨落可以使整体通过失稳而获得新的稳定性，即“通过涨落达到有序”。①

以往旧的整体观认为，整体的演化是一种被组织的过程。比如，把整体说成是受到某种神秘力量的推动，或者说像一台机器那样，整体是人们把一堆零件进行组装的结果，总之是外力的作用造就了整体，而现代整体思想认为，整体——尤其是复杂的整体——是在没有外部命令的情况下，由其内部诸要素按照一定规则自动形成结构和功能，是一种自组织的过程。整体事物在其演化过程中具有自同构、自复制、自催化、自反馈四种普遍形态。因此，整体可以自我调节、自我协调、自发运动。②

显然，现代整体思想比以往旧的整体观思想更加完善、更加严密、更加成熟。它以其科学的理论体系指导人们更加准确地认识整体事物。今天，人们比以往任何时候都明显地认识到整体思想的重要性，也比任何时候都更加需要用整体思想来武装自己的头脑。可以说，整体思想已经成为当代科学研究中的时代精神和主流意识。

小结

西方历史上的整体思想在发展过程中依次经历了古希腊时代的

① 魏宏森、曾国屏，系统论[M].北京：清华大学出版社，1995.333.
② 张文焕，控制论·信息论·系统论与现代管理[M].北京：北京出版社，1990.264.

朴素整体观，近代社会的机械整体观以及现代社会的有机整体观。这些反映当时社会环境以及人们认知水平的整体思想对当时哲学及其他学科都产生了重要的影响。近代以来，随着科学技术的发展以及人们认识世界能力的深入，整体思想被不断地发展和完善，并形成了许多不同的认知形式。因而，整体观也被作为一种系统科学进一步提出和应用。

系统科学作为一种新的理论模式、科学方法论甚至世界观，正在日益深入人心，并稳步渗透到各个科学领域中去。在系统科学的巨大影响和冲击下，整体思想、整体研究、整体性原则已经成为现代科学思维的基本方式和主要特征，广泛运用于各个科学领域。

第二节　西方历史上的整体设计思想管窥：从维特鲁威到阿尔伯蒂

两千多年前，维特鲁威在其著作《建筑十书》中，就已不仅关注城市的建设，还把目光聚集到了乡村住宅的设计上。他甚至对牛舍、羊栏这样的建筑都进行了深入的分析，体现出整体设计观的早期思想。

一、维特鲁威《建筑十书》

《建筑十书》由古罗马建筑师和工程师维特鲁威所著，全书分为十卷，是现存最古老且最有影响的建筑学专著。内容涉及城市规划、建筑设计基本原理、建筑构图原理、西方古典建筑形制、建筑环境控制、建筑材料、市政设施、建筑师的培养等。

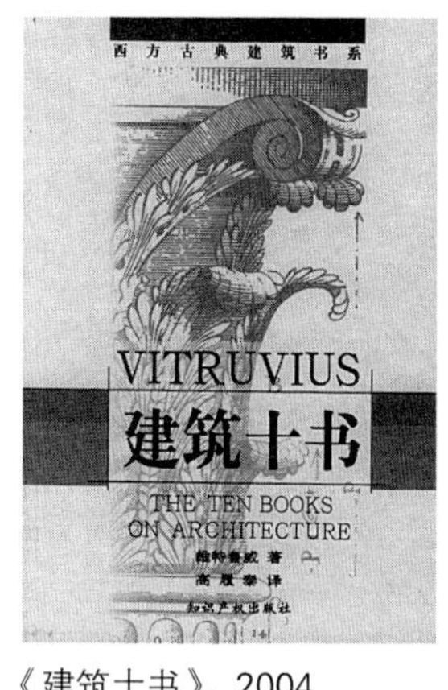

《建筑十书》，2004

维特鲁威是罗马市民，其貌不扬，身材不高，出身于有一定财产的家庭。他学识渊博，精通建筑、市政、机械和军工等技术，并旁及几何学、物理学、气象学、天文学、哲学、历史学、语言学、美学、音乐学等方面的知识。维特鲁威曾为当时的两代统治者“恺撒”和“奥古斯都”服务过，并任过官职。他的职务是建筑师兼工程师，另外还兼任过军事工程师。《建筑十书》的撰写时间是在奥古斯都时代，大约在公元前 32 年到 22 年之间，前后经历了 10 年的岁月。

《建筑十书》经历了 2000 多年的洗礼，滋养了一代又一代的建筑师和规划师，直到今天依然散发着迷人的光芒。维特鲁威在该书中提出的很多理论仍被广泛地传诵和应用。通过分析维特鲁威撰写本书的指导思想来把握内容的实质，从标准观、整体观、类型观、生态观和哲学观五个方面对全书的精华进行一个梳理。这五个方面的阐述将整体观设计与广义设计学的早期思想体现得淋漓尽致。

1. 标准观

评价一座好建筑的标准是什么？这是一个永恒的问题。古往今来，众多的建筑师都在追问这个原始的命题，也给出了各种各样的答案。维特鲁威在《建筑十书》中提出的标准应该是最经典的，他认为建筑应当保持坚固、适用、美观的原则。

纵观世界建筑发展的历史，我们可以看到：哥特式建筑注重装饰是为了突出美观，现代主义建筑强调“形式追随功能”、“少就是多”是为了突出坚固和适用，而后现代主义建筑主张解构、戏谑和拼贴则离开这个原则越来越远，但是现在的建筑师又开始思考如何回归标准的原点。

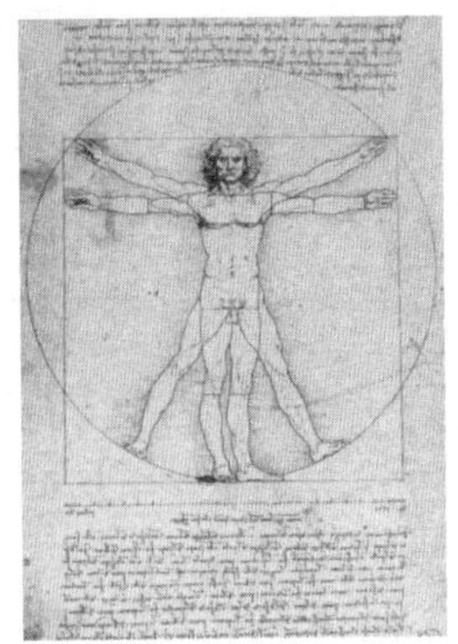

达 · 芬奇《维特鲁威人》

《建筑十书》中不仅提出了“坚固、适用、美观”这三个标准，而且还给出了如何达到这个标准的办法。“当把基础挖到坚硬地基，对每种材料慎重选择充足的数量而不过度节约时，就会保持坚固的原则。当正确无碍地布置供使用的场地，而且按照各自的种类朝着方向正确而适当地划分这些场地时，就会保持适用的原则。其次，当建筑物的外貌优美悦人，细部的比例符合于正确的均衡时，就会保持美观的原则。”[①] 当然，这是与维特鲁威时代的技术经济条件紧密相连的，今天的我们应该重新研究如何达到这些标准。

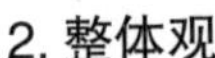

2. 整体观

如何才能成为一个优秀的建筑师呢？《建筑十书》告诉我们，一个建筑师应该要既懂技术，又懂艺术，既有实践，也有理论。“建筑师要具备多学科的知识和种种技艺。以各种技艺完成的一切作品都要依靠这种知识的判断来检查。它是由手艺和理论产生的。手艺就是勤奋不辍的实际联系，通过它利用设计图纸表示的各种必需的材料由人工来完成（建筑物）。而理论则可用比例的理论论证和说明以技巧建造的作品。”[②] 这样的要求看起来似乎很简单，但当我们拿着这样的标准来比照今天的建筑师时，我们就会发现：有些只懂技术结构，作品毫无文化内涵；有些满篇理论思想，作品却无法实现，真正能够两者兼备的少之又少。

在维特鲁威眼中，建筑师还必须是一个掌握知识很广泛的人，他认为只懂得一些支离破碎的知识根本不够，还要有整体的把握能力。“建筑师应当擅长文笔，熟习制图，精通几何学，深悉各种历史，勤听哲学，理解音乐，对于医学并非茫然无知，通晓法律学家的论述，具有天文学或天体理论的知识。”[③]

或许有人质疑：这么高的要求，谁能做到？别的不说，维特鲁威自己就是其中一个杰出代表，他在《建筑十书》中充分体现了他的博学，他不仅谈及了建筑材料、建筑构造等问题，还详细论述音乐、天文、

① 赵善扬，历经2000年不朽的建筑理念——从《建筑十书》看维特鲁威的“五观”[N].中华建筑报，2007-03-08(8).1.

②（古罗马）维特鲁威，建筑十书[M]，高履泰，译.北京：知识产权出版社，2001.4.

③ 赵善扬，历经2000年不朽的建筑理念——从《建筑十书》看维特鲁威的“五观”[N].中华建筑报，2007-03-08(8).1.

机械等与建筑密切相关的知识。历史上很多著名的建筑师同样都是知识结构很广泛的人，文艺复兴时期的米开朗琪罗、布鲁内莱斯基等人就不单是卓越的建筑师，而且还是伟大的画家、雕塑家，正因为具有广泛的知识结构，使得他们的建筑作品能够流传千古。现代主义建筑大师勒 · 柯布西耶不仅仅是一个建筑师，还是城市规划师，另外还是一位出色的画家，他的萨沃伊别墅、朗香教堂等名作都与艺术界的思潮与流派密切相关。当代设计师菲利普 · 斯塔克的设计涉猎甚广，从产品、服装、家具到室内设计、建筑设计，都能赋予其有力的雕塑感与视觉戏剧效果。他获得了诸多国际性设计奖项,其中包括红点设计奖、IF 设计奖、哈佛卓越设计奖等。

3. 类型观

古罗马建立了许多公共建筑的规例，这些公共建筑见证了罗马曾经的繁荣和热闹。对于这些公共建筑的建设，逐步建立了一套严密的规范和准则。维特鲁威是一位特别善于总结的建筑师，他把古希腊和古罗马的公共建筑分为广场、大会堂、元老院、剧场、浴室、体育场等类型，并分别详细阐述了其建筑设计的科学技巧和具体要求。

以剧场为例,《建筑十书》认为应当按照下述方法来建造:“在预定的底部圆周尺寸上把圆规尖端放在中心旋转，做出圆周线，在其中绘出四个等间距的等边三角形，使其棱角于圆周线相接触。在这些三角形中它的边有最接近于舞台的，就在这一方向切开圆弧，确定出舞台的前面。通过中心做出和它平行的线，这条线便区分出前台的演出台和演奏席的场地。” ①

公共建筑是市民聚集的地方，维特鲁威强调不同类型的公共建筑都要根据特有的功用来进行设计，并且相互之间要讲求协调。《建筑十书》指出，国库、监狱和元老院都应当毗邻广场，但是它们均衡的尺度要和广场相适应，因为当时的广场是城市的中心，是一个城市最重要的公共场所。这些理念与当今很多竭尽所能突出自我的建筑形成了一个鲜明的对比。

4. 生态观

《建筑十书》对住宅的建设也予以了关注。维特鲁威强调住宅的建设一定要结合基地的条件，充分应用天文学、地理学的知识与自然生态对话和呼应。

维特鲁威认为住宅设计首先要考虑朝向问题，而朝向则与基地所处的位置息息相关。维特鲁威把基地位置分为“北方”和“南方”两大类，并进一步说明两个方位的不同朝向选择。“在北方，房屋应当用屋顶覆盖，特别是造成封闭式的而非开敞式的，并且朝向温暖的方位；与此相反，在南方处于强烈的太阳之下，因受暑热的重压，应当尽量造

① (古罗马) 维特鲁威，建筑十书[M].高履泰，译.北京：知识产权出版社，2001.139.

成开敞式的，而朝向北方和东北方。”[①] 这些都体现了他结合自然生态来进行设计的观念。

5. 哲学观

《建筑十书》无处不透露出维特鲁威的哲学观，其中最重要的莫过于“数”的概念和“气火地水”的本源论。

毕达哥拉斯认为“万物皆数”，“数是万物的本质”，是“存在由之构成的原则”，而整个宇宙是数及其关系的和谐的体系。维特鲁威受到毕达哥拉斯哲学观的深刻影响。《建筑十书》中提到了两个“完全数”，一个是“十”，另一个是“六”。他介绍说：古人确定“十”为完全数，一般认为十是从两手按照指数发现的，而柏拉图却相信十是由希腊人称作“monades”的单一物件成立的。另外又很多数学家们却说：六的数目的计算包含用六个数完成的部分，按照这个理由，称作六的数目是完全的。即六分之一是一，三分之一是二，二分之一是三，三分之二是四，六分之五是五，完全数是六。

数代表了秩序和美感，在建筑上得到了广泛的应用。古希腊的三大柱式就是一个典型例子。《建筑十书》指出，这是完全不同的两种方式：一种是没有装饰的赤裸裸的男性姿态，另一种是窈窕而有装饰的均衡的女性姿态。再后来高宽比进一步拓展，就造成了象征少女的科林斯柱式的出现。数还隐含着和谐。所谓和谐，在毕达哥拉斯及其学派看来，就是一种数的结构。他们认为，作为本原的数之间有一种关系和比例，这种关系和比例产生了和谐。他们在研究中发现，凡是符合某种数的比率（黄金分割率）的就是和谐的，就能产生美感的效果。维特鲁威在介绍神庙和公共建筑的设计时，都一再强调了和谐的理念。现在，当如今建筑师随心所欲的时候，各种奇形怪状的建筑蜂拥而至。重温大师的经典，回归数的秩序与和谐，应该成为每一个设计师的必修课程。

如果说“数”是事物的外在因素，那么“气、火、地、水”则是事物的内在因素。维特鲁威基本上同意万物的基本要素是气、火、地、水四种。他还在《建筑十书》中进一步阐述说：“含气多的柔软，含水多的因湿而柔和，含地多的坚硬，含火多的脆弱。”他利用该哲学观对砖、砂、石灰、火山灰、石材、木材等建筑材料进行了深入的分析。[②]

总体来看，《建筑十书》这部经典著作在今天看来依然“鲜活”，其体现出来的整体设计观的思想、观念、方法、技巧值得我们回顾、思考和借鉴。

二、阿尔伯蒂《论建筑》

阿尔伯蒂的名著《建筑论》（又名：阿尔伯蒂建筑十书）完成于

---

① 赵善扬，历经2000年不朽的建筑理念——从《建筑十书》看维特鲁威的“五观”[N].中华建筑报，2007-03-13(8) .1.

② 赵善扬，历经2000年不朽的建筑理念——从《建筑十书》看维特鲁威的“五观”[N].中华建筑报，2007-03-17(8).1.

1452 年，全文直到 1485 年才出版。这是文艺复兴时期第一部完整的建筑理论著作，也是对当时流行的古典建筑的比例、柱式以及城市规划理论和经验的总结。它的出版，推动了文艺复兴使其建筑设计的发展。阿尔伯蒂的美学思想突出了美与和谐的原则，这也正体现出整体设计观与广义设计学的早期思想。

1. 美与和谐

美论在阿尔伯蒂的美学中占有相当突出的位置。他提出美在和谐。关于美在于怎样一种和谐,《论建筑》中他给出了如下定义："美是所有部分之间的和谐，各部分和它的存在于中的整体是那样吻合无间、那样比例有序，以至添加一分或减去一分，就会毁了整个对象。" ①

阿尔伯蒂建筑十书，2010

认为美是作为事物极为难得的一种圆满和谐，多一分太长，少一分太短，又具有毋庸置疑的客观性，其定义就阿尔伯蒂的陈述看，受到了毕达哥拉斯学派思想的影响。《论建筑》卷九中论："美是事物各部分间的一种协调和相互作用。这一协调是通过和谐所要求的特定的数、特定的比例和安排实现的，而和谐是自然的基本原则所在。这于建筑尤为必然，因为一座建筑物要求高贵、漂亮、庄重，以使人景仰。" ② 阿尔伯蒂认为美的和谐作为一种特定的比例和安排，以及作为建筑和一切艺术必须恪守无误的基本原理。

综观阿尔伯蒂对美的看法，他把美定义为万物均有的一种和谐，而我们知道城市最重要的美学特征即为强调人工景观与自然景观之间的和谐统一，美的表现要素是众多的，更是和谐的。从整体格局上看虽然千变万化却极为和谐，从审美的眼光来看，我们生活环境的一切都是有情物，它们相互呼应，相互关爱，相互竞存而又浑然一体，形成一种和谐的统一体。

2. 美与艺术

阿尔伯蒂认为绘画是由轮廓、构图和配置明暗色彩三个方面组成，而这是从大自然中借用而来。阿尔伯蒂说："我们的先辈在研究了事物的性质之后决定应当去模仿自然。自然是一切形式的大师，人类就其心智所能，汇集自然造物中所以体现的法则，将它们转化建筑的原理。"可以说阿尔伯蒂认为画家及建筑家必须"师法自然"。自然因此成为美的典型所在，如阿尔伯蒂所说，和谐渗透在人类的生活之中，更渗透在自然界万事万物的本质之中，自然所创造的一切，莫不与和谐的规律相吻，而专心致志

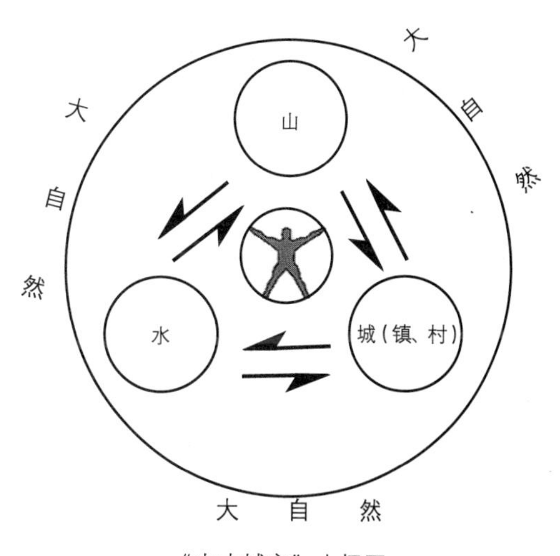

"山水城市" 太极图

① 屈凯，阿尔伯蒂美学观点视野下的苏州园林[J].商业经济，2007(6).100.
② 屈凯，阿尔伯蒂美学观点视野下的苏州园林[J].商业经济，2007(6).100.

趋于完美。美由自然所赐，自然是美的范式的观点，在阿尔伯蒂的美学思想中是一以贯之的。他认为和谐、数、比例作为自然的根本法则，不是人为而是天成。他说："因此在面的组构方面，应当千方百计追求对象的优雅和美。这样做最为确切和合适的途径，莫过于师法自然，牢记自然这位无与伦比的万物的匠师，怎样在美的人体上组构平面。"艺术应当模仿自然，而终归于美的思想，在这段话中已表现得十分清楚。阿尔伯蒂告诉我们，人类师法自然造物之道，而后演化出规律。自然于模仿的意义不仅仅在于提供了一个被复现的样本，更在于方法上的示范意义。艺术家师法自然因此不止于外形上的相似，尤在于通晓自然展示美的方式，所以艺术于自然是一种神似而不是形似。

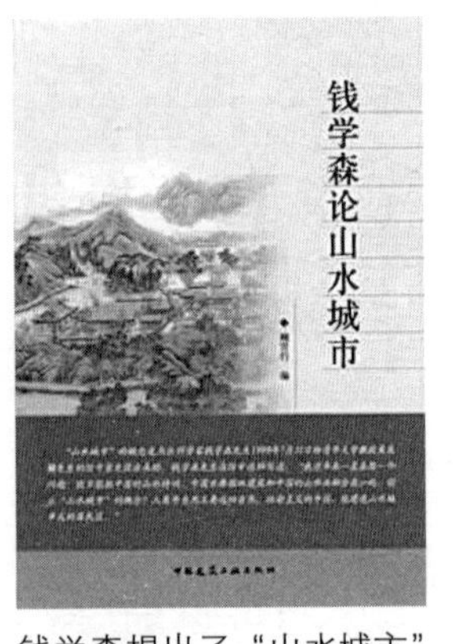

钱学森提出了"山水城市"设计思想

艺术始终以美为其终极目的，这一极有文艺复兴时代色彩的艺术主张，据阿尔伯蒂看来，美的实现在于部分之间的和谐安排，数量、功能、种类、色彩，凡此种种无不考虑周详，而终如百川归海，统一于美。就艺术的具体表现来看，这同样关涉到阿尔伯蒂美在和谐的基本命题。具备整体设计观的作品也正是在师法自然的基础上，强调人文景观和自然景观的和谐统一。

钱学森提出的"山水城市"设计思想高度重视人与自然的和谐，侧重呈现山水环抱、曲折蜿蜒，花草树木自然的原貌，同时又讲究彼此的呼应，即使人工建筑也尽量顺应自然而参差错落，而其最终目标即为美。这也与阿尔伯蒂的观点不谋而合。

艺术模仿自然，其要义在于遵循自然的法则，亦即和谐的法则。阿尔伯蒂认为，自然既源源不断摆出美的丰宴，艺术需悟自然之道，必然也源源不断创造出美和优雅。在《论绘画》卷三中阿尔伯蒂谈到模仿和美的关系时，认为艺术家不但须孜孜以求部分间的和谐，更应将它们统一于整体美。如城市景观方面的建设，使各景观元素在形状、色彩方面形成统一和谐，连续、重现、对比、平衡、韵律变化等美学规律，又剪取自然界的四季、昼夜、光影、生态等风貌结合，从而达到人工中带有自然，在和谐中求得秩序，组成一个美妙的整体。①

虽然东西方文化传统迥异，文化心理和精神气质各具特色，但是如果我们细心研究还是会发现两种文化中有着共同的理想追求，不谋而合的人文气息，具有潜在的审美相似性和共通性，而整体设计观恰好体现了中西方审美标准的共同性。透过中世纪美学家阿尔伯蒂的美学观点我们仍可见出传统论典中丰富的美学价值与整体设计思想。

① 屈凯，阿尔伯蒂美学观点视野下的苏州园林[J].商业经济，2007(6).124.

小结

两千多年前，维特鲁威在其著作《建筑十书》中，就已不仅关注城市的建设，还把目光聚集到了乡村住宅的设计上。他甚至对牛舍、羊栏这样的建筑都进行了深入的分析，体现出整体设计观的早期思想。阿尔伯蒂的美学思想突出了美与和谐的原则，这也正体现出整体设计观与广义设计学的早期思想。

第三节　西方近代的整体设计思想管窥

引言

建筑作为人类身体和心灵的物质庇护，从“发现空间”到“创造空间”[①]的栖居，建筑的形制一直伴随着人类文明的成长而建构。作为艺术之母的象征，[②]它承载了人类精神生活和物质生活的双重必然。相对于其他的现代设计门类，建筑设计对人类有着不言自明的先导性。而西方社会“否定之否定”的历史发展逻辑，又注定了它的现实批判性[③]和发展革命性。[④]现代以来，从工艺美术运动开始到新艺术运动、装饰艺术运动、现代主义运动、后现代主义运动……建筑设计一直影响和引领着其他设计门类的发展进程，这些设计门类的产品又介入到建筑环境中，与建筑产生良性互动。因此，对于解决当代设计所出现的诸多混杂矛盾乱象的形成，从现代建筑设计的历史发展中也许可以寻找到一些启示。

一、赫克托 · 吉马德：技术的装饰

18 世纪，西方对自然科学的研究迅速催生了大量的技术发明，动力学的援用使钢铁、水泥、玻璃等建筑材料得以批量生产和廉价应用，加之工程学院的兴起，[⑤]为现代建筑设计奠定了物质材料和技术人才基础。但是，工业革命的成就并没有对欧洲各国的建筑风格发展起到推动作用，如 18 世纪至 19 世纪中期，英国建筑一直处于繁琐的维多利亚风格影响下，法国建筑则在矫饰的洛可可风格笼罩下。[⑥]具有现代风格的建筑大多只是用于临时性建筑中。1851 年，帕克斯顿设计的伦敦国际博览会展馆“水晶宫”，在博览会结束后不久就拆除

---

① (美) 约瑟夫.里克沃特，亚当之家[M].李保等，译.北京：中国建筑工业出版社，2006.197.
② (美) 阿琳.桑德森，赖特作品与导游[M].陈建平，译.北京：中国建筑工业出版社，2005.10.
③ 郑时龄，建筑批评学[M].北京：中国建筑工业出版社，2001.25.
④ (英) 彼得.科林斯，现代建筑设计思想的演变[M].英若聪，译.北京：中国建筑工业出版社，2003.9.
⑤ (美) K.弗兰姆普敦，现代建筑：一部批评的历史[M].张钦楠，译.北京：中国建筑工业出版社，2004.2.
⑥ 王受之，世界现代建筑史[M].北京：中国建筑工业出版社，2004.70.

了。[①] 伦敦国际博览会作为第一届世界博览会，参展的国家虽然有十几个，但展品中的工业产品大都型糙质陋，而另一些手工制品又过于奢华繁饰，完全超过了普通市民的购买能力，引发了以莫里斯为首的大批英国青年设计师的不满，他们通过建立行会来推行自己的设计理念，[②] 由此英国的“工艺美术运动”迅速席卷欧洲和美国。尽管“工艺美术运动”使手工艺重新回归到产品设计中，但是这种拒绝工业化机械生产的传统手工制作回归，并不能适应当时社会发展所带来的需求。[③] 随后，欧洲各国又兴起了保持一定手工制作，又结合工业革命所带来的新技术和新材料运用的“新艺术”运动。[④] 这是一种不同于以往传统的新装饰风格，[⑤] 尽管它受到了日本浮世绘艺术的影响，但本质上它是欧洲大陆自发的希冀标准化的技术生产和手工艺能更好融合的一种抽象艺术风格。

19 世纪末至 20 世纪初的欧洲，包括法国、德国、荷兰、比利时、西班牙、意大利等国几乎同时兴起了这场运动，确切地说，“新艺术运动并不是一种单一的风格”。[⑥] 其中，法国称这场运动为“新艺术”运动，德国则称这场运动为“青年风格派”，在奥地利维也纳它被称为“分离派”。在斯堪的纳维亚国家则称为“工艺美术”运动。[⑦] 虽然称谓各异，“但整个运动的内容和形式则是相近的”。[⑧] 而阿拉斯台 · 邓肯在他的著作《新艺术》一书中指出，这场运动在欧洲各国产生的背景虽然相似，但体现出的风格却各不相同。[⑨] 苏格兰格拉斯哥的设计师查尔斯 · 麦金托什的家具设计与西班牙巴塞罗那的建筑师安东尼 · 高迪之间，几乎看不出什么共同点；从美国提凡尼百货公司的灯具到奥地利画家古斯塔夫 · 克里姆特的绘画，区别也很明显；同样是法国的新艺术运动风格设计，巴黎派与南锡派的风格则大不相同；但是从时间、根源、思想及影响看，它们又有千丝万缕的关联。[⑩] 法国首都巴黎不仅是当时世界上最大的都会，同时也是最重要的现代艺术和设计中心，现代以来几乎所有重要的艺术运动和设计运动都与它有着密切的联系。巴黎作为“新艺术”运动的中心，集中了法国设计师的精华，也是世界其他国家优秀设计师的荟萃之地。[⑪] 法国设计师赫克托 · 吉马德与西班牙巴塞罗那的安东尼 · 高迪、比利时布鲁塞尔的维克托 · 霍塔、苏格兰的查尔斯 · 麦金托什、奥地利维也纳的奥托 · 瓦格纳、德国的彼得 · 贝伦斯等都是当

① 王受之，世界现代建筑史[M].北京：中国建筑工业出版社，2004.39.
② 王受之，世界现代建筑史[M].北京：中国建筑工业出版社，2004.56.
③ 王受之，世界现代建筑史[M].北京：中国建筑工业出版社，2004.70.
④ 王受之，世界现代建筑史[M].北京：中国建筑工业出版社，2004.69.
⑤ 王受之，世界现代建筑史[M].北京：中国建筑工业出版社，2004.69.
⑥ 王受之，世界现代建筑史[M].北京：中国建筑工业出版社，2004.70.
⑦ 王受之，世界现代建筑史[M].北京：中国建筑工业出版社，2004.70.
⑧ 王受之，世界现代建筑史[M].北京：中国建筑工业出版社，2004.70.
⑨ 王受之，世界现代建筑史[M].北京：中国建筑工业出版社，2004.70.
⑩ 王受之，世界现代建筑史[M].北京：中国建筑工业出版社，2004.70.
⑪ 王受之，世界现代建筑史[M].北京：中国建筑工业出版社，2004.70.

时“新艺术”运动中各国著名的设计师代表。[①] 1899 年，赫克托 · 吉马德受巴黎市政府委托，为法国地铁公司设计了一百多个地铁车站入口，这些建筑结构基本上都采用铸铁和其他合金铸造，吉马德充分发挥了“新艺术”运动模仿自然的风格特点，铸铁合金制造的扭曲藤蔓缠绕枝干形式被运用到栏杆和支撑结构中，顶棚刻意采用玻璃拼装塑造海贝的形状，这种象征浪漫的自然曲线处理手法，非常符合法国人崇尚浪漫优雅的个性，由此赢得了广大巴黎市民的喜爱，吉马德也因而声名大振。今天，这些地铁站被当做文物仍保留了 70 多座，因巴黎地铁称为“大都会地铁系统”，于是，法国人亲切的用其缩写“Metro”指称“新艺术”运动。[②]

1. 吉马德的生平

赫克托 · 吉马德生于 1867 年。当时的法国，正处于“既定的秩序早就在浪漫主义面前土崩瓦解，将要面临第二次挑战”[③] 的时期。1882 年，他就读于法国国家装饰艺术学校。1885 年，吉马德进入巴黎美术学院学习建筑，四年后他没有取得文凭就离开了巴黎美术学院，[④] 他得到一份建筑师的工作，同时向布鲁埃和吉尔伯特的学生沃德海默继续学习建筑。吉马德的设计生涯可简要地分为三个阶段：第一阶段，1889~1898 年，他尚未吸取维奥莱一勒一杜克[⑤] 的影响；在贝朗吉城堡的设计中，他汲取了霍塔的设计风格才第一次以“新艺术”运动崇尚装饰元素的形式表现出来。[⑥] 第二阶段，1899~1918 年，他的设计风格先发展为地道成熟的“新艺术”运动风格，巴黎地铁公司的委托设计和洪堡特 · 德 · 罗曼斯音乐厅是他职业生涯的最高峰，然后他的风格迅速转变为“新洛可可或新巴洛克风格”，[⑦] 这一段也是吉马德作品最丰富的时期。最后一阶段是他作品最少的时期，从 1919~1929 年，第一次世界大战结束后这一段，尽管他试着采用直线或有角的形式去接近逐渐兴盛的现代主义风格，但他再没能跟上时代的发展。[⑧] 1929 年，他被授予荣誉勋章以表彰他对艺术的贡献。[⑨] 此后，他似乎就不再进行建筑创作了。1938 年或 1939 年他携妻去了美国纽约，直至 1942 年 5 月 20 日去世。[⑩]

① 王受之，世界现代建筑史[M].北京：中国建筑工业出版社，2004.70.
② 王受之，世界现代建筑史[M].北京：中国建筑工业出版社，2004.72.
③（英）N.佩夫斯纳等，反理性主义者与理性主义者[M].邓敬等译.北京：中国建筑工业出版社，2003.9.
④（英）N.佩夫斯纳等，反理性主义者与理性主义者[M].邓敬等，译.北京：中国建筑工业出版社，2003.13.
⑤（英）N.佩夫斯纳等，反理性主义者与理性主义者[M].邓敬等，译.北京：中国建筑工业出版社，2003.13.
⑥（美） K.弗兰姆普敦，现代建筑：一部批评的历史[M].张钦楠，译.北京：中国建筑工业出版社，2004.67.
⑦（英） N.佩夫斯纳等，反理性主义者与理性主义者[M].邓敬等，译.北京：中国建筑工业出版社，2003.13.
⑧（英）N.佩夫斯纳等，反理性主义者与理性主义者[M].邓敬等，译.北京：中国建筑工业出版社，2003.30.
⑨（英）N.佩夫斯纳等，反理性主义者与理性主义者[M].邓敬等，译.北京：中国建筑工业出版社，2003.30.
⑩（英）N.佩夫斯纳等，反理性主义者与理性主义者[M].邓敬等，译.北京：中国建筑工业出版社，2003.30.

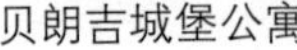
贝朗吉城堡公寓

2. 吉马德的建筑设计风格

1889~1898 年，吉马德第一阶段的建筑风格主要是一种非对称的方式构筑，通过结构的暴露来完成体量与立面的冲突以表现非对称的观念，混凝土、彩砖、玻璃、铸铁等新材料的运用关注到了建筑结构、功能划分以及建筑立面的装饰，同时他已注意到了建筑整体形式、结构同装饰之间的统一关系。如吉马德完成的第一所建筑，1891 年建成的布瓦勒大街 34 号住宅，建筑立面是用红、褐砖及蓝釉面砖拼贴而成，两个巨大的拱顶则用石片和水泥模仿岩石的肌理粗砌，开间尽管采用不对称处理，但相互之间却保持了一种视觉的均衡。① 1893 年建成的夏敦 – 拉加什大街 41 号私宅，吉马德同样以"互相联结的屋顶、断裂的山花，以及由毛面石构件、不规则碎石和各种各样砖块组成的奇特混合"② 来表达对非对称装饰品位的喜爱。而埃格勒芒林荫大道 39 号的设计上，他采用暴露在外的铁梁结构作为大窗洞上的过梁，以此来打破立面的均匀。③ 对弗里耶大街上圣心学院的设计，吉马德根据长而窄的选址，将建筑后部边界拉伸到足够的长度，在三层楼上加一阁楼，通过单坡屋面上抬形成一道女儿墙，并将所有的房间都朝向一个运动场；而建筑开放的底层自然介入到运动场中，建筑空间相当于被延伸了；同时，建筑前部用两对带有花饰的 V 字形铸铁柱作为支撑并暴露在混凝土基础上，连同端头的墙一起，支撑一个纵向的大梁，大梁又承载了第二层的结构，第二层结构则由优美的工字形曲线断面的"檐口"、暴露铁梁的实防板结构的砖拱，以及一系列带装饰性的混凝土小拱顶组合叠加而成。他创造出的这种设计方式，由于兼顾了建筑形式、结构的装饰统一，被认为是"法国建筑中的一个里程碑"。④ 1895 年，贝朗吉城堡公寓的建成，代表了吉马德的作品"从具象表现进入非具象表现的一个开端"、⑤"标志着吉马德早期独特风格的顶峰"。⑥ 公寓楼为六层，他通过两条轴线的设计，将一种不对称的自由渗透律，用以维持建筑秩序等级的均衡。入口和前后楼梯放在第一条轴线上，而第二条轴线则从建筑围合的庭院垂直穿过。尽管在第二条轴线上也有入口和楼梯为较小的一层服务，但它们的作用只是将庭院远端的两个单元联系起来。这样，两条轴线将建筑分成均等的两半，每边的层楼都有三个房间。

①（英）N.佩夫斯纳等，反理性主义者与理性主义者[M].邓敬等，译.北京：中国建筑工业出版社，2003.15.
②（英）N.佩夫斯纳等，反理性主义者与理性主义者[M].邓敬等，译.北京：中国建筑工业出版社，2003.15.
③（英）N.佩夫斯纳等，反理性主义者与理性主义者[M].邓敬等，译.北京：中国建筑工业出版社，2003.15.
④（英）N.佩夫斯纳等，反理性主义者与理性主义者[M].邓敬等，译.北京：中国建筑工业出版社，2003.15.
⑤（英）N.佩夫斯纳等，反理性主义者与理性主义者[M].邓敬等，译.北京：中国建筑工业出版社，2003.16.
⑥（英）N.佩夫斯纳等，反理性主义者与理性主义者[M].邓敬等，译.北京：中国建筑工业出版社，2003.13.

服务楼梯的铁框架和面板结构不加掩饰地展现着，从坚固的砖墙中伸进庭院里。主楼梯和服务楼梯背靠背的部署，分隔主楼梯间与服务楼梯间的隔墙用玻璃砖嵌入，使光线能进入到主楼梯间。面向拉方丹大街的大门口用铁梁横跨。阳台似乎是用铸铁装饰起来的面具，墙上的斜撑模仿海马的形式，庭院喷泉的流线抽象暗示更接近于音乐或某种诗性的象征，① 这种象征主义手法的应用，标志着吉马德的设计真正具有了“新艺术”运动风格特征。② 通过贝朗吉城堡公寓的设计，他将建筑设计、室内设计、家具陈设整合到一个完整的设计体系当中，设计仿佛就变成了他所谓的“合唱指挥”工作。③ 为此，吉马德还专门出版了 65 页的彩图集以纪念这个设计。④

吉马德第二阶段的设计为 1899~1918 年。吉马德将他在第一阶段使用到的设计手法，娴熟地运用到巴黎地铁公司的委托设计和洪堡特·德·罗曼斯音乐厅的设计中。此外，他还设计了一些独立的郊区别墅、城镇住宅、公寓楼等，如里尔市的里奥商住楼、吉马德住宅、麦德扎哈旅馆、雅德赛公寓等。这一时期吉马德的设计更加自由，特别从维奥莱一勒一杜克和比利时的霍塔处所受到的影响⑤，使他越来越相信：“装饰应该以它们自身的方式存在，而且非具象的方式给人的映像更加深刻。”⑥ 尽管如此，他在设计时更多的表现出一种折中的处理手法。⑦ 1896 年，巴黎地铁公司举办了一次新地铁车站入口的设计竞赛，原则是：“建筑的设计和新铁路的高架桥应该委托给最好的艺术家”，并且它们将是彻底的艺术品而非工业化特征的设计作品。⑧ 尽管吉马德并未参加设计竞赛，但由于巴黎地铁公司的总裁对“新艺术”运动风格设计的喜欢，吉马德得到了这项工作。在这项设计中，吉马德把他在贝朗吉城堡使用的装饰设计转化为三维形式，产生出一种似是而非的工业化建筑。⑨ 事实上，也因为巴黎地铁站的出色设计，吉马德而享有“地铁风格”创造者的

地下空间入口设计

①（英）N.佩夫斯纳等，反理性主义者与理性主义者[M].邓敬等，译.北京：中国建筑工业出版社，2003.16.
②（英）N.佩夫斯纳等，反理性主义者与理性主义者[M].邓敬等，译.北京：中国建筑工业出版社，2003.9.
③（英）彭妮.斯帕克，设计百年[M].李信，黄艳等，译.北京：中国建筑工业出版社，2005.20.
④（英） N.佩夫斯纳等，反理性主义者与理性主义者[M].邓敬等，译.北京：中国建筑工业出版社，2003.16.
⑤（英）N.佩夫斯纳等，反理性主义者与理性主义者[M].邓敬等，译.北京：中国建筑工业出版社，2003.16.
⑥（英）N.佩夫斯纳等，反理性主义者与理性主义者[M].邓敬等，译.北京：中国建筑工业出版社，2003.9.
⑦（英）N.佩夫斯纳等，反理性主义者与理性主义者[M].邓敬等，译.北京：中国建筑工业出版社，2003.9.
⑧（英）N.佩夫斯纳等，反理性主义者与理性主义者[M].邓敬等，译.北京：中国建筑工业出版社，2003.17.
⑨（英）N.佩夫斯纳等，反理性主义者与理性主义者[M].邓敬等，译.北京：中国建筑工业出版社，2003.19.

盛名。[1] 吉马德共设计了三种基本类型的地铁车站入口：只有栏杆的户外阶梯式车站入口，有围合带屋顶的阶梯式车站入口，以及带围合屋顶阶梯与候车室一体的车站入口。它们都采用浅绿漆制的合金部件构筑，建筑内部为橙色、白色、绿色、蓝色区分的图案。另外，吉马德在设计中还考虑到批量生产的需要而特别使用了标准模数。第一类，只有栏杆的户外阶梯式型车站入口，其中又有变化；第一种变化是镶有长方形铸铁嵌板的栏杆以蜗牛图案为主题，在“遮蔽”的栏杆底部用末端弯曲的精致字母图案 M 进行装饰；第二种变化则是在铁拱入口上方支撑悬吊黄绿相间的珐琅质“地铁”标志，两个琥珀色玻璃盖伸入照明灯的“叶柄”，而铸铁件精细的漆制深浅不同的绿色。[2] 第二类车站入口，由一个带珐琅面的火山岩嵌板铁框架组成，嵌板用加利图案和半透明的金属网玻璃进行装饰。“蝴蝶式”的玻璃屋顶，中央由一根大梁支撑，大梁与一个雨水槽合为一体，并将这一围合连接起来而不碰到它的顶部边缘。每一块屋顶玻璃面板在边缘弯曲，而且长度略微不同于和它相连接的那一块，这使得屋顶形式有一种富于立体感的非凡表现。[3] 第三类车站入口，与第二类相似，但它多提供了一个候车室，入口拱顶更加丰富，候车室的屋顶通过平板玻璃和火山岩嵌板组成复杂的三维结构，塑造为分层的金字塔形；这样一来，整个车站由一个简单的长方形平面布局，从立面看来则成为一种非直角的形式。[4] 今天在巴黎，第三种类型的地铁站入口已看不到了，大部分保留下来的都是第一、二种类型。[5] 在三种类型的地铁车站入口设计中，比较有趣的是第一、二种类型直接采用了对称的古典式设计，而第三类型则运用了不对称的设计方法，将体量不等的候车室和地铁入口巧妙的组合为一体；尽管三种设计各自不同，但都表露出对自然曲线崇尚的“新艺术”运动风格的塑造。[6] 洪堡特 · 德 · 罗曼斯音乐厅建于 1901 年，表现出“奇异的不对称，形式方面的巴洛克气氛，哥特式的结构，铁构件和抽象装饰中的新艺术风格”，[7] 建筑原先准备用于神学艺术院，建成后作为神父的业主被放逐，建筑遂改为音乐厅，1905 年它就被拆除了。尽管如此，肯尼斯 · 弗兰姆普敦在《现代建筑—— 一部批判的历史》一书中还是认为：它与比利时霍塔的人民宫，都是结构理性主义的杰作。[8]

1919~1929 年，吉马德的设计进入到第三阶段，这一阶段是他作

① (美) K.弗兰姆普敦.现代建筑：一部批评的历史[M].张钦楠，译.北京：中国建筑工业出版社，2004.68.
② (英) N.佩夫斯纳等，反理性主义者与理性主义者[M].邓敬等，译.北京：中国建筑工业出版社，2003.20.
③ (英) N.佩夫斯纳等，反理性主义者与理性主义者[M].邓敬等，译.北京：中国建筑工业出版社，2003.20.
④ (英) N.佩夫斯纳等，反理性主义者与理性主义者[M].邓敬等，译.北京：中国建筑工业出版社，2003.20.
⑤ (英) N.佩夫斯纳等，反理性主义者与理性主义者[M].邓敬等，译.北京：中国建筑工业出版社，2003.20.
⑥ (英) N.佩夫斯纳等，反理性主义者与理性主义者[M].邓敬等，译.北京：中国建筑工业出版社，2003.9.
⑦ (英) N.佩夫斯纳等，反理性主义者与理性主义者[M].邓敬等，译.北京：中国建筑工业出版社，2003.24.
⑧ (美) K.弗兰姆普敦，现代建筑：一部批评的历史[M].张钦楠，译.北京：中国建筑工业出版社，2004.68.

品最少的时期。第一次世界大战结束后重建工作开始，吉马德试着采用直线或有角的形式，以建立一套标准化的体系来靠近新理性主义，如布列塔尼大街 19 号以及 1922 年的茉莉广场等。但在 1925 年的巴黎装饰艺术展上，他与同时参展的勒 · 柯布西耶设计的新精神馆相比，差距就显得非常明显。他再没能跟上时代的发展。1930 年后，他似乎就不再进行建筑创作了。①

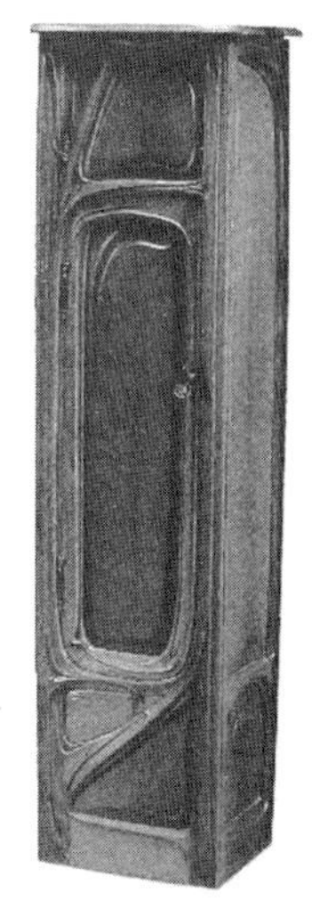

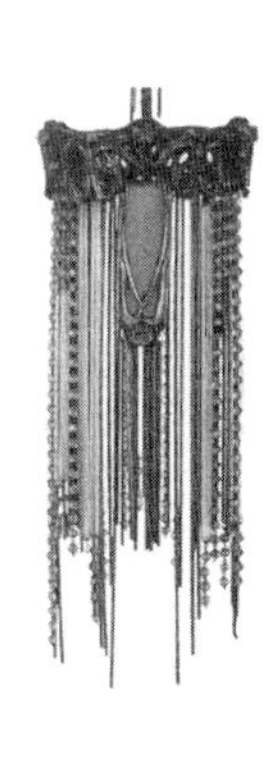

灯具、橱柜

结语

总体来看，吉马德是一位非常注重建筑整体与细部形式搭配一致的设计师。他为了保持建筑设计的整体性，不但亲自设计了许多铁制建筑配件——窗栏杆、门把手、窗插销等，他还为自己的住宅、贝朗吉城堡公寓、吉马德饭店（1909 年）、Mezzura 饭店（1910 年）设计过椅子、餐桌、橱柜、灯具等家居产品。② 尤其在贝朗吉城堡公寓的设计中，他使用浅色的梨木代替深色的桃花心木，并将精致典雅的花纹和图案用于装饰家具表面；为了使室内装饰细节同建筑整体形式保持一致，他对地板、墙面、照明设备都予以精心挑选。③ 这种对整体性的关注似乎就是他所谓的设计“合唱指挥”。另外，他还是一位高产的画家，有超过 2000 幅绘画作品存世。④ 作为一个如此全面的设计师和画家，对于他的设计和艺术风格很难用一个确定的称谓来概括。不过在他为《美国建筑实录》杂志所写的一篇文章中曾提到——维特鲁威“坚固、适用、美观”的建筑圭臬，应改为逻辑性、协调性、情趣性。尤其“情趣性”：“同时也带有逻辑性和协调性，是两者的补充，它由情感所引导，是艺术的最高表现形式。”⑤ 这段话不仅说出了他自己的最高设计准则，同时也为最终统一各种不同艺术风格的“新艺术”运动主旨作出了最好的注解。

二、弗兰克 · 劳埃德 · 赖特：有机的统一

1861 年，亚伯拉罕 · 林肯出任美国总统，不久南北战争爆发。四年后，随着林肯领导的北方政府在内战中取得胜利，黑奴制度由此被废止，这为美国日后的经济腾飞，解决了人力资源的自由流动。美国中西部大片可开发耕地及加利福尼亚的采金热吸引了大批美国人移居西部，中西部广袤的蛮荒地带变得如东西海岸一般炙手可热，美国因此进入到一个发展的黄金时期。林肯后的历届美国总统和政

---

①（英）N.佩夫斯纳等，反理性主义者与理性主义者[M].邓敬等，译.北京：中国建筑工业出版社，2003.30.
②（英）彭妮.斯帕克，设计百年[M].李信，黄艳等，译.北京：中国建筑工业出版社，2005.21.
③（英）彭妮.斯帕克，设计百年[M].李信，黄艳等，译.北京：中国建筑工业出版社，2005.20.
④（英）N.佩夫斯纳等，反理性主义者与理性主义者[M].邓敬等，译.北京：中国建筑工业出版社，2003.21.
⑤（英）N.佩夫斯纳等，反理性主义者与理性主义者[M].邓敬等，译.北京：中国建筑工业出版社，2003.30.

府都大力鼓励私人企业的建立，以此促动美国金融、商业、工业、农业、运输等行业，按照现代社会结构机制迅速建立。[①] 经济的快速增长又推动了科技的进步，催生了许多划时代的发明，如 1869 年，横贯美国的铁路通车；1876 年，贝尔发明了电话；1887 年，电梯被发明等。而这些进步的生产力又反过来推动美国经济向更高的台阶迈进。[②] 至 20 世纪初，美国的工业生产总额已跃居全球首位。第一次世界大战以后，美国的钢产量达到 4446 吨，相当于战前的一倍，同时，美国还掌握着世界黄金拥有量的 40%。从 1920 年 ~1929 年，美国的工业产值增长了 32%，占当时全世界生产总值的 48%。[③] 并且，第一、二次世界大战中，由于没有战事在美国本土进行，它完好的工业体系和基础设施在战后迅速使美国成为世界头号经济强国。[④] 这些客观因素为美国建筑业的发展和美国建筑风格的形成起到了决定性的推动作用。

美国南北战争后，国内良好的经济发展环境，极大地推动了美国建筑文化的转型。美国建筑逐步摆脱开英国殖民风格的影响，转向折中主义的古典复兴。随后，折中主义风格成为美国建筑风格的主流。1850 年 ~1860 年间，美国折中主义建筑发展到第二个阶段，[⑤] 其主要特征是注重历史题材和欧洲流行风格的借鉴。但是，这些借鉴所充斥的维多利亚繁缛奢华的矫饰气息，令一批开明有识的美国建筑师深感不安，他们希望创造出属于美国本土文化和表现时代进步的建筑风格，真正摆脱英国殖民文化的影响。[⑥] 亨利 · 理查逊于 1877 年完成的波士顿三位一体教堂，[⑦] 迅速影响了其他美国建筑师。随后，1885 年威廉 · 詹尼设计的家庭保险财产公司大楼，[⑧] 1886 年沙利文设计的会议大楼，[⑨] 成为芝加哥建筑学派的创始作品。[⑩] 芝加哥建筑学派最大的成就在于采用新的建筑结构——钢结构来建造高层建筑，并奠定了“摩天大楼”的建筑设计原则和结构基础，[⑪] 芝加哥建筑界也由此最早从美国盛行的折中主义之中摆脱出来。但 1893 年的芝加哥博览会，由于受到当时欧洲各国正轰轰烈烈进行的新艺术运动风格的影响，折中主义的建筑思潮从东部又一次回溯，随后美国经济又开始衰退，这些因素对初生的芝加哥建筑学派产生了很大的打击。[⑫] 直到弗兰克 · 劳埃德 · 赖特的出现一举才扭转了这种局面，使美国第一次拥有了属于美国本土面貌和时代赋予的建筑风格，在半个多世纪的时

---

① 王受之，世界现代建筑史[M].北京：中国建筑工业出版社，2004.90.
② 项秉仁，赖特[M].北京：中国建筑工业出版社，2004.引言.
③ 项秉仁，赖特[M].北京：中国建筑工业出版社，2004.引言.
④ 项秉仁，赖特[M].北京：中国建筑工业出版社，2004.引言.
⑤ 项秉仁，赖特[M].北京：中国建筑工业出版社，2004.引言.
⑥ 项秉仁，赖特[M].北京：中国建筑工业出版社，2004.引言.
⑦ 王受之，世界现代建筑史[M].北京：中国建筑工业出版社，2004.103.
⑧ 王受之，世界现代建筑史[M].北京：中国建筑工业出版社，2004.104.
⑨ 王受之，世界现代建筑史[M].北京：中国建筑工业出版社，2004.103.
⑩ 项秉仁，赖特[M].北京：中国建筑工业出版社，2004.引言.
⑪ 王受之，世界现代建筑史[M].北京：中国建筑工业出版社，2004.102.
⑫ 王受之，世界现代建筑史[M].北京：中国建筑工业出版社，2004.

间里，与当时欧洲主流的建筑风格分庭抗礼，并影响了密斯、里得维德等欧洲顶尖建筑师的设计风格。[①] 这种局面的出现，当然还得益于 1852 年美国土木工程学会和 1857 年美国建筑师协会的成立。[②] “这标志着美国结束了工匠和非专业建筑师设计建筑的时代”。[③] 1866 年，马萨诸塞工学院（今麻省理工学院）作为美国第一所建筑学院成立后，美国其他各大学也开始建立类似专业，为美国建筑界人才的培养、建筑学学术的研究奠定了坚实的基础。[④] 同时，美国在结构理论和新材料的研发上并不比当时的欧洲差，而且混凝土、钢结构、预应力混凝土、玻璃、塑料等与建筑相关的工业，在 19 世纪末至 20 世纪初已颇具规模，[⑤] 高度机械化的生产降低了这些工业制品的生产价格，使得大量的建筑实践可以完成。而这一切，仿佛又都是为美国 20 世纪最伟大的建筑师——弗兰克 · 劳埃德 · 赖特的出现而准备的。

1. 赖特的生平

1867 年 6 月 8 日，弗兰克 · 劳埃德 · 赖特出生在美国威斯康辛州，祖父是威尔士的移民，其父为懂音乐的巡回牧师，赖特年少时就接受了良好的音乐熏陶。不过对他影响最大的还是他的母亲，当时德国教育家弗劳贝尔发明的幼儿积木玩具非常流行，尽管这套积木不止是简单的幼儿游戏，其中还包含有泛神论思想：“秩序——宇宙第一定律”的宣传。[⑥] 但这似乎并没有与赖特家族一直信仰的“唯一神教”[⑦] 发生冲突。加之赖特的一个舅舅是当地一位非常有名的木匠，在当地的建筑界非常有名，于是，赖特的母亲给他买了一套弗劳贝尔积木，希望能提高赖特的思考能力，帮助他长大后能有一技之长谋生。[⑧] 这套积木伴随赖特度过了快乐的童年。后来赖特回忆说：“设计的原则是自然的，因而不可避免地会依赖三角板和丁字尺的直线技术，这是我的母亲给予我的弗劳贝尔体系中所固有的。”[⑨] 赖特 11 岁的时候，由于家境日趋困顿，他被送到母亲的兄弟詹姆斯舅舅的农场里生活。那种日出而耕、日落而息的田园农耕生活，并没有让他感到劳作的艰辛，相反他感受到这种生活方式就如与自然融为一体的自由自在，土地孕育万物的博大神奇也让他称羡不已，“突然有一天，我开始悟得了一切建筑风格的秘密，这是与树木产生的道理相同”。[⑩] 1885 年，18 岁的赖特高中未毕业就进入威斯康辛大学就读，在土木工程专业学习数学和建筑制图。在大学，他利用课余时间给他的系主任科洛弗和建筑师莱曼 · 希尔斯比作制图员以维持生计。1887 年，他放弃学业到芝

① （英）彭妮.斯帕克，设计百年[M].李信，黄艳等，译.北京：中国建筑工业出版社，2005.98.
② 王受之，世界现代建筑史[M].北京：中国建筑工业出版社，2004.84.
③ 王受之，世界现代建筑史[M].北京：中国建筑工业出版社，2004.
④ 王受之，世界现代建筑史[M].北京：中国建筑工业出版社，2004.89.
⑤ 王受之，世界现代建筑史[M].北京：中国建筑工业出版社，2004.90.
⑥ 项秉仁，赖特[M].北京：中国建筑工业出版社，2004.3.
⑦ 项秉仁，赖特[M].北京：中国建筑工业出版社，2004.3.
⑧ 王博，世界十大建筑鬼才[M].武昌：华中科技大学出版社，2006.54.
⑨ 项秉仁，赖特[M].北京：中国建筑工业出版社，2004.3.
⑩ 项秉仁，赖特[M].北京：中国建筑工业出版社，2004.4.

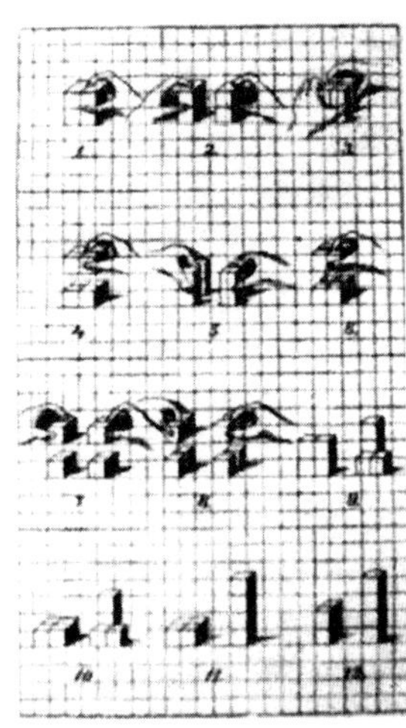
弗劳贝尔积木

加哥的莱曼·希尔斯比事务所工作，由此开始了他长达 72 年的建筑生涯，直到 1959 年去世。[①] 72 年中，他一共设计了 1000 多所建筑，大约有 500 座建于美国的 40 多个州，还有一些在加拿大和日本；至今，仍约有 400 座建筑留存。[②] 他的老师埃罗·沙利文曾这样评价他："如果今天如同文艺复兴时期，那么赖特就是 20 世纪的米开朗基罗"。[③] 赖特的建筑思想中最常提及的就是"有机建筑"，他认为有机的观念意味着"活的结构"概念，"活的结构"特征就是"各部分在形式和本质都为一体，其目标就是整体性"，而"统一性"、"整体性"、"本质"又与"自然和环境"的理念息息相关。[④] 1970 年代开始畅行世界的环境生态意识，与他在设计中对自然和地形的一贯尊重高度相符。[⑤] 1977 年，在秘鲁利马举行的国际建协大会上通过的《马丘比丘宪章》，肯定了赖特的"有机建筑"理念对保持建筑空间、建成环境与自然环境之间相互连续统一的整体性建构所作出的贡献。[⑥] 赖特同时还是一名规划师、工程师、家居产品设计师和作家。特别是对家居产品设计的关注，更加丰富了他的有机建筑思想。他在设计中非常强调建筑、室内、家具、灯具、地毯等全局的统一设计，并力求亲自处理所有设计细节；他以建筑设计为中心，对室内家具的设计、陈设、摆放位置都一一把控，目的都是为了从形式上保持与建筑的协调，以体现他的有机建筑思想的整体统一。赖特非常喜欢手工艺品，1897 年他就参与创建芝加哥工艺美术协会，[⑦] 如他在塔里埃森就收藏有很多中国的瓷器和日本的浮世绘作品。相对于单纯的手工艺制造，他在家居设计中更强调机器应用与手工的结合，他认为机器只是工具，应为人所使用，而不是相反。赖特特别强调保持材料的自然美，[⑧] 对材料本色与建筑的关系，在美国风住宅中运用得非常协调，[⑨] 甚至到了："剥去木材的油漆，别去动它，让它保有原来的瑕疵"的地步。[⑩] 在他的家具设计中有机概念贯穿始终："一个设计，当它整体中的各部分能根据结构、材料和使用目的很和谐地组织在一起时，就可以称作是有机的。在这一定义中，可以不存在徒劳无用的装饰或多余之物，而美的部分仍然是显赫的——只要有理想的材料选择、有视觉上的巧妙安排，以及将要使用之物有其理性上的优雅即可。"[⑪]

赖特的一生跨越美国建筑历史发展的折中主义、工艺美术运动、新艺术运动、装饰艺术运动、现代主义运动等各个风格时期，并对后

① 大师编辑部，弗兰克·劳埃德·赖特[M].武昌：华中科技大学出版社，2007.7-8.
② (美)阿琳.桑德森，赖特作品与导游[M].陈建平，译.北京：中国建筑工业出版社，2000.9.
③ 大师编辑部编著，弗兰克·劳埃德·赖特[M].武昌：华中科技大学出版社，2007.3.
④ 项秉仁，赖特[M].北京：中国建筑工业出版社，2004.37-42.
⑤ (美)阿琳.桑德森，赖特作品与导游[M].陈建平，译.北京：中国建筑工业出版社，2005.9.
⑥ 奚传绩，设计艺术经典论著选读[M].南京：东南大学出版社，2005.259.
⑦ 大师编辑部，弗兰克·劳埃德·赖特[M].武昌：华中科技大学出版社，2007.210.
⑧ 大师编辑部，弗兰克·劳埃德·赖特[M].武昌：华中科技大学出版社，2007.26.
⑨ 项秉仁，赖特[M].北京：中国建筑工业出版社，2004.23.
⑩ 大师编辑部，弗兰克·劳埃德·赖特[M].武昌：华中科技大学出版社，2007.210.
⑪ 大师编辑部，弗兰克·劳埃德·赖特[M].武昌：华中科技大学出版社，2007.210-211.

赖特作品 – 宁静的“小宝石”

现代主义运动有较大的启迪。[①] 以至于美国著名建筑评论家保罗·戈德伯格认为：“可以毫不夸张地说，在他之后，在美国还没有别的建筑师可以与他相比。路易斯·康、埃罗·沙里宁、凯文·罗歇、贝聿铭、菲利普·约翰逊都不能与他相比。即使上述这些人加一起，他们在建筑艺术上所具有的影响，也比不过赖特不寻常的 72 年建筑职业生涯所造成的巨大影响”。[②]

2. 赖特的草原风格建筑时期

19 世纪中叶，日本在美国的炮舰政策下，进入到明治维新时期，大量代表日本文化的商品开始出现在世界各发达国家的商店中。当时的西方社会对日本这个遥远的东方国度均表现出一种神秘的好奇。这导致了日本的建筑、家具、工艺品等对美国富裕的中产阶层有相当的吸引力。为了迎合这种潮流，美国设计界先于欧洲大陆的同行开始研究日本的艺术风格，并从日本的家具和工艺品汲取了许多设计灵感。[③] 这也是 19 世纪末 20 世纪初，欧洲大陆开始流行“新艺术”运动时，美国依然还处于“工艺美术”运动时段的原因。[④] 赖特的第一个建筑作品——希尔沙特家庭学校，是在莱曼 · 希尔斯比事务所完成的。莱曼 · 希尔斯比的建筑风格属披迭板式风格，采用所谓的“装饰性的运用功能性构件”构筑建筑，从本质上说这是一种汲取了日本建筑元素的设计风格。[⑤] 这种设计风格属于美国的“工艺美术”运动风格，

① 项秉仁，赖特[M].北京：中国建筑工业出版社，2004. 29.
② 项秉仁，赖特[M].北京：中国建筑工业出版社，2004.引言.
③ 王受之，世界现代建筑史[M].北京：中国建筑工业出版社，2004.62.
④ 王受之，世界现代建筑史[M].北京：中国建筑工业出版社，2004.60.
⑤ 项秉仁，赖特[M].北京：中国建筑工业出版社，2004.4.

与英国的“工艺美术”运动风格不同的地方在于：它对工业化设计并不排斥。[①] 美国不似欧洲各国有深厚丰富的历史文化底蕴，如英国的“工艺美术”运动是向中世纪的哥特艺术风格回归。美国的“工艺美术”运动突破了那种向历史回归的单一模式——转向从其他国家（如法国、日本等）的艺术风格汲取养分，[②] 毕竟那时的美国独立才一百多年，作为一个新兴的国家，属于它自己的本土文化还没有真正建立起来。赖特也曾提到，1889 年，自他第一次看到日本的浮世绘后，他就认为日本的艺术和建筑的确具有有机的特点，“是一种源于当地生活和劳动条件的更为土生土长的产物”，[③] 而赖特对于这种农耕时代的田园生活是非常熟悉和憧憬的，引起共鸣就很自然了。由于希尔斯比事务所薪金低微，打下了扎实设计功底的赖特很快离开了。他带上自己的铅笔画希望能进入埃罗・沙利宁的建筑事务所。沙利宁在当时已是赫赫有名的建筑师了，他的建筑设计思想：“形式追随功能”，提出建筑设计最重要的是好的功能，然后才是合适的形式。这是一种类似有机体生长的建筑进化论。沙利宁特别反对单纯的机械理性主义设计原则，特别是对当时美国流行的生搬硬套抄袭西方古典风格的折中主义非常不满。[④] 沙利宁也能画一手漂亮的徒手画，[⑤] 看完赖特的手绘作品，他决定收下这个徒弟。通过勤奋和努力赖特很快能独立设计作品，查利住宅是其中的上乘之作，“紧凑有力的体量令人想到理查逊的建筑的那种永久坚固，而其中又不乏沙利宁的严谨和细致的风格。”[⑥] 不过没多长时间，赖特也离开了沙利宁，开始独立执业。到赖特的草原建筑风格形成前，赖特的设计风格介于古典与折中主义之间，具有代表性的作品是 1893 年的温斯洛住宅，赖特采用古典对称的手法处理平面和立面，沿街的立面简洁匀称，底层的外墙与二层窗台底平齐，大挑檐的屋顶与底层的外墙在视觉上压低了二层的层高。加之建筑外饰材料的精细和尺度把控的均匀，尽管屋顶采用了斜坡式的大挑檐，建筑整体却没有显得笨拙呆板，反倒使屋顶下部的建筑有一种向上提升的悬浮感。建筑的后部开敞，结合一个门廊，加大了室内空间向外的延展，显示了赖特对内部空间束缚的摆脱。[⑦] 赖特在温斯洛住宅设计上表现出的才气，令当时颇有名望的折中主义建筑师伯恩罕大为赏识，他向赖特提出希望他能到巴黎美术学院去深造，并供养他的家庭生活，但赖特婉言谢绝了伯恩罕的美意，作为倔强的威尔士人后裔，赖特对古典教条的建筑风格实在没有好感。[⑧] 到 1893 年，赖特的建筑生涯

---

① 王受之，世界现代建筑史[M].北京：中国建筑工业出版社，2004.105.
② 王受之，世界现代建筑史[M].北京：中国建筑工业出版社，2004.62.
③ 项秉仁，赖特[M].北京：中国建筑工业出版社，2004.10.
④ 王受之，世界现代建筑史[M].北京：中国建筑工业出版社，2004.104.
⑤ 王受之，世界现代建筑史[M].北京：中国建筑工业出版社，2004.104.
⑥ 项秉仁，赖特[M].北京：中国建筑工业出版社，2004.5.
⑦ 项秉仁，赖特[M].北京：中国建筑工业出版社，2004.6.
⑧ 项秉仁，赖特[M].北京：中国建筑工业出版社，2004.6.

温斯洛住宅

上已渐成规模，他设计的 25 幢建筑中，有 20 幢顺利建成。[①] 而这期间他“对正在芝加哥大量兴建的所谓的‘美国住宅’发生疑问，越来越感到这样的住宅不属于中西部的广阔草原”。[②]

赖特经过一段建筑实践后认为：20 世纪初，美国新兴中产阶层非常流行的折中建筑样式，如高耸的都铎式烟囱、老虎窗、小阁楼、尖山墙、凸肚窗、潮湿的地下室全是从国外‘进口’的，[③] 失去功能蜕变为纯装饰的成排假烟囱、虚假的老虎窗高度像“美国初期的婚宴蛋糕、英国人的装腔作势和法国人的帽子”，[④]这些建筑元素混组在一起更成为一种“时髦式样的杂拌”；[⑤] 属于美国中西部草原的住宅，应该是一种朴实平展，与自然环境融为一体增强家庭凝聚力真实的整体空间，它既分又合，不仅要安排卧室、起居、餐厨、书房、浴厕等功能单元；同时室内外空间应该相互流通，以使居住环境和自然环境融为一体。[⑥] 1901 年，赖特将他的这些构想取名为“草原城镇之家”，并以一系列设计图纸展示在美国的《仕女家庭杂志》杂志上。[⑦] 1902 年，他把这些构想实现于威利茨住宅。赖特把这个住宅设计为一个十字形平面，压缩了建筑实体对环境的占有，保证了建筑的室内空间通过四个立面连续的窗带与室外环境进行良好的沟通，让业主能充分享受到自然景色的四季渗化。建筑的分层错落连续，斜坡屋顶不再是视

① 项秉仁，赖特[M].北京：中国建筑工业出版社，2004.6.
② 项秉仁，赖特[M].北京：中国建筑工业出版社，2004.7.
③ 项秉仁，赖特[M].北京：中国建筑工业出版社，2004.7.
④ 项秉仁，赖特[M].北京：中国建筑工业出版社，2004.7.
⑤ 项秉仁，赖特[M].北京：中国建筑工业出版社，2004.7.
⑥ 项秉仁，赖特[M].北京：中国建筑工业出版社，2004.7.
⑦ 项秉仁，赖特[M].北京：中国建筑工业出版社，2004.7.

线的中心，烟囱不再突兀的独立于屋顶，各层连续轻盈的窗带将建筑结实的固定在环境中，显得平和亲切。而居于建筑客厅中心位置的室内壁炉，不再是一种装饰性的摆设，卧室、起居、餐厨、书房、浴厕等功能单元的划分都按照这个中心展开，① 显示出一种家庭凝聚力拥有的物理保证。这些设计元素的融合，集中体现了赖特草原建筑风格的主张："住宅不是陈列品，不是地位的象征，而是审美和功能统一的环境"。② 此后，这种建筑风格为美国许多中产阶层所接纳，10 年内赖特设计建成的草原住宅达 35 座。③ 其中包括密斯高度评价的"这个住宅的成功节省了我们二十年的时间。"④ 的罗比住宅。如果说威利茨住宅仅仅是一种实验性的尝试，那么，罗比住宅恰是赖特的草原建筑风格最成熟明确的表达，真正反映了赖特渴求摆脱传统束缚，建立属于美国本土建筑风格的强烈愿望。1908 年 ~1910 年建成的罗比住宅中，赖特通过横向延展的巨大出檐和水平均分的挑台减低了建筑的视高，在细砌红砖的衬托下，建筑长方形的整体空间与建筑外环境，保持在一种低矮舒展空透的面与面相对运动的形式统一中。⑤ 而这种内外自由开放流动具有现代主义倾向的建筑风格特征，直到后来的欧洲建筑师格罗皮乌斯、柯布西耶、密斯・凡德罗等通过大玻璃盒子才得以实现。⑥ 为此，1909 年，哈佛大学的客座教授德国人库诺・弗兰克拜访赖特时恳切的："我们还在摸索的事情，你已经在有机地做了。但美国人对此尚无准备，所以你只是在浪费时间。而我们的人民在期待着你，他们将给你回报。至少还要五十年，你才能被美国人接受。"⑦ 第二年，赖特受邀出访欧洲，使欧洲的建筑师第一次认识到他的设计观念。吉迪翁客观的指出："赖特已经取得了一批足够伟大和足够有影响力的作品，以确立他在历史上的地位，而那时密斯和柯布西埃才刚刚开始他们的事业。"⑧ 1911 年，赖特回到威斯康辛开始营造属于自己的草原别墅——塔里埃森，⑨ 这是一座集寓所、事务所、设计学校一体的组团建筑，在长期的营造过程中，它真正育化了赖特后半生的心血和精力，成为赖特日后事业和心灵的栖息地。赖特在塔里埃森使用了大量当地的自然建筑材料，设计中对抽象符号的普遍运用，显示了赖特欧洲之行所受到的抽象艺术影响。⑩ 其建筑形式、功能的结合更加自由不拘，草原建筑风格于自然环境的有机统一也更为整体。1937 年，赖特又在亚利桑那州建造了后来享誉世界的塔里埃森冬季营地——西塔里埃森，作为赖特建立一所

① 项秉仁，赖特[M].北京：中国建筑工业出版社，2004.7.
② 项秉仁，赖特[M].北京：中国建筑工业出版社，2004.9.
③ 项秉仁，赖特[M].北京：中国建筑工业出版社，2004.9.
④ 项秉仁，赖特[M].北京：中国建筑工业出版社，2004.9.
⑤ 项秉仁，赖特[M].北京：中国建筑工业出版社，2004.8.
⑥ 项秉仁，赖特[M].北京：中国建筑工业出版社，2004.8.
⑦ 项秉仁，赖特[M].北京：中国建筑工业出版社，2004.9.
⑧ 项秉仁，赖特[M].北京：中国建筑工业出版社，2004.9.
⑨ 项秉仁，赖特[M].北京：中国建筑工业出版社，2004.11.
⑩ 大师编辑部，弗兰克・劳埃德・赖特[M].武昌：华中科技大学出版社，2007.14.

类似包豪斯设计学校的初衷，它使赖特的建筑思想得以更加广泛的传播。① 尽管这期间，赖特的生活屡遭挫折，但他还是执着于自己的建筑事业。1904 年的拉金大厦，由于大楼位于产区内部，为避开烟尘和噪声，赖特对外墙的设计呈现出一种高耸封闭严峻的外观，但顶部采光天窗的开放设计、办公空间的开敞划分，以及金属办公设施、宽板玻璃门、悬挂便器和空调等新技术产品的使用，使建筑内部空间自由开放，突破了建筑外观的束缚，在整体上达到了空间、结构、功能的完美统一，赖特则骄傲的称它为“坚定不移的异教徒”。② 1906 年和 1915 年，赖特两次受邀出访日本，为日本东京设计了帝国饭店，帝国饭店建成后，在日本发生的多次地震中巍然屹立，显示出赖特对建筑结构技术的精深理解，赖特因此更加声誉远隆，③ 而他对中国、日本乃至东方的文化也有了更深刻的认识。1919 年的蜀葵（霍利霍克）别墅和 1923 年的约翰・斯托尔别墅，赖特开始尝试使用新的建筑语言，他设计了一种混凝土的砖块，不但价格低廉，而且通过模具塑造使砖块表面具有各种抽象的几何图案，砖块砌筑为建筑体后，砖块与混凝土灰浆融为一体，突显了清水混凝土建筑特别的素雅洁净。④ 几何图案拼接出的雕塑感则使建筑整体又呈现肃穆庄严的意味，这种新建筑语言的使用，可见之于美国印第安土著玛雅文化对赖特的影响。⑤ 另一方面也反映了赖特对建立美国本土建筑文化的认识上有了新的延伸和定位。此外，在这两座建筑的设计上，赖特开始尝试在住宅上展发出一种新的平顶建筑以替代斜坡屋顶风格。⑥ 1924 年，他完成了芝加哥国家人寿保险公司的图纸设计，虽然建筑没有建成，不过方案中赖特对钢结构和混凝土的运用作了进一步深化阐释：“钢材就像蜘蛛网一样，应该加以编织、张拉并因此提高强度，这就与它本来的特性完全一致了”，⑦ 而不应将钢材当成木料一样运用。1929 年的纽约圣马克斯大楼，体现了赖特对美国本土的印第安文化和树形结构更为有机的融合，⑧ 他通过一个十字形的钢筋混凝土结构从基础衍生到屋顶，每个楼层围绕十字结构各只有一套公寓房，保证了各套房的良好采光通风，结构承重完全由十字结构内核伸出的墙翅悬挑，原理近似树木的分叉和印第安人的屋顶装饰。由于经济原因，设计只是停留在图纸和模型阶段，但依然不影响它被誉为：“20 世纪最富有表现力的摩天大楼。”⑨ 1927 年，比利时皇家美术学院特别对赖特的建筑成就进行了

---

① 项秉仁，赖特[M].北京：中国建筑工业出版社，2004.16-17.
② 项秉仁，赖特[M].北京：中国建筑工业出版社，2004.9.
③ 项秉仁，赖特[M].北京：中国建筑工业出版社，2004.12.
④（美）戴维.拉金等，弗兰克・劳埃德・赖特[M].苏怡等译.北京：中国建筑工业出版社，2005.95.
⑤ 项秉仁，赖特[M].北京：中国建筑工业出版社，2004.12.
⑥（美）戴维.拉金等，弗兰克・劳埃德・赖特[M].苏怡等译.北京：中国建筑工业出版社，2005.100.
⑦ 项秉仁，赖特[M].北京：中国建筑工业出版社，2004.14.
⑧ 项秉仁，赖特[M].北京：中国建筑工业出版社，2004.15.
⑨ 项秉仁，赖特[M].北京：中国建筑工业出版社，2004.15.

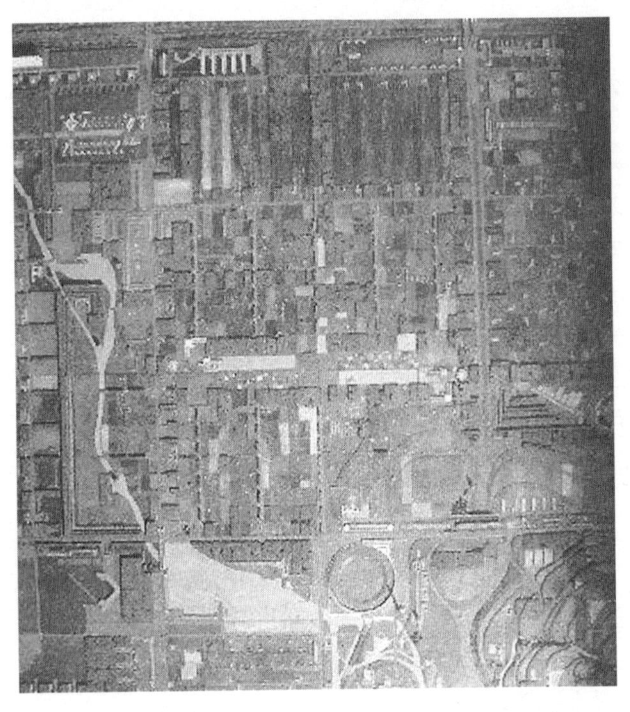

广亩城市

授奖，不过当时还没有多少人意识到他已走在了时代的最前列。[①]

3. 赖特的美国风建筑时期

1929年，美国的股市大崩溃，经济危机迅速影响到了国内建筑业的发展。[②] 同时资本主义的大工业生产加速了美国各地的城市化进程，城市人口的急增扩大了城市规模，城市布局也越来越混乱，交通拥挤、环境恶化、城乡生活差距越来越大、大量不堪居住的贫民窟产生等社会现状，令赖特深为不满："我们所知的美国城市不但将要死去，而且正在死去。"[③]他把矛盾指向摩天楼的无政府发展："现在的摩天楼只是唯利是图，为了老板们最大限度地榨取民众……它们正在毁灭城市。"[④] 加之赖特的有机建筑思想，赖特对摩天楼的态度是拒绝的；而他后来提出的高一英里共528层的芝加哥摩天楼，恰是为了节省建筑用地，使城市有更多的土地提供给交通和绿化。[⑤] 为此，1930年赖特在一次讲演中第一次提出了广亩城市的思想。1932年，纽约时代周刊以《广亩城市：一个建筑师的见解》刊发了赖特的城市设计主张。同年赖特的著作《消失的城市》出版，书中完整叙述了赖特广亩城市构想。1935年，在考夫曼的资助下，赖特完成了广亩城市的模型并在纽约的洛克菲勒中心展出。此后，赖特不断加深广亩城市的理念，并坚持不懈地宣传他的城市理想，如1938年的《建筑和现代生活》、1945年的《当民主建立时》、1958年的《活着的城市》等。[⑥] 广亩城市最基本的理念是"每一个美国男人、女人和孩子们有权拥有一亩土地，让他们在这块土地上生活、居住。并且每个人至少有自己的汽车"，[⑦] 在广亩城市的模型中赖特在四平方里的土地面积上，以每亩为模数发展，1400户居民分散开，以公路交通、机场和基础服务设施如社区服务中心、学校等将人们联系起来，工业则放在城市边缘。这种城市设计构思打破了城市和乡村的界限，使得"都市和农村的生活方式不再有什么差别"，[⑧] 如同赖特的草原风格建筑一般，实现了室内与室外空间的自由流动。广亩城市不仅仅是一个城市规划方案，它体现了赖特对社会与人的认知价

① 项秉仁，赖特[M].北京：中国建筑工业出版社，2004.15.
② 大师编辑部，弗兰克·劳埃德·赖特［M］，武昌：华中科技大学出版社，2007.24.
③ 项秉仁，赖特[M].北京：中国建筑工业出版社，2004.19.
④ 项秉仁，赖特[M].北京：中国建筑工业出版社，2004.19.
⑤ 项秉仁，赖特[M].北京：中国建筑工业出版社，2004.19.
⑥ 项秉仁，赖特[M].北京：中国建筑工业出版社，2004.20.
⑦ 项秉仁，赖特[M].北京：中国建筑工业出版社，2004.19.
⑧ 大师编辑部，弗兰克·劳埃德·赖特[M].武昌：华中科技大学出版社，2007.34.

值观的有机统一，① 也是赖特为美国人提供的一种社会生活模式。② 尽管广亩城市提出后就一直被视为一种乌托邦空想，③ 但今天看，赖特的广亩城市思想中有机疏散的概念，作为应对城市现代化所带来的各种恶果，越来越具有跨时代的意义。

赖特的美国风住宅就是基于广亩城市的概念提出的。事实上美国股市崩盘，直接受影响是一大批中产者，为使陷入经济危机的中产阶层能拥有自己的住宅标准，赖特在草原建筑风格的基础上，保留如室内外的空间流动、位于家庭中心的壁炉等，推出了更为简洁、功能分区更为明确的美国风住宅体系，④ 它的特点是根据不同业主的需求可以灵活的在不同的基地设计施工。主体部分的基本构成为开敞的起居空间和带有壁橱的卧室，车库、厨房等服务单元则与主体部分保持相对的统一，也便于日后的扩建。构筑上取消不必要的装饰，强调保持材料原有的本色。⑤ 在结构上赖特提出了三个新概念：一，重力热，基本原理是利用地面垫层埋设暖水管道供热，⑥ 既节约又经济；二，通过模数控制设计和施工的统一，⑦ 避免浪费；三，采用夹芯板墙为结构材料，⑧ 经济适用。1937 年建成的雅各布斯住宅，是赖特实现的第一个美国风建筑，面积为 124.5 平方米，造价 5500 美元，这与当时的一般私人住宅相比，仅属小康水平。⑨ 由于美国风住宅造价低廉，施工简便迅速，可在满足业主的需求时，兼顾环境、气候、材料的应变。在此后十年内，赖特的美国风住宅迅速普及到美国各地。⑩

1937 年建成的流水别墅和 1939 年建成的约翰逊制蜡公司办公大楼，奠定了赖特在建筑历史中不朽的大师地位。1934 年德裔富商之子埃德加・考夫曼邀请赖特参观了匹茨堡东南郊的熊跑溪，考夫曼希望在熊跑溪上游建造一座周末别墅。⑪ 熊跑溪周围的环境清幽宜人，密林环绕，曲觞潺潺，落叶随溪流在大块岩石中自由的湍漱，杜鹃花丛如星辰点缀在层叠的枫树林中，如诗如画。当赖特把第一轮草图交到考夫曼家族手中时，他们非常惊讶赖特为什么不把房子建在瀑布旁的坡地上，赖特平静地回答说："不，不要仅限于能看到瀑布，而是要和它们共处。"⑫ 1937 年秋，流水别墅建成，占地面积 380 平方米，室外的阳台面积也达到了 300 平方米，建筑共分三层，⑬ 别墅由赖特取名为流水。⑭ 建筑底

① 大师编辑部，弗兰克・劳埃德・赖特[M].武昌：华中科技大学出版社，2007.34.
② 大师编辑部，弗兰克・劳埃德・赖特[M].武昌：华中科技大学出版社，2007.34.
③ 项秉仁，赖特[M].北京：中国建筑工业出版社，2004.20.
④ 项秉仁，赖特[M].北京：中国建筑工业出版社，2004.23
⑤ 大师编辑部，弗兰克・劳埃德・赖特[M].武昌：华中科技大学出版社，2007.26.
⑥ 项秉仁，赖特[M].北京：中国建筑工业出版社，2004.23.
⑦ 项秉仁，赖特[M].北京：中国建筑工业出版社，2004.23.
⑧ 项秉仁，赖特[M].北京：中国建筑工业出版社，2004.23.
⑨ 项秉仁，赖特[M].北京：中国建筑工业出版社，2004.23.
⑩ 项秉仁，赖特[M].北京：中国建筑工业出版社，2004.23.
⑪ (美)戴维.拉金等，弗兰克・劳埃德・赖特[M].苏怡等译.北京：中国建筑工业出版社，2005.106.
⑫ (美)戴维.拉金等，弗兰克・劳埃德・赖特[M].苏怡等译.北京：中国建筑工业出版社，2005.109.
⑬ 大师编辑部，弗兰克・劳埃德・赖特[M].武昌：华中科技大学出版社，2007.42.
⑭ 项秉仁，赖特[M].北京：中国建筑工业出版社，2004.21.

广亩城市

层临溪，自由流动的空间设计使二、三层在室内即可直接俯瞰到流水的光影浮动，令人心不可抑。底层利用基地突出的地势，内含于二层挑台之下。二、三层横直错开的巨大挑台，减低了建筑整体的视觉体量，整个建筑仿若云岫轻浮于基地上，空透灵动，与周遭环境并不相扰。对于室内，赖特也是精雕细琢，家具和室内用品均由赖特统一设计，室内陈设位置也由赖特布置，为了保持同环境的有机统一，赖特甚至想把浴盆和便桶直接用岩石雕凿。[①] 由于赖特的执着，流水别墅被誉为“绝顶人造景物与幽雅天然景色的完美平衡”，“是 20 世纪无与伦比的世界最著名的现代建筑”。[②] 1963 年考夫曼将流水别墅捐献给匹兹堡西宾夕法尼亚州，他认为：“流水别墅的美依然像它所配合的自然那样新鲜，它曾是一所绝妙的栖身之处，但又不仅如此，它是一件艺术品，超越了一般意义，住宅和基地在一起构成了一个人类所希望的自然结合，对等和融合的形象。这是一件人类为自身所做的作品，不是一个人为另一个人所做的，由于这样一种强烈的含义，它是一个公众的财富，而不是私人拥有的珍品”。[③] 1939 年建成的约翰逊制蜡公司办公大楼，是赖特的另一项杰作。他别出心裁地采用了数十根状如平顶蘑菇，上大下小的自承重混凝土柱支撑大块玻璃组成的天顶，使阳光自然柔和的进入到室内的竖向开放空间，又令结构支撑如轻盈的蒲公英漂浮于空间中。大楼施工前，由于这种新颖的结构体系令威斯康辛建委感到非常不安，他们拒绝了这种建造结构。赖特因此据理力争，他先建造了一根样柱，然后在柱顶不断增加水泥、石块，直至 60 吨重时，圆盘才略有破损而柱身则完好无损，证明了赖特的结构设

① 项秉仁，赖特[M].北京：中国建筑工业出版社，2004.22.
② 项秉仁，赖特[M].北京：中国建筑工业出版社，2004.22.
③ 项秉仁，赖特[M].北京：中国建筑工业出版社，2004.22.

计完全没有任何问题。由于这件事引起的轰动，大楼完工后头两天就有三万人参观了这个建筑。连挑剔的著名建筑理论家吉迪翁在参观后也不得不感叹道："我抬头看见上面的光线，恍若池底的游鱼。"[①] 这个评价，完全达到了赖特的设计初衷："这个办公空间应如同供人祈祷的教堂一样是一处激动人心的工作场所，是现代事业的最高建筑表达"。[②] 有鉴于赖特对创造美国建筑文化所作出的一系列贡献，1941年，赖特作为第一个外国人获得了英国皇家建筑学会授予的金牌。

结语

第二次世界大战后，美国经济环境日趋稳定，尽管赖特已80多岁，但他仍在不知疲倦的工作，[③] 希望将他的有机建筑思想融为美国文化的一部分。1943年~1959年建成的古根海姆博物馆，是赖特终其一生所识的集大成作品。赖特对有机建筑设计语言的把控已炉火纯青，除了螺旋形的外观，可以看到赖特各个时期建筑思想最精华作品的影子，如温斯洛住宅的大屋顶、罗比住宅的均匀流动、戈登 · 斯特朗天文台的螺旋坡道、流水别墅的巨大挑台、约翰逊制蜡公司办公大楼的透明天顶、塔里埃森的抽象符号……尽管有人对螺旋斜坡有碍绘画作品的观赏颇有微词，当时的功能主义者也批评这个建筑的形式主义苗头，病诟它一点不顾及"左邻右舍"。[④] 但作为一个主要陈列抽象艺术作品的博物馆，赖特再一次为有机建筑的设计思想和设计语言作出了新的表述："在有机建筑领域内，人的想象力可以使粗糙的结构语言变为相应的高尚的形式表达，而不是去设计毫无生气的立面和炫耀结构的骨架，形式的诗意对于伟大的建筑就像绿叶与树木、花朵与植物、肌肉与骨骼一样不可或缺。"[⑤]

古根海姆博物馆

总结

总体而言，建筑历史的发展呈现出这样一种趋势：当建筑设计的主流风格不能再适应社会发展的需要时，它必然会被时代所需的另一种新的风格替代，这种风格也许是因为人的需求或新技术、新材料更能适应时代的

① 项秉仁，赖特[M].北京：中国建筑工业出版社，2004.25.
② 项秉仁，赖特[M].北京：中国建筑工业出版社，2004.24.
③ 项秉仁，赖特[M].北京：中国建筑工业出版社，2004.26.
④ 项秉仁，赖特[M].北京：中国建筑工业出版社，2004.26.
⑤ 项秉仁，赖特[M].北京：中国建筑工业出版社，2004.55.

发展需要。另一方面，建筑设计师完全可以根据时代的发展，创造出一种新的风格去引导时代潮流的发展，当然这种风格随着时间的推移会被质疑和批判；但是，如果它的初衷是为最大多数人的利益出发，它的历史价值于是就具有一种超越时空的意义，也许这就是建筑所追寻的永恒之道的价值所在。然而，无论如何，建筑可以是机器，可是人和环境不能也不可能是机器；建筑之外的环境相对于建筑，又是建筑的永恒之道存在的依托；人即便能创造建筑和风格,但也只能是环境中芸芸众生渺小的一分子。因此，人、建筑、环境之间的互动关系，恰如"一水一世界，一花一天国"。那么，相对于建筑以外的设计，又何尝不是如此呢！

参考文献

[1] 项秉仁，赖特 [M]，北京：中国建筑工业出版社，2004.

[2] 王受之，世界现代建筑史 [M]，北京：中国建筑工业出版社，2004.

[3] 大师编辑部，弗兰克 · 劳埃德 · 赖特 [M]，武昌：华中科技大学出版社，2007.

[4]（美）彼德 · 布拉克，赖特与凡 · 德 · 罗 [M]，张春旺，译 . 台北：台北书店，1983.

[5]（美）阿琳 · 桑德森，赖特作品与导游 [M]，陈建平，译 . 北京：中国建筑工业出版社，2005.

[6]（美）戴维 · 拉金，B.B. 法伊弗，弗兰克 · 劳埃德 · 赖特：建筑大师 [M]，苏怡、齐勇新，译 . 北京：中国建筑工业出版社，2005.

[7]（美）肯尼斯 · 弗兰姆普敦，现代建筑：一部批评的历史 [M]，张钦楠，译 . 北京：中国建筑工业出版社，2004.

[8]（英）彭妮 · 斯帕克，设计百年——20 世纪现代设计的先驱 [M]，李信、黄艳等，译 . 北京：中国建筑工业出版社，2005.

[9]（英）尼古拉斯 · 佩夫斯纳、J.M. 理查兹等，反理性主义者与理性主义者 [M]，邓敬、王俊等，译 . 北京：中国建筑工业出版社，2003.

第三章　设计思想与设计教育思维的转型

我们时代的主导观念虽然还未具有明确的形式，但是已经很清晰了：把自我同宇宙对立起来的旧的二元论世界观与今日的一切相比都黯然失色了，取而代之的是万物统一的观念，它认为所有对立的力量都处于绝对平衡状态之中。从事物及其表现中看出本质的统一性，这一清晰的认识挽救了创造性的活动。任何事物都不是孤立存在的。

——格罗皮乌斯

这种境况下他的成功靠的是什么？靠他的发明天赋，当然还有他的思想和工作方法的敏锐与精确，他的科学和技术的知识的范围，还有他展现我们文化最神秘最细微的过程的能力。马上就有了唯一提供了产品设计师教育新类型的学校——乌尔姆设计学院。它是新教育哲学的第一个范例。我确信以前或以后的其他学校能从其经验中获利，并且会走出同样的路。

——马尔多纳多

第一节 乌尔姆设计理论的系统观

第二次世界大战后复杂的环境中，为振兴国民经济，德国试图通过重振设计事业和设计教育，提高整体的产品设计水平。在这种背景下，乌尔姆设计学院应运而生。乌尔姆设计学院创建于 1947 年，在批判性的继承了包豪斯的设计模式之后，针对生产方式的转变而化生出新的设计思维与设计量度，从手工艺思维转向以现代科技为基础的系统思维，运用多维思维体系应对大工业生产背景下的交叉系统。乌大遵从系统论的设计原则，对设计进行全面整合，将设计发展成综合的跨学科研究，形成了系统设计理念，发展成为新的科学设计方法论。在教学领域则被诠释为“通识教育”模式，培养设计师的系统思维能力，进而发展团队合作精神。系统设计理念的关键在于综合不可思议的多样化，建立学科间的关联交叉。这恰好与时下所提及的生态设计及可持续设计理念遥相呼应，由此可见乌大前卫性的一面。其实，从穆特修斯的“从沙发垫到城市发展”到包豪斯的“无所不在的建筑”，再到比尔的“从汤勺到城市”，乌大一直肩负着提高生活水准，并且创造技术时代新文化的使命。“如果你看看今天的现实生活，实际上我们不只是在家里充满设计元素，同时也包括卫生设备，农业，学校，计算机。这全要归功于乌尔姆”。[①]

一、社会背景

1. 系统设计的伦理学基础：“社会性优先”原则

乌大的思想根源来自于德国职业教育之父“凯兴斯泰纳”(Georg Kerschensteiner)，凯氏提倡教育的伦理化，通过学术研究和实践活动建立职业技术学校，培养有用的国家公民。由于受到工业革命的影响，凯氏将学校中的工作场所和科学实验室连接起来，结合劳作与方法性原则，将理论与设计实践进行整合，开创系统设计的理论先河。这也是在大工业背景下，乌大一直与布朗等企业界保持着密切联系的原因所在。另外一位影响乌大教育理念的早期代表人物是约翰 · 亨利赫 · 裴斯塔洛齐 (John Heinrich Pesstalozzi)，他认为“只有依赖于教育，人才能成为人”，教育在对人性发展方面被赋予巨大意义。裴氏认为教育与生产劳动相结合的同时，应注重各种能力的“平衡”发展，而不是只注意发展某一方面忽视其他方面，从而培养和谐发展的、完善的人。裴斯塔洛齐研究简化教学的成果，提出“要素教育论”。他确认最基本的最简单的要素，是各种教育不可缺少的基础。这一思想后来深深影响了乌大的基础课教学。而后经历了“优良设计”(Good Design) 运动，穆特修斯 (Herman Muthesius) 的“民族良心”，德

① Rene Spitz,hfg ulm: The View behind the Foreground—The Political History of the Ulm School of Design, Axel Menges,2002.2.

国一贯秉承这种“社会性优先”的原则，也正是在这种伦理性需求驱使下，设计“不是一种表现，而是一种服务”。① 格罗皮乌斯称之为“完整的人”的教育，比尔则诠释成“培养新的，全面发展的个性”。因此，乌尔姆的“通识教育”理论不是培养某一领域的专才，而是通过人文科学和社会科学广博的思想理念，建立各学科间的关联，进而培养设计师的系统思维能力。设计也随之发展成各个不同项目的综合，从而导致寻求多重功能的系统设计理念，其核心是理性主义和功能主义，加上强烈的社会责任感的混合。

2. 系统设计的理论基础：系统论

20 世纪初世界知识体系骤变，对复杂性、连接性、适应性系统的研究成果被广泛应用于各个科学领域。乌大此时的工作也涉及基础理论、方法学的研究，并在结合同时代的系统论、控制论、协同论等前沿理论的基础上，研究新的设计方法学，建立了设计的科学框架。英格 · 艾歇 · 秀尔（Inge Aicher Scholl）在建校伊始就曾坦言“20 世纪迫在眉睫的文化任务的焦点正在这里萌发，它已经对整个世界产生间接影响，同时将世界各地的思想与影响汇聚于此，并以一种浓缩的形式传授给年轻一代”。②

乌尔姆的教员古意 · 彭西培（Gui Bonsiepe）曾经指出“设计现在本身并没有理论主题，而是从其他学科借用一些理论，使其适应设计的语境”。③ 1937 年 L.V. 贝塔朗菲（L.Von.Bertalanffy）提出一般系统论思想，进行系统哲学研究，突出整体性、关联性，等级结构性、动态平衡性、时序性等特征，注重系统技术、设计系统工程研究，以及系统思想和方法在现代科学技术领域和各种社会系统中广泛应用。乌尔姆的教育理念恰恰在这种思想背景下渐渐萌发，可以说将系统论思想引入设计领域，乌尔姆功不可没。从广义上讲，系统设计就是融合市场发展前景，设计和生产于一体的设计手段，设计就成了将市场信息与产品创意设计融入生产过程一种行为。因此，系统设计就是阐释和发展系统理念以满足使用者特定需求的过程。作为一种科学的方法论指导实践，它主要研究系统中各部分的关系是如何引起总体性能变化的，以及系统间的相互作用和形式与环境的关系。在这种思想的指导下，“设计是种规划的活动，必须考虑到后果的控制……外观不一定是设计主要的考量，还包括制造上、操作上、感受上的品质，及其对社会、经济、文化的影响。要了解的不只是设计的对象本身而已，还要了解其所处的使用脉络”。④ 由于时代语境变化，制造一把椅子

---

①（德）赫伯特 · 林丁格，包豪斯的继承与批判—乌尔姆设计学院[M].胡佑宗、游晓贞，译.台北：亚太图书出版社，2002.24.
②（德）赫伯特 · 林丁格，包豪斯的继承与批判—乌尔姆设计学院[M].胡佑宗、游晓贞，译.台北：亚太图书出版社，2002.177.
③ 古意 · 彭西培http://www.esdi.es/cidic/continguts/index.php?llengua=3&id=22.
④（德）赫伯特 · 林丁格，包豪斯的继承与批判—乌尔姆设计学院[M].胡佑宗、游晓贞，译.台北：亚太图书出版社，2002.129.

已经不再仅仅局限于匠人与使用者之间的协调，设计师的职责在于弥补工程专家的不足，开辟专业领域中的空白，注意对更多层面进行分析，进而达到一种平衡。“由于综合了多种角度，设计师的出发点是在他与其环境的复杂密切关联中规划出整个轮廓”。① 因此，乌尔姆试图在社会和文化，科学和技术之间创造一种有机的关联，同时追求理论与实践的平衡发展。

第二次世界大战后，世界掀起了科技设计的浪潮，在系统分析和系统理论的影响下产生设计方法运动，试图建立一套系统的设计方法。乌尔姆的一位客座教授布鲁斯 · 阿舍尔 (Archer.L.Bruce) 作为德国设计方法运动的重要代表人物，曾经在乌尔姆领导了一个交叉学科理论小组，基于对系统论的研究，力图发展一种理性的设计方法，进而提出了系统设计思维理论。这种分析问题的系统思维，直接影响到设计方法及其综合，以及验证设计方案的选择。系统设计既是一种设计观，也是一种设计方法论。1961 年阿舍尔提出设计方法论，将产品设计视为工程设计的统筹理论，试图论证科学的实验和分析能够有助于设计的合理性。其重要性在于：“为实施和保证设计的结果提供了可靠依据，并导致了设计主题的可传达性和适于教学性”。②

二、乌尔姆的“系统设计”实践

本质上而言，践行系统设计方法学的关键人物是汉斯 · 古格罗特(Hans Gugelot)。系统设计观念也在古格罗特与布劳恩公司的合作过程中，逐步得到完善，通过系列产品设计的推广，影响德国企业界。对于古格罗特而言，设计“不再将世界想成上层、下层，而是想成各种地位相等的活动的结合”。工业时代的到来使批量生产的预铸模式和系统组装成为可能。乌尔姆在整合设计的过程中,注重理论与实践的关联，加强与企业界的联系。在与布劳恩公司的合作过程中，团队合作精神的发展与系列产品的问世，“设计已经与各方面产生关联，并被认为是基本的经济和文化因素。”古格洛特的系统观首先基于一个模数单位的建立，在这个单位上反复发展，综合考量，形成完整的系统。“就像由一个次阶级组合而成的系统一样，是由元素组成的。这些元素在特性上必须互有关系，特性可以是单位上的米制、质量、形式或其他。只有当元素相互协调，一个系统才算存在”。③ 古格罗特主要关注的是各元素的组合方式的发展，“因为每一个系统都以分解为必须可再以某种方式组合起来的元素为必要前提。这种分析方式的思考方式使他导出了

① (德) 赫伯特 · 林丁格，包豪斯的继承与批判—乌尔姆设计学院[M].胡佑宗、游晓贞，译.台北：亚太图书出版社，2002.104.
② Design methodology movement,http://en.wikipedia.org/wiki/Design_methods.
③ (德) 赫伯特 · 林丁格，包豪斯的继承与批判—乌尔姆设计学院[M].胡佑宗、游晓贞，译.台北：亚太图书出版社，2002.97.

12.5 公分（也就是一公尺的八分之一）的标准尺度单位”，[①] 由此产生 M125 家具系统。这让我又想起了裴斯塔洛齐，裴氏借助一些简单的实物进行举证，他用许多积木堆成一个正方形，把这个正方形当成整数“1”，再拿它来对比部分与整体的关系。我们可以从古格罗特的设计产品中,清晰地看到这一理论的缩影。古格罗特认为对于复杂事物的设计，不能只停留在外表的装饰，而是深入其本质，与相关技术领域专家通力合作，建立关联系统，这种系统不是简单的罗列，首先你头脑中隐藏着一种潜在的信其可行的意识形态，先整体而后将局部贯通的系统，绝不是百货公司货品杂乱无章的罗列。

乌尔姆的另一位创办人奥托 · 艾舍（Otl Aicher) 在设计上主张在网络布局的基础上进行规划，以达到高度的理性化和功能化。艾舍倡导设计思维的系统化和整体化，造型的科技化，在内容与形式之间达到有机融合，从而将手工艺思维转向科学与现代化生产。艾舍曾为多家公司开发企业识别体系，德国企业形象的成熟发展就是系统设计的结果。在汉莎航空公司创立系统化的视觉形象体系设计过程中，“所有印刷品(包括公司用纸与公司内部表格)将以同样的系统方式予以处理。它不只被当成单一事项来设计，而是当成一个系统的一部分，由此产生了手法及组织的理性化”。[②] 1972 年，艾舍完成慕尼黑奥运会视觉系统设计，包括从制服到入场券都做了完整的设计，通过色彩、图表和网栅结构对各类信息进行整合。

三、乌尔姆的“生态设计”理念：可持续设计思维与关联思维

乌尔姆设计学院的建立恰逢“优良设计”运动 (Good Design) 的开端，二者同步进行，理念互动。在“优良设计”信条背后的社会目标暗示了一种未被破坏，仍有自然之美的社会秩序，含在其背后的是一种价值系统性。德国自工业同盟启就已经开始关注“过分发展”和“环境的”破坏等问题，进而提出发展公共生态意识，关注毫无节制的经济发展。乌大此时已经不再关注“优美形式”的创造，而是转向正确处理生产与消费之间的关系。“经济的考量也是适当的，不要一次次不断地支出，而是要在结构上进行更多的投资，让它尽可能有长期且广泛的应用”。[③] 乌尔姆是最早践行生态设计理念的学校之一，其设计理念深受一位客座教授的影响。1958 年 10 月，富勒带着他的“协同论”思想到访乌尔姆，富勒曾经表示，他一生的使命就是要设计出“用最少的资源，惠及最多数人”的方案，在这种思想的影响下，乌尔姆本着 “最低消耗，最高成效”的设计原则,发展出早期的生态设计思想。

---

①（德）赫伯特 · 林丁格，包豪斯的继承与批判—乌尔姆设计学院[M].胡佑宗、游晓贞，译.台北：亚太图书出版社，2002.95.

②（德）赫伯特 · 林丁格，包豪斯的继承与批判—乌尔姆设计学院[M].胡佑宗、游晓贞，译.台北：亚太图书出版社，2002.97.

③（德）赫伯特 · 林丁格，包豪斯的继承与批判—乌尔姆设计学院[M].胡佑宗、游晓贞，译.台北：亚太图书出版社，2002.155.

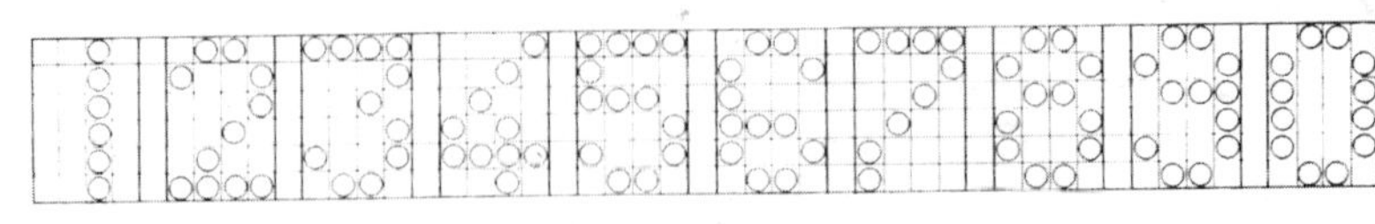

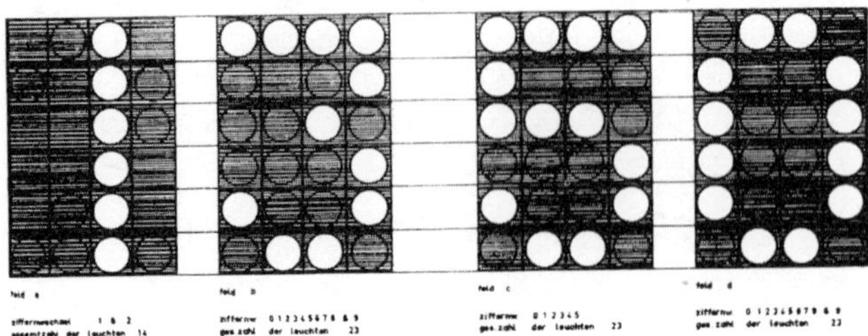

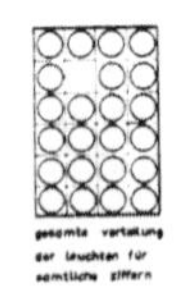

细节修正练习，Robert Graeff，1959，指导教师：安东尼 · 弗勒斯海于格

按照富勒的理论，各种不同的力量虽然常常互相抵消，但也存在互相促进、相辅相成的可能，如果可以想办法整合不同的力量就可以起到事半功倍的效果。这正是系统设计所追求的终极目标，设计师从确立要设计的事物的目的开始，他的设计由于综合了多种角度而找出了最佳的方案，他的出发点是在他与其环境的复杂密切关联中规划出整个轮廓。在营建系的教育内容中，就包括“将新技术整合到营建结构中，以便发展新的模组规则、模组形成与结合技术……建筑物被视为一个自然的，无害地融入景观中的元素”。① 因此，设计师要考虑到从选材到生产直至消费的一个循环系统，设计是一个动态的规划过程，人也只是在工业化复杂的社会网络中的一个链条。

生态节能的理念在乌尔姆的课程中早有体现，由安东尼 · 弗勒斯海于格（Anthony Froshaug）指导的细节修正练习课程，课上就要求学生用最少的光源造出最易辨识的字母，以达到节能的最佳效果。马克斯 · 比尔（Max Bill）也曾经在一次访谈中表明，造型被当成了整合的要素，设计所关注的是普遍的环境问题，设计师的设计作品，应当依据生态需要进行诠释，并符合经济的和美学的观点。因此，设计不是“单纯依据消费需求的技能运作，而是生产与我们的生活有某种和谐关系的物品”。由此可见，乌尔姆所倡导的系统设计理念的前卫性，因为我们所谓的生态灾难概念多半源于车诺比事件，② 乌尔姆却早在半个世纪以前就已经将设计理解成生态系统下的关联的营造。

① （德）赫伯特 · 林丁格，包豪斯的继承与批判—乌尔姆设计学院[M].胡佑宗、游晓贞，译.台北：亚太图书出版社，2002.209.

② 车诺比事件是1986年4月26日发生在前苏联乌克兰的核电站核子反应炉事故。这次事件被普遍认为是一次生态灾难。设计界自此开始关注生态设计问题。

奥托·艾舍设计的慕尼黑奥运会视觉形象设计系统

四、现代启示

虽然时过半个世纪之久，乌尔姆的现实意义至今丝毫未损，其设计理念迄今仍十分符合时代的要求。乌尔姆对于基础理论及方法学的研究，为现代设计搭建了科学的框架。“设计方法论的领域如果没有乌尔姆的努力，那将是难以想象的。”[①] “系统设计的潜台词是以高度次序的设计来整顿混乱的人造环境，使杂乱无章的环境变得比较有关联和系统”。[②] 然而，今天在消费文明的冲击下，我们的设计流于表面形式，忽略了系统的存在，而截取其中一个链条，追求片面、孤立的发展。“我们何以解释各种区域规划只触及复杂情况的皮毛，何以我们的环境中丑陋增加得比减少得多。”[③] 在中国今天的城市化进程中，我们正面临西方50多年前的惨败教训，是重蹈覆辙，还是探寻新路？人们无法控制自己居住的生活环境，反而是环境控制着人们的生活，进而与他们对立。在消费导向驱使下，汽车设计仅局限在对外表性能的追求，而忘记了它与城市的尺度协调，城市病，交通阻塞等一系列问题的出现，并不是多建几条道路就可以解决的，我们需要的是一个可以整体协调运转的体系。系统是一个动态的统一体，必须着眼于整体内部的协调，形成各元素之间的平衡，达到一种整体的和谐。我们不能忘记乌尔姆的道路标识的系统化设计，建筑预制元件的营建方式，今天的设计师要考虑的不只是某个单一因素，他不是统治者，而是调节者，不单纯停留在对工业化制造方面的考虑，而是将设计置于互相影响和相互制约的社会关系中，从而建立一种联系。借鉴乌大的系统思维指导设计实践，结合当代语境，设计要考虑生产、结构、

---

① Rene Spitz，hfg ulm: The View behind the Foreground—The Political History of the Ulm School of Design, Axel Menges，2002.23.

② 战后“包豪斯”：乌尔姆[EB/OL].中国建筑文化网，http://www.chinaacsc.com/attention/ShowArticle.asp?ArticleID=1532，2008.2.

③（德）赫伯特·林丁格，包豪斯的继承与批判—乌尔姆设计学院[M].胡佑宗、游晓贞，译.台北：亚太图书出版社，2002.214.

经济、技术、美学等多方面的因素，设计师就好比调酒师，将其成分恰当的综合，产生新的形式与意义。

第二节　乌尔姆设计教育的通识观

1956 年　乌尔姆设计学院校舍

乌尔姆设计学院继承了包豪斯“社会性优先”的民主思想与理性主义设计原则之后，将人文和科学进行整合融入到设计中，为现代设计搭建了科学的平台，并逐渐形成了一套自己的设计哲学。同包豪斯一样，乌尔姆决心回到日常生活的本质，它强调设计所担当的社会角色，认为“设计不是一种表现,而是一种服务。”正如赫伯特 · 林丁格所言“如果你看看今天的现实生活，实际上不只是在我们的家里充满了设计元素，同时还包括卫生设备，农业，学校，计算机等领域都充斥着设计的影子，这全要归功于乌尔姆”。① 与包豪斯不同的是乌尔姆将设计引向了科学的研究，例如乌尔姆将系统设计理念作为一种科学的方法论，从而创造出一种超越国界的、共同的设计语言，一种设计方法学。基于以上乌尔姆的设计哲学，在设计教育上，乌尔姆发展了一种“通识教育”的教学模式，以此来培养设计师的一种“行为意识”，即系统的思维形式。

一、乌尔姆教育思想的形成：“通识教育”理念

自 1947 年起经历了 3 年的酝酿期,乌尔姆设计学院创建于 1953 年，作为一所设计学院，其定位是工业产品造型领域的国际性教学、发展与研究中心。乌尔姆试图消除技术文明和德国文化之间的对抗，并反思工业社会中美学和设计的社会意义。乌尔姆的首任校长马克斯 · 比尔（Max Bill）毕业于德绍包豪斯,这也为乌大打上了“新包豪斯”的烙印。然而由于时代语境的变迁，设计走向日常生活必须适应工业化大生产，乌尔姆为此提出了新的设计思维和设计量度，运用多维的思维体系应对大工业生产背景下的交叉系统。乌尔姆的教学模式也逐渐转向以现代科技为导向，遵从系统论的设计原则，形成了新的科学设计方法论。用奥托 · 艾舍(Otl Aicher)② 的话说,乌大的意义在于提供给设计师“广泛的教育、客观的设计方法理论，以拥抱工业时代”。 1951 年 5 月乌尔姆设计学院确立了其教育观念：“学院系统、学生参与校务、校园理念（Campus）、小组工作、由做来学、教育学生为行为寻找论证与理由、

① Rene Spitz，hfg ulm: The View behind the Foreground—The Political History of the Ulm School of Design, Axel Menges，2002.27.

② 奥托·艾舍（Otl Aicher,1922-1991），德国平面设计家。是德国20世纪最有影响力的设计师之一，同时也是国际知名的设计师。德国乌尔姆（Ulm）设计学院的创始人之一。

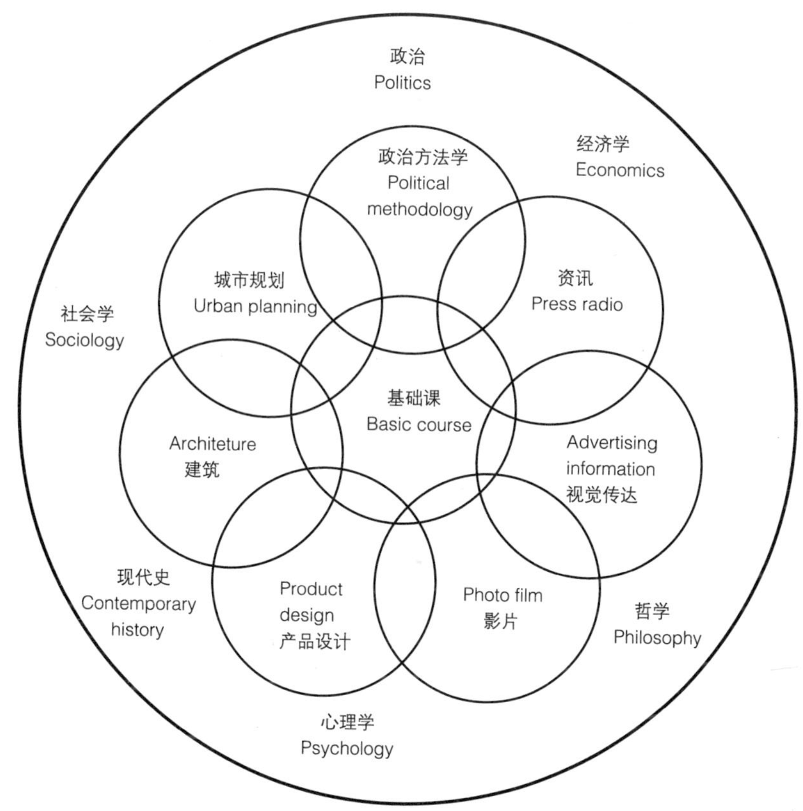

乌尔姆设计学院基础课程训练计划——通识教育

非专才教育，而是跨学科的通识教育。"[①]

英格·艾歇·肖勒（Inge Aicher-Scholl）在建校伊始曾指出"我们能否成功地通过将技术与文化、人文精神融合为统一的整体，从而营建和谐的文明……从一开始我们就已经意识到，我们并非想要教育出专家来，而是培养视野开阔的人，他们能够发现生活中的关联。这就是为什么通识教育才是我们计划中的重要内容"。[②] 1959 年起乌尔姆设计学院明显转向工业实践和新技术的研究，设计成了设计师与学者，研究人员、商人与技师通力合作的产物，凝聚了生产与营销相结合的团队精神。"如果设计和科学能够通力合作的话，就需要有那些能够理解更广泛的社会联系的通才，他们能同时掌握广博的技术领域、工业领域，历史和社会领域的知识"。[③]

二、思想根源

1."社会性优先"原则

乌尔姆设计学院的思想根源来自于德国职业教育之父"凯兴斯

① (德)赫伯特·林丁格，包豪斯的继承与批判—乌尔姆设计学院[M].胡佑宗、游晓贞，译.台北：台北亚太图书出版社，2002.24.

② Rene Spitz,hfg ulm: The View behind the Foreground—The Political History of the Ulm School of Design, Axel Menges，2002.130.

③ Rene Spitz,hfg ulm: The View behind the Foreground—The Political History of the Ulm School of Design, Axel Menges，2002.22.

泰纳”（Georg Kerschensteiner,1854–1932），凯氏提倡教育的伦理化，通过学术研究和实践活动建立职业技术学校，培养有用的国家公民。而后发展到“优良设计”（Good Design）运动，穆特修斯（Herman Muthesius）的“民族良心”，德国一贯秉承“社会性优先”原则，正是在这种伦理性需求驱使下，设计“不是一种表现，而是一种服务”。① 格罗佩斯称之为“完整的人”的教育，比尔则诠释成“培养新的，全面发展的个性”。因此，乌尔姆的教育理论不仅是将学生培养成设计师，而是通过人文科学和社会科学广博的思想理念，进而强化并完善发展他们的人格特性。设计也随之发展成各个不同项目的综合，从而导致寻求多重功能的系统设计理念，其核心是理性主义和功能主义，加上强烈的社会责任感的混合。在这种“综合形式”的系统思维影响下乌尔姆设计学院产生了“通识教育”理念。教育的目的是工业化复杂系统背景下的社会责任，而不是某一单一领域的专家。“这些设计师必须具备今日产业分工合作所需的技术及科学知识。同时他们必须了解并牢牢记住他们的作品对这整个文化及社会的影响”。②

2. 从系统论思想到“通识教育”理念

20 世纪初世界知识体系骤变，系统论、控制论、有机论、协同论等各种理论体系作为实践导向相继诞生，对复杂性、连接性、适应性系统的研究成果被广泛应用于各个科学领域。1937 年 L.V. 贝塔朗菲（L.Von.Bertalanffy）提出一般系统论思想，进行系统哲学研究，突出整体性、关联性，等级结构性、动态平衡性、时序性等特征，注重系统技术、设计系统工程研究，以及系统思想和方法在现代科学技术和社会各种系统中的实际应用。第二次世界大战后，世界掀起了科技设计的浪潮，在系统分析和系统理论的影响下产生了设计方法运动，力图建立一套系统的设计方法。而乌尔姆设计学院此时汇集了世界各地的领域精英，诺贝特 · 维纳（Nobert Wiener）的控制论、雨果 · 哈林 （Hugo Haring）的有机论、巴克明斯特 · 福勒（Buckminster Fuller）的协同论思想都在这里交错纵生，他们也都曾作为乌尔姆设计学院的客座教授而到访。“20 世纪迫在眉睫的文化任务的焦点正在这里萌发，它已经对整个世界产生间接影响，同时将世界各地的思想与影响汇聚于此，并以一种浓缩的形式传授给年轻一代。” ③

三、课程设置

“设计本身并没有理论主题，而是从其他学科借用一些理论，使

---

①（德）赫伯特 · 林丁格，包豪斯的继承与批判—乌尔姆设计学院[M].胡佑宗、游晓贞，译. 台北：台北亚太图书出版社，2002.18.

②（德）赫伯特 · 林丁格，包豪斯的继承与批判—乌尔姆设计学院[M].胡佑宗、游晓贞，译. 台北：台北亚太图书出版社，2002.143.

③（德）赫伯特 · 林丁格，包豪斯的继承与批判—乌尔姆设计学院[M].胡佑宗、游晓贞，译. 台北：台北亚太图书出版社，2002.177.

其适应设计的语境。”① 系统论的提出，在这个时代的各个领域都有潜移默化的影响，在设计中的应用产生了系统设计理念。古格洛特认为系统设计既是一种设计观，也是一种设计方法论，是能够通过系统化综合不可思议的多样化。在教育领域就衍生出乌尔姆设计学院的“通识教育”模式，最终形成对设计师系统思维的培养。乌尔姆设计学院的这种教育模式是建立在工业技术基础上的理性观念，结合同时代的前沿理论，开设了控制论（cybernetics），资讯理论（information theory），系统理论（system theory），符号学（semiotics），人因工程学（ergonomics）等多门理论课程，研究新的设计方法学，建立了科学、系统的课程体系。工业时代的机器思维模式割裂了学科间的交互关系，造成了知识的断裂。乌尔姆设计学院对设计进行全面整合，教育理念上对多学科进行整合，将设计发展成综合的跨学科研究。这种社会性，从其系别设置上也显而易见。乌尔姆设计学院本身就是一个大系统，最初设立了四个科系，分别是资讯系、工业营建系、视觉传达系和产品造型系。各个科系之间关系密切，互为补充，协调发展。

视觉传达系的教育目的是为了培养能够充当协调角色的“通才”，他们不受专业界限的束缚，熟悉所有相关领域，并可将之有机结合。由于文字与图式的密不可分，资讯系成为了视觉传达系的一个有利补充。工业营建系也并非只是为了训练出一些专家，而是要让建筑师为承担起由于营建的工业化而加重的责任预作准备。这就是当时德国“社会性优先”原则驱使下“通识教育”模式的伦理性诉求。影片系则力图培养一个领域的全才，“影片造型师主导拍片的整个过程……不只是电影界一般性的结构改变，也涉及从影片、到制作、组片、电影院一直到观众的整个脉络。”②

乌尔姆设计学院“通识教育”模式下的另一教学特色就是基础课内容的设置。作为一所国际学校，乌尔姆设计学院整合了来自不同国家的学生，因此基础课的开设能够调整不同科系学生先前所受教育的差异性。同时，保证了不同科系的学生在方法使用上的共通性，打通了各专业的基础理论，引导学生有系统地掌握一些方法学的知识。通过训练不同学科之间的合作，加强学生对今后工作的团队合作意识。“如果以后我们成功的设计出新产品，那将是设计师和工程师集体协作的结果，以及生产与营销相结合的团队精神，这一点在教育学领域中也至关重要”。③

---

① 古意・彭西培http://www.esdi.es/cidic/continguts/index.php?llengua=3&id=22.

②（德）赫伯特・林丁格，包豪斯的继承与批判—乌尔姆设计学院[M].胡佑宗、游晓贞，译. 台北：台北亚太图书出版社，2002.193.

③ Rene Spitz，hfg ulm: The View behind the Foreground—The Political History of the Ulm School of Design, Axel Menges，2002.134.

四、系统设计思维的培养

在多维交叉发展的时代语境下，乌尔姆设计学院力图通过“通识教育”培养设计师的系统思维模式，以应对多元化的发展趋势。1958年以后，乌尔姆设计学院开始投身于系统化设计和设计的系统化。设计成为一种规划活动，必须考虑到后果的控制，呈现出多元化的包容性，设计师的主要考量不再局限于形式的艺术设计，“要了解的不只是设计的对象本身而已，还要了解其所处的使用脉络”。[①] 例如，汉斯 · 古格洛特 (Hans Gugelot)[②] 的M125家具系统设计以及汉堡地铁设计。对于古格洛特而言，设计“不再将世界想成上层、下层，而是想成各种地位相等的活动的结合”。设计不能只停留在外表的装饰，而是深入其本质，与相关技术领域专家通力合作，建立关联系统。这种系统不是简单的罗列，首先你头脑中隐藏着一种潜在的信其可行的意识形态，先整体而后将局部贯通的系统。德国企业形象的成熟发展就是系统设计的结果。在为汉莎航空公司创立了系统化的视觉形象体系过程中，艾舍强调“所有印刷品（包括公司用纸与公司内部表格）将以同样的系统方式予以处理。它不只被当成单一事项来设计，而是当成一个系统的一部分，由此产生了手法及组织的理性化”。[③]

乌尔姆设计学院作为现代设计教育的坐标，仍有许多成功的理念值得我们学习借鉴。乌尔姆设计学院对于基础理论及方法学的研究，为现代设计搭建了科学的框架。由于多元化的发展趋势，乌尔姆设计学院的意义在于通过“通识教育”模式，培养设计师的系统思维形式。设计成为系统分析的过程，需要同时性多方考虑，改变了以往设计师的身份认同，他们必须同多方通力合作。然而，国内由于缺乏对国外先进理论的深入研究，学个皮毛就粗制滥造的大加抄袭。加之消费文明的冲击，设计教育专业分工细化，圈地封侯，片面夸大技术至上的设计原则，忽视了设计作为交叉学科错综复杂的系统存在。

现代设计已经进入多学科综合发展的领域，“通识教育”是对知识系统完整建构的需要。“通识教育”并不是简单的开设几门选修课就可以达到的，而是一种系统思维的训练，设计师不是统治者，而是调节者，不单纯停留在对工业化制造方面的考虑，而是将设计置于互相影响和相互制约的社会关系中，从而建立一种联系。通过借鉴乌尔姆设计学院的“通识教育”体系发展现代设计教育，培养设计师的系统设计思维，

---

① （德）赫伯特·林丁格，包豪斯的继承与批判—乌尔姆设计学院[M].胡佑宗、游晓贞，译. 台北：台北亚太图书出版社，2002.129.

② 汉斯·古格洛特(Hans Gugelot)（1920—1965），1954至1965年间任教于乌尔姆设计学院，他极力推崇系统设计的想法，并根据这一理想而提出了诸多专案计划。

③ （德）赫伯特·林丁格，包豪斯的继承与批判—乌尔姆设计学院[M].胡佑宗、游晓贞，译. 台北：台北亚太图书出版社，2002.157.

综合考虑生产、结构、经济、技术、美学等多方面的因素，树立社会责任意识和团队合作精神。设计师的身份就好比调酒师，将诸多成分恰当的综合，产生新的形式与意义。

第三节 广义设计观与集成通变思想

我们曾经沉溺于追求架上绘画娴熟的技能，也曾热衷于对专业的技术性分割，但结果往往是画地为牢，故步自封，仿佛狭隘的心中只有自己的一棵小树，忘却了哺育它的广袤森林。然而，伴随着一次次科技浪潮的洗礼，社会文明的进步，人类的学科体系已由以往的分散性、专业化转向综合的交叉性体系，现代设计自然成为了具有代表性的交叉学科。钱三强也曾指出 21 世纪是一个交叉科学的时代。

一、当代设计的广义化转向

当今“设计”的定义日渐广义化，它包括了一切现代事物的实现过程。随着第四产业的日渐成型，经济结构正在从商品生产经济向以知识、信息服务型为主的转变，中国社会也正在努力摆脱劳动密集型产业的代工次工业地区的地位，那么应运而生的一种交叉学科体系就是现代软科学。它是一门综合性科学技术，是多学科交叉渗透的产物，发挥着系统、整体效能的作用。从罗斯福新政[①]到曼哈顿计划，[②]再到阿波罗登月计划，[③]实践的史实证明了现代软科学的实际意义。西方的细胞学说更揭示了整个有机界的起源和构造的共同性，达尔文则用“遗传联系”把所有的有机物联系起来，进而产生了能量转化理论，其实“思想本身包含着知识的综合，并成为新的综合的基础”。[④]现代设计是一种混生科学，是连接其他学科的“桥梁”科学，它势必将全部科学连成一个有效的统一体。人们也逐渐认识到“日常生活中的设计不仅是一次专业实践，也是一门集社会、文化、哲学研究于一体的学科”。[⑤]因此，我们不难预计，今后的设计师一定是即有敏锐观察能力，又有高度的思维能力，包括分析能力、综合能力、抽象能力及文字能力的“通才”或“杂家”。

现代交叉学科的思想在中国古代哲学中由来已久。无论是先秦设计思想奉行的“尚和去同”，[⑥]中国汉字“异质同构”的特性，还是

---

① 针对1929年美国开始的经济危机，罗斯福开始在保留资本主义自由企业的前提下，政府对经济进行全面干预。内容包括整顿银行与金融业；调整农业生产；调整工业生产；实行社会救济；“以工代赈”等一系列相关政策措施。

② (Manhattan Project) 美国陆军部1942年6月开始实施的利用核裂变反应来研制原子弹的计划，亦称曼哈顿计划。计划操作过程中集中了各个领域的精英，因而享有“诺贝尔奖获得者集中营”之誉。

③ (Apollo Project)，又称阿波罗探月项目集，是美国从1961年到1972年从事的一系列载人登月飞行任务。

④ 柯普宁，艺术与科学——问题、悖论、探索[M]. 北京：文化艺术出版社，1987.

⑤ 理查德·布坎南，维克多·马格林，发现设计[C].周丹丹，刘存译，南京：江苏美术出版社，2010.

⑥ 晏婴的“尚和去同”说，语出《左传·昭公二十年》。

孔子“和而不同”的哲学思辨,以及“方圆论”、[1]“殊途同归”、[2]“三才理通”、[3]“和实生物”、[4]“理一分殊”[5]等思想,都体现了一种交叉、融合的混沌哲学思想。这一哲学理念在艺术领域发展到近代则经历了以徐悲鸿为代表的“尽精微而致广大”,以及蔡元培的“以美育代宗教”思想,逐步形成了“大美术”理念,这些都是一种综合的交叉思维。下面让我们撇开不同艺术的具体形式,从观念层面审视当代艺术与设计“异质同构”关系。

二、“道同形异”的艺术与设计

随着当代艺术的发展,艺术步入了多元化发展的轨道,各种概念的边界也越发模糊。以美术为例,“说穿了‘美术’这个领域本身没有边缘,归根结底是对人的关注,牵扯到对人的审美的培养,目之所及,皆应有美的介入”。[6]关于“大美术”陈逸飞的解释是“从现代人文主义生活方式出发的现代艺术设计,这包括了书画、影视、视觉形象设计,也包括一切工业美术设计及涵盖一切的多媒体”。[7]而当下热议的“大建筑”、“大工业”,亦或“大设计”,其本质都是对广义的交叉思维的概述,它们力图突破狭隘的学科局限,却无意中落入另一个概念的束缚。“大”之本意并非是对狭隘的专业领域的扩充,而是思维领域的扩展,挣脱专业知识的枷锁,穿越学科间的藩篱。其实,“言有尽,而意无穷”,这种广义的交叉思维更多的是侧重综合,也恰恰是中国传统“和合”哲学的有力印证,张岱年也曾经指出“和”即多样性的统一,“和”的意思就是和而不同,“和是兼容多端之意”,“实为创造性的根本原则”。其融合的结果不是单一,而是多元。这种综合、交叉的理念在设计中的指导,则是我们关注的重点。正如美国阿波罗登月计划就是这种综合性思路的设计,其总指挥韦伯曾经说过:“阿波罗计划中没有一项新发明的技术,都是现成的技术,关键在于综合”。[8]一个成功的设计,通常是在某种基本规律的制约下,将规律娴熟的运用于一种传播媒介上,综合地表现出来。

陈逸飞曾经在一次采访中说:“我有一双画家的眼睛,我把从画中悟到的东西运用到我现在做的所有事情中去……画家并不是创造美,而是发现美,是把美的东西传递给观众,好的画家应该是一个真

① 语出《周易·系辞上》:“圆者,运而不穷。方者,止而有分。言蓍以圆象神,卦以方象智也。唯以方象智也。唯变所适,无数不周,故曰圆。卦列爻分,各有其体,故曰方”。
② 语出《周易·系辞下》:“天下同归而殊途,一致而百虑”。
③ 语出《后汉书·张衡传》,范晔赞曰:“三才理通,人灵多蔽。”“三才”是指天、地、人,引自《周易·系辞上》:“有天道焉,有人道焉,有地道焉,兼三才而两之”。
④ 语出《国语-郑语》:“夫和实生物,同则不继。以他平他谓之和,故能丰长而物生之。若以同稗同,尽乃弃矣。故先王以土与金、木、水、火杂以成百物”。
⑤“理一分殊”是中国宋明理学讲一理与万物关系的重要命题。源于唐代华严宗和禅宗。宋明理学家采纳了华严宗、禅宗的上述思想,程颐提出了“理一分殊”的命题。
⑥ 袁运甫,悟艺集[M],北京:人民美术出版社,1995.
⑦ 小梦,“大美术”筑建逸飞理想[J],中国纺织,2003,10:114-117.
⑧ 搜狗,创新设计的需要、途径和障碍[EB/OL],http://www.fyjs.cn/viewarticle.php?id=115704,2007-11-11.

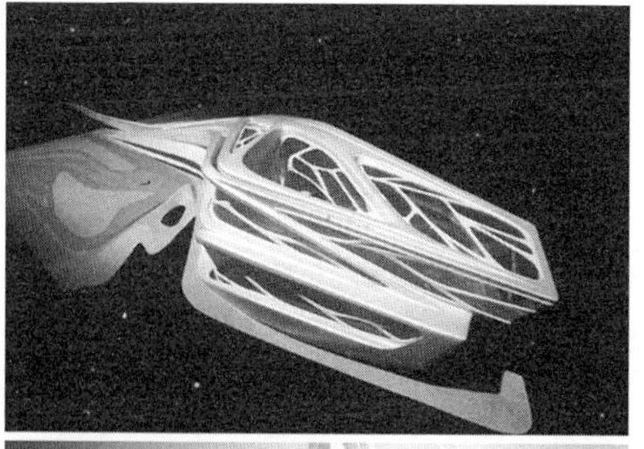

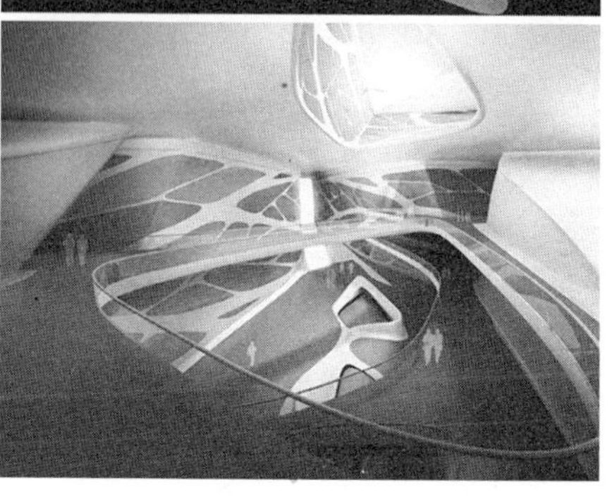

哈迪德参与设计的MELISSA鞋（左上）

时装大师阿玛尼设计的特别版奔驰 CLK（左下）

哈迪德设计的表演艺术中心（右）

正的文化人，他的眼睛不能只局限于一块小小的画布，这也就是在我绘画之外，还要去拍电影，设计服装的缘故，选择什么形式表达美，在我看来并不重要，重要的是你想告诉人们什么。”① 这其中所蕴含的是一种“异质同构”的关系，你可以“寻门而入”，也要知道怎样“破门而出”。遵循这种交叉思维理念的现代设计则是一种综合性设计，是通过“集成通变”后“破门出来”，综合的不仅仅是文化、技术与艺术，重要的是综合后的创新思维。

广义设计学的“集成通变”理念正是立足于“集成”内在之“理”，理通而变，而后推而广之。在设计的过程中，变换的只是不同的设计媒介，但融会贯通的是设计之“道”。因此，无论是扎哈 · 哈迪德(Zaha Hadid) 的解构主义建筑设计，还是她设计的未来派女子鞋；亦或阿玛尼版的奔驰车，这些都是跨界设计的生动再现，都是设计之“道”的“通而变之”。

1. 万趣融其神思：“世界之王”詹姆斯 · 卡梅隆

我们知道，所谓领域，是时代学科发展背景下人为设置的假定边界，但这不应该限制了人类创造性思维的发挥空间。广义设计理念打破传统束缚，遵循现代交叉思维理念的指导，采取“和而不同”的设计方法，使设计已经不再局限于往日的造型设计或简单的风格设计。它横跨不同的设计领域，集成不同的设计语言，贯通多样的设计文化，整体性比较，相对性思考，开辟了一片别样的创意天空。

时下最风靡的影片《阿凡达》的导演詹姆斯 · 卡梅隆堪称“世界之王”，他的成就不只在于创造了一部 3D 电影，而是开辟了一

① 孙长玲，飞逝的灵魂——陈逸飞和他的视觉艺术[J].合肥：安徽文学，2009,2:153.

《阿凡达》剧照

个新的时代、新的语言和文化，这是艺术形式进化过程中的里程碑。他的父亲是一名工程师，母亲是一位艺术家，这似乎注定他一生下来就会具有工程和艺术两方面的才华。他有很好的组织能力和艺术天赋，跟随母亲自幼学画，并举办过多次绘画作品展。深厚的绘画功底成就了他日后的艺术创造，《阿凡达》中怪物闪电兽的造型就出自于卡梅隆之手。《阿凡达》的创作过程是一个复杂、而又综合的设计过程，他聘请了加州大学植物学系主任朱迪·霍尔(Jodie Holt)为他创造的植物，描绘出以科学为依据的细节，还有一位天体物理学家、一位音乐教授和一名考古学家来设计潘多拉星的大气密度和一种三声阶的异族音乐。石涛曾经说过“深入物理”方能“曲尽物态”。这种综合不是机械的简单叠加，而是一种“和实生物”的表现，根据实践的需要，泛及不同的学科，不同的文化，不同的技术之间的互渗，在这些元素的综合贯通后，发生的一种思维方式的迁移，从而产生了一个新的体系。此外，《阿凡达》带给了我们艺术发展的新境界，它艺术性的表达起到了对人情感的培养和升华作用。卡梅隆跨越了电影业的一个时代，同时涉足美国NASA的顾问委员会，策划真正的太空行程，为执行下一次火星任务的探测器设计高分辨率3D摄像机。在今日如火如荼的墨西哥湾漏油事件中，他也曾挺身而出，出谋划策。卡梅隆带给我们的不只是影片中阿凡达的视觉冲击力，更多的是这种“海纳百川”的设计思想，“万趣融其神思”而后一以贯之，创造性的综合产生综合中的创造。

2. 同一个世界，同一个梦想：美美与共，天下大同

英国哲学家罗素曾说过：“不同文化之间的交流过去已被多次证明是人类文明发展的里程碑”。[①] 在世界多元文化的时代背景下，21世纪的艺术思辨无疑将面对多方的挑战，费孝通教授曾经指出“各美其美，美人之美，美美与共，天下大同”，[②] 这是对中国古典哲学“和则生物，同则不继”的美学阐释。2008年中国奥运会开幕式是多维交叉的艺术理念在当代设计领域的完美诠释。在文化背景、地理时空各异的情况下，开幕式感动了世界。那么我们就不能不提及另外一位著名的导演，中国第五代导演——张艺谋。他的涉猎范围尤其广泛，他执导过歌剧《图兰朵》、《秦始皇》、芭蕾舞剧《大红灯笼高高挂》、

① 费溢群，文明对话[EB/OL]，伯特兰·罗素，中西文明比较[EB/OL]，央视国际（http://www.cctv.com/commerce/20060414/101127.shtml），2006-4.
② 张晶，中国古代多元一体的设计文化[M].上海：上海文化出版社，2007.

大型山水实景演出“印象”系列，拍过北京申奥和上海申博的官方宣传片，拍北京奥运会会徽、火炬宣传片，给丰田威驰拍广告，设计《第29届奥运会开闭幕式纪念》邮册及《中华人民共和国成立六十周年纪念》邮册等。

奥运开幕式融合了具有代表性的中华文化元素，结合现代感的表演艺术，配以声、光、电、多媒体手段等科技含量，这是一次科技、艺术与文化完美结合的设计，“自觉地将科学的认识与艺术的想象有机地结合起来”。① 设计与科技的融合，通过科技手段表现艺术的形式，艺术与设计均已超越了“见山是山”的境界，是一种杂交的创造。另外，大江南北，红极一时的“印象系列”被张艺谋称为“中国的迪斯尼”，其实“印象”系列复制的是“印象”和山水实景演出的模式，但在内容上不尽相同，即广义设计交叉、融合、“异质同构”的理念，其“一以贯之”的是创新的交叉思维理念。

知识结构的改变、新技术的发明，审美多元化的要求都将导致新的设计形式的产生。我们需要的是社会各界的“合唱”，唱出和谐变化的乐音，而非那枯燥乏味的“齐唱”，或是个人主义的“独唱”。广义设计学则更加关注交叉领域研究，关注人类的生存状态和环境的协调发展。从为绿色奥运而建的奥运建筑到哥伦比亚会议产生的低碳理念，设计已经不再是单线发展，而是多元的综合理念的创新。我们不知道这种“集成通变”的设计理念能否阻止喜马拉雅山冰雪的融化，但我相信“磁石引针，琥珀拾芥，蚕吐丝而商弦绝，铜山崩而洛钟应”，② 此乃远事遥相感者。打破传统思维定式，遵循广义设计学理念，方能艺通古今，心驰中外，从“见山是山”到“见山非山”，最终和合贯通，生生不息。

参考文献

[1] Rene Spitz，hfg ulm: The View behind the Foreground—The Political History of the Ulm School of Design, Axel Menges，2002.

[2]（德）赫伯特 · 林丁格著，包豪斯的继承与批判—乌尔姆设计学院 [M]，胡佑宗、游晓贞 , 译 . 台北：亚太图书出版社， 2002.

[3] 古意 · 彭西培，Industrial Design[EB/OL], http://www.esdi.es/cidic/continguts/index.php?llengua=3&id=22.

[4] 李砚祖，乌尔姆：包豪斯的继承与批评 [J]，装饰，2003，122：4–5.

[5] 徐从先，包豪斯的教育遗产与中国现代设计教育 [J]，装饰，2009，200：138–139.

[6] 高璐，从包豪斯遗产到乌尔姆模式——乌尔姆与包豪斯关系的再思考 [J]，装饰，2009，200：39–41.

① 陈华新，集大成，得智慧——钱学森谈教育[M].上海：上海交大出版社，2007.
② 刘玉建，周易正义导读[M].济南：齐鲁书社，2005.

[7] 徐昊，乌尔姆设计学院教育思想研究：[D], 北京；中央美术学院，2010.

[8] 李砚祖 , 外国设计艺术经典论著选读 · 上 [C], 北京 : 清华大学出版社 ,2006.

[9] Design methodology movement http://en.wikipedia.org/wiki/Design_methods.

[10] 凌继尧，陶云，世界艺术设计的若干模式 [J]，东南大学学报，2000，2（4）: 52–57.

[11] 刘静，乌尔姆模式及其设计思想新探 [J]，装饰，2009，196：86–87.

[12] 郭碧坚 , 交叉参与汇流——软科学的未来 [M], 北京：中信出版社，1990.

[13] 柯普宁 , 艺术与科学——问题、悖论、探索 [M], 北京：文化艺术出版社，1987.

[14] 理查德 · 布坎南 , 维克多 · 马格林 , 发现设计 [M], 周丹丹，刘存 , 译 . 南京：江苏美术出版社，2010.

[15] 袁运甫 , 悟艺集 [M], 北京：人民美术出版社，1995.

[16] 小梦 ,“大美术”筑建逸飞理想 [J], 中国纺织 ,2003,10:114–117.

[17] 张立文 , 和合学 [M], 北京：中国人民大学出版社，2006.

[18] 创新设计的需要、途径和障碍 [EB/OL],http://www.fyjs.cn/viewarticle.php?id=115704,2007–11–11.

[19] 孙长玲 , 飞逝的灵魂——陈逸飞和他的视觉艺术 [J], 安徽文学 , 2009,2:153.

[20] 伯特兰 · 罗素 , 中西文明比较 [EB/OL], http://www.cqbeibei.com/simple/?t4829.html,2010–10–20.

[21] 张晶 , 中国古代多元一体的设计文化 [M], 上海：上海文化出版社，2007.

[22] 陈华新 , 集大成，得智慧——钱学森谈教育 [M], 上海：上海交大出版社，2007.

[23] 刘玉建 , 周易正义导读 [M], 济南：齐鲁书社，2005.

[24] 徐昊，乌尔姆设计学院教育思想研究：[博士论文], 北京；中央美术学院，2.

基于广义设计观的实践理念

第一章　跨界设计、整合设计与多解设计

就其本质而言，因为一旦将设计被定义成一套固定的程序的时候，设计将被僵化。因此，形成过多的设计理论和设计方法是有危险性的。保持设计的知识活化是非常重要的。此外，设计师对于潜在的情景和机会应具有敏锐性。如此一来,他们所开发的最终产品才会具有价值和用途。

——Morrison and Twyford

思想改革将要到来了么？我们正处在一片混乱的之中，各种印记和规范化正在不断地解体和重建。各种知识试图相互啮合，但同时又像一个打散的拼版画一样分裂成千万个碎片。认识的发展和深化与我们提到的新蒙昧主义同步发展。分离法和简化法大获全胜，但这种胜利也是我们自己的掘墓者。

——Edgar Morin

引言

设计同很多“语义丰富域”问题一样，是一个知识内容充实，意义丰富的领域。随着设计的发展，设计的交叉性与综合性越来越受到重视和追捧。作为“语义丰富域”（信息丰富域）的“设计”，在解决设计问题的过程中，就势必需要大量的知识和技能才能处理复杂的问题并面对难以明确的情景。但悖论是：按照以往对待设计固化的、一元的态度和机械的、二元对立的思考方法，对于设计中的这些问题是很难应对的。于是很多实践领域出现了“跨界设计”、“整合设计”和“多解设计”的理念。但问题是：如今还有哪一种设计是可以不跨界而在封闭的环境中独立完成么？还有哪一种设计是可以不从全局视野的整体优化而是片段思考只从局部改良么？还有哪一种设计是可以妄称只有唯一的、正确的答案而否定其他思考角度和可能性么？更重要的事情是，这些设计现象意味着什么，是不是可以贴上一个模式或者风格的标签就可以束之高阁了呢？还是应该回归到设计的基本问题，回归到设计的基本属性，来思考这些变化对我们有何启示呢？所以值得注意的是，如何在设计实践中保持设计知识的活化并在实践中来反思这些思想是建立在什么样的设计观之上的或许更为重要。

第一节　跨界设计与设计的融创精神

如今，跨界设计已经成为了这个时代的关键词。然而，跨界仅仅是商家追捧的营销手段么？除此之外跨界设计的出现是否还隐含了其他深层次的原因？跨界设计又是否会成为设计史上又一种随风消逝的潮流呢？走进跨界，才能更深入的了解其中之意。

一、何为跨界

“跨界”一词目前已经成为各领域的热门词汇，尤其是被商家看重，每每用跨界作为营销战略，吸引大众的眼球，那么何为跨界？

跨界（crossover），原指跨界合作，用以形容两个或多个并不在同一领域之事物的合作与交融。不论是篮球领域、音乐领域、汽车领域、营销领域都有与跨界组合的术语。

面对各个行业的跨界活动，在《跨界》一书中，研究者认为“打破固有的框架，跳脱熟悉的位置，穿梭于不同领域的行为”，都可以统称为跨界。然而跨界不等于发明创造，因为跨界是对已有技术和资源的再组合；跨界也不等同于创新，作为创新的一种形式，跨界更是一种心态、一种观念、一种思维的方式、一种整合能力和引发共鸣的“交响能力”。跨界的范围也极其广泛，跨界的出现，对于现在专业（或行业）划分过细，知识分类过窄的现状，无疑是一种反叛，它能让原本毫不

蓝色创意将2008年定为“跨界年”，结合品牌理论的研究和设计实践，出版了《跨界》一书。“跨界创新实验室”致力于品牌超越竞争、跨界互动传播研究

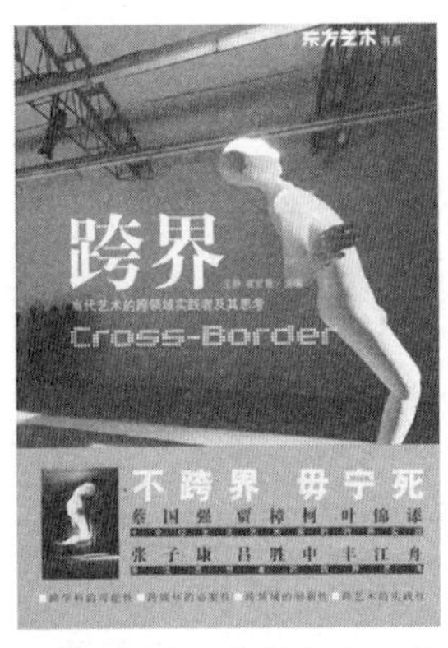

2008年秋，黄笃先生在今日美术馆策展并主持了一次名为“跨界”的视觉文化的研讨会。由于当代艺术所涉及的问题，已经远远不是纯粹艺术本体的问题，涉及多个领域，多角度的跨领域态度才能为艺术家、美术馆、当代艺术领域提供更多、更新的思考契机

相干的领域或元素，相互渗透、相互融汇。本质上来说，跨界所要做的是带给人们全新的生活观念和生活的方式。[①]

二、时尚品牌跨界设计的成功案例

跨界思维曾经以各种方式出现在不同领域，但是最为活跃的跨界设计，当属时尚品牌领域。时尚品牌站在时代的前沿，面对日益严酷的竞争和口味日益高涨的消费者，他们果断的与艺术跨界合作，并且再次对品牌进行了新的诠释。正如世界知名工艺设计大师伊夫 · 哈贝所说：“‘设计’不再只是将品牌传达给顾客的媒介而已……设计更积极的意义在于：它可以是人类多样面貌的反映。”[②] 但是这种多样性不仅仅是表现在产品形态的多样化和新一轮的“化妆运动”，更是生活方式的多样化和个性化，它是人类为生活方式的大胆想象和再定义。此外，时尚品牌往往更加宽容、更加大胆、更加乐于了解用户的需求、更加勇为天下先。本质上，这正是设计的融创精神所在。

1. 时尚品牌与艺术的跨界合作

时尚品牌之所以选择艺术也并非是一时心血来潮，很多学者认为，这是历史的必然：

从艺术自身的角度看，康学儒认为：“艺术的存在价值其根本性在于对社会、文化及人的问题的关注。关注社会问题就会与社会发生关系，而商品作为市场经济社会的重要物质，艺术与商品发生关系是必然的。”[③] 从艺术与奢侈品的联姻效果看，史焱认为，“艺术可以把奢侈品拿来当做艺术材料进行创作，把它作为艺术品的一部分。社会风尚、流行的趋势导致了社会大众对奢侈品的追随，也引起了大家对这种艺术的重视”。[④]

在上个世纪，把商业与艺术连在一起，势必令人想到“跨界教父”安迪 · 沃霍尔。在20世纪60年代，安迪 · 沃霍尔就给衣服印上了波普图案，沃霍尔除了是波普艺术的领袖人物，他涉足的领域还包括电影、写作、摇滚乐作曲、出版界、设计等，他穿梭其间乐在其中。尽管沃霍尔在美国已经属于过去，但是在我们这里仍属于未来。画家陈丹青对沃霍尔的评价非常之高，他认为“沃霍尔不是作家而超越了所有作家。至少，从自然主义、意识流到新小说作家们苦心开掘的领域，被他轻而易举大幅度刷新”。[⑤] 同时期的尝试跨界的还有时装设计大师伊夫 · 圣洛朗，他借用抽象大师皮特 · 蒙德里安在20世纪30年代创作的曲线与色彩构成的名作设计出了著名的蒙德里安裙，但这些还都只是惊鸿一瞥。

---

① 蓝色创意跨界创新实验室，中国蓝色创意集团，跨界[M].广州：广东经济出版社，2008.6.
② (美)马克·高贝，感动70亿人心，才是好的设计[M].何霖，译.台北：台北原点出版社，2010.2.
③ 王静、崔君霞，跨界：当代艺术的跨领域实践者及其思考[M].北京：新星出版社，2010.6.
④ 王静、崔君霞，跨界：当代艺术的跨领域实践者及其思考[M].北京：新星出版社，2010.7.
⑤ (美)安迪·沃霍尔，安迪·沃霍尔的哲学：波普启示录[M].卢慈颖，译.桂林：广西师范大学出版社，2008.

21 世纪艺术家与时尚品牌的合作更加的普遍也更加的成功，并且时尚品牌在选择艺术家的时候也非常注意艺术家的思想、性格与其品牌文化的对应性，这也为跨界合作在价值观认同上奠定了基础。日本艺术家，超扁平（Superflat）运动创始人村上隆与 LV（LOUIS VUITTON 路易·威登）合作设计了 LV 的手袋。村上隆将可爱的小樱花、小洋葱、小樱桃作为设计元素，使这些元素从此跃上了 LV 标志性的花押字 (Monogram) 手袋，尽管每只手袋售价不菲，但销售依旧高歌猛进，社会名媛排队购买、收藏。[①] 与中国艺术家蔡国强合作的世界顶尖的品牌更为众多，包括奥迪、卡地亚、古琦（Gucci）焰火公司、德意志银行以及诚品书店等。"他的跨界创作，与日本著名设计师三宅一生合作'爆炸时装'，更是一场很过瘾的'破坏艺术'"。[②] 以外还有迪奥(Dior)与 22 位中国艺术家举行了"迪奥与中国艺术家"的展览，劳力士 (Rolex) 切实资助年轻艺术家的"劳力士创艺推荐资助计划"等此类跨界活动不胜枚举。

被誉为"跨界教父"的安迪·沃霍尔

2004 年与村上隆合作推出的 Monogram Cerises Speedy 手袋

2. 时尚品牌的行业跨界

时尚品牌除了跨界整合人力为品牌服务，还大胆的进军自己未曾涉足的领域。

（1）时尚品牌进军家具领域

乔治·阿玛尼（Giorgio Armani）、范思哲（Versace）、芬迪（Fendi）、兰博基尼（Lamborghini）等品牌纷纷创建奢华家具品牌：阿玛尼家居（Armani Casa）、范思哲家居（Versace Home）、芬迪家居（Fendi Casa）等。这些品牌的设计哲学是将时尚与舒适完美地结合在一起，拥有独特而迷人的艺术气质，让人们看到优雅、奢华的家具也是一种生活态度。[③]

2005 款梅赛德斯－奔驰 CLK designo by Giorgio Armani

（2）时装与汽车的联姻

时装设计大师乔治·阿玛尼牵手戴姆勒·克莱斯勒的梅赛德斯·奔驰公司联合推出了"CLK designo by Giorgio Armani"。这款"CLK500"融合了乔治·阿玛尼"少即是多，注意舒适"的设计哲学，而这在汽车设计界还是首次采用服装设计师操刀设计汽车内外造型。

香奈儿（CHANEL）推出一款为 2+2 座位 GT 豪华运动概念跑车，在突出其典雅型的同时，该车又不乏动态性。这款概念车在外观的设计延续了香奈儿品牌标志的主色调，为黑色和白色的对比色调，同时车型的设计还受到了艺术装饰设计以及未来派建筑学的启发，使其充满了未来感。

三、跨界与设计的融创本质

时尚品牌跨界设计的成功，验证了跨界设计的强大力量。而跨界

① 刘颖，时尚界的红舞鞋——跨界合作[J].国际服装动态，2005，（10）：87.
② 曲慧，蔡国强：人间烟火非俗事[J].商业价值，2010（1）：142－143.
③ Jessie.y，Y奢侈家具跨界呈现[J].风采，2009(1)：20－21.

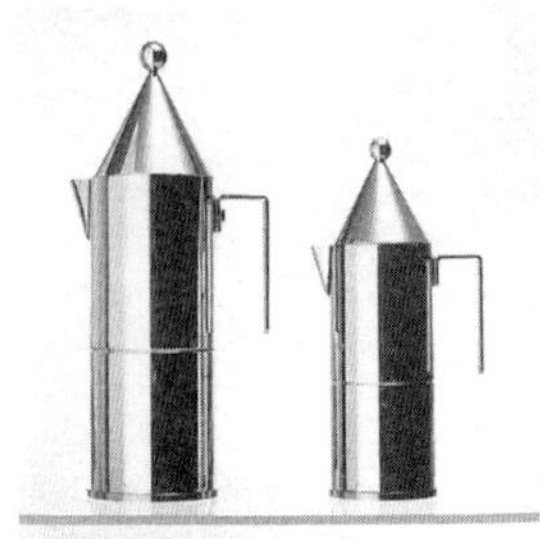
阿度 · 罗西为阿莱西公司设计的咖啡壶。这款经典的咖啡壶的造型依照古罗马时期歌德式建筑外观设计，是古典与艺术的表征

思维其实并非这个时代的产物，也并非设计家的专利。跨界思维应该是人类由来已久的一种创造力。

韩国设计师李容一和金邦河认为奥地利的象征艺术家古斯塔夫 · 克里姆特就曾将绘画艺术和纺织物放在一起，创造了一种名为“新艺术”的潮流。①

1970 年诺贝尔经济学奖的获得者保罗 · A · 萨缪尔森将数学分析方法引入经济学，帮助经济困境中上台的肯尼迪政府制定了著名的“肯尼迪减税方案”，并撰写了当今被数百万大学生奉为经典的经济学教科书。

建筑大师阿度 · 罗西望着威尼斯的城市天际线，在罗西眼中，那些典雅的建筑就像是一个个线条漂亮的茶壶或咖啡壶。在厨房的时候，罗西望着桌子上的大咖啡壶们又想象成砖块建筑，并且试图想出怎么样才能进去。后来罗西在意大利阿莱西（Alessi）公司的邀请下，设计了一款咖啡壶，造型就像威尼斯的教堂屋顶，罗西常说这些茶壶、咖啡壶道具其实就是所谓的“微建筑”（Miro-architecture）。②

可见不论是克里姆特对画面的设计，还是保罗 · A · 萨缪尔森对研究方法的设计，抑或罗西对产品和建筑的设计，无论是有形设计还是无形的设计，这种交叉与融合都体现了极强的生命力和创造力。这种创造力给予人的是对平常事物的另一个角度的理解，另一种特别的体验，并且赋予出新的价值和意义。

罗西的城市建筑把城市作为工艺作品来理解，强调了城市建筑的历史性过程，并试图对城市进行有效地分类，建立一套城市建筑类型体系

所以跨界设计成为这个时代的关键词，并非是偶然现象，也并非是一种时尚潮流，而是预示着告别工业时代之后的跨界时代与整合时代的来临。跨界设计亦不是设计的一种风格，一种主义，而是设计的本性使然，是对设计本性的一种 “凸现”，它所蕴涵的是设计的交叉性与临界性，它所体现的是设计的融创精神。这种融创精神在古代塑造了悠久的古代文明，在今天仍然可以发挥其强大的作用。全球化时

① New WebPick编辑小组，跨界设计[M].北京：中国青年出版社，2009.50.
② Rutles，桌上建筑：12位日本当代建筑师设计的12款杯&蝶[M].许怀文，译.台湾：台北积木文化出版，2008.3.

代使地球变成地球村，互联网络把世界编织成一张密不可分的关系网，这些转变为跨越地域、跨越文化、跨越知识领域、跨越行业等跨界活动提供了更多的支持和可能性。我们也只有转变固守本位的心态，保持一种开放的心态和聆听的态度，才能将“他者的视野融入自己的领域”。并且，也只有在他人成就的基础之上才能以更敞开的视野走向“再创造”。正如设计学者翟墨所云：“所谓融中有创，才谓融创。”

如果将不同区域的文明比喻为一条条大江，那么它们的设计文化就是编织这条大江的溪流与小河，它们相互交织，壮大发展，才成为澎湃的文明之水。如果河床是不同领域既定的界线，那么实际上设计之水是经常因外界的变化而从新塑造河床的形状与方向的，也只有这种交融与流动，才使得设计之水如此多样、如此多彩。跨界设计的盛行不应该仅仅是为这个整合时代的设计标注了一个清晰的注脚而已，而是应该唤醒我们：跨界就是设计的一种属性，以敞开的视野才能走向设计的“融创”精神。

第二节　整合设计与设计的整合维度

自古以来，建筑师往往被视为最后一批“文艺复兴式的专业人才”。早在维特鲁威的《建筑十书》中就明确了建筑师应该具备多学科的知识和种种技艺。现代建筑的先驱勒·柯布西耶不但是建筑师、城市规划家、画家、雕塑家还是位诗人。现代设计的摇篮包豪斯更是提出了“工艺、艺术和技术新的整合”的口号。时至今日，“整合”、“跨界”、“设计”已经是耳熟能详的组合词汇了。可见，设计历来都是一个高度综合性的活动，设计者应该是一个具有全局意识的组织者。

然而，假如“整合”已经成为“设计”的代名词，那么再次强调“整合”又有何新意呢？随着社会生活的变迁，经济活动的链条化，设计问题的复杂化，又该如何看待“整合设计”，又该如何“整合”呢？事实上，整合作为设计的一种属性，不应该只是一种设计模式而已，而是设计发展的必然阶段。

一、何为“整合”

1. 概念缘起

整合设计（Integral Design）是由 Integral Design 国际设计学会的创立人和常任董事、德国斯图加特国立视觉艺术大学乔治·特奥多雷斯库（George Teodorescu）教授创立的。他认为“整合设计”就是：依据产品问题的认识分析判断，针对人类生活质量与社会责任，就市场的独特创新与领导性，对产品整体设计问题进行新颖独特的实际解决方法。[①] 美国学者伦纳德 R· 贝奇曼则从技术的角度思考建筑设计系统的整合问题，并在《整合建筑——建筑学的系统要素》中提出，整合是“设计和技术之间的调和或中间地带”。尽管两位学者的职业背景略有不同，但实质上他们立足于“创造性的整体解决问题”的理念是相同的，他们都超越了以往“为功能而功能”、“为形式而形式”的简单的、单向逻辑。思考问题的角度也体现出由的“实体思维”转向于将设计放到复杂系统中处理的“关系思维”。值得注意的是，这一转变背后的隐含的是对设计态度的转变和设计意义的反思，实质上这种转变正是体现了设计哲学的演进。

2. 从概念到实践

“整合设计”从理论到实践的发展，使其与“样式设计”、“差异设计”和“概念设计”等在很多方面已经产生了诸多差异。早在 1988 年，费尔黑德（Fairhead）就曾经从设计管理的角度也提出了“设计：成长中的世界”[②] 并将“整合设计”放在“阶梯”的最高处，设计成为了一个全方位的整合过程。

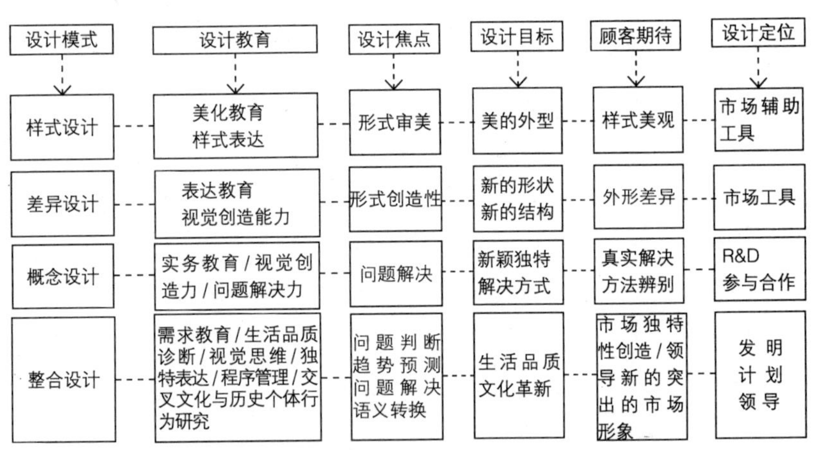

不同设计模式的比较，王效洁，2009

实践中的“整合设计”已经超越了乔治 · 特奥多雷斯库和伦纳德 R· 贝奇对“整合设计”的理解和表述。面对不断变化的世界，面对复杂的设计问题，面对设计定义的“开放性”趋向，[③] 事实上对于“整合设计”同样可以采用一种开放式的态度来理解：从应用的领域上，它可以是广泛的和跨界的；从空间维度上，它应该是基于地域性的和文化性的；从哲学思想的来源上，它应该是互补性的和整体观的；从思考的策略上，它应该是关系性的和创造性的；从具体的方法上，它

① 王效杰，工业设计：趋势与策略[M].北京：中国轻工业出版社，2009.387.

②（英）Bettina von Stamm，创新 · 设计与创意管理[M].王鸿祥，译.台北：六合出版社，2003. 14.

③ 伯恩哈德 · E · 布尔德克教授认为，20世纪80年代以来对设计所采取的开放性描述是很好的，由统一的（因而意识形态上是僵硬的）设计概念统掌一切的时代可能已经终于过去了。见[德]伯恩哈德 · E · 布尔德克，产品设计：历史、理论与实务[M].北京：中国建筑工业出版社，2007.15.

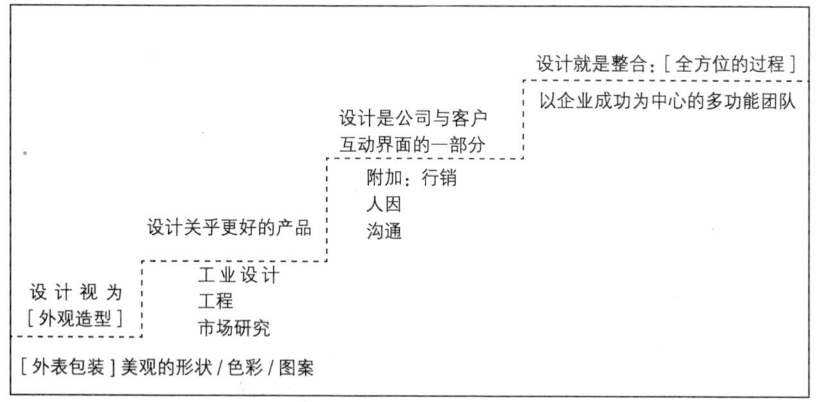

设计：成长中的世界，Fairhead，1988

应该是包容性和开放性的……当然，这些还只是存在于逻辑空间的理论表述，更重要的整合是存在于具体的设计过程之中。

二、整合与分化

1. 整合与分化的历史

在设计实践中，与“整合”对应的是“分化”，具体而言是专业方向的分工和研究对象的精细化。然而，纵观设计的发展历程，“分化”与“整合”并不是分立的，而是同在的。设计作为一个开放系统，设计的分化和整合都是随着外界环境的变化“为达到系统内稳定的自我调整”。①

大体上，设计的发展经历了“粗放型一体化”、“社会分工专业化”和“跨专业合作系统化”的三个阶段。早期的设计行业人员主要是从实用美术的角度处理问题，他们对视觉形式具有较高的处理能力，但是缺乏处理复杂问题的专业知识。自 20 世纪 60 年代以来，很多分工精细、专业高度分化的独立设计事务所发展起来，② 这种分化对于设计专业水平的提高、设计制作水平的提高具有十分积极的意义。但是到了 90 年代，随着企业对设计提出了更加广泛的要求，设计公司需要的不仅仅是设计，还包括了市场、顾客研究、人体工程学研究等。设计人员不再仅仅是设计师，由于设计过程涉及工程技术、市场研究、心理学、人体工程学等相关的科目，工程师、社会学家、心理学家、人类学家也纷纷地加入到设计的团队中。

以美国来看，到 2000 年之后，获得“红点奖”的独立设计事务所如 IDEO 设计公司、康提努设计集团、兹巴设计等都是所谓的“全面设计服务公司”，它们提供的服务范围从产品开发到包装设计，从技术研究到市场调查，③ 成为一站式的综合服务。这种全方位的整体设计所关

---

① 系统理论认为，任何一个开放系统除了要保证自身内部的有序组合之外，还要不断地吞噬系统周围的各种边缘存在以达到自身的发展和扩张。见包林，当代技术体系与工业设计的调节功能[A]，艺术与科学国际学术研讨会论文集[C].武汉：湖北美术出版社，2002.22-25.
② 比如工业产品设计、平面设计、包装设计、服装设计、企业形象设计、广告设计等。
③ 王受之，世界现代设计史[M].北京：中国青年出版社，2008.20-21.

每张卡片一面是精美的图片案例一边是该方法的文字叙述，包括方法名称、怎样使用该方法、在何种情况下曾使用并获得成功

IDEO 公司的设计方法卡片
(IDEO Method cards)

注的不再局限于产品的造型、风格问题，而是更多地深入到市场、消费者、社会文化层面，它所面对的问题也不仅仅是产品自身，还要解决复杂的商业挑战，物质文化与非物质文化，以及经济社会等系统问题。这使得设计问题远远超出了设计“本体”的范围，设计活动成为全社会参与建设的，构成公民社会的公共社会生活的，提高人类生活品质的综合手段。[①] 与实践对应的设计理论研究的重心也从设计过程或产品结果转移到产品使用上来。甚至有学者认为，设计的终极目标就是产品与使用者行为的契合，设计必须回归于文化和日常生活之中看待。

随着“整合”与“分化”的同步进行，过去以单一技术为导向的设计模式，明显的暴露出不适应现代复杂问题的要求，人们更需要的是以问题整体解决为导向的“整合设计”而并非“局部优化”。整合设计需要的是一种以“产品”为核心的、综合考虑到开发设计、采购、生产、物流、销售、服务、回收等各个环节的“设计链”，[②] 设计不再被单独的、孤立的看待，而是复杂系统中的一个环节，并且设计的系统不再是“对象性”

① 过伟敏，走向系统设计—艺术设计教育中的跨学科合作[J].装饰，2005.7，（147）：5–6.
② 王效杰，工业设计：趋势与策略[M].北京：中国轻工业出版社，2009.390.

的客观实在，而是与生命体（生态系统）一样与我们每个社会成员互感、互动、共生、共荣、代谢和演化。

2. 整合的思想基础

当然，以上思想的转变与系统理论的研究进展也是分不开的。回望历史就会发现，“后工业时代的思维，瓦解了机械确定性，并取而代之以对宇宙的复杂而深层联系的新认识，宇宙被视为一个浩大的独立的生态系统，和有机网络”。① 但是在具体的设计实践中，每个设计者对系统的界定和信奉的“系统思想”是各不相同的。

早在乌尔姆设计学院，汉斯·维西曼和汉斯·古格罗特就认为基于系统思维的设计“能够通过系统化综合不可思议的多样化。”其目的在于“给予纷乱的世界以秩序，将客观物体置于相互影响和相互制约的关系中”。② 但是在后续的发展中，系统思想的实践陷入了停滞，尽管目前设计理论中对“系统”一词普遍引用，但是早期的系统论本身还存在着自相矛盾的态度：它反对还原主义但又运用还原主义；它延续了实证主义的先行假设：现实世界存在着一个目标可以明确规定的系统；有的学者认为系统方法变成了一种“优化方案”：它假定每一个问题都有一个明确的目标，为此可以选取达到它的几条途径，通过监控和修正最后达到目标。而实际上这是一种单向的、一劳永逸的观念。③

由于设计领域对系统思想研究的不足，只是处在表面的概念引进和简单借用的阶段，也使得设计的实践和理论研究的不对称与滞后性。早期的“系统论”对系统结构、功能的过度强调，使其沦为“结构功能主义”的新形式。乌尔姆所提倡的系统设计正是对这一思想的运用，它“利用了功能主义的理论，将系统的表现作为逻辑性的结果在一定程度上表现了自身结构因素的传递”。④ 在当下的设计活动中，这一“硬的系统方法”仍然是很多设计师的实践理论。在建筑设计、景观设计和产品设计中很多“设计求解”的建模都是在这个框架下完成的。当然这系统方法对于目标可以明确定义的“结构良好问题”（well-formed）还是非常有效的，但是对于不确定的、复杂情境和设计面临的“乱题”（messes），这一方法就显现出它的局限性。而其他系统理论的研究，如系统动力学、组织控制论、软系统方法论、全面系统干预、批判系统实践理论以及东方的系统思想等，并没有进入到大部分设计师的视野并形成一定的影响。但这也为以后的设计研究提出了更迫切的需求，尤其是中国历史上曾经有太多的关于系统与整体思想论述，无一不是系统设计思想的源泉。

---

①（美）伦纳德R·贝奇曼，整合建筑——建筑学的系统要素[M].梁多林，译.北京：机械工业出版社，2005.9.

②（德）海因特·富克斯，弗朗索瓦·布尔克哈特，产品·形态·历史：德国设计150年[M].北京：对外关系学会，1985.76.

③（英）P·切克兰德，系统论的思想与实践[M].左晓斯、史然，译.北京：华夏出版社，1990.1-2.

④（德）海因特·富克斯，弗朗索瓦·布尔克哈特，产品·形态·历史：德国设计150年[M].北京：对外关系学会，1985.77.

三、整合设计的动力

1. 整合与创造力

路易斯 · 康（Louis I. Kahn.1901–1974）

简单的设计处理方案之所以失效，一方面是缺乏整体观念，同时也是缺乏创造性地解决能力。对设计创造力的态度，在 20 世纪经历了一个演化的过程，按照建筑评论家安东尼 · C 安东尼亚德斯的建构的研究模型，从“布扎艺术”直到“后现代历史主义”之后，“设计创造力”经历了“广义”与“狭义”的反复更迭。而如今我们所处的是创造力这个概念最丰富的时代，可以从“不可感知”和“可感知”的多维角度来理解建筑。从广阔的大背景中进行探索，但这并不会影响到设计师的专业归宿和理性目的。① 只有立足本专业，放眼全局，才能适应当今的跨专业合作的系统设计。

经历了机械时代，“主客对立”、“精神和物质对立”的简单二元逻辑为人类带来了太多的负面作用，才使得“广义”的设计创造力得以复兴。设计过程中的整合设计不仅仅是对理性主义或功能主义的延伸，通过建立模型而获得设计解的优化，还包含了设计中“不可度量的”、“不可捉摸”的创造力维度。而这，也是对“科学”和“逻辑”作为设计唯一合法的原则的摒弃和人的回归和艺术化生存的渴望。

建筑师哲路易斯 · 康说：“人的一切没有一件是真正可度量的。人绝对是无可度量的，人处于不可度量的位置，他运用可度量的事物让自己可以表达。”② 对于“功能”和“形式”问题，康同样保有这种态度，他认为并不存在所谓的“功能”和“形式”问题，至于分开来讲，只不过是方便讨论罢了。因为康反对把事物简单的拆解，他认为我们将水拆解为氢和氧，但这两者完全远离了水的本性，水是轻盈的、流动的、闪光的。

“道”作为整体上的平衡关系，正是体现了整体观和整合思想的精髓。康在对其 Order 理论的阐释时，他认为：

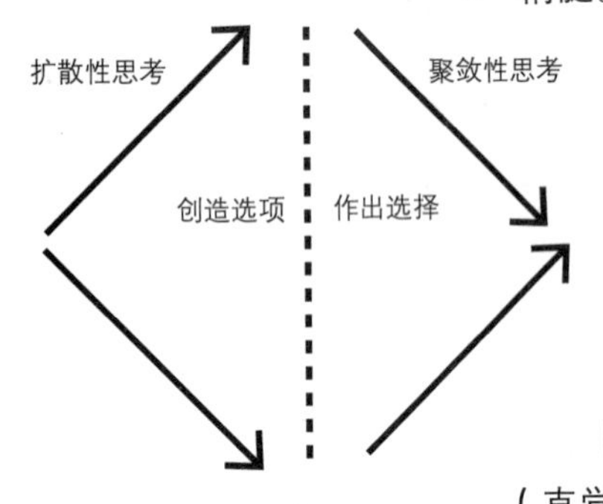

提姆 · 布朗提出的“扩散性思考”与“聚敛性思考”

> 道支持整合
> 空间求新之欲开悟了建筑师
> 借由道、建筑师悟得创造力与反省力、赋形于绝俗境界
> 美将与时同演③

因而“广义”的创造力是将“可感”（理性的、分析的）和“不可感”（直觉的、洞察力）包容性地看待，正如康所强调的，从直觉中看见新

① （希腊）安东尼 · C安东尼亚德斯，建筑诗学：设计理论[M].周玉鹏等，译.北京：中国建筑工业出版社，2006.21–27.

② （美）约翰 · 罗贝尔，静谧与光明：路易 · 康的建筑精神[M].成寒，译.北京：清华大学出版社，2010.20.

③ 王维洁，路康建筑设计哲学论文集[C].台北：田园文化事业有限公司，2010.36.

奇，溯其本源态度，找出问题之本，自然而然的表现，反到能创前所未有的神奇。[①] 无独有偶，IDEO 公司的执行总监提姆 · 布朗正是把这种分析与综合的关系对应为“聚敛性思考”和“扩散性思考”,“扩散性思考”可以“创造选项”，而“聚敛性思考”可以“作出选择”。[②] 那么假设失去了“广义”的这一前提，那么设计思考的视野无疑将会变得非常狭隘，又何谈创造性的思考呢?

2. 整合与专业性

从传统设计走向整合设计，使得设计师的角色发生了转变，设计师不再是“社会工程师”，不再具有专业赋予的“干涉主义”权力，也不能通过规划和设计来改变他们不了解的人的行为。[③] 随着日趋复杂化的技术和设计所涉及的社会文化问题，没有一个“达 · 芬奇式”的人物可以独立的解决大规模的、复杂的设计难题。并且就个人而言也难以掌握全部的专业本领、背景经验和学术知识。因而，成功的设计也不再依靠设计大师的精英主义品味和富有激情的个人魅力赢得客户认可，而是需要扎实工作的跨领域、跨学科的多功能团队。但是设计作为组织者的角色并未发生改变，只有当设计师是一个成功的指挥者的时候，整个团队才能演奏出和谐的乐章。

这对于设计师的素质也提出了更高的要求，综合型的设计人才成为企业成功的重要力量。IDEO 公司的执行总监提姆 · 布朗指出，最优秀的设计师可以称为“T 形人才”，这类人不但能够擅长某个具体领域还具有跨领域交流的能力并在其他领域也具有广博的知识。根据提姆 · 布朗的研究，“当人们对不同学科都充满热情和好奇时，他们就会更加灵活，更懂得揣摩人们的心理，也就能更好的处理各种问题”。[④]

专业知识和专业教育的有效性本身也频频遭到学者们的质疑。因为过度强调专业知识的有效性不但会限制设计的创新性，也不一定能够使设计者很好地解决面对的设计问题。

对于专业知识而言，它首先是需要被学科领域认可的正统的知识，个人专业知识体系的建构是在以往专家的经验集合之上的。为了习得这种知识，就不得不放弃对学科问题的基本假设提出疑问和猜测。而这种教育的代价就是，人们容易按照惯性思维被约定俗成的知识牢牢的套住，在思维壁垒之下很难实现交叉思维，跳出“框框思考”。经过调查分析，“交叉思维”的倡导者保罗 · 梅迪尔认为，创新者往往是通过自学，自我教育而成材，涉及几个不同领域的广泛学习可以帮助我们打破以专业知识为基础形成的，相互关联的事物之间的界限。[⑤] 这种对知识的“再整合”是知识结构体系的“再建构”，这种整合不但可

① 王维洁，路康建筑设计哲学论文集[C].台北：田园文化事业有限公司，2010.37.
② (美) 提姆 · 布朗，设计思考改变世界[M].吴莉君，译.台北：联经出版事业股份有限公司，2010.106-111.
③ (英) 彼得 · 多默，1945年以来的设计[M].梁梅，译.成都：四川人民出版社，2001.170.
④ (美) 沃伦 · 贝格尔，像设计师一样思考 [M].李馨，译.北京：中信出版社，2011.23.
⑤ (美) 弗朗斯 · 约翰松，美第奇效应 [M].刘尔铎、杨小庄，译.北京：商务印书馆，2010.66.

IDEO 公司在设计中的思维导图

以获得更多看问题的视角，还能避免对于不同的探索体系采用自己专业的标准和立场而产生的不恰当的评价。

对于专业知识与实践的关系，舍恩教授认为建立在“技术理性”基础上的专业教育理念很难使我们适应现实的设计问题。技术理性认为实践者是工具性问题的解决者，但是这种方式只能处理结构良好问题（well-formed），但是实践中的问题只是杂乱而模糊的情景，设计者熟悉的理论和技术甚至连问题本身都难以界定，只能按照约翰·杜威所谓的“茫然未知”的情境中的材料来建构。① 那么如何才能在实践中整合互相冲突的问题和利益呢？舍恩提出了一种新

①（美）唐纳德·A·舍恩，培养反映的实践者[M].郝彩虹等，译.北京：教育科学出版社，2008.4.

的实践认识论，即："把技术实践本身具有的能力和技艺（artistry）作为专业知识的出发点，尤其是在实践者有时在不确定、独特而矛盾的情境下所表现出的行动中的反映（the reflection-in-action）（"在行动过程中实践者们表现出的思考"）"。[①] 这一理论完全颠覆了传统专业学院认为的，"研究生产知识，实践应用知识"的基础，甚至颠倒了专业知识问题的原本顺序。对于这一在实践中反思与重构的观点，很多设计实践者是具有同感的。日本建筑师石山修武说"建筑绝对是需要他者的"，"玩泥巴要能一屁股坐在其中才会尽兴：建筑正是如此。"[②]

意大利建筑师阿道夫 · 卢斯（Adolf Loos）说，"作设计，要能从汤匙设计到城市。"从今天看来，这并不是说要否定各个领域的专业知识和设计方法，而是对待设计的一种胸怀和哲学思想。在中国的画论中，李可染有对应的见解："以大观小，小中见大，以多定少，以少胜多。"而设计在"小"、"大"之间，"分"和"合"之间的弹性与张力正是设计魅力和意义所在。

2008年在TED的演讲上菲利普 · 斯塔克声称以前那种奢侈的设计已经死了。鉴于环境危机日益严峻，斯塔克一改以前的设计态度，开始设计可以供家庭使用的风力发电机

整合设计不仅仅是一种设计模式，还是一种新的设计认识论。它诉求一种整体上解决问题的策略，立足人类生活和社会责任，将设计产品放到复杂的社会、经济、政治、文化背景中理解，去整合设计要素，优化设计系统，改善服务品质，塑造生活质量。在思想上，它是立足于广义设计观的；在思维上，它是交叉性和关系性的，在行动上，它是实践观和反思性的。整合的设计并没有淹没设计的"本体"，而是为了统筹全局做更好、更多的设计。

第三节　多解设计与设计的多维求解

物化的时代导致了人们价值观的偏离，使人们所见所想的只有物质，面对问题也都是试图通过物质的途径解决。物体可以满足我们的基本生存条件，可以满足我们的社会身份，还可以构成我们的文化景观，但物体永远不能满足我们的欲望。设计的强大力量，正是可以把人们的需求、欲望和观念以有形之物呈现，随着环境危机和世界金融海啸，设计已经不能继续扮演刺激人们眼球和消费欲望的"魔法师"，而是要面对更重要的现实问题。设计大师菲利普 · 斯塔克宣称："奢侈的设计已经死了。"（Philippe Patrick Starck，2008）那么，如果奢侈设计真的死了，设计还可以有什么样的新思维和新生命么？设计如果告别了"美容师"和"商业推手"的角色，设计还能做什么？

①（美）唐纳德 · A · 舍恩，培养反映的实践者[M].郝彩虹等，译.北京：教育科学出版社，2008.1.
②（日）安藤忠雄、石山修武、木下直之等，建筑学的14道醍醐味[M].林建华等，译.台北：漫游者文化事业股份有限公司，2007.10.

一、作为解决问题的设计

1. 设计问题的原点

回望历史就会发现，人类的设计史即是一部反思史。随着对设计认识的不断深入，人们发现："设计"只是我们对人类某一活动所帖上的标签而已，而真正重要的是标签背后隐藏的真实问题。尽管，人们一直在不断的追问设计的表达形式和设计的意义，而其原点仍是围绕着问题的解决而展开的。具体表现在，一方面，"设计是为了人的需要而进行的一种有意识的形式创造。"（Klaus Krippendorff , Reinhart Butter，1984）；另一方面，"设计是任何为改进现有状况而进行的规划活动"（Herbert Simon，1987）。因而，设计通过问题的解决将不同的人、事、物、地联结起来，设计既联结了"需求"和"形式的创造"，又连结了"现实"与"改造的目标"。所以，从广义设计观的角度看，我们真正需要的，不是从形式到形式，从主义到主义，而是寻找什么是"设计问题的本质"，什么是"真实的需求"，什么是"现实的真实状况"，什么是智慧的"改造策略"。在 21 世纪的今天，我们不应该仍然和维多利亚时期的设计师一样，从历史中寻找设计应该长成什么样子。一个好的设计，一个用心的设计师，应该抬高视线，应该放远目光，去寻求更广泛的解决方法，对新的世界和新的生活通过设计给予回应。

2. 设计问题求解的历史与求解方式的转移

人们将设计理解为一种问题求解的活动，经历了两个发展阶段。第一阶段是 20 世纪 60 年代到 70 年代，即"设计方法运动"（design methods movement）；第二阶段是 20 世纪 80 年代至今，即现代的设计研究（design research）。学界通过对设计求解问题的探讨，发现设计不会成为一门完全的科学，设计的本体并不等同于自然科学本体，设计是一个"不良结构"（ill-structure problem），它具有太多的不确定性、不稳定性、不唯一性和矛盾性，而自然科学只能处理"良好问题"。所以设计不能用某种公式计算，"不能依靠已有的知识简单的提取出来解决实际问题，只能根据具体的情境，以原有的知识为基础，建构用于指导问题解决的图示 (scheam)，而且往往不是单以一个概念为基础，而是要通过多个概念原理以及大量的经验背景的共同作用而实现。因此，设计是一个情境驱动的过程而不是一个知识提取和应用的过程，设计根本就不可能纳入某一单一知识逻辑框架"。①

由此可见，设计问题求解的方式已经发生了转变，设计并不是只有一个科学而正确的"唯一解"和"最优解"，而是一个相对意义上的"满意解"。所以，面对设计问题需要链条式的设计思考，不但要

① 赵江洪.设计和设计方法研究四十年[J].装饰，2008，185（9）：44—47.

考虑设计属性的本质，设计问题提出的原因，解决问题的目标，解决问题的范围，解决问题的着重点，还要考虑最终的效果评价等。但是，国内的一些设计师连对设计的知识经验都缺乏扎实的积累，不要说以“情境驱动”的方式建构,就连从已有知识经验中提取都觉得大脑空空，思想苍白，只好热衷于抄袭最新的国外画册、杂志以低水平的方式解决问题。尤其是随着设计行业的恶性竞争，这种缺乏自律和社会责任的做法，尽管短期内可以完成项目，但是整个社会对设计的能力和设计价值的低水平认知，只能使中国设计长期停滞于一种低水平的操作层面。长此以往，很难发挥设计的真正价值，就更不用说让设计为改变现实中的种种危机和问题而深入的思考了。

二、设计可以如何呈现

事实上，如果从解决问题的本质出发，同样一个问题可以从完全不同的切入点来解决，而设计最终呈现出的形式只是作为一种思考的结果，一种实现目的的手段，至于具体的表现方式是可以通过多种途径实现的。并且在设计问题的求解过程中，不论是对问题的认知与分析，还是对问题解决的策略，往往都是一个对问题本身的“再定义”的过程。设计问题所处的社会背景、文化氛围都成为设计问题的某种“限定”，于是设计成为了面对现实问题的一种发言，面对问题设计需要以智慧的方式予以回应。透过以下案例的分析，我们可以看到我们习以为常的“设计教育问题”、“城市出行问题”和“精神危机问题”还可以用不一样的视角来理解，并用设计改善它们。

Project H 为“K–12 公立学校”设计的户外数学教学场地，通过场地的改造和教学方式的转变，学生成绩明显提高，上课的热情十分高涨

1. 设计一种新的教育模式

随着人类科技的进步，设计的力量越来越强大，如何应用这种力量变得尤为重要。特别是随着设计师角色的转变，设计师不再是唯一的专业顾问，而是需要众人的智慧和参与，而更多的人通过接受设计教育，同样可以用设计的思考服务社会。因此，设计教育、设计思考同样可以改变世界。

设计师艾米丽（Emily Pilloton）坚信“设计可以改变世界”，所以一手创办了非营利性组织“H 计划”（Project H），该组织的行动的目标是为人道（Humanity）、生境（Habitats）、健康（Health）和幸福 (Happiness) 而设计。“H 计划”的设计哲学是设计并非是一种美丽的产品和空间，而是一种思维方式，一种创造性的、批判性的思考方式，一种解决问题的技能。在伯蒂县 K–12 公立学校的项目中，艾米丽团队不但教授青少年学生设计思考能力，还通过手工艺课堂让学

Project H 和学生一起设计并制作便于师生之间交流的六边形课桌。通过动手操作和体验，使他们了解工艺，体会设计对世界的改变

Project H 是一个开放性的、在公立高中设立的“设计与建造”课程，其目的是通过培养学生的设计能力和设计意识以改变农村社区的发展。通过课程可以唤醒学生作为社区公民的责任感，为社区的未来而设计。图为在工作室中学生在进行设计创作

生了解建造技术和设计制作的相关技艺，而设计课的作业就是让学生去做田野考察，观察社区需要什么，然后回到工作室，像设计师一样确定真实的需求，脑力激荡设计策略，将初步设计视觉化，到工作坊试作并确定样本，最后测试设计的实用性以及更加精细的修改。而课程结课的方式就是他们亲手协助完成的社区改造，比如：露天式农夫市场设计，当市场开业剪彩的那一刻，就证明他们已经完成了暑期作业。通过积极地参与，学生们不但能眼手并用，主动地应用核心科目所学到的知识，而且通过自己的双手和智慧改变了自己的家园，这使他们备受鼓舞。

更重要的是，艾米丽团队为这些青少年提供设计教育的目标还远远不止于传授一种解决问题的技能，而是要通过设计改变他们头脑的思维，让他们意识到作为一个有责任感的公民，要勇于承担起全球性的新问题。经过艾米丽团队不懈的努力，改变了小镇的未来，很多青少年不再以没受过教育为荣耀，而是立志要通过自己所学为社区服务，并且决定即便大学毕业也要回到小镇，建设自己的美好家园。这使得教育回归到更古老的意义，今天播撒下智慧的种子，明天收获的是满山的森林。

2. 设计一种绿色的出行模式

“为了避免气候变化即将带来的灾难性后果，我们需要在未来的 15 年内使得 CO_2 的排放量减少 80%。很多政界、商界人士会认为，只要我们转而使用高效能的汽车就行了。但事实上，即使我们今天所有车主都这么做，十年后，通过这种途径减少的 CO_2 排放仅仅为 4%，那是远远不够的。”所以，热心于环保的罗宾 · 蔡斯 (Robin Chase) 女士创办了 Zipcar 汽车租赁公司。罗宾 · 蔡斯将服务人群锁定在：个人、商业用户和学校，并提出了“你身边的轮子”的口号，强调无论你在哪里，只要 7 分钟就可以开上车子。这对于并非每时每刻都需要用车，并且为养车而头疼的人来说，无疑是最好的选择。Zipcar 提供的车型有甲壳虫、速腾、宝马、迷你和普瑞斯等，以此来适应不同需求、不同场合、不同年龄、不同性别的使用者。基于“汽车共享”理念的 Zipcar，正

在不断壮大“拼车”（Carpool）一族的队伍，他们拼车上班，拼车上学，拼车购物，从能源上减少了碳排放，从交通压力上缓解了城市拥堵，从人际上是非常好的社交方式，从生活观念上又是切实的减碳行动。

如今，汽车围城已经成为城市顽疾，国内很多企业也致力于节能汽车的开发和新型交通工具的研发，但是从解决交通问题的角度看，从交通资源再分配的角度看，缓解交通拥堵不一定要立足于汽车能耗的改良上。汽车早已有之，汽车租赁公司早已有之，罗宾·蔡斯面对旧有元素进行重新组合，以企业家独有的创意头脑，实现了企业、社会、环境均衡永续的发展和共生共赢。

3. 设计一种精神的容器

现代都市生活的负面作用导致了忙碌于工作的人们精神压力巨大、信仰真空和价值虚无。SOHU 在 2008 年八月发布了一项消费者调查显示，72%的白领族感觉承受巨大压力，但忙碌的工作往往使他们没有时间和精力寻求解决方法。那么，除了去发泄室摔东西，除了去 KTV 宣泄，是否存在一种“无用”的，但是针对精神的容器呢?

丹麦设计师马斯·哈格斯琼（Mads Hagstrom）在这样的背景下提出了“心灵超市”的构想。马斯·哈格斯琼的设计哲学是：“好的设计应该要对你、对别人、对未来都有好处。”“心灵超市”的设计商品主要分三个方面：个人、社会和环境。在“心灵超市”中，他把风格低调、形式简洁、做工精致却内部空空的瓶瓶罐罐放在陈列架上，上面标有一些词汇，比如：“中庸”、“内心平静”、“逃离办公桌”、“无条件的爱”、“睡眠 8 小时”等等。在追求高科技及经济发展的过程中，关于个人、社会及环境的价值观正逐渐失衡甚至崩解，“心灵超市”希望慰藉这些商品，让人们重新审视并找回这些东西。

此外，“心灵超市”的产品都采用了环保材料，将永续性、设计与商业整合在一起，在欧美和亚洲地区成功地跨越文化的界线，获得大奖的肯定。在崇尚物质的今日世界，马斯·哈格斯琼用一种既没有花俏的外壳，也没有实用功能的容器试图唤起一种精神的回应，正如他所言，“心灵超市”是要不断改变人们的思考方式和心灵需求。如果说“无印良品”倡导了一种“物有所值”、自然、简约、质朴的生活方式，那么“心灵超市”又是否是从精神层面对回归质朴的一种发言呢? 当我们开始关注资源和环境的永续发展的时候，是不是也应该关心人类精神的生态性，避免人被“异化”呢?

世界著名设计师泰伦斯·康蓝（Terence Conran）说：“真正的好设计，是看得见的智慧，是蕴含智慧的解决方案。”以上案例却让我们反思，面对同一个问题，面对同一样事物，其实存在太多的可能性和可塑性，只是我们没有发现的眼睛，没有深入问题本质的洞察力。艾米丽将设计教育连接到地方教育、人才培养、社区发展的系统之中；罗宾·蔡斯将汽车租赁连接到出行观念、生活方式、交通资源配置的

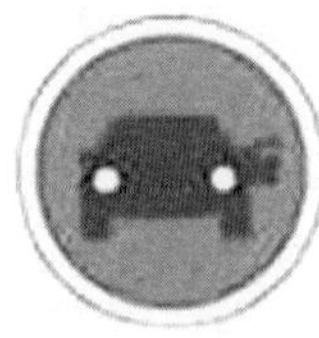

1. join　2. reserve　3. unlock　4. drive

Zipcar 简易的操作流程：加入会员、预订、取车、驾驶

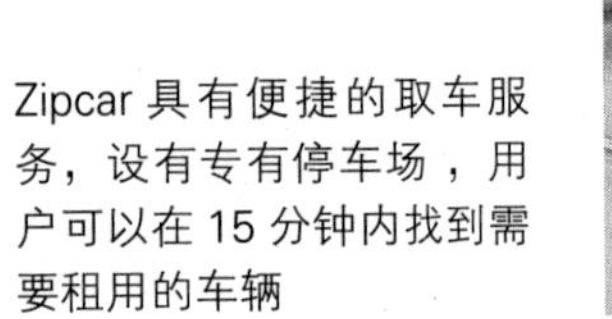

Zipcar 具有便捷的取车服务，设有专有停车场，用户可以在 15 分钟内找到需要租用的车辆

系统之中；马斯·哈格斯琼将容器连接到心灵需求、思考方式、价值观的系统之中。他们同样也以有形之物呈现，但是他们所做所想的远远超出了该物体。

赫伯特·西蒙认为设计具有的强大潜力至今还没有被我们所认识。而实际上仅仅从设计人工物的角度看待设计还只是设计能力的冰山一角。随着人类认知水平的进步，对可持续发展和环境保护意识的提升，我们设计的着眼点应该是设计一个系统，或者对问题所在的系统提出改善策略，而不仅仅是被动的设计一个物体，然后"入侵"到自然和现实生活的复杂系统之中。当下设计的扁平化和匀质化，正是缺乏对设计进行深度的思考，就急于操作实现，而不顾忌设计在生态、社会、环境等方面的后果。所以，我们只有回归到设计问题的原点，打破思维定式，以多角度、多学科的视野，才能发现新的解决方法。尤其是面对复杂的问题和复杂系统，从不同的方向求解，往往可以达到"以小解大"的效果。并且，新世纪的设计也不应该仅仅是"奢侈的"、制造潮流的工具，而是面对问题，冷静的思考和踏实的工作。

本章小结

从"跨界设计"、"整合设计"与"多解设计"的理论意义和现实意义来看，它们不但是未来设计发展的趋向，也是对设计本性的彰显。在设计的能力和活动范围被不断评估的今天，这些理论的都是首先将设计作为一种广义的人类活动来理解的，才会有对问题的开放性的定义，才会有从广泛背景中分析问题寻找答案的广义创造力。因此，它们都是在实践中基于广义设计观的实践理念，并在实践中从不同侧面对其进一步的发展和深化。

跨界设计蕴涵的是设计的交叉性与临界性，它所体现的是设计的融创精神。跨界设计超越了各种既有的观念和界限的藩篱为跨越地域、跨越文化、跨越知识领域、跨越行业等等跨界活动提供了更多的可能性。整合设计蕴含的是设计的整体性和系统性，它诉求一种整体上解

心灵超市中陈列的商品，在这些内部空空的产品标签上贴的是“完全信念”、“内心平静”等词语，通过一种简洁的陈列方式面向顾客

决问题的策略，立足人类生活和社会责任，将设计产品放到复杂的社会、经济、政治、文化背景中理解，去整合设计要素，优化设计系统，改善服务品质，塑造生活质量。多解设计蕴含了设计的多样性和差异性，它强调以多角度、多学科的视野，才能发现新的解决方法。尤其是面对复杂的问题和复杂系统，从不同的方向求解，往往可以达到“以小解大”的效果。

从“跨界设计”、“整合设计”和“多解设计”的理念和实践效果来看，设计的定义正在不断地被广义化。并且这种态度正是建立在广义设计观之基础上的，无论设计的世界还是真实的世界都是一个“事件性”的、相互影响的世界，而并非是一个线性连续的、片段化的世界。世界的可拆解性仅仅是一种认知世界的方法，而并非唯一方法。设计作为一个语义丰富域的概念，任何试图以给设计下一个唯一的定义和求得唯一的设计解是不明智的。我们只能通过“相互关系”对其作出限定，并且这种相互关系是不断变化发展的，在任何一个特定时期阶段与其他阶段全然不同。① 在复杂的设计语境和问题情境之中，设计可以从不同的侧面切入和理解，而设计者应该在“现实生活和设计实践的循环律动的联系中”认知自己，认识设计。从实体思维到关系思维的转变，必须使得我们思考问题的时候考虑多方面的因素。因而，“跨界设计”、“整合设计”、“多解设计”都是在整体的关系中对设计的再“定义”，对问题的再“限定”，从关系的不断调整中创造和谐的设计乐章。

参考文献

[1] 蓝色创意跨界创新实验室，中国蓝色创意集团，跨界 [M]，广州：广东经济出版社，2008.5.

[2]（美）马克·高贝，感动 70 亿人心，才是好的设计 [M]，何霖，译 . 台北：台北原点出版社，2010.4.

[3] 王静、崔君霞，跨界，当代艺术的跨领域实践者及其思考 [M]，北京：新

① 安乐哲、罗思文，《论语》的哲学诠释[M].北京：中国社会科学出版社，2003.25–28.

星出版社，2010. 6–7.

[4] (美) 安迪 · 沃霍尔,安迪 · 沃霍尔的哲学: 波普启示录 [M],卢慈颖,译 . 桂林：广西师范大学出版社，2008.

[5] NewWebPick 编辑小组，跨界设计 [M]，北京：中国青年出版社，2009. 50.

[6] Rutles，桌上建筑：12 位日本当代建筑师设计的 12 款杯 & 蝶 [M]，许怀文，译 . 台北：积木文化出版，2008. 3.

[7] 许平、周博，设计真言：西方现代设计思想经典文选 [C]，南京：江苏美术出版社，2009.983.

[8] 赵江洪，设计和设计方法研究四十年 [J]，装饰，2008.185（9）：44–47.

[9]（美）Jackson Tan，无用设计：32 位顶尖设计师的永续创意 [M]，罗雅瑄、李文绮，译 . 台北：商周出版，2008.

[10]（美）赫伯特 ·A· 西蒙，人工科学 [M]，武夷山，译 . 北京: 商务印书馆，1987.

[11] 王效杰，工业设计：趋势与策略 [M]，北京：中国轻工业出版社，2009.387.

[12]（英）Bettina von Stamm，创新 · 设计与创意管理 [M]，王鸿翔，译 . 台北: 六合出版社，2003.14.

[13]（德）伯恩哈德 ·E· 布尔德克，产品设计: 历史、理论与实务 [M]，胡飞，译 . 北京：中国建筑工业出版社，2007.15 .

[14] 王受之，世界现代设计史 [M]，北京：中国青年出版社，2008.20–21.

[15]（德）海因特 · 富克斯，弗朗索瓦 · 布尔克哈特，产品 · 形态 · 历史：德国设计 150 年 [M]，北京：对外关系学会，1985. 76–77.

[16]（希腊）安东尼 · C 安东尼亚德斯，建筑诗学: 设计理论 [M]，周玉鹏等，译 . 北京：中国建筑工业出版社，2006.21–27.

[17]（美）提姆 · 布朗，设计思考改变世界 [M]，吴莉君，译 . 台北：联经出版事业股份有限公司，2010.106–111.

[18]（日）安藤忠雄、石山修武、木下直之等，建筑学的 14 道醍醐味 [M]，林建华等，译 . 台北：漫游者文化事业股份有限公司，2007.10.

第二章　可持续的绿色循环设计

解决危机无法求助于产生这一危机的思维方式。

——艾伯特·爱因斯坦

是故圣人一度循轨，不变其宜，不易其常，放准循绳，曲因其当。

——《淮南鸿烈》

引言

设计从一个不被社会认知、重视的状态逐渐进入到一种被社会广为接受、甚至得到社会舆论关注的现时状态。这种过程的转变，说明了一种新的社会形态的出现，同时伴随人类的价值取向、思维方式的变化，一种新的意识形态也逐渐形成。设计的广义涵义、研究领域、社会地位以及它的生成场域和终极目标等的变化，原因是极其复杂的、太过多样化。

首先，从设计的概念上理解“什么是设计？”这是一个相当复杂的翻译过程，当然如果能解释清楚，它也许就不是很复杂了。因为我们很难用定义给“设计”这个概念画个圈，我们也很难将圈内的（我们认为所谓的设计概念所包含的内容）和圈外的（不属于设计概念所包含的内容）范围清楚的划分。源于设计上到历史、哲学，中到社会学，下到日常生活各个方面，可以说设计无处不在。因此，我们不要非给设计限定在某个定义之下，对它的理解，应该是对设计所涉及范围的综合意象的宏观、整体把握，这里，首先是人们思想观念和意识的转变。

其次，从设计学科本身理解，设计经历了从新中国成立后的“图案学”到改革开放后的“工艺美术”再到 1999 年教育部学科调整后至今的“艺术设计”，这种重大的学科调整，以及对设计的再认识，说明中国的艺术设计尚不成熟，还处于启蒙阶段。事实上，现时的设计，已经是各学科边界交叉、内容互涉的广义设计学，这需要社会各有识阶层的广泛认同。

第三，将设计放到社会文化关系中理解，现今社会是多元文化交汇的场所，人类步入全息时代，意味着文化的零界限、全部信息的全向性关联，形成共时、共存、交织、融合的状态，形成一种新社会功能下的多元文化形态。人的心理、视觉、触觉、听觉等感官系统的感观变化，使得人们的社会心理、社会需求也发生了变化，现时的设计是要创造一种新的感官体验、生活主题与生活方式。多元文化的出现并不意味着民族文化的消亡，为了让民族文化更好的永续继承，更好地使民族文化融入到现今社会，就必须用世界眼光、多文化视角，立足本土，永保本土文化特征。

第四，将设计放到社会经济关系中理解，设计在于协调区域经济与国家经济的关系，使国家经济发展形成以“区”带“面”的延伸发展，将经济特区的资金、技术、人才、信息、资源等的全面辐射带动整个城市的协调发展，使城市在重塑过程中，促进均衡协调的城乡关系，形成包容协调的增长方式，促进城市人类亲睦的宜居环境，最终形成可持续的循环经济模式。

第五，将设计放到生态环境关系中理解，人类设计环境的过程是顺应环境的过程，设计的过程应将对立的两极走向统一，如工业与环境、商业与自然的关系，使环境保护不再成为工业生产与商业增长的障碍，人类从而建立正确的价值观。

把设计作为经济系统外的一个更广大系统的一部分。因此，设计要从源头创生，正如 2000 年世博会设计指导方针："消除废物"的概念（不是减少，而是彻底消除），设计应是生态效应与生态效率的综合体现，应是展现全人类的创造性智慧。

现时的设计正处在一种多元化的社会体系中，我们在发挥设计主体能动性的同时，要挖掘出设计的本体，即生活的本质、人的基本价值需要。因为就设计本身而言，它既体现在艺术与社会生活的重要方面，又紧随经济和生产的实际需要。从学科的特征看，它既是一个学以致用的应用学科，又是一个不断发展的人文科学。在现今全球格局下，中国设计自然而然与国际社会的相提并论，因此，设计从外延到内涵不得不与时俱进，而建立符合当今中国社会的广义设计理论势在必行。恩格斯说："一个民族想要站在科学的最高峰，就一刻也不能没有理论思维。我们必须从历史到理论，从理论到实践，形成一种广义的理论体系，创造一种新的实践形式，最终构成一个较完整的知识与实践架构。这是一个辉煌的前景，但千里之行还将始于今日。"

在今天广义多元的文化社会中，我们必将要从国际视野、高起点看待设计，宏观统筹社会各方面，最终，设计必将是科技、文化、生态、艺术于一身的广义的统一体。我们要不断的反思未来的设计发展会是怎样，怎样保持一个可持续的未来?

第一节　可持续的文化循环

可持续的文化循环是指文化的继承性、适应性、多元性、现时性、本土性与未来性，简单解释为：可持续的文化循环应将是文化的经典继承、文化应适应现今社会、文化应具有现时特征、文化应符合本土人的生活特征、文化应有未来前瞻性，这是一种适宜现今社会并能可持续发展的文化循环方式，也是当代社会发展的现实要求与人们对发展认识的深化。

这种文化循环方式是用发展的观点珍视人类的自由权与选择权，以独特的视角关注人类发展的终极目标与核心价值，赋予人类自由选择适宜生活方式的权利。使文化的发展顺应人类的心理与生理需求，既要符合国人的生活习惯，又要满足人们在新社会功能下的心理效应与感官体验，使人们原有的生活习惯适应现今社会创造性的生活体验。

一、本土文化的时代特征

本土并不意味着保守与传统，本土文化是一个国家的精神支柱、一个国家特有的知识体系、一个国家经验的凝聚，是一个完全开放的系统。

在经济全球化的背景下，无所不在的文化冲突与交融，需要我们理性地认识遵循文化的共同准则与追溯个性化的特质关系，从而为维护世界文化多样化的生态环境和弘扬我国新的设计文化形态而努力。①在中国国力日益强大的今天，我们必须承认原有的传统模式和今天的现实生活有很大的差异，所以要回归本土，这不是强制性的文化回归，而是一种自然而然的过程，这种过程是将现代生活方式与传统文脉精神相结合，更是为了确立自己的文化身份而探寻属于自己民族特征的现代生活形态与良性的创造方式。

中国的文化是符合中国人的生活习惯的，如果形成“国际化习惯”就会天下大乱，中国人拿筷子吃饭得心应手，如果改为刀叉也许就食不知味；中国春节包饺子象征团圆、富贵，如果有一天全国人民改吃奶油蛋糕了，那春节的意义就彻底扭曲了；国际化过程中服饰越来越均码，这种统一性也许只适于休闲装，如果哪天我们中国的传统服饰“旗袍”从量体裁衣到全部均码了，那就只有荒诞而言了……如果这样的话在我们的价值观里就没有好坏、美丑、真伪……之分了，所以文化的继承与发展是我们每一公民的责任！因为在我们每个人身上传统的特性和民族文化的记忆都根深蒂固，我们习以为常，我们舒适的享受这一切……中央美术学院设计学院副院长许平教授说：“任何一个民族都有其文化特征，这是客观存在，强调重视民族文化的特征只有一个价值或目标，就是强调发现民族文化的普世价值的责任和义务，因为这样的事情由中国人自己做是合理的，它并不意味着不研究其他民族、其他文化的好的东西，相反我强调，只有具备了“世界的”眼光和胸怀，民族的才是世界的，才具有普适价值。”当然，国际化的发展潮流我们势不可挡，在融入其中的同时我们必须将中国文化重建，而我国的当务之急正逢此时，现时阶段是我国任何一个时代都无法想象的绝好时机，此时我国经济稳步发展，社会环境和谐安定，知识人才不断积累，如何将本土文化与多元文化和谐共生？如何重建适应现时代的具有中国特色的文化？这些是我国今天和未来的发展方向。

我们复兴文化、寻找文脉，这是一种战略的角度，是人文科学的进步。像奥运和世博这样一次次举世瞩目的国际盛会来临时、我们在展现大和中的中国文化时、在得到世界目光的赞许时，这就意味着我们的民族自尊心得到了世界的尊重，回归本土文化这个时刻早该到来，这种回归是一种“复兴与创新”的回归，即所谓——“返本创生”，这是我们年轻一代人的重任，我们必须更深入、更努力地认识我们的历史文化成就，重新审视今天的文化价值，让我国不同时代的文化价值重新成为一种和未来保持联系的再创造资源，努力培养一种新的文化形态。

① 杭间，本土设计中的发现——从第十届全国美展“设计展”说开去[J].装饰，2007，（6）：38~41.

二、生活“风格化”还是“人本化”

文化是时代生活的反映，现代社会文化形态又是通过设计表达出来的，设计改善人的生活品质，在大众人的眼里，设计师的职业无比神圣，那么目前的设计究竟带给百姓的是什么?

“百姓怎样生活”这是我国一直有待解决的最基本问题，明代哲学家王艮说的“百姓日用皆道”，强调了“生活中的人”的重要性，这种重要性主要体现在——人的基本价值需要。也许我们认为现时段是该解决“百姓怎样高品质的生活”的时候了，前者我们已经做得很好，但是老百姓目前的生活状态是一种最佳状态吗？是他们最想要的吗？一种理想的生活是怎样的呢?

中国传统的生活方式是以家庭为单位，家庭象征着一种安全、和睦、亲情、血脉；而中国传统的居住形式又构建了一种和谐的邻里关系，因此，整个社会就构成了一个和谐共荣的群体组织。随着工业生产方式所产生的巨大经济能量及市场的逐渐成熟，这种变化不仅深刻地影响着百姓传统的生活方式，甚至形成对传统文化的强权控制。与此同时，西方的“先进性”也许使他们有一种特权，使这种权利强加于不同地域文化之上，我们在无形中早已加入其中。杭间教授说：“从某种意义上，经济全球化带来的好处是：它超越了政治理念的分歧使不同体制的国家变得前所未有地互相依赖，而在此意义上，本土设计有了更多的世界意义。”这种多元的设计逻辑与文化，已经对人类生活无所不在地弥漫，变得早已没有了意识形态色彩，使全体中国人的生活成为了世界人民生活的共同组成部分。随之，一种风格化的浪潮席卷而来，我们的生活被“世界风格”笼罩着，这时，我们为了把各种风格的器物摆在家中，由此名副其实的成了一名收集藏品爱好者……我们因为拥有这些器物而自豪，但是它们如果按功能分类，除了艺术品之外，那些具有使用功能的世界风格器具对我们来说使用方便吗？符合我们的生活习惯吗？当然，验证这种收藏是否有价值也很简单，当那些有使用和实用价值的器具最终都成为了只能观看和摆放的艺术品时，答案就已经很明了了，说明这些“世界风格”的器具既不是亚洲生活的传统，也不是为今天的亚洲生活方式而设计的，最后我们只是拥有它，等它一天天的落上尘土、成为藏品。

古代的中国家庭生活在较长的一段时期都是以“灶”为中心来进行各种活动的，如我们的饮食、起居、劳作、休憩都离不开它，它象征着一种家庭核心观念。然而现代家庭生活空间都有了厨房，我们在装修居室时，会有意识地将厨房设置成为一个独立空间，有时甚至将其隔绝在其他空间之外，这种将厨房空间边缘化的处理方式，也逐渐使厨房在家庭生活中的地位被零碎化、细琐化逐渐失去了原有的功能体系与意义结构。虽然居住空间的格局在变，但是我们的文化传统与灵魂永远不会消失，我们必然会在今天的生活方式中找到昨天的影子。因此，“灶”仍然具有特定的物质及精神方面的意义，所谓“锅碗瓢盆”、“水火油烟”永远是家庭与厨房生活中不变的主角。我们的市场与商品体系之所以缺少真正针对地域文化需求的设计，是因为我们已经放弃了自身生活方式的话语权、是因为我们已经把这片土地上曾经有过的人间烟火忘记得太久、是因为我们从设计到企业都还缺少关于这一领域的深入的反思和下决心的挖掘与梳理。种种事实表明，我国现时的设计与文化不是返回历史，而是返回“生活本质”，向生活回归不是向生活琐事回归，而是期望从由生活细节所铸成的生活体系与人类惯常的文化行为中寻找历史发展和前进的真正动力。①

设计的本质是生活，而生活的理念是无风格的，所以设计应去除现时的盲目风格化趋势、去除刻意表现某种风格与个性的设计理念，设计应是一种文化回归、生活回归，回归到事物的历史发展与现实生活环境的联系中。设计应回归生活本源、挖掘生活本质，以“人”的真实感受为宗旨，真正改善人居环境。设计应追求一种超级平常的生活层次、一种超级平常的器物观。Jasper Morrison 认为：“超级平常的物品就是那些伴随着人们长期的使用习惯而逐渐演化成形的日常用品，设计不应割裂产品形象与其发展历史的联系，而是要认识和提炼这种联系，将设计真正融入生活。”深泽直人同样认为：“超级平常的产品可以分为两类，一类是已经融入人们日常生活，看不到任何‘设计元素’的产品；另一类是抓住日常生活本质的新设计。”一些看似平常的设计品，就是那些我们看似没有任何设计感的小细节，这恰恰是设计师深入观察生活的真实体验。设计是创造的过程，创造的本质不是新产品的出现，而是产品与周围事物和环境保持的和谐关系。

对于生活而言人是第一性，对于人而言生活是第一性，因此，任何时期的人们总是适应性地改变自己的生活。设计是来源于传统生活本质而高于生活，随后人通过思维和意识，又能够主动地进行适应性设计，享受高层次的生活。生活的任何阶段都是为人服务的，因此，生活是“人本化”的过程，即“人的基本价值需要”，最终，设计必须是对当代人的心理与精神的深入分析。

三、新的文化价值形态——心理效应与感官体验

人们的生活方式随着全息一知识经济时代的到来发生了质的变化，人们的创造欲望和创新心理被无限地激发，而今艺术对人类的作用方式已经从过去的神圣感、魅力型、经典式转变为可以自由表达、双向交流、大众互动的平民方式，艺术更多的是关注大众的日常生活问题。艺术精英的话语方式也已经从高端性、专业性逐渐被生活化、通俗化的话

① 许平，传统器物研究中的文化思考与人文关注[J].美术之友，2007，（6）：32~33.

语方式所取代。我们正处在一个多变的世界与剧变的时代边缘，我们会发现周围的一切都在悄无声息发生着变化，这些变化就是我们感受现今社会的“新鲜感”，而这些点点滴滴的新奇感，却汇聚成了这个和平年代新的变革，新的文化价值形态已经走进了我们的生活。

生活的多元化是这个社会传递给人们的一个重要信号，即新的文化形态的出现与新的社会功能变化。网络化、信息化的生活方式已经覆盖在我们的生活周围，我们不知不觉早已加入其中，这种潜在的影响力与文化价值将会影响到人类现在以及未来的各个方面。年轻、公平、自由、参与、个性、虚拟是新社会功能下生活方式的特征，每个人都可以自由选择想要的生活，享受到社会带给大家的全部信息、服务、产品。现代设计的主体不是“物”而是为“人”而服务的。人是有感情、有意识、有思想、能思考的能动性生物体。因此，为人而创造的生存环境必须更加贴近人的情感心理，甚至能够深入人的内心深处服务与人，使人类、社会、环境的发展达到一个和谐的统一体。

多元化的生活方式使人们愿意主动地去尝试新鲜事物，希望体验其中，随之，体验生活、体验环境、体验消费、体验产品……逐渐成为人们生活的主题，当“体验”在社会生活经济领域成为一种商品，而人们都愿意为之付费时，体验这种生活方式已经走进了人们的生活。设计产品的过程是设计者不断揣摩使用者的心理情感、心理需求、感官体验等的过程，使用者如能够体验参与其中，就可以对设计师的作品进行再设计来达到双方对产品的共同认同。这种互动交流、互动体验设计才真正实现了人性化设计，可以激发人们另一种生活形态的产生，这是通向人类高品质生活的有益基础。

现代科学技术的快速发展和各企业竞争的愈加激烈，使得“体验”不仅成为商界竞争的卖点，而且成为了现时代的“精典产物”。从工业经济到现今知识经济时代，大众从心理到感官形成多元性需求，向往一种创造性的生活体验。Inter 总裁格罗夫在 1996 年 11 月 COMDEX 电脑商展中的演讲里曾说过：“我们的产业不仅是制造与销售个人电脑，更是传送资讯与栩栩如生的互动体验。”[①] 世界著名 IT 企业都将“客户体验”作为产品服务的宗旨，引领着世界设计界及服务业的前沿，如著名 IT 企业惠普提出的新型营销战略——全面客户体验（Total Customer Experience）；微软公司的主打产品 Windows XP 操作系统，XP 正是来自 Experience，中文解释即“体验”；及戴尔公司的企业口号为：“顾客体验、把握它”等一系列知名企业都在发展新计划中提出了“以客户为中心、追求顾客体验”

① 桑瑞娟，工业产品体验设计方法研究：[D].南京：南京理工大学，2006.

的新目标。[1] 这不仅是商界之间竞争的手段策略，更是大众的向往与需求，因为消费者越来越渴望这种体验，来满足自己心理与精神的高层次需求，同时商界在产品设计上更加注重通过感官、情感、心理等方面激发精神体验的设计。体验设计强调一种内在感受，就是要使设计对象更加感知化。

体验设计的关键因素就是增加产品的感官体验。感官体验即一种知觉体验，就是通过视觉、听觉、嗅觉、味觉、触觉带来的感官刺激产生美的感受、兴奋和满足。融合了感官体验的设计，人们就会在使用中通过最容易感知的要素，如绚丽的颜色、优美的旋律、诱人的芬芳等，从而迅速捕捉到产品想要传达给使用者的精神内涵，这是吸引消费者最廉价、最快捷、最直观的方式。人们通过五官达到感官的五种体验，最直观的是视觉感观，人们可以通过眼睛迅速捕捉到产品的整体形象，包括产品的外形、颜色、大小，这种最直观的信息采集方式很容易判断对事物的第一印象。体验设计的场所总会伴有优美的音乐，当旋律进入人们的听觉系统，大家就自然地随着音乐的感觉与节奏融入其中。当我们走进空气清新、芳香四溢的环境并捧着略带香气的产品时；当我们闻到喷香的饭菜并尝入口中时，通过这种嗅觉与味觉的刺激，第一时间就愉悦了人们的心理感受。信息化社会的今天，设计者在营造创意空间时逐渐加入了触觉感观，当我们触摸到产品材料的质感时；当我们观看四维电影时，电影情节中的视觉、听觉、嗅觉、触觉同时伴随出现时，此刻，我们会真实地体会到电影传达给观众的感受，这就是触觉带给人们的最真实感观。日本物学研究会会长黑川雅之先生称 21 世纪是“由视觉时代的世纪转移到触觉时代，是“体现身体感官特点的设计时代”。

人类最终总要创造一种从本质上适合人类精神的丰富性需要，在升华自己的同时也改变社会的新生活方式；这种方式应当不受技术逻辑的束缚、不受政治纷争的干扰、不受商业运作的操纵、不受理性思维方式的压抑，在个性化的情绪与意识得到尊重的前提下，将内心感受的质量与方式定格为生活方式与生存品质的重要标准。[2] 人类的自我意识和主动创造精神影响着新的文化价值形态的形成，但这种新文化形态必将是与自然生态和谐、与经济发展一致、与传统文化承接的有机体，是实现人类的宏伟蓝图的价值组成。

四、“消费”的文化·心理·反思

消费是新社会功能下特有的文化资源，现代消费形式体现了现代社会的文化特色。消费文化关注商品如何生产、销售和消费；关注物

① 郑林欣，汪颖，体验经济下的体验设计——从飞利浦设计带来的新概念谈起[J].2004年工业设计国际会议论文集，2004，620-623.
② 许平，青山见我[M].重庆：重庆大学出版社，2009.28.

质与非物质产品的来源方式；关注现代消费与人类日常生活结构的关系；关注现代消费与现代生活的价值观是否一致；更关注现代消费与现代社会中的制度、利益的和谐统一。消费文化有一种强大的辐射力，具有网络化、结构化特征，它必须以社会关系、结构、机构和制度为背景，将个人与社会期待、资源组织和谐统一。消费文化的循环发展有利于个人与社会互为因果、相互限定，消费文化将我们的全部需要与现代社会的发展紧密地结合在一起。

现今社会人们越来越多的围绕消费来组织生活，消费成为了当代社会生活与社会经济的核心，消费可以获得身份、满足需求、展现自由。正如贝尔所说的："大规模消费意味着在生活方式这一重要领域，人们接受了社会变革和个人改变。"[①] 消费者的消费行为表达自己内心的一种需要，这种需要分个人的和社会的，人们对物质使用的需要、对非物质感受的需要属个人需要；人们对社会资源、社会权利的需要是来自社会方的。现代社会的公共性、公平性满足了人们获得社会资源和个人需要的机会。

现代社会提供了人们自由的消费平台，各色的广告、招贴、大众传媒、魅力形象、网络信息等成为消费时代最常见的生活资源，这种新资源已经取代了昔日的艺术功能，而将审美内容带进人类生活。人们会因感观到附着于商品上的魅力诱惑的包装而消费购买、会因看到绚丽的广告灯箱而驻足停留、会因体验到逼真的虚幻场景而身处其中，这种第一观感、听感、触感的形象体验，激发了人们的感觉与欲望，人们购买的是一种体验，是感受广告渲染的场景蕴涵幸福美满的生活梦幻。这种完美的诱惑促使魅力形象不仅广为流通于日常生活，而且作为一种日常生活意识形态统治支配着社会生活。因此，消费文化是以一种积极的生活方式进入人的价值体系。正如史都瑞所言："我们消费的内容与方式，诉说了我们是怎样的人，或者我们想要成为怎样的人。经由消费，我们可以生产并保持特定的生活风格。"[②] 现今，文化已经成为一种时尚要素影响着人们的日常生活，人们在购买产品时，动机已经不是实用与质量，而是购买商品之上的象征意义和有别于各自生活模式的象征性关联。"我们吃一块无味而没有营养的面包，只是因为它满足了财富和身份的幻想——它是那么洁白和'新鲜'。实际上，我们只是在吃一个！"幻想"，与我们吃的东西已经失去了真实的联系，我们的口味，我们的身体，被排除在这一消费行为之外。我们在饮用标签。拿到一瓶可口可乐，我们是在饮用广告上的俊男俏女，我们是在饮用'停下来提提精神'这个广告词，我们是在饮用伟大的美国习惯，我们绝不是在品尝味道。"[③] 人的精神价值层面追求的是感官体验与心理满足、

①（美）丹尼尔·贝尔，资本主义的文化矛盾[M].严蓓雯，译.南京：江苏人民出版社，2007.
②（英）约翰·史都瑞，文化消费与日常生活[M].张君玫，译.台北：巨流图书公司，2002.
③（美）埃里希·弗罗姆，健全的社会[M].蒋重跃等，译.北京：国际文化出版公司，2007.

是让自我而不是他人感到满足、表现的是纯真和情感的实现。

这些魅力诱惑已经无时不在、无处不在，我们已无从选择，无法控制。英国社会学家吉登斯也将大众市场支配下的消费及其对日常生活的重塑视为一种全新的现象。他认为："由于今天社会生活的开放性、行动场景的多元化和权威的多样性，对那些从传统场合的控制中解放出来的群体而言，在建构自我认同和日常活动时，生活方式的选择已愈加显得重要。"消费文化将个体与群体引向共同的轨道上，弱化了个体间的差异；时尚消费实现了社会、文化、个体间的互动交流与意义建构。

消费文化虽然成为一种新的社会资源，已经植入人们日常生活，但是人们若以"消费"来满足个人对稀有物的占有欲、来提升个人的身份地位、来证明个人的自由权利等目的，最终侵蚀消耗人类有限的自然资源，那么，消费文化的出现对人类而言则是毁灭性的。我们如何在消费时代达到消费与环境的和谐相处、达到消费与人类的持续认同？必将是人类在反思之后对日常生活方式中的消费与文化的重新塑造。

现在的社会气氛和商业模式无形中将人的价值观统一化、生活方式模式化，使人们疯狂的追求高档，总是处于欲购情节中，这种新的社会生活组织原则支配着人们的消费行为。同时，经济全球化使大量的物质产品和新消费方式涌入国内，冲击着人们已有的消费观念和价值观。对个人而言，我们在广告宣传、媒体引导后，为了满足欲望而盲目购买的产品不一定是我们所需要的，这种被动式消费是一种资源浪费。对商家而言，他们通过广告宣传操纵消费、进行社会控制，生产者和经营者所追求的并不是消费品的使用价值，而是商品的交换价值，实行经济增长服务，造成环境资源的过度耗竭。消费主义的经济运行方式不能只限于商业领域，人们对商品的选择与消费应是人类的各社会等级及身份的普遍认同。消费应是一种与环境的承受能力相适应以满足不同代际人需要的消费，更是一种物质生活和精神生活相和谐的消费。

现时的消费主义和享乐主义的生活方式对环境造成巨大的压力，作为一个完整的人，人类的反思应是对个人全面本质的思考。对于个人家庭而言，家庭适度的量入为出，与可持续消费战略的目标具有一致性，是实现节约资源、保护环境和实现平衡的有益基础。但人类的最终目标不是"适度"而是"可持续"消费，可持续消费不是限制人们的消费水平，而是积极地倡导一种与可持续发展战略思想相一致的消费理念。国际消费者联合组织主席 Witoelar Erna 先生指出："从消费者的角度说，可持续消费是一种通过选择不危害环境的产品与服务来面向满足需求又不损害未来各代人满足其自身需要的能力的有意识行为。从工业界和政府的角度，可持续消费意味着提供能满足基本需要和提高社会质量的服务和有关产品，同时最大限度减少自然资源和有毒物质的使用以及在这些服务或产品的寿命周期内废物和污染物的排放，旨在不损害未来各代人的需要。”① 实现可持续消费是一个漫长的甚至是一个永远的过程，这需要全人类在思想上的一致认同。

五、小结

人类的每一个进化过程和每一个历史阶段所产生的造物文化，都映射了人类阶段性的设计理想，它是属于全人类的，其中，现代文化的发展方向是我们必须把握的。在全球化大潮中，社会的发展与文化的冲击使社会各领域、行业、消费市场等都面临着结构调整、观念更新、价值提升的全面升级。我们处在一个大设计的时代，人类的生存环境、生活用品、服饰品牌、网络结构甚至行为方式都要通过设计的力量参与现代人类文明进程，同时将不断地影响并改造着世界。

现今，人类必须用一双“发展”的眼睛来重新审视人类自身在不同时间、不同地域的设计行为。“因为在任何一个时代，设计并不直接表现为生产力，设计并不可能为每个时代的文明负责。但是体现在设计中的文化选择、设计与不同时代的生活方式、生产方式的结合，却可能产生对于时代文明的重大影响，关键则在于设计与生活方式、与生产力的匹配关系。这种关系的合理与否、设计能否为人类生存、生活与生产方式提供现实的、合适的进步要素，是这个时代文明的重要标志。”② 社会提供给我们一个开放的文化环境，在此环境下我们更应该不断反思、规范自己的行为，人类、社会、文化应是一个有机统一体，最终实现社会文化的可持续发展。

第二节 可持续的经济循环

可持续的经济循环是寻求人、自然、经济和科学技术之间的协调关系，是将社会生产生活、流通消费、产品废弃的全过程所消耗的资源，通过生态型资源循环的经济运行方式来发展经济、并指导人类社会的经济活动，是一种新的经济形态，更是科学的发展观。经济循环存在于人、自然资源、科学技术等要素所组成的大系统中，所以经济的发展不能独立于这个大系统之外，而必须将自身作为整个系统的一部分来研究符合客观规律的经济原则，从而建立新的经济系统观。

现时代经济的发展必须考虑地球的承载能力，考虑大规模经济活动后带给环境的重大负担，经济活动的产物只有控制在资源承载能力之内，形成良性循环，才能使生态系统平衡地发展，这是建立新的经

① Erna W，可持续消费的含义[J].陈定茂，译，产业与环境，1995，(4):10.
② 许平，反观人类制度文明与造物的意义——重读阿诺德·盖伦“技术时代的人类心灵”[J].南京艺术学院学报，2010，（5）：99~104.

济观、价值观、生产观、消费观和系统观的必要前提。发展循环经济就要以高效、优化资源利用方式为核心，以技术创新为动力，使经济的发展全面推进整个城市系统的良性循环，最终使城市环境重塑和谐。

一、经济特区带动城市人居环境发展

城市是以人为主体、以自然环境为依托、以经济活动为基础的社会联系极为紧密的有机整体。我们只有解决城市化给人居环境方面造成的问题，才能实现城市发展的终极目标，即提高人居环境质量、实现人居环境的可持续发展，人居环境是城市进一步发展的基础，是城市化进程的具体体现。为保持城市健康、持续、和谐发展，就必须建立城市整体空间格局，并制定社会经济转型期的科学的城市空间发展战略。在有限的国土面积上，以最经济和有效的方式建立城市安全格局，实现人居环境的可持续性。

我国在改革开放初期，为了改善扩大本国的对外贸易，引进更多的国外资金、技术和管理经验，增加就业机会，扩大社会就业，加快特定地区经济发展与经济开发的速度，形成新的产业结构和社会经济结构，对全国（地区）经济发展形成吸纳和辐射作用，我国建立了多个经济特区。经济特区承担金融、贸易以及生产性服务等多种功能，是区域经济的中心，具有强大吸引能力、辐射能力和综合服务能力，能够渗透和带动周边区域经济城市的发展。近几年来，为了协调区域发展的不均衡性，政府发展了环渤海经济圈、中部崛起和泛珠三角等经济特区，全面加快我国的改革开放和发展步伐，提高国家工业化和城镇化水平。

投资推动、出口带动、内需拉动是经济学上推动区域发展的三大动力，而环渤海经济圈、中原崛起和泛珠三角经济特区正是典型的代表。环渤海经济圈指以辽东半岛、山东半岛、京津冀为主的环渤海滨海经济带，同时延伸辐射到山西、辽宁、山东及内蒙古中东部。京津地区具有全国最庞大的知识群，具备天然的科研、教育优势，是中国名牌大学以及科学院等研究机构的集中地，两地优势互补，必将促进企业、大学、研究机构与政府的联系和互动，产生巨大的创新效益。通过加强区域内科研机构的交流与合作，探索建立区域科技项目合作机制和成果转换平台，对于促进区域经济结构转型具有重要意义。在2008年奥运会后，京津之间开通了城际高速铁路。同时，北京与周边重要城市之间均有高速铁路和公路直达，形成了高速、发达的交通网，极大地促进了两地科技和人才的交流，为实现区域经济一体化提供了良好的环境，如在京津塘高速公路两侧，集聚了大批高新技术产业，已经将北京、廊坊、天津、塘沽、天津保税区、天津港联系起来，形成了覆盖华北、连接西北和东北的带状高新技术产业带。强化京津冀核心圈资源整合功能，发挥京津整体带动作用才能真正推进京津冀地区共举共建，实现环渤海区域合作共建的宏伟战略。

中部崛起战略是中国推动区域经济发展的另一典型举措。按照中共中央的要求，全面贯彻落实科学发展观，以人为本，推进河南全面、协调、可持续发展，扎实有效地提高全省人民的生活水平和质量，提高人口素质，改善生产和生活环境。结合河南省为人口大省的实际情况，充分改善区域内人民群众的消费能力，拉动区域内部对经济的需求，达到经济增长的目的。同时，推进政治、文化建设，实现社会物质文明和精神文明的和谐发展。在经济发展的同时，努力保持良好的生态环境、工作环境和生活环境，提高区域的可持续发展能力。

珠三角是我国最早建设的经济开发区之一，也是最为成功的经济开发区之一。珠三角按照兼顾公平的原则，与附近区域按照市场规律推进区域合作，达到了资源参与、市场主导、开放公平、优势互补、互利共赢的合作目的。与其他经济开发区相比，珠三角的核心城市更加集中，且与辐射干线上的城市之间交通便利，区域内部人员流动频繁，经济交易中的交易成本比较小，加速了珠三角经济区域的发展。

总之，我国成立经济特区 30 年以来，各项社会事业协调发展，人民生活水平显著提高，城市综合实力大幅提升，走出了一条符合我国实际的科学发展道路。当前，我国经济特区正是以加快转变经济发展方式为核心，以生态文明建设为主线，改善城市人口的人居环境为责任，通过在落实科学发展观方面发挥示范带动作用，推动特区实现新的崛起和振兴。

二、文化产业到文化“创意”产业

经济全球化背景下，世界各国展开的经济竞争与文化竞争是新知识经济时代的显著特征，与之相适应的发展趋势就是设计的产业化发展，同时，文化产业也顺应着这种社会潮流而产生。文化产业是一种新兴特殊产业，更是一种社会协调性高的特殊经济领域，它的实质是将动态的、开放的、可再生的文化资源不断的转化为文化产品、文化服务价值的实现过程。1999 年 10 月的意大利佛罗伦萨会议上，世界银行提出：文化是经济发展的重要组成部分，文化也将是世界经济运作方式与条件的重要因素。这标志着经济与文化在不断接近以后开始走向融合甚至重合，在以美国为代表的“新经济”发展趋势的影响下，世界各国各地区都已经把文化发展战略变成了一种国家发展战略。[①] 正如中共中央在“十五”计划建议中提出的“完善文化产业政策，加强文化市场建设和管理，推动有关文化产业发展”，我国这种政策思想是与国际发展潮流一致的，这时经济与文化相互渗透、促进、交融，使经济与文化一体化发展，同时也引领着我国未来的发展方向，种种事

① 李青岭，文化生产力与文化产业[J].生产力研究，2007，(6)：50~52.

实表明文化产业已被国人所接受和认可，我国悠久的历史文化也为今后创造具有良好竞争力的文化产业奠定了坚实的基础。因此，文化产业不仅要具有中国地域特色更要具备国内外的市场竞争力，我们必须要找准市场切入点、采取相应的国家政策并调整商业运作方式，使文化的发展与国家的经济建设同步，使我国文化产业成为新兴服务业的重要组成部分，旨在中国经济与文化间架起一座桥梁。

人的日常生活过程实际就是人的社会化过程，在这种过程中，人的行为方式和思想价值必然要受到社会文化的影响，而对于“社会”这个复杂的系统而言，文化产业（这种新兴多元文化形式）就是人的社会化产物，它是以物化的文化形式出现的，具有鲜明的时代特征，就像花建所说的：“文化产业”是以物化的文化产品和各种形式的文化服务进入生产、流通和消费的产业部门，包括文化产品的制造业、文化产品批发和零售业、文化服务业。[①] 它所涉及的领域也非常广泛，首先，从艺术创作角度，它所包含的内容有：观赏艺术、音频艺术、影视艺术表演、计算机与多媒体艺术等，这些艺术形式自身已形成为一种新的产业。其次，从创意文化的角度，包含着比艺术生产范围更大的延伸产业，如：时尚设计、产品设计、互动休闲软件、广告业、旅游业、建筑服务业、出版业等。第三，传统社会产业的现代化转型，是通过品牌效应与体验性服务将传统产业纳入现代文化创意产业的范畴。谢名家同时提出关于发展文化产业的哲学思考，他认为：“文化成为产业是由其生产方式和消费对象所决定的。发展文化产业是社会主义现代化建设对精神文明建设的客观要求，是取得与人类创造的优秀文化成果接轨的重要途径，对减轻国家就业压力、提高中华民族的全面素质将发挥长远效用。发展文化产业要建立与社会主义市场经济相适应的文化观念、体制和运行机制；对文化产业实行全面推向市场和国家重点扶持相结合的方针；发挥政策优势，以经济、法律手段为主要杠杆，促进文化产业超常发展。”[②]

从文化产业到文化创意产业的演变强调了“创新”的重要性，创新就是通过本土的丰富文化资源，发展文化环境、挖掘市场潜力、创造市场需求，就是利用创造能力来有力地增进企业的生产力，并采取一系列新的措施来支持企业中的技术、知识与创新，在这个知识经济时代下，“知识”和“创新”成为文化创意产业发展最重要的双翼。英国设计委员会前主席乔治 · 考克斯认为：所谓“创新”，指新思想的成功实现，它是将新思想用于新产品、新服务、新的业务方式，或者新的企业运作方式的方法与过程；这种“创新”同时来自于效率或更好的客户服务水平。文化创意产业的出现努力的唤醒了人们应从社会整体环境上影响国家创造力、提升企业竞争水平的意识，事实证明，

① 花建，上海文化产业的发展趋势和政策导向[J].毛泽东邓小平理论研究，1998，(4).
② 马海霞，吕偶然，文化经济论与文化产业研究综述[J].思想战线，2007，33（5）：111~118.

这种宏观思想下形成的新的文化形态产业结构已经得到社会各界的一致认同并继续延伸发展着。文化创意产业改变了“中国制造”的传统产业模式，带给我国前所未有的机遇，它的发展方向是与我国十七大提出的建设“自主创新”型国家的国策相一致的，也是与《赛恩斯波利评估》中所提出的“发展国家创新生态系统”的思想相统一。

联合国教科文组织将文化创意产业定义为：结合创造、生产与商品化等方式，去运用本质是无形的文化内容。这些内容基本上受到著作权的保障，其形式可以是货品或是服务。[①] 文化创意产业究竟属文化范畴还是偏商业运作，这一问题一直备受争议，其实我们不需要去争个究竟，在这个多元社会中，最好的处理方式就是将文化与创意产业进行多元融合来满足新时代的社会需求。文化创意产业是将资本引入文化领域，其价值的体现要通过能否给资本投入者带来巨大利润，同时应受到消费者的欢迎，这种以文化为核心的经济发展模式，成为了知识经济时代社会生产力的动力来源。现时代，人们的生活方式多元化、生活需求精神化，这种变化早已默认成为一种新的“生活标准”；而多元文化下产生的文化创意产业，也已经默认成为新的“社会产业标准”。文化创意产业使整个社会的产业结构发生改变，同时体现着文化品质的全球化特征。创意产业的发展方向是如何更好地与企业合作、与社会力量合作，推动全社会经济创新、企业创新的自我革新过程。

文化创意产业并不是弃传统制造产业而不顾转向扶植高风险的创意产业，并期望以源源不断的“创意”来支撑一个规模产业的繁荣，而是在不断地思考如何将传统制造业与创意产业更好的结合在一起。考克斯认为：“创意企业”应是在整体上富于创意的，这种“创意”既是指通往新产品和新服务的各种途径，它也是获得更高生产力的手段。对于企业而言，“好的创意”是更高生产力的关键所在，无论是通过高价值产品和服务、更好的过程、更有效的销售、更简洁的结构，还是通过更好的使用人们的技能等方式都可以充满创意，也必须具有创意。创意产业事实上与制造业具有不可分割的联系：“创意由于企业的需求而兴旺……在少数有限领域——比如芯片设计——创意与生产或发配可能并无紧密联系，但是在许多领域，与消费者的紧密联系却是产品设计和开发的一个因素。这些创意能力成长起来，服务于其他领域。时尚设计是从成衣业成长起来的；产品设计的建立是为了服务于制造业。如果制造业消失了，那么，随着时间的推移，那些与之相联系的设计能力也会消失，因为在某些方面，创意正在变得更加具有合作性；使用者在创新中正日益发挥着更加重大的作用。创新并非空中楼阁——而成功的企业又不能没有它。”通过这种战略性的调整，无论是在创意产业与传统制造业之间、还是在创意产业与社会经济之间，都会建立

① 杭间，文化创意产业是一把双刃剑[J].美术观察，2007，(8)：25.

起更加紧密和务实的桥梁，这就是赛恩斯波利所说的“向上的竞争”，也就是 John Hartley 所称“创意的概念拓展到整体经济层面，并拓展到全体公民”这一战略举措的真正目的所在。①

无论文化产业还是文化创意产业要想持续、协调、健康及快速的发展，必须发挥政府的主导作用，这种主导性是强调更充分的市场化生存与自由竞争，强调产业的发展是有选择地遵从市场规律并按其自身社会的轨道发展，因此，大力发展符合先进文化要求并具有中华民族特色的文化创意产业势在必行。只有创建宽松的政策空间、真正的从文化建设出发、从中国本土道路出发，才会使国家产业更好的发展，才会使国家经济快速的增长，才会将中华民族文化复兴的愿望早日实现。

三、企业文化——品牌

企业文化是企业的价值理念、运营方式、行为模式的再展现、是企业个性的象征、是企业可持续发展的源泉。企业文化首先源于企业文化资源的合理有效开发与整合，应具有商业性、扩张性、开放性、创新性等特征，企业文化资源是一个企业在其企业文化体系的构建中的一切思想文化资料来源，同时又是先进的理论指导下自觉的开发资源，评估资源与整合资源。其次，企业文化的特征在很大程度上来源于所属地区的人文特征、商业特征、生态特征，这些地域特征能够完善企业制度和优化企业内部资源配置，并潜移默化地影响着企业文化的培育、形成和发展过程。② 第三，企业文化资源与地域文化资源的互动与交融，直接或间接地影响了当地的人力资源、经济状况和社会文化环境等因素。

企业要想立足国际市场，其文化建设就必然要顺应知识经济时代特点，即企业文化的多元化发展与多样化趋势，企业的灵活性、吸纳性和创造性使企业走向自主研发的创新之路，企业文化的多样化特征最终会通过“品牌”的打造来实现。品牌的建立必须源于产品的优良品质，源于产品的高设计水准与高营销战略，源于产品精细加工的技术资源与精良商品的声誉资源，更源于产品前沿的设计概念与对文化的敏感性。另外，品牌受到虚体空间形态的影响，无形中将无限的文化内涵注入有限的产品中，赋予品牌以文化的魅力。品牌又受到多层次空间文化维度的影响，从外部环境上看受到民族文化、地域文化、行业文化、社会文化、政治文化、经济文化、国际文化等的影响；从内部环境上看受到企业历史文化、企业体制文化、企业管理文化、企业经营文化、企业环境文化、企业网络文化等的影响。现代社会中品牌不仅是一种文化，更是一种企业文化，该文化是结晶在品牌中的经

① 许平，刘爽，“考克斯评估”：一个反思创意产业战略的国际信号[J].装饰，2008，(10)：54~59.

② 张云初，王清，张羽，企业文化资源[M].深圳：海天出版社，2005.

营观、价值观、审美观等观念形态及经营行为的总和，是民族文化在企业经营中和品牌创造活动中的具体体现。红蜻蜓集团董事长钱金波认为企业的发展战略即："品牌开路，文化兴业"。[①] 事实上企业决策者的价值观念与个人魅力对企业的发展会产生巨大的文化凝聚力，成为企业发展的关键力量。

在经济转型期，设计产业让企业更加关注品牌与创新的价值，品牌对于一个企业的发展来说象征着稳定与持续，品牌可以为企业带来极高的经济附加值，是一笔巨大的无形资产。《财富》杂志称："在21世纪，创建品牌将成为公司之间相互区分的惟一手段，品牌资产现在已经是公司的关键财产。"[②] 品牌是以象征性的形态、特定的名称术语、独特的感觉符号等方式来提供产品、服务、概念，从而形成复杂的商业关系。当你用昂贵的价钱购买一件商品时，头脑中就会立刻浮现出各种品牌的虚幻场景，它通过一系列的感觉形态而呈现，最终你所交换的是一种很信任、一种惊喜、一种期待、一种品牌文化。优秀的品牌会反映一个企业的综合实力和文化底蕴，会带动企业的管理创新、技术创新、营销创新，从而提升企业核心竞争力。因此，品牌已经进入市场经济和社会发展的需求范畴，已成为企业商界的卖点和人们物质和精神生活的时尚资源。

品牌的塑造需要企业的综合实力作后盾，而企业综合实力的提升有赖于核心竞争力的提升。美国著名设计家罗伯特・伯纳（Robert Brunner）曾提出："设计语言"概念，是一种设计策略规则下的产品与品牌形象的活化机制。该思想的要点是："设计语言"在策略中建立一种广义的方法论，引导产品设计，以产品视觉与功能的最终呈现来表达品牌价值。通过设计语言所传达的品牌精神、品牌人格、品牌资产而最终形成的品牌形象将带给全社会以信誉保证。"Coca-Cola是一种含有咖啡因的碳酸饮料，它以红白相衬的标识、经典的瓶型及广告形象，使之成为时代的象征和消费社会的一种不朽的时尚。可口可乐的品牌战略特点是坚持从设计、生产、营销、服务、管理等方面，保证品质，跟上时代，维护统一的品牌形象；坚持以新的观念和手段、创意和强大的传播优势，展示品牌，推广服务，刺激消费；在全球扩张中，注重时代精神理念与地域文化的融合，入乡随俗，又不失整体特色。'秘密的配方'、特许经营制度，以及巨额的广告投入，使其形成了巨大的发展规模，Coke的企业文化所形成的企业经典品牌使自身立于不败之地。"[③]

我们说如今是知识竞争时代或消费竞争时代不如说是品牌的竞争时代，品牌是各行各业击不垮的堡垒，从环境设计到视觉传达，从广

---

① 孙文清，区域文化——现代企业文化建设的战略资源[J].企业经济，2007，（3）：23~25.
② 王平，文化及其价值在现代设计中的体现[J].装饰，2004，（12）.
③ 迪人，世界是设计的[M].北京：中国青年出版社，2009.

告设计到网络出版以及更广泛的文化领域，设计与品牌在竞争合作中共生发展着，消费者对生活的选择、对购买的判断、对市场的信赖等都来自于品牌的保障与合法的设计，品牌所涵盖的空间是广义交叉的综合领域。将设计围绕并纳入品牌战略，提供专业服务、进行营销推广、规范市场管理、传播产品理念，最终在设计、品牌与消费者间架起沟通的纽带。

第三节　可持续的生态循环

我们应建立一种完全不同的生态设计理念，即以人类对自然界创造性的高效设计为宗旨，对自然的尊重、公平的竞争、彻底的消除废物，达到可持续的生态循环。可持续的生态循环是将工业与环境、商业与自然看似对立的两极走向统一，而不是用传统的开采、制造和处理方法将其更加对立，使环境保护不再成为工业生产与商业增长的障碍。消费者所享有的主动权不是贪婪的行使“顾客即上帝”的特权，并将社会生活网络缠绕在经济增长周围、不计后果的耗竭环境有限资源、疯狂的践踏环境，而应是主动地限制并控制自己的消费欲、占有欲、浪费欲等恶行；应减少开支、减少用车、少生孩子、减少破坏。因为，人类既生活在一个物质财富充足的世界，同时又生活在一个充满限制的世界，地球的可供资源极其有限，我们必须学会与他人共享环境资源。

人类没有限制的行为正在逼近地球承载的极限，“如果世界人口增长、工业发展、环境污染、食品生产、资源损耗的增长速度保持不变，全球的增长将会于下个世纪的某个时段内达到极限，最终可能的结果将是人口和工业能力发生突然的、不可遏制的衰退”。[①] 因此，人类必须建立“从源头创生”和“彻底的”消除废物的思想。该思想的核心内容是：“人们衡量成功的尺度将不是有多少被侵蚀的土壤得到了治理，而是有多少健康的土壤被培育；不是有多少减少洪灾的大坝被建造，而是有多少水流能安全有效的顺其自然方向流淌；不是减少了多少有毒废物的填埋，而是有多少产品被安全生产，不需要任何填埋。”[②] 因为，减少破坏只能减缓破坏环境的速度，即使是再微量的废弃物排放也会给生态系统带来毁灭性的后果，“减少破坏”并没有从根本上解决问题，所以我们采取了再生与回收循环方式对环境进行补救修复。再生循环的方式并不是将废弃物通过循环的方式把有毒物质转移到了另外的一个地方；同样，回收循环也不是将材料降级循环，因为降级回收会给环境带来更大的负担，污染物会犯翻倍提升，我们会消耗更

① Donella H.Meadows，DennisL.Meadows，Jorgan Sanders，超越极限：正视全球崩溃，设想稳定未来[J].VT:Chelsea Green，1993. xviii.

② (美)威廉.麦克唐纳，(德)迈克尔.布朗嘉特，从摇篮到摇篮——循环经济设计之探索[M].上海：同济大学出版社，2005.

多的资金去再次提高材料的可用性能，这种盲目的形式主义环保方式就像一种极具破坏力的武器，更快速地摧毁人类的生存环境。我们能不能把我们消费的激情、征服环境资源的激情，用于创造能够真正消除废物的技术手段，在回收过程中我们就可以通过这些技术手段将有用的材料从废弃物中分离出来升级回收，而不是将有价值的和无价值的废弃材料全部降级处理，这样就既节约了资金又保护了环境资源，从而达到生态循环的目的。我们设计的目标要达到即使人们不小心的吸入了产品的一些颗粒，也不会给人的身体带来任何损害和负担，在对它们使用完毕后，还能够作为一种生物养分返还到生物循环的过程、给自然提供营养，完成生物新陈代谢全过程；同时，再次从废弃物中提取出对工业有价值的养分把它们与生物养分隔绝开来升级循环达到工业新陈代谢。[①]

“从源头创生”的意义在于从产品设计初始阶段就要考虑其废弃后怎样安全处理，这时，设计的全过程应包括当产品废弃后仍完全无污染、不给环境带来任何负担的全部生命过程。《从摇篮到摇篮》曾提到“围绕樱桃树的思考”，这种思考强调一种良性的生态效应，是完全符合生态循环的可持续思想。“樱桃树花果丰硕却并无耗竭它周围的环境资源。当这些花果掉在地上时，它们会降解为养分，滋养着微生物、昆虫、植物、动物和土壤。尽管樱桃树所产出的‘产品’相对于它立足于生态系统的需要来说是远远超出了，然而它的这种富余的产出已经用于满足丰富多样的需要。事实上，樱桃树的多产几乎滋润着它周围的一切事物。”再让我们看看基于樱桃树思想下的建筑吧，同样是一幅美好的愿景：“在白天，太阳光射进来，宽大的、没有深色镀膜的玻璃令室内的人将室外的景色尽收眼底。咖啡吧给员工们提供着价廉物美的食物和饮料，它的外面就连着一个洒满阳光的院子。在办公的地方，每个人都可以调控自己呼吸区域的新鲜空气流量和温度。窗户是可以敞开的。冷却系统将自然风流量开到最大，就像在一座大庄园。黄昏时，这个系统将清凉的夜风吸纳到房子里面，既可以降温，也可以涤荡浊气和有毒物质。屋顶上面覆盖着一层本地的草皮，使这座房子更让鸟禽流连忘返，也能吸收保存更多的降水，同时还能让屋顶免受温度剧变和紫外线损害。”[②] 我们拥有这样的房子、这样的生活看似要花费更高的成本，事实上，这种具有生态效应的循环方式不仅不会造成经济和资源的浪费，还会减少资金的投入，因为我们通过一种廉价的、可持续的循环方式替代了机器所消耗的能耗，为后来廉价的使用提前付了费用。人类的任何生活方式都是为了提高自身的生活质量，以上这种生活方式体现了生态文化的先进理念，同时人

① (美) 威廉.麦克唐纳，(德) 迈克尔.布朗嘉特，从摇篮到摇篮——循环经济设计之探索[M].上海：同济大学出版社，2005.
② (美) 威廉.麦克唐纳，(德) 迈克尔.布朗嘉特，从摇篮到摇篮——循环经济设计之探索[M].上海：同济大学出版社，2005.

的心灵也得到了净化。因此，我们要做正确的事情，使环境按照自我修复、自我补充并能滋养外界事物的方式达到生态效应。我们应该思考能为环境创造什么，而不是一味的从环境中得到什么。

在一个人人都可以享受公平的时代，有安全的住房、健全的公共服务设施、物美价廉的商品、方便的公共交通、洁净的自来水供应等，这些环境设施服务于全体大众，使之不再成为少数群体的特权。但同时也给我们带来了无法控制的弊端，越来越多的人加入到消耗自然环境资源的队伍中，人们在享受的同时也在破坏着环境。人类思想的局限性导致了破坏行为的发生，以不同的行为方式敌对着自然。首先，人类总是对征服未开垦的土地和有限的自然资源充满激情，如果将这些行为视作人类力量的展示与智慧的凝聚，那么能否将其发挥在对环境有利的、有意义的行为中；我们能否把从自然资源中获取的生物养分再返回土壤，而不是将最终的产品随意堆积在垃圾填埋场中。事实上，在我们抛弃的物品中有相当一部分仍具有利用价值，不幸的是，它们并没有被再利用。其次，消费者认为维修一件旧商品还不如去买下新款来得便宜，商家同样认为维修一件旧商品的价格要高于制造一件新商品的成本，这种观念和行为带给地球的后果是双倍的负担，一方面来自生产新产品耗费的材料资源，另一方面则来自进入到垃圾填埋场中的废弃材料。第三，制造商们的思想总是要求“一步到位”，他们在生产制造产品时总是按照产品可能发生的最坏情况来考虑，认为只有这样才能达到产品的预期效果，才能使产品最大限度地满足市场的需求，借助高科技（各种化学制品、先进设备等）对环境野蛮地强行征服。我们正住在劣质化学涂料粉刷过的、充满甲醛味道的室内居室中；我们正食用着化学物质催生的各种食物；我们正使用着有害化学物质制成的各种用具；我们正在用层层的沥青和水泥装扮着我们的自然景观……这些都真实地反映了人类与大自然的敌对状态。

现今知识经济时代下，效率和速度已经成为人们对事物的评价标准。科技是否发达，经济是否繁荣，生活质量是否优越……都与效率和速度密切相关。工业革命以来，人类通过各种蛮力破坏着环境，造成物种多样性和文化多样性的缺失和单一。反过来，恶劣的环境条件迫使我们更加努力去适应，适应过程中就会使用更加恶劣的手段，这种恶性循环造成生态系统紊乱、食物链的不完整、物种濒临灭绝……防止水土流失、保持土壤肥沃的植物急剧减少，大自然失去了自我修复的能力。我们不得不靠人工手段来维持生存环境，例如，用杀虫剂消灭害虫的同时，也将帮助农作物生长的益虫杀死。这种看似正确的行为却带来了严重的后果，害虫对杀虫剂产生了抵抗力，适应了各种品牌、各种效用的杀虫剂，但脆弱的大自然却不具备这种抵抗力，无法自我修复。我们生活在每天需要进行经济活动的消费时代，如果资源的耗竭、文化的颓废、环境方面的破坏和生活质量的下降等社会病态同时发生，那么社会必然将会倒退。然而，事实却被一个简单化的、仅表明经济运行良好的数字盲目掩盖了。[①] 显然，高数字的经济活动并不等于社会繁荣。

人类很少思考如何合理开发和利用大自然的自然能流，而却总是热衷于开采深埋在地下宝贵、有限的自然资源。人们总是通过这种野蛮的人工活动去满足生活需要，用征服的方式去获取能源。我们应该将深埋地下的能源作为一种应急资源，作为我们的储蓄，我们必须有节制地使用。人类必须使用高科技，从丰富的太阳能和风能中获取能量。以下是一个如何将自然能源与科学技术实现完美优化组合的实例：设计师普林斯在阿尔伯克基郊区的一块狭长场地上建造了一座被动式太阳能住宅。他设计了一条长长的南向采光通道，通过有遮阴的玻璃窗和天窗来吸收低角度入射的阳光，以此加热位于上下两层的透明储水柱。这些透明的管子是由数量不一、可循环利用的物质成分按比例配置的混合物。当外界的温度下降，这些水柱就释放出存储的热量，来保持室内的气候平衡。这个建筑所有的主要空间和主要细部设计的朝向选择，如遮阳板、分隔墙以及有高度控制的窗户开启方式，都是对太阳朝向的直接反应。[②] 因此，人类必须将自然能源与科学技术相结合，实现最具智慧的设计，才能达到生态效应。我们可以将太阳能、风能、水能都导入当前的能源供应系统中，与人类生活形成相互依赖的关系，这样就可以显著的减少人工能源的需求，[③] 对人类、对环境都会受益无穷。

人类思想存在历史局限性，如早期商家对产品设计要求，只是局限在实用、有利可图、快速高效和直线型的商业目标，其设计并没有考虑到经济系统外的因素，如环境等，显然，这是只顾眼前利益的短视行为。人类思想的局限性并不能成为破坏环境的借口，人类在任何时期都要采用整体思维思考问题，并勤于反思，为子孙后代的可持续生活环境创造机会。

总之，人类和自然环境的关系就如同人的肉体和血液一样，存在着绝对相互依赖性。我们必须做正确的事情，做有益于环境良性循环与增长的事情；我们必须勤于反思自身的行为，在头脑中时刻保持保护环境的思想意识和觉悟；我们必须改变自己的短视行为，使人类的盲目行为降低至最小化。最终，使我们的生存环境健康、永远保持生物多样性，并以良性生态循环的方式不断地满足当代人类的需要，造福子孙后代。

---

①（美）威廉.麦克唐纳，（德）迈克尔.布朗嘉特，从摇篮到摇篮——循环经济设计之探索[M].上海：同济大学出版社，2005.

②（美）弗瑞德.A.斯迪特，汪芳、吴冬青、廉华等译，生态设计：建筑景观室内区域可持续设计与规划，北京：中国建筑工业出版社，2008.

③（美）威廉.麦克唐纳，（德）迈克尔.布朗嘉特，从摇篮到摇篮——循环经济设计之探索，上海：同济大学出版社，2005.

参考文献

[1]（美）威廉 . 麦克唐纳，[德] 迈克尔 . 布朗嘉特，从摇篮到摇篮——循环经济设计之探索 [M]，上海：同济大学出版社，2005.

[2] 迪人，世界是设计的 [M]，北京：中国青年出版社，2009.

[3]（英）约翰 · 史都瑞，文化消费与日常生活 [M]，张君玫，译，台北：巨流图书公司，2002.

[4] 许平，青山见我 [M]，重庆：重庆大学出版社，2009.

[5] Donella H.Meadows，DennisL.Meadows，Jorgan Sanders，超越极限：正视全球崩溃，设想稳定未来 [J]，VT:Chelsea Green，1993.

第三章　回归设计主体的能动性

设计师必须意识到他的社会和道德责任。通过设计，人类可以塑造产品、环境甚至是人类自身，设计是人类所掌握的最有力的工具。设计师必须像明晰过去那样预见他的行为对未来所产生的后果。

一个设计师能够带给他作品最重要的能力就是辨别、分离、定义和解决问题的能力。在我看来，设计必须对存在什么问题敏感。设计师经常会“发现”一个别人从来没有认识到的问题的存在，并把它进行定义，然后试图找到一个解决问题的办法。问题的数量及复杂性已经提高到了这样一种程度，需要新的和更好的办法加以解决。

——维克多·帕帕奈克

第一节　设计主体的缺失

一、设计伦理的缺席

无论是古代的手工艺设计还是当代的非物质设计，无论是设计的起源发展还是终极目标，伦理道德的价值观念应该是伴随着设计的始终永不能磨灭的。设计虽然在社会中的角色越来越不可或缺，然而对它的本质的认识，尤其是设计道德伦理认识上的缺失致使目前的设计误入歧途。清华大学美术学院教授李砚祖曾说过，在设计缔造或预设的价值中，除了实用价值和审美价值外还包含有伦理价值。“所谓伦理价值，是指伦理层面上的价值，即最高价值，这种最高价值实际上是设计的目的本身，即为人的生存、生活服务，使人的生活达至幸福的境地之目的，此为‘至善’。通过设计这一手段、工具，而使人生活得幸福，这应是设计的终极价值、最高价值。”① 只有在此基础上并超越了功利境界和审美境界的界限，而寻求到功用、审美与道德伦理和谐统一的至高伦理境界，设计才能为人类和社会发挥其本质的作用。

目前的设计正处在理论和实践的停滞阶段，对于全世界都面临的环境污染、自然灾害以及社会发展等社会问题，设计采取了一种旁观的态度。在当今社会中，设计活动已经拓展到整个人类社会和环境之中。然而在“设计”的名义下，大量无视整体利益、无视道德伦理准则的设计层出不穷，且大有愈演愈烈之势。“设计”有时沦为了一种“计谋”，一种“盈利工具”。在设计日趋商业化的今天，由于种种不道德、不负责任的设计行为已滋生出很多的社会问题：环境污染、资源枯竭、能源危机、无节制的过度消费、道德沦丧、人的异化等。不负责任的、无序混乱的设计已然开始破坏人类社会的正常规范，影响人、社会与自然的和谐。显然对设计伦理道德的呼唤已刻不容缓，整个社会价值观念的畸形发展使我们应该迫切的认识到回归设计道德伦理的重要性。

二、设计共同体及能动性的理解

在设计领域中，设计的主体并非是个人行为，而是包含了设计师、政府、文化机构、企业、媒体、大众等多个团体，他们组成了设计共同体。设计的共同体是由设计师个人到设计师团体，到设计行业、相关的产业，再到社会空间的不断扩一展的过程。他们中的每一个团体都是相对独立的个体，从事着不同的职业、拥有不同的社会地位和不同的思维方式，每个团体内部都有其自身发展的规律和模式。可以说设计的共同体是在差异性与共同价值认可的作用下产生的。然而他们在设计生成的过程中偶然形成了步履

① 李砚祖，设计之仁——对设计伦理观的思考，装饰[J].2007，173(9)：8.

一致的同盟，并在对设计价值的共同认可的基础上集聚到了一起。

虽然设计师所提供的设计文化是这一共同体的中心，但是政府在设计共同体中占据很重要地位。政府对于企业和文化机构产生政策上的影响力和控制力。以美术馆为主的文化机构通过举办各种方式的展览将设计品呈现在社会各界眼前。企业将设计作为产品升值的手段，从而获取经济效益。媒体再将设计的一切信息传播给公众，公众虽作为这一过程的最后环节，但却是设计最终的拥有者和使用者，对设计反馈的重要性不言而喻。一种设计的生成，不仅仅需要设计师和专业团体的努力和创新，而且也需要非设计师组成的社会力量的介入。这些来自于社会各界的力量共同的作用于设计的整个过程。设计共同体中的每股力量都决定着设计的发展与进步。然而，这些团体在最开始是由于对设计价值的共同认可的基础上集聚到了一起。但如今，设计共同体对设计的控制背后的目的更多的是出于各种权力和利益的驱使，设计不再受到道德伦理的制约，不再对设计负责。

设计共同体主要体现了设计的社会性，设计的社会性意味着设计不是一个个人的行为，但是设计的矛盾也在于此。对于一个设计项目而言，设计的专业操作充满了设计师的“个人性”（个人对世界的理解），但是设计的对象，设计要回归的社会生活又充满了社会性和公众性。这需要设计主体之间有相互充分的沟通、理解，对于设计的价值，对于设计师的价值，对于设计的各方面后果和责任建立一种共同的价值体系，而相同的价值体系正是设计共同体形成和设计主体能够在设计中发挥良好作用的基础平台。并且，设计要满足各个方面的需要，要平衡各个方面的利益关系。而一个好的设计，一个好的设计师，应该在企业、社会和设计师的个人理想之间取得好的平衡点，应该均衡社会、经济、环境、文化等，平衡永续地发展。

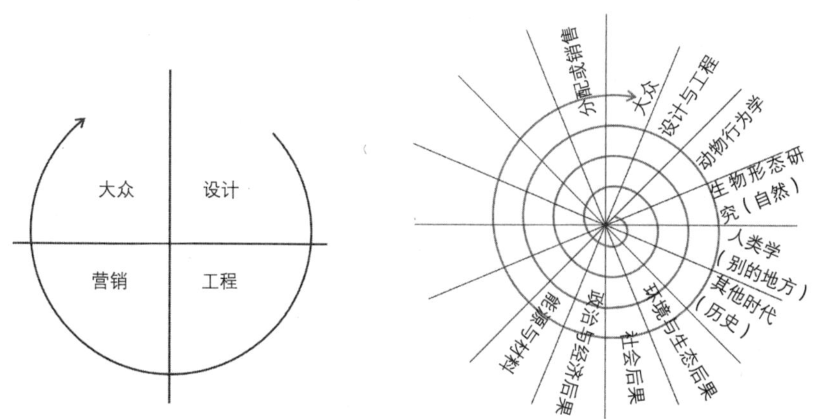

帕帕奈克的设计程序
（参考周博,《行动的乌托邦》）

左图为帕帕奈克在丹麦哥本哈根皇家建筑学院工业设计系看到的设计流程图；右边是帕帕奈克1973年在哥本哈根作出的修正，图中空的地方意味着仍有许多领域有待未来开拓

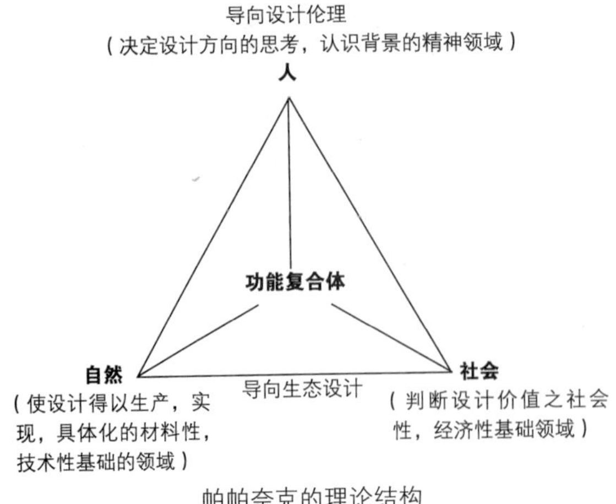

帕帕奈克的理论结构

设计共同体的能动性不仅仅体现在对自然和人造世界的改造上，我们对能动性应该有一个立体的理解。因为设计作为一种塑造人类生活和人自身的活动具有强大的力量，在改造的过程中除了强调人的主观能动性之外，还应该呼唤一种设计的自律和自觉，设计师是需要有职业的道德约束的，而并不是没有任何限制的任意发挥，设计共同体的需要在各方利益的抉择中以人类永续发展和社会和谐发展为最高原则。而设计师的能动性还体现在，设计师应该为更多需要设计的人服务，而不仅仅是为商业、为有钱人设计，设计应该为广大人民服务，应该去寻找和面对真实的社会中需要设计的领域和需要设计的人群。只有这样，设计在人类面临的老龄化问题、能源危机问题、地区发展不均衡问题等方面才能有所缓解和改善，做好设计才能改变世界。因此，能动性的回归本质是对设计的道德伦理呼唤（帕帕奈克的理论结构），因对设计价值的共同认可而形成的设计共同体，应该拨开设计外在的表象，去共同的寻求设计的最终目标，即设计为普通大众服务。

第二节　设计受控制的时代

在过去，大众一直都被动接受着设计师所创造的一切事物，不管其是否适合自己的生活使用需求。设计师也沉迷于自己对大众生活的绝对的领导位置，他们引领着人们的生活方式。设计师的思维以及手中的笔主宰和规划着正在形成的一切！然而直至今天，被市场和技术支撑起来的设计重新被市场和技术的发展所冲击，设计的“经典”观念和设计师的地位受到前所未有的挑战，原有的体系和观念开始产生了动摇。大众开始要求捍卫自己的权利，不再甘心被放置于受摆布和控制的被动地位。虽然目前的设计产品更多实现了自动化、智能化，但是过度的依赖自动化，不仅会使人在产品出现问题时没有办法控制，而且设计周全的产品会让人产生严重的依赖心理，从而丧失使用者对物品的操作与控制能力，从而成为它的奴仆。更值得深思的是，过度智能的产品内部所设置的程序并不一定是使用者真正需要的，然而想改变它的设计程序却十分困难。这也就是为何在设计考虑的越来越全面的今天，却出现了大量自己动手操作的产品。日常生活中的每个人都开始按照自己的喜好和生活习惯去设计生活。例如室内设计中对空间的再次调整；对材料、色彩、质感的自主选择；家具饰品的摆放位置的方式等。此外，日常用品的二次利用最能体现日常生活中的人对生活的真切体验和真正需求。改造后的物品不仅节约了资金和材料，而且又产生了功效，再次得到实在的利用。人们之所以能对那些达到使用寿命的产品进行连设计师都无法想象的二次设计，正是因为这些产品才是人们生活中最需要的。然而，这些最迫切的需求却没有得到设计的关注，设计目前处在完全的受控制之中。

1. 设计的道德话语的缺失

（1）技术理性崇拜

随着科技的进步以及经济的迅速发展，更进一步滋生了人类改造世界的欲望。航天技术的探索突破了古代倚天长叹的束缚、通信设备的进步打破了时空的界限、基因技术的问世控制了物种的变化、电脑的普及更新了人类的思维方式和生活方式……无论是大规模的生产建造还是微观技术上的探索研究，科技的迅猛发展已成为人类的无限推动器，瞬间改变了世界，并给人类带来了前所未有的成就。

然而人类对这突如其来的发展在还没有做好充分的思想准备时，就便开始陶醉于利用最先进的技术和工具进行着各种式样的创造。科学技术的进步虽带给人类极大的物质财富和生活水平的提高，但同时也使人们逐渐被包围在工具所创造出的世界中。它改造了人的内在结构，使人以某一或某几个方面的无限膨胀压抑了其他方面的需要，从而使人的自我意识和存在萎缩了。

当代设计理性困境通过物的逻辑和设计理性逻辑取代人的主体逻辑而达到极致，设计沉迷于科技的无所不能和震撼的视觉效果，忽略了人的生存主体性。当国外在忏悔高层对人的生活带来各种弊病时，我国的摩天大楼却如雨后春笋般生长在城市的各个角落。它们的崛起和盛行表明了人的生存理性最终被导向完全的技术理性控制中，而摩天大楼本身所体现出的象征性和炫耀性把设计发展成为一种新的经济和政治理性形式。金茂大厦的设计师和结构工程师法兹勒 · 康曾说过，今天建造 190 层的建筑已经没有任何实际困难，要不要盖摩天楼或在城市里如何处理摩天楼，那并不是工程问题，而只是个社会问题，某种程度上就是设计现代性的文化价值问题。摩天大楼的盛行是受技术迷恋、商品经济发展和现代理性价值等因素的影响（下表）。设计对结构和技术的崇拜，使大众的日常生活成为工具理性形式的附属形式，人的日常生活主体性被技术崇拜的极权形式所主导，技术理性的不断扩张，使其成占据了统治力量，成为了统治人束缚人的异己力量。

人在高科技的光环下不能正确地看待人与自然、人与社会的关系，

摩天大楼导致的危机

竣工时间	摩天大楼	地址	高度	经济危机
1908年	家盛大厦	纽约	612英尺	1907年恐慌
1909年	大都会人寿	纽约	700英尺	1907年恐慌
1913年	Woolworth	纽约	792英尺	经济萎缩
1929年	华尔街40号	纽约	927英尺	大萧条
1930年	克莱斯勒	纽约	1046英尺	大萧条
1931年	帝国大厦	纽约	1250英尺	大萧条
1974年	西尔斯大厦	芝加哥	1450英尺	经济滞胀
1997年	双子塔	吉隆坡	452米	东南亚危机
2003年	台北101	台北	508米	经济衰退

盲目强调人对自然的改造和个人价值，逐渐从自然的主人沦为科学技术的奴隶，从而导致了技术理性异化的产生。对科学技术的崇拜让设计共同体中的各个群体走上了极端，也走进了设计的误区。设计不再关注人的正常生活的居住和使用需求，设计师沉溺于高科技的享受，开始对设计中纯粹的理性形式的探索，这种向技术理性崇拜的设计理念，致使人作为一种生存主体和功效主体的价值和需要被忽视，导致了人类审美传统与伦理精神的失落。

（2）设计的非平民化

不管设计采用何种手段，都是为了人类更好的生活。因此设计应该为人服务，但这里的人指的是所有的人，而非局限于为少数人服务。设计从它最开始产生的那时起，就是利用各种方法去改变自身的生存环境，使之更适合人类的生产和生活。那时没有阶级分化，所有的造物活动都是为了满足生产的需求而产生的，设计面向的是所有成员。然而随着生产力的发展，阶级社会的出现也使设计出现了变化，供贵族们享乐的玩物越来越多地被建造出来。材质、样式、色彩上的巨大差异，把供穷人和富人所用的物品严格的区分开来，从那时起，物品开始沦为王宫贵族等上层社会手中的奢侈玩物。

到了现代主义时期，城市贫民以及工人阶级的真实需求才逐渐成为许多设计师思考和实践的重点。威廉·莫里斯认为，艺术不应是少数人的特权，它应该是普通大众都能分享到的。“如果不是人人都享有艺术，那艺术跟我们有何相干？”正是从莫里斯开始，普通大众的住宅设计受到了建筑师设计的关注，那些普通百姓不起眼的日用品才再度成为艺术家驰骋其想象力的场所。现代主义设计对功能、对大众生活的关注在一定意义上改变设计服务于少数的权贵的倾向，设计服务于人的需要，而不是为奢侈服务的观念深入人心，平民化的概念逐渐影响到社会的各个方面。

回归日常生活的精神主张在包豪斯和乌尔姆的设计实践和设计教育的理念中得到关注和体现。包豪斯的核心价值在于设计教育的理念，它的成就在于包豪斯每一位教职员内心深处“以天下为己任”的共同的社会责任感。设计指向的是国家、社会、普通大众。包豪斯的社会性优先的思想在二战后被西德的乌尔姆设计学院继承和发展。乌尔姆的设计思想是将设计的文化运用到百姓的日常生活之中，使之真正地成为大众设计。它用实践证明了设计不是为贵族等少数人群服务的高雅文化，不是放在博物馆美术馆中远离人群的展品，更不是边缘的遗产保护，而是实实在在为普通民众服务的、存在于百姓身边的平民艺术。乌尔姆正是坚持了这样一种社会性优先的理念作为支撑，从而让更多的民众享受到设计设计的成果。然而，功能机器主义也忽视了一些人作为有机体的必然需求。他们忽视了大众的心理感受、文化认同以及多样化的追求，人被动的成为设计的接受者。现代主义虽然强调设计为大众服务，但是以纯粹的功能为主的设计忽视了人的情感追求。

直至当代，商家与设计师的再次联姻使“设计为大众服务” 的设计理念逐渐让位于“高端消费者服务”。 消费者成为设计的核心，购买力也成了评判设计成功与否的标准。然而设计并不是一种单纯的实用技术，它总是和意识形态问题密不可分。在贫富差距日益扩大的今天，集社会地位、权力、财富于一身的上流社会对设计的需求一定程度上限制了设计平民化的发展。设计服务对象的变化，使设计师的思维模式也随之改变，他们以及雇主追逐的利润空间在高端人群之中，显然对大众的基本需求不再关注。美国著名评论家罗伯特 · 休斯（Robert · Hughes）针对这一现象就明确指出，穷人们没有设计。

不断推陈出新的“过度设计”为了不断刺激中高收入群体消费从而谋取商业利润，而普通的大众阶层以及低收入人群的日常生活却因他们缺乏相应的购买力的经济基础而无人问津。中国的经济快速增长，少数人短期内暴富，这些人为了满足内心的虚荣心和终于摆脱贫穷的生活，一味地追求华而不实的奢侈品。这种“新贵族”的意识散播到各个角落：各种为提升产品档次的外包装设计，比如月饼盒的精致包装、红白酒的奢华品位，这在下意识中将消费人群区分开来，满足了新贵阶层对地位和身份的需求，然而这些一次性的包装除了在一瞬间提升消费人群的虚荣感外，成为了被抛弃的无用的垃圾；再如政府打着绿化的旗号扩建的市政广场，宏伟的图案只满足在政府大楼上俯视的角度，却把普通大众排斥在外。平民与贵族对“物”的追求，虽然在使用功能上会有差距，但这种差距并不大，但由于两个阶级巨大的经济实力的差距，使得设计物品在外在形式上的要求产生天壤之别。普通大众使用的物品价格低廉，简单实用，附加价值小，生产商不愿意在这些产品上投入资金和时间，设计师也觉得大众物品不存在可设计性，不能体现自己的价值，所以也自然不愿意对其投入精力。贵族阶层对物品的需求体现在稀有的材质、考究的装饰，其趣味往往是高贵、富丽、精致和奢华的混合物。设计的意义在于体现权贵者们的身份和地位，用以区别于普通大众，满足他们独一无二的虚荣心。在投资商的鼓吹和诱惑下，越来越多的设计师便又开始投身于高端奢华的消费品的行列之中，设计出众多高于普通百姓生活、远远高于使用功能的奢侈品。

管子认为“是故古之良工，不劳其知巧以为玩好。无用之物，守法者不失。”[①] 意思是古代的优良工匠，不运用他的智巧来做供人玩好的东西。因此无用之物，守法者从不生产。也就是说一个优秀的造物者应该把心思放在有用的物品上，而不是以一种猎奇的心态创造无用之物。而现如今，设计的伦理又何在呢？古语有云：“锦上添花故可贺，雪中送炭尤为贵。”“设计为人服务”中的“人” 不只是有权有钱的人，更多的是普通的百姓，和弱势的群体。只尊重部分人的价值，并不能实现设计真正的意义。设计只有达到更好地为大多数人服务，才能实现它的价值。设计只有先关怀大多数人的根本利益，才能进一步实现设计对人性的尊重。

2. 设计陷入消费至上的怪圈

（1）物凌驾于人之上

在当今的设计实践中，人与物关系出现了颠倒，使用者的主体地位无形中被“物”所取代。人们不是让“物”来适应人的使用需求，而是牢牢地被物品所控制。由于批判意识的缺失，主体还觉察不到这种来自于产品的操纵，成为它的牺牲品和执行者，“物”进而成为统治主体的异己力量而存在。

在“消费至上”“娱乐至死”的今天，越来越多的设计精英步入奢侈品的设计行列，生产出脱离大众日常生活需求的高端产品。设计与商业的合作，导致设计对人的价值的重视、对人的内心的关怀迅速让位于产品奢华的外在形式，“设计以人为本”变成了没有任何意义的广告招牌。在当今日益物质化和肤浅的享乐主义之下，大多数人的内心充满了空虚和不安，而设计作为一种能控制大众日常生活的最直接、最具体的策略形式，引导并牵动着消费者的视听。操纵者们在精神上对主体的感官进行贬值，而主体却对那些轮番轰炸的、可有可无的物质迷恋甚至痴狂。正是有了消费者对产品的无限追逐促进了产品的再设计，而产品的再设计又把人们导向对其更为狂热的追逐中。如此恶性的循环牢牢地控制了人们的行为和思想。这种表面虚假的、被设计的幸福形式让使用者难以分辨自己是真正的需要还是出于自主的欲望之外。表面上看来，好似是主体的日常生活个性价值得到了张扬，但在本质上却因产品所呈现出的意义的浅薄导致了人类精神和文化更

① 邵琦等，中国古代设计思想史略[M].上海：上海书店出版社，2009.3.

为深刻的危机。作为产品使用者的“主体”像玩偶一样被物品以及物品背后的创造者们牵动、控制着，失去了自主的选择权。

设计是为人服务的，人的需要是物品设计的动因。但是人对物品的渴望是出于真正的需求吗？其实除了人们在任何情况下都会感到必不可少的绝对需要外，更多的是满足人的优越感的相对需要。古今中外对“人的需要”理论的研究大都遵循着从无到有、从简单到复杂、从低级到高级的发展过程。但是西方人本主义心理学创始人马斯洛也指出，如果低级需求不能被充分的满足，高级的需求也不是不能产生，只是不能充分的发挥；我国薛克诚等学者的“共时态结构”也指出人同时存在多种需要，而这种“需要”的层次，也存在高低不等的规律。这就是说，不同身份地位、不同状况中的人对于需要的等级各不相同，人对各种层次的需要复杂多变。

但是当今却陷入了对产品“设计同一化”的怪圈，人的多样化的需求被忽视，人的概念被整齐划一，人拥有的丰富性和多种可能性被设计师的主观意志所剥夺。设计不再考虑人的宗教和民族的差异，也不再考虑人与人之间的差异，他们认为“人人都有同样的身体，同样的功能”，“人人都有同样的需要”。设计忽视了一些人作为有机体的必然的不同的需求。并把他们都放在同一起跑线上对待。然而这个起跑线却是被幕后的操纵者调整了的、远离日常生活的起点。在这种对非日常生活过度重视的世界里，使用者逐渐失去了支配和影响客体的能力，从而被抛弃在一种被意识化或符号化了的抽象的生活世界里。

（2）人为的控制大众的需求

商品生产只有极大地刺激消费，才有可能赢得高额利润回报，所以生产商在追求销售额的利益驱使下，要求设计师的产品推入市场后具有一定的流行期限，并把最新研发的产品作为保留产品，在旧产品推出一段的时间后在上市。目的是让消费者觉得自己先前拥有的到今日已经陈旧，需要激起消费者再次购买的欲望。在这种消费社会所建立起来大批量生产、消费，并大批量废弃的模式，产品的使用周期大大缩短，人们的手中产品不断更新，旧产品在3~5年时间内就被新产品所取代。这种人为控制大众需求的方法可称之为“有计划的废止”。它包括“功能型废止、样式型废止、质量型废止”，然而这些制度并不是设计师个人的创造，而是企业生产商、设计师、工程师、金融和市场专家等通力合作结果。他们的合作使设计目的不再纯净。

这同20世纪30年代的美国“有计划的废止”好似同出一辙。但那时此方法的实施对当时处在经济大萧条时期的美国一定程度上促进了经济的发展和繁荣。而目前的市场依然仿照那时的设计理念和销售理念，设定产品的使用期限，致使消费者手中拥有大量“用之不得，弃之可惜”的生活用品。设计完全源于对商业利益的追逐而进行的外观样式改变以及对流行趋势的控制，让消费者完全出于被动状态。大批量消费品的制造致使资源浪费日趋严重，大量废弃的产品加剧了环境的污染。正是这些片面追求商业价值的设计导向，使人们陶醉于人为操纵下提供的丰富物质生活中，它催生了无限制的需求膨胀，从而更有效地刺激了商业设计的发展。

诚然，消费设计本身并不存在道德伦理问题，但当利润和消费成为设计唯一的追求时，当设计师变成资本运作链条上的一个零件时，设计则完全变成了一种商业营销技术。在这样一种利益至上的消费社会，设计师逐渐失去了对设计道德的思考，从而陷入一种系统的、体制性的盲目之中。

基于资本追逐利润的天性和企业生存、竞争的需要而产生的消费主义设计，已然介入了人类生活的各个方面，它严重的腐蚀着每个人的价值观念甚至是整个社会群体的意识形态。然而在利益动机的驱使下，人们不但没有深刻地认识到设计伦理的重要性，还在无形中加剧了价值观念中的偏差，使设计丧失了对适应现代日常生活的新伦理观探索的意识，最终导致了当代设计伦理的缺失。

3. 当代设计发展困境探究

古代的中国的造物水平不论在材质、技术、工艺还是功能、形式上都体现了当时世界最高的水准,然而为何到了近现代以后,中国所谓的“设计”逐渐沦为抄袭、批量生产、粗制滥造的代名词。其实这种困境和尴尬并不单纯是技术的问题，其背后隐藏的是社会问题和道德伦理的问题。

从日常生活的角度来看，古代中国的造物设计是按照当地各异的生活方式以及切身的需求进行的器物生产，在这种造物形式的背后体现的不仅是高超卓绝的技艺，而是深刻的表达了同传统的生活、社会、道德和礼仪等一致的道德价值观念，它所基于的是久远的文化传统和品质，在中国“器进乎道”价值观念的影响下，造物背后塑造的是能引起所有人共鸣的中华民族传统的文化价值品质。

然而，西方工业革命的爆发及现代技术的发展，致使中国不得不反思由于知识、技术上的差异所带来的差距，中国的现代化以及实施转向的现代生活就是在这样一种被动的、非自觉的矛盾与无奈之下模仿西方现代的模式展开的。这导致在中国特有的背景之下展开的现代性和构建的现代生活模式，只是片面的看到西方现代性价值工具的作用，而忽视了孕育它背后的特定土壤。显然中国不可能按照西方现代设计的发展逻辑建立西式的价值观和秩序观。

从中国的现代性本质特征和设计发展困境来看，中国设计的现代化进程是非自觉的、被动开展的。就中国内部来看，中国社会有意的引导了设计的现代化进程，在此过程中，中国几千年传统的造物观和价值观被瓦解，普通民众的日常生活内部原有的秩序受到冲击，从而催生了设计的现代化。就外部来看，工业革命的爆发致使西方发达国家将现代性通过强大的技术理性价值植入到中国原有的传统社会结构之中，导致了中国开始被迫的现代化。

中国的现代性的展开是片面的、脱离大众生活的，是在对技术过度崇拜的条件下进行的，以经济理性为主导价值观发展的当代中国现代化，虽然创造出数目繁多的物质和批量化标准化的产品，但是却导致了物品对人的情感关怀的缺失，至此中国大众的日常生活分裂的状态也愈加直接和明显地呈现出来。

设计的现代化过程，从一开始就脱离了中国大众日常生活。在西方，设计是由大众日常生活合理性需要而建构和发展的。然而在中国，设计的现代化过程是被动的，远离大众真实需求的，而支配这种模式发的是技术、经济、政治等多种力量的集合，从而使设计改变了大众的日常生活，日常生活的异化又进一步促进了设计的畸形发展。

第三节　设计为人民服务

“以人为本”的理念是古今中外的设计之道。设计是为人服务的，设计行为的目的是指向普通的人民，设计行为必然应该是善行，而道德伦理则理应成为设计之物的客观属性。联系人、自然、社会间的设计要达到可持续发展的和谐境界，除了要有客观外在的强制性的法律约束外，更需要有设计主体严于律己、进德修业的伦理道德。

考察任何设计的历程不论是源起、经过、还是结果和评价，无一不与人类生活密切相关。人类最初建造居所的最初条件是遮风挡雨、抵御危险是建造。其目的就是为了生存和生活下去。其实，设计从它最开始产生的那时起，在强大而不为人类所认识的自然界面前，人类想要生存下去，就必须竭尽全力的利用各种方法去改变自身的生存环境，以获得必需的生产和生活资料。那些所谓的“设计”即简单的造物，同当时的生活相契合，虽简单却十分有效，因为这种出于生存本能和愿望的设计往往决定了设计者的生死存亡。这些有意识的、有目的的设计，这一切都是为了自身的生存和更好的发展。设计是任何时代中物质文明与精神文明最集中和最直接的体现，也是人类自我形象的最集中、最直接的体现，总之，设计是以“人”为出发点和归宿点的。所以说设计应服务于普通大众并能引导大众的日常生活。

一、设计伦理道德的呼唤

设计同我们朝夕相处的“人造自然”环境的规划和建设起着举足轻重的作用，它关乎着未来将如何建设，生活方式将如何选择以及设计到底是为了什么等方面。设计应更好地感知和洞察普通民众的本质需求，为他们的家庭工作和社会生活创造良好的环境，能够带给人们实实在在的人文关怀。重新审视设计体系、明确设计目的，才能使设计更贴近民众贴近生活。

近年来，日益兴起的可持续设计、生态设计等的出现已经逐渐影响大众的价值观，在社会和人类命运的大背景之下，对设计的思考显然不应该仅仅满足眼前的功能和形式的需求，而应该将设计思维的模式上升到综合考虑从人、产品、环境、资源、社会的因素，即探寻设计本源的层面上来，即对设计伦理问题的思考，这对中国设计健康持续的发展产生无可取代的积极作用。

德国伦理学家约纳斯指出人类不仅要对自己、对周围的人负责，还要对子孙万代负责；不但要对自然界负责，更要对其他生物乃至对地球负责。类活动使科学技术日新月异，而技术的进步又使人类具有了毁灭自身与整个地球的能力，因此，要为伦理学加上新的责任维度，就是它要考虑人类生活的全球环境和遥远的未来乃至整个人类种族的存在的问题。约纳斯反对一切狂热形式的目标行为，反对为了实现所谓的世界大同而将人类置于危难之中，他认为责任伦理学的核心应该是有节制的、审慎的行为。

将伦理学引入到设计领域中的是美国设计理论家维克多・巴巴纳克，他认为设计的意义不应仅仅局限于功能和形式的探索，更重要的意义在于设计本身所包含的形成社会体系的因素。现代主义设计贬斥了装饰而强调功能，后现代则重新肯定了装饰作为形式和符号价值的重要性。对设计的评价不应该局限于形式法则或者是美学规律之类的探索，而应该着眼于长远的利益，综合考虑人、环境、资源、社会等相关因素，即对社会短期和长期因素的内容影响的关注。设计的伦理要求设计的始终应以社会的责任和道德观念为基准，去平衡和协调人、社会和环境之间的所有问题。

二、构建合理的设计伦理观

1. 古代传统生活方式中的设计伦理观

在中国古代造物思想中，得到最多关注的就是“利人”。春秋末年的鲁班发明了能飞三天三夜的木鹊，然而墨子对这不为民用的“巧器”极为反对，他在《墨子・鲁问》说：“子之为鹊也，不如匠之为车辖。须臾刘三寸之木，而任五十石之重。故所为功，利于人谓之巧，不利于人谓之拙。”[①] 在他看来，有益于人的、能给人带来便利的设计才是好的设计。在《韩非子・外储说左上》中记载了墨子花了三年的时间用木头做了一只鹰，却只飞了一天就坏了。对此墨子反思自己的行为：“吾不如为车輗者巧也；用咫尺之木，不费一朝之事，而引三十石之任，致远力多，久于岁数。”[②] 他认为他的行为不如做车輗的工匠，他们用很短的木头在不到半天的时间就能做成能拉三十石重物的车辆，并能牵引它远行，且能多年不坏。惠子闻之，曰：“墨子大巧，巧为輗，拙为鸢。”[③] 惠子评价墨子是一个懂得什么是巧的人，他知道能做出实用的车輗就是巧，而不实用的木鹰则是拙。墨子还提

① 邵琦等，中国古代设计思想史略[M].上海：上海书店出版社，2009.12.
② 邵琦等，中国古代设计思想史略[M].上海：上海书店出版社，2009.12.
③ 邵琦等，中国古代设计思想史略[M].上海：上海书店出版社，2009.12.

出“节用”的原则，即用最少的消耗得到尽可能多的财富，体现在造物中就是用少而准的材料制造出最有实用价值的器物。墨子“实用、节材、利民”的器物观正是源自于他高尚的道德品行。

韩非子对日常生活所需的器物的观点，建立在功利的基础上，他反对过分的装饰，主张实用足矣。在《韩非子·外储说右上》中有这样一段：堂溪公谓昭侯曰：“今有千金之玉卮，通而无当，可以盛水乎？”昭侯曰：“不可。”“有瓦器而不漏，可以盛酒乎？”昭侯曰：“可。”对曰：“夫瓦器，至贱也，不漏，可以盛酒。虽有乎千金之玉卮，至贵而无当，漏，不可盛水，则人孰注浆哉！”[①] 玉卮指的是贵重、漂亮的酒杯，但韩非子却认为“美”属于不漏、至贱的瓦器，外在形式好看的“千金之玉卮”的底是漏的，不能用于装酒，竟然比不上不值钱的陶土器皿。他倡导“实用为美，美善等同”，因为善的最基本需要是为了人更好的生活，故实用性的才是造物之“本”，美只有附着在器物的实用之上才有意义。作为法家的代表人物，虽然对形式的看法上有一定的偏见，但是他强调功能性以及遵守严谨法度的观点却是值得深思的。

我国最早的手工艺技术理论的汇编典籍《考工记》提出了天人合一、以人为本的设计原则，所谓：“天有时，地有气，材有美，工有巧。合此四者，然后可以为良。材美工巧，然而不良，则不时，不得地气也。”[②] 虽然强调天时、地利和美材对于巧工的重要性，但是却说如果材料上佳，工艺精湛，但制作出的器物并不精良，不能很好地为人们的生产和生活服务，就不是优秀的设计师。设计的终极目标是为了人的生存和更好的发展。

在中国传统哲学中对道器和体用等范畴的认知，决定了传统工艺设计思想的本体观。《易·系辞上》曰：“形而上者谓之道，形而下者谓之器”[③]。“道”是宇宙生命运动的无所不在的普遍规律，“器”是形质结合的具体事物。中国古代传统的设计理念正是强调“道体器用”、以人为本。比如说以船为体，但以渡为用；以器为体，但以贮为用。显然，体现在具体器物上的“道”，并不是那种不可言说、虚无缥缈的抽象存在，而是关注百姓具体生活的实际功用。中国明代思想家王艮也曾提出“百姓日用即道”。他认为圣人之道，不是故为高深玄妙将一般的百姓排斥在外的道，而是存在于普通百姓的日常生活之中。这种注重普通百姓生活的设计道德观，正体现了华夏工艺思想弥足珍贵的精华所在。

在中国传统造物思想中，尽管先秦诸子的观点都有各自鲜明的个性，但在人与自然、社会的问题上，却有许多共同之处。尤其在造物过程中对百姓合理的生活态度的关注中，流露出对道德伦理价值的评判标

① 邵琦等，中国古代设计思想史略[M].上海：上海书店出版社，2009.36.
② 邵琦等，中国古代设计思想史略[M].上海：上海书店出版社，2009.4.
③ 朱耀明，形而上者谓之道——试析设计道德的重要性[J].东华大学学报，2010，10（2）：157.

准，他们大都主张以一种有节制的和审慎的态度来对待物品的生产、使用。这对反思当代的设计界的道德伦理具有不可磨灭的作用。

2. 当代设计伦理道德的新维度

在当代中国，伦理道德缺位正日益的阻碍中国设计的发展。不论是日常生活品的设计还是建筑景观等空间的设计，最终都是供“人”使用的。但在当代这个物欲纵横、到处都充满“设计”的国度里，又有多少设计是真正地做到了为大众日常生活设计呢？设计与大众的日常生活呈现出日益分裂的状态。

拿中国的城市设计来说，一方面是不断矗立起的摩天大楼、各种大型广场公园、拓宽的高速路、豪华的建会所、高尔夫球场，另一方面，百姓的正常生活却陷入越来越艰难的困境中。在营造了轰轰烈烈的建设的背后，却是没有大众日常生活的建设。内蒙古鄂尔多斯市耗资50多亿元、历时5年建成的新城康巴什，建好后却成了少有人住的一座空城。很难想象3万左右人群散落在一个32平方公里的钢筋水泥丛林里是什么景象。显然这是由于盲目进行城市建设、缺乏前期对百姓需求周密的论证所致。雅各布森在《美国大城市的死与生》中就提出注重城市大众的普通生活，注重城市功能的多样性，那才是一个充满生机适合人生活的城市，除了城市的物质系统外，更本质更值得关注的是大众日常生活机制和社会价值。当西方社会意识到因理性建设所产生各种问题时，城市形态却已经大致定型不能有很大的改动了，于是开始了郊区化进程。

芒福德说：“如果人们不能征服城市，人们至少可以逃离城市。郊区至少是对不可避免的命运的一种抗议。”① 这种迁移是为解决大城市的混乱和沮丧做出的一种努力，也是对城市问题无法解决后选择的一种逃避方式，“在这个新的工业主义和重商主义的城市社会环境里，生命的确处于危险之中，而最起码的慎重的忠告是劝你赶快逃离——倾家而逃”。② 这是一种折中的发展和生活方式的选择，是对城市疯狂建设的一种反叛，一种对日常生活得不到关怀的一种抗议，逃离城市是为了去追寻更适合普通大众生活的环境。然而，现如今的中国城市建设发展却是在重蹈西方的覆辙。已经被西方城市证明了的错误的和非合理性的规划建设却在中国找到了最适合其发展的土壤，大众的日常生活在城市建设中依然被放在最不起眼的位置上。现在的城市充斥的是急功近利、好大喜功的形象工程建设，现在的城市是“官商”的城市，而不是为大众提供生活的场所，大众的日常生活需要和对文化价值需求都被经济理性、政治理性主导的社会发展意识所控制。

各大城市争相抢做“国际大都市”的心态引发了进来的城市建设

---

① （美）刘易斯.芒福德，城市发展史——起源、演变和前景[M].北京：中国建筑工业出版社，2004.504.

② （美）刘易斯.芒福德，城市发展史——起源、演变和前景[M].北京：中国建筑工业出版社，2004.505.

高潮，然而受经济理性和官僚理性控制的城市设计，使得整个城市变为按权力格局划分的布局和工具理性实施控制的系统。北京环环外扩的城市规划的格局在大众日常生活中创造了明确的权力关系：以天安门、中南海等为代表的绝对中心地带是最高权力的象征，依次从二环到五环逐级递减，中心地带至高无上的地位和政府绝对的控制权，使平民百姓的生活远离此地带。这种价值结构是由经济、文化、意识形态等多种要素构成的，并使其逐步变成一种权力布局。在这种城市设计格局中，人民成为了城市的牺牲品，所谓的为普通民众的城市的价值观最终被片面发展的经济理性、政治理性所取代，从而变成由官商发展的“权力城市”。

在“建设新农村”口号的响应下，“高雅化”的景观改造运动在农村轰轰烈烈地进行着。农村被建设成令一片辉煌的“城市”景象：种植小麦水稻等农作物的农田被推平，建起了可与城市媲美的大型广场，不伦不类的欧式建筑遍地开花，庄稼地边缘种上了金叶女贞、小叶黄杨，果园路边种上了观赏性的碧桃……当地的农民被动的从世代生活的熟悉环境中抽离出来，虽然农村的建设与更新在一定程度上改善了农民的硬件设施，但是却忽视了当地人的生活习惯和情感关怀。既为乡村，那么就应该有乡村的特色文脉和地域文化，造田、耕作、灌溉、种植的农业文明是当地农民与土地世代积累的文化实践，是极具地方特色文化的价值体现，更是对当地人的日常生活合理性的需要重发展传承下来的。那些早已融入至血脉的乡土生活经验、价值观念是与土地、农耕文化共生的，如同叶与根的关系，其中蕴含着无法割舍的情怀和心灵上的归宿。城市建设模式强行的植入农村，致使农民世代生活的场所和生活方式得到破坏和冲击。

然而值得思考的是，当城市建设不断刷新纪录、当 GDP 不断攀升时，百姓的日常生活又被置于何处了呢？城市设计的机械更新会带给百姓切合实际的需求吗？生活在处处都充满设计，但却远离人们日常生活的环境中，会带给人心灵上的归属感吗？喜马拉雅山脉南麓的不丹王国关注的不是城市建设的快慢，而是将“幸福指数”作为国家最高的发展目标。他们关注的是环境保护、文化内涵，更关注百姓的日常生活。在这样经济发展不算高的小国，普通民众找到了生活的意义，并寻求到了自身存在的价值，他们感到自己是幸福快乐的。上海市委书记俞正声同志在关于世博会的建设时曾说：“宁愿少点精彩，也不能影响民众生活。”经济发展和城市建设固然很重要，但是没有民众获益的城市设计，恐怕会失去民众的支持。

当代的社会中，人类尽情地沉醉于自己精心设计的世界里，却没有意识到设计道德伦理的缺失。权力的介入、肤浅的利益追逐、无休止的物欲追求、急功近利的建设等等势必会导致设计的衰败、道德沦丧和资源无限浪费，这显然与人的全面发展背道而驰。然而不管设计采用何种手段，目的都是为了满足人们的需要，都是为了人更好的生活。设计应该服务于社会大众的日常生活并能够引导其进步。设计艺术的终极目标是使人的生活达至幸福的境地。

因此，设计呼唤伦理回归，呼唤人性关怀的回归，这种回归要求设计把责任伦理看做是最低的标准和最终的目的，把人性关怀作为出发点，使设计回归到平衡人、社会、环境、资源等因素的关系之上。通过人性化的符合伦理道德的设计，真正地达到人与物之间、人与人之间、人与环境之间的和谐，让设计真正地做到对人负责，对自然负责，对社会负责，从而实现以人为本的目的。

3. 为真实的世界而设计

在信息时代的今天，人类的生活也开始回归它的本质：即生活比生产重要。而设计作为人类实现目的的一种方法和手段，最终的目标是解决人们生活中的各种问题。不论是城市、区域的规划，还是日常使用物品的设计，每个个体的日常生活以及服务系统的合理性、有效性才是设计的终极关怀。它将不再局限于产品、环境等具体的设计服务层面上，也不仅仅是为了满足商业的利益与促销，设计要想为更多的服务就要回归到社会和公共生活的角度。

在帕帕奈克看来，设计面对着两个不同的世界，一个是真实的，一个是虚假的。他所谓的虚假的世界，是设计完全服务于商业盈利为目的的社会，是物欲横流的商业主导的社会。设计被商业操纵和利用着，全然掌控在商家的手中作为商业噱头来为其服务。帕帕奈克在著作《为真实的世界设计》指出，“最近的很多设计都只是在满足一些短暂的欲求，而人们真正的需要却常常被忽视。时尚能够通过对于‘欲望’的精心操控使人获得满足，但是一个人在经济、心理、精神、社会、技术和智力上的各种需要却往往更难获得，而且满足这些需要也不像时尚那样有利可图。”[①] 帕帕奈克对真实需求和虚假需求的思想来源很可能受到了法兰克福学派的激进思想家赫伯特 · 马尔库塞相关论述的影响。马尔库塞曾在《单向度的人》提出了“虚假的需求”，它是指 “那些在个人的压抑中由特殊的社会利益强加给个人的需求：这些需求使艰辛、侵略、不幸和不公平长期存在下去。这些需求的满足或许对个人是最满意的，但如果这种幸福被用来阻止发展那种鉴别整体的疾病并把握治愈这种疾病的机会的能力的话，就不是一种应维持和保护的事情。结果，将是不幸中的幸福感。最流行的需求包括，按照广告来放松、娱乐、行动和消费爱或恨别人所爱或恨的东西，这些都是虚假的需求。”[②]

“真实的世界”所关注的是世界上很多需要设计的领域，从宏观上界定几大类别：例如“为第三世界设计”；为残疾人的设计，服务

---

① 周博，行动的乌托邦—维克多 · 帕帕奈克与现代设计伦理问题：[D].北京：中央美术学院，2008.67.

② 周博，行动的乌托邦—维克多 · 帕帕奈克与现代设计伦理问题：[D].北京：中央美术学院，2008.68.

于那些行动不便、身体上或精神上有障碍的人士和丧失能力的人的生活所需的工具的设计；为穷人的设计，那些生活在城市中的穷困人群以及农村人口所需要的物品设计，比如住房、起居用具、农用器械等；为弱势群体设计，包括老年人、孕妇、孩童这些特定人群设计；为艰苦环境下提供生存的设计，比如南、北极的冰川地带、水下、沙漠等非安全地带以及为边缘条件下的可持续生命过程提供系统性的设计等。从微观上则细化到非常具体的领域中：比如教具的设计，从托儿所、幼儿园、小学、中学、大学等各个阶段，由于年龄和思维的变化，每个阶段所需要的教学用具也都应该是各不相同的；实验室的工具设计，帕帕奈克批评数以千计的实验室中充斥着大量陈旧、粗糙的、临时性和高花费的糟糕的设计工具；医疗器械设计，现存大量的医疗器械不但功能不齐，很多器械使用起来很蹩手，不够人性化而且价格昂贵。

"为真实的世界设计"就是要为这些需要帮助的人进行设计，他们的需要，才是真正的需要。而在"虚假的世界"中的所谓的"需要"相对应的是"欲求"。他们的真正需求早已经得到满足，目前的设计只不过满足新富阶层的欲望。在他看来，设计的目的不是为那些富人设计哗众取宠的"玩物"，更不是满足有钱人对于身份和地位的追求，而是要为那些被社会所忽视了的人的真实需要服务。在"真实的世界"中，还有很多群体和职业需要设计，然而，由于这些群体大都是在社会上没有身份地位、没有话语权的弱势群体，从而被设计所忽视。因此，帕帕奈克认为，要为人的需要设计，而不要为人的欲求。

上—设计问题

中— 一个国家

下— 世界

在帕帕奈克的《为真实的世界设计》中，他用图的形式指出了设计师关注的极其有限的小小领域。三幅图在设计、国家和世界领域三个不同的角度证实了设计师所能关注的仅仅是三角形顶端的那一小部分，而基底中大片的区域中人类的真正的需要却无人理睬。（右图）这个实例也适合中国目前现实状况，例如被设计关注的也只是很小的一部分人和地区：例如富人和穷人的差异、东部和西部的差异、城市与乡村的差异等等。在中国这个拥有7亿多农民的农业大国中，农民占多数、农村占多数、穷人占多数、西部的国土面积也远远超过东部地区。然而，在这样一种背景之下，设计依然把精力全部投入那极少的人群和地区上：让发达的地区设计泛滥，让富人被享乐品包围着，而对绝大多数人的需求置于无人理睬的位置。显然设计对于贫富差距的日益增大无疑是一味催化剂。

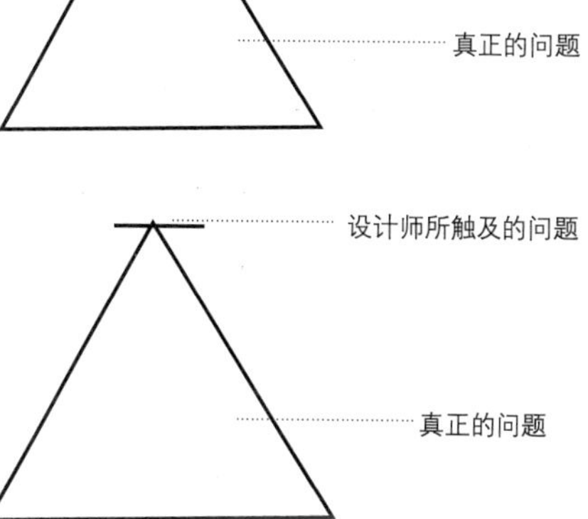

马克思、恩格斯把人的需要分为生存需要、享受需要和发展需要；英国社会人类学家马林诺斯基（Malinowski 1884～1942)，把人的需要分为三个等级：生物需要、社会需要和心理需要。人本主义心理学创始人马斯洛

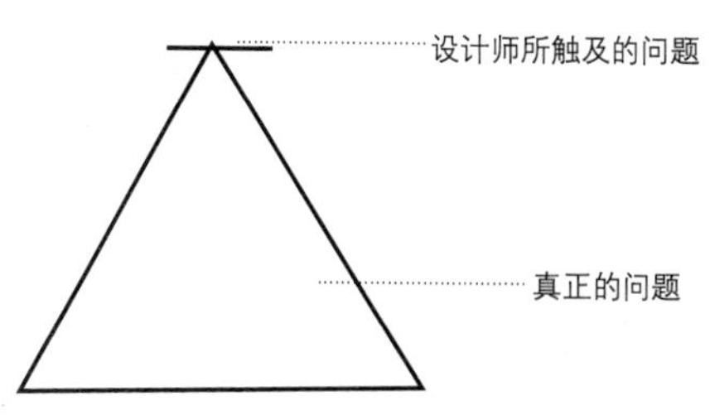

（Abraham H. Maslow，1908～1970）将人的需求体系分为生理需求，安全的需求，社交的需求，尊重的需求，自我实现的需求五个层次。我国学者薛克诚等人在《人的哲学——马克思主义人学理论新探》中认为人的需要具有多样性，包括历时态结构和共时态结构以及需要的高低层次之分等。以上种种对人的需要的研究虽然年代不同、研究的侧重点不同，但都是从简单、本能的、物质的低级需要到复杂的、有目的的、精神的高级需要。是从生存、认同到目标的追求的一个顺序。虽然马斯洛也指出，如果低级需求不能被充分的满足，高级的需求也不是不能产生。但是对绝大部分人来说，最为紧迫的事情是生存，只有解决了生存问题之后，我们才关心探寻我们是谁。并且，只有当我们的生存和认同问题弄明白后，我们才开始建立目标。而对于那些生存在真实世界中的人们来说，有许许多多的人甚至还没有满足最基本的生存需要，又何来欲求呢？设计迫切需要关注这一部分人的真实需求，而不是在为那些少数的贵族阶级的欲求而绞尽脑汁。

虽然帕帕奈克所倡导的设计思想已经过去二十多年了，可设计不能为真实需求的群体服务的现象至今也没有获得根本性的改变。设计不仅没能在社会层面和大众生活中展开救赎，而且设计继续受用于商业营销策略的现状有增无减。设计从为少数人服务延展到广义的社会和公共领域从而实现更多的设计效应的梦想，终究没有完美的实现。

在海南省澄迈县华侨农场盐丁村一企业的厂区里，有一座由废弃的集装箱改造的工人住宅。它的改建源于公司副总经理仉长明的想法，这 10 个原本废弃的集装箱经过大约两个月的粉刷隔热改造，变成了一座古香古色的“阁楼四合院”。这栋集装箱阁楼是采用复合瓦做的顶棚，用废弃的彩钢瓦做的屋顶，用泡沫板和水泥板做隔热处理，并采用竹木材料做廊道楼梯。四合院阁楼的外立面设计成白墙青瓦的形式，在大门一面则是用钢筋混凝土建成徽式民居的风格的高墙，古香古色，别有风韵。这座四合院占地 400 多平方米，由大小不等的 40 个房间组成，但宽高均保证在 2.6 米左右，每间大约平均 8 平方米。每间房都开了对流的窗户，站在房间内，感觉颇为凉爽。这里居住的都是公司的驾驶员、调度员等。在搬入这座新宅后，好多员工把自己

集装箱住宅徽式的外立面

集装箱住宅内部空间

的妻子孩子也接过来，享受一家人在一起生活的乐趣。虽然这里的面积不大，但特别有意思，每当夜幕降临晚风徐徐的时候，各家各户搬出桌子，在大院子里吃饭，单身汉们则来回串门，那感觉特别温馨。社区邻里间的真实生活在这里重新得到诠释。该企业在面对目前房价日趋高涨的大背景下，以环保的理念不仅使废物得到了利用，还解决了职工的住房困难，可谓是一举两得。

2010 年 3 月，在海淀区六郎庄的一栋出租房内出现了 8 间“胶囊式”公寓，它们的设计者黄日新是一位年近 80 的老人，他萌生这个概念的起因是因为看到了唐家岭“蚁族”的新闻报道，黄老和他的爱人心里都很不是滋味儿，他们希望能够用全部的精力为弱势群体做一些事情，为来北京打拼的流动人口提供一个暂时性、过渡性的居住地。黄老通过对日本“胶囊旅馆”相关的资料的研究，并把其模式借鉴过来，最终完成了自己的设计。六郎庄的胶囊公寓每间长 2.4 米、宽 0.72 米，里面只能放置一张单人床，床头可当凳子，房内有灯、插头、电视插口和宽带口，电磁炉、锅灶。租金 200-250 元 / 月。这样的空间对那些弱势群体来说，既摆脱了合租的麻烦，又能花很少的租金获得一个相对稳定、独立、安全的住所。

自胶囊公寓问世以来，得到了有关人士的关注。然而大多数的评论却停留在对胶囊公寓的指手画脚上：有人说它设计的不够人性化，有人说它不是解决流动人口住房最佳途径，有人说它缺乏对最基本的居住空间的了解以及缺乏基本的调研和研究等。不可否认，胶囊公寓确实存在这样那样的问题，但是它的诞生却是年近 80 岁的老人和老伴两个人的有限力量所建造的。抛开设计质量的好坏，其背后饱含着老人对社会问题的关怀，是对弱势群体的一种关爱。年近古稀的老人在社会中原本就是该给予关怀的弱势群体，但是他们却以自己微薄的力量为同样的弱势人群倾注全部精力。中经联盟秘书长陈云峰说道：“这是对现在房地产的政策，高房价非常绝妙的讽刺，从政府到开发商，到我们的整个社会，都应该反思，为什么会有胶囊公寓这么一个怪现象来讽刺我们的社会，它与人为本的时代完全背道而驰了。”具有讽刺意义的是，政府、企业、开发商、设计师这些有能力、有权利的高端人

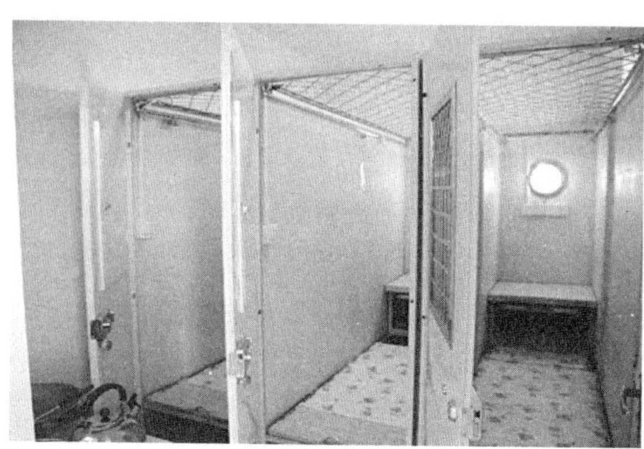

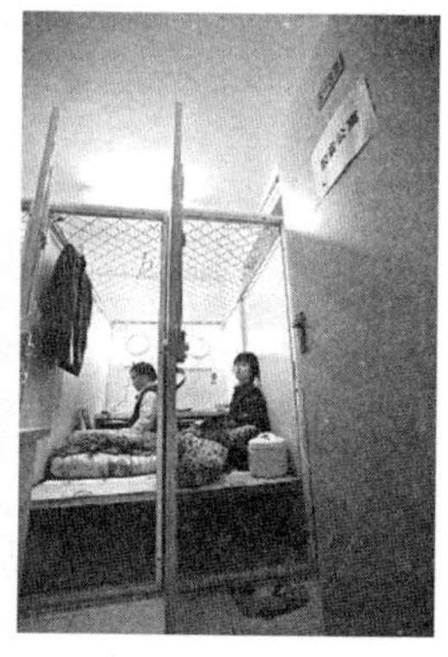

“胶囊式”公寓空间划分

胶囊公寓中的体验者

群面对大多数普通人群的生存需求，又作出了多少贡献呢？

在北京市海淀区成府路的一个大院里，有一座两米来高小屋像一颗巨大的鸡蛋，立在草坪上。在“蛋壳”的一侧上，被掏出一个椭圆形的小门。小屋的下边，装有轮子，可以挪动。它是由竹条编织成的，在竹条外部，还有竹席、保温膜和防雨膜，裸露在最外边的是麻袋拼成的保温层，每个小小的麻袋里填充着发酵木屑和草籽，到了春天可以长出小草来。在小屋内，有一张一米来宽的床，床头放着基本的生活必需品，床尾藏有一个水箱，里面有压力系统，可以把水压上来，供洗漱用。

这个小屋的主人是一位刚毕业进入社会的青年，名为戴海飞。他的家乡是在湖南邵阳的乡下，父亲在建筑工地干活，母亲在一家公司做清洁工。戴海飞大学毕业后留在了他曾实习过的一家北京建筑设计公司。由于家境困难，有限的薪水支付不起北京昂贵的房租，但又要生存，于是他利用公司的设计创意，自己制作了这样一座由逐条编织而成的蛋形小屋。虽然它看起来很温馨，但是由于“蛋壳”只有约一拃厚，屋里的温度几乎同寒冷的外部一样低。

虽然戴海飞很享受“蛋壳”里的生活，但是“享受”的背后充满几许无奈和几许挣扎。小屋面对被物业拖走的危险，他乐观坚韧的性格让人钦佩，然而背后付出了多少辛酸，承受了多少痛苦也许只有他自己知道。北京的冬天寒意逼人，而“蛋壳”里的生活更是让人倍感苍凉。“蛋形的蜗居”里孕育的不是幸福，而是被扼杀的理想和青春。缺乏民生体温的“蛋壳”里，囚禁的是幸福和理想。

在这样一个繁华的都市中，设计的目光锁定的都是光鲜靓丽的现代文明，宣扬的是科技进步带来的前卫奢华的享受。然而透过这些“蜗居”，我们无意中发现了城市繁荣背后的苍凉民生，尽管国家的经济发展日益昌盛，但是弱势群体却很少得到社会各界的关注，蚁族、蜗居的出现反映的是底层群体为了生计而艰难的挣扎着生活。孕育蚁族的唐家岭已在城市拆迁中化为记忆，但是贫困人群的基本生存的困境却并未因此消亡。无论是集装箱住宅、胶囊公寓还是蛋形蜗居，没有得到社会的帮助，这所有的一切的建造都是靠他们自己的力量而艰难地为生计奔波。

低收入群体因缺乏购买力和经济基础，商家无利可图，其弱小的呼声得不到社会的关注。在以上几个实例中可以看出这些群体受制于基本

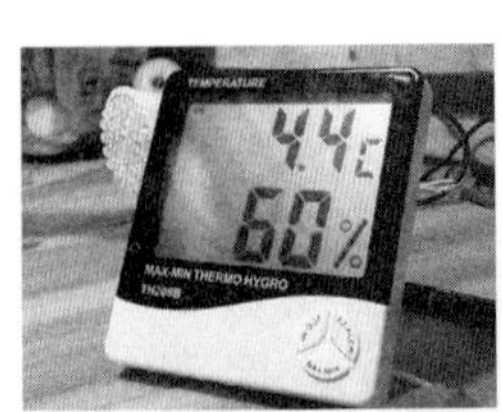

蛋形小屋内的低温

蛋形小屋内部空间

蛋形小屋的编织过程

的生存需求中。我们在称赞完这些非专业建造者的创意之后，更重要的是应该给予底层民众生活困境的帮助，他们的需要才是“真实的需要”，设计更应该关注的是这些人的生活。设计的共同体完全有责任、有义务、也有能力为低收入群体、弱势群体提供各种服务，从而满足基本的生活需求。殊不知为穷人雪中送炭的价值远远高于为富人锦上添花。所以设计应该延展到广义的社会和公共领域之中，为更多的民众的日常生活服务。

三、结论

设计伦理的回归，不是仅仅靠设计师群体或个人的努力就能改变的，而是应靠设计共同体的综合力量去构筑的。设计要回归道德伦理价值，虽然设计师责任在整个环节中占有很重的分量，但同时更需要非设计师组成的社会力量的介入与参与。设计中各种问题的出现，不能把责任都归罪于设计师，在设计共同体中，政府、企业、甲方、媒体等相关机构在设计的传播过程中都能起到重要的作用，同时构筑起对设计价值的认同，社会各界的力量成为设计传播过程中必不可少的社会条件。设计共同体为大众对设计的认可提供了适合其生存成长的土壤，而设计的认同促进了设计价值的实现。

设计自从它诞生的那时起，就是以人的生活需求为出发点和归宿点。设计固然离不开科技、社会和经济等影响内涵，但是并不能因此而失去了本质的道德内涵。设计的最终目的不是追求最高的经济效益，而意在创造一种人与人、自然、社会之间的可持续发展的和谐环境。伦理道德的约束是无形的，但也是伴随着设计的始终。在物欲纵横的市场经济中，更要坚守人的精神家园。只有合乎道德的设计，才能推进社会文明的进步，才能引起人类的共鸣。正如李砚祖所说的：“设计的大千世界，如果没有‘至善’作为明灯目标，其混沌黑暗是难免的。但我们又可以坦然地相信：作为人类艺术化生活和创造智慧产物的设计，其主要的趋势是朝着‘至善’之目的不断前行的”。“至善的目标应是高悬在设计之路前方的一盏明灯，它既是一种希望、一种理想，又是一个方向、一个终极之目标。”① “至善”指向的是设计的目的，即为人的生存和生活服务，并使人的生活通向幸福的世界。

参考文献

[1] 李砚祖，设计之仁——对设计伦理观的思考 [J]，装饰，2007，173(9)：8-10.

[2] 朱耀明，形而上者谓之道——试析设计道德的重要性 [J]，东华大学学报，2010，10（2）：156-164.

[3] 胡鸿，舒倩，设计伦理与当代设计 [J]，北京工业大学学报，2005，31：50-55.

① 李砚祖，设计之仁——对设计伦理观的思考，装饰[J].2007，173(9)：10.

[4]（英）齐格蒙特 . 鲍曼，共同体 [M]，欧阳景根，译 . 南京: 江苏人民出版社，2003，2-8.

[5] 季倩，设计之城：一种文化生成的场域研究 [D], 北京：中央美术学院，2009.

[6] 海军，现代设计的日常生活批判 [D]，北京：中央美术学院，2004.

[7]（美）唐纳德 .A. 诺曼，梅琼译，设计心理学 [M]，北京：中信出版社，2010.187-195.

[8] 胡飞，喻晓，为城市低收入群体而设计：以拾荒者为例 [J]，装饰，2008，（2）：86-87.

[9] 陈剑，设计为人—— 一个中国设计的基本命题 [J]，美术观察，2010，（3）：28-29.

[10] 高璐，从包豪斯遗产到乌尔姆模式——乌尔姆与包豪斯关系的再思考 [J]，装饰，2009，（12）.

[11] 鲁晓波，关于设计伦理问题的一点思考 [J]，观察家，2003.（6）：11.

[12] 邵琦等，中国古代设计思想史略 [M]，上海：上海书店出版社，2009.12-13.

[13] 方文，大众时代的时尚迷狂 [J]，社会学研究，1998，（5）：99-105.

[14] 关玲，雷纳 · 班汉姆及其设计批评观 [D]，浙江；中国美术学院，2008.

[15] 周博，行动的乌托邦—维克多 · 帕帕奈克与现代设计伦理问题：[D]，北京：中央美术学院，2008.

[16] 杨莹，维克多 · 帕帕奈克及其设计理论研究 [D]，浙江：中国美术学院，2008.

[17] 吴闽，设计的伦理学思考 [D]，杭州：浙江大学，2006.

[18]（美）维克多 . 帕帕奈克，为真实的世界设计 [M]，芝加哥出版社 .

[19] 纪晓岚，论城市本质 [M]，北京：中国社会科学出版社，2002.

[20]（美）刘易斯 . 芒福德，宋俊岭译，城市发展史——起源、演变和前景 [M]，北京：中国建筑工业出版社，2004.504-505.

[21]（加拿大）简 . 雅各布斯，金衡山译，美国大城市的死与生 [M]，南京：译林出版社，2006.

[22] 俞孔坚，回归生产 [J]，景观设计学，2010，（1）：1.

[23] 刘丽华，非物质社会背景下设计师的角色转变 [J]，东京文学，2010，（4）.

第四章　广义设计与绿色生活

我认为规划师和建筑师的最伟大的成绩是保护和发展人类的栖身地。人类与地球上的自然形成依赖关系，而我们改造地球表面的能力已发展得如此巨大，这可能变成一种灾祸而不是幸福。我们怎能忍受一片片的原野为了容易盖房子而被推土机铲光，然后房地产商人盖起成百上千呆板的小房子……漫不经心和无知毁灭了自然地貌和植被。一般房地产商把大地首先视为商品，并从中榨出最大利润。除非我们像宗教徒那样崇敬土地，毁灭性的土地退化还会继续下去。

——格罗皮乌斯

永远不要远离养育你的自然。

——阿尔瓦 · 阿尔托

黄土高原

无锡太湖暴发蓝藻时的情景

目前，全球生态危机的体现主要为：森林滥伐，绿地减少；土地丧失，沙化严重；淡水紧缺，水体污染；物种灭绝，生物锐减；地球变暖，酸雨肆虐，臭氧耗竭；人口爆炸，粮食短缺，能源紧张。2010年，我国经历了多种极端的气候变化以及由此引发的空前频繁的自然灾害：3月～5月，西南五省市持续特大旱灾；4月～6月，南方十省市洪涝灾害；7月～8月，席卷全国约十七省市的热浪；8月～9月，甘肃舟曲与云南保山的泥石流事件；其中，3月下旬南方突发性的严重空气污染，导致珠三角成为世界上大气污染最严重的地区。上述现象印证了我国已经遭遇严重的气候及环境问题。在城市化水平逼近50%的今天，仍要保持经济的快速发展，国内城市与乡村将面临越来越大的气候及环境压力。

第一节　绿色理念到绿色运动

为了克服和摆脱生态危机，20世纪70年代以来“绿色运动”① 相继兴起，世界组织及各国也陆续成立了生态和环保机构，出现了生态哲学、绿色设计等新兴学科。生态哲学是从生态学方法提升起来的一种哲学方法论和世界观。它认为世界是一个整合的生态系统，它认识世界的方式是建立在多元思维基础之上，将人与世界的关系看成是一个共生的结构，倡导人与世界的和谐、互融关系，将人、自然、社会的发展置入可持续的理论模式之中。② 绿色设计又称生态设计，是以节约资源和保护环境为宗旨的设计，它强调保护自然生态，充分利用资源，以人为本，善待环境。当今全球的环境污染、生态破坏、资源浪费、温室效应，甚至包括产品的过度商业化，无节制的消费观念，不得不引发人们对设计的重新思考。

① “绿色运动”是一些关心人类目前对地球造成破坏的人组成不同的团体，争取施行各种保护环境的措施。人们把这些团体发起的运动，统称为绿色运动。绿色运动已发展为今天所提倡的“绿色生活方式”和“节约型社会”等多种环保理念。

② 刘晓陶，生态设计[M].济南：山东美术出版社，2006.6.

2010 年西南五省市云南、贵州、广西、四川及重庆的百年一遇的特大旱灾

一、当前面临的问题

20 世纪是一个片面理性的时代，人类过度迷信科学技术的力量，对大自然的态度过于自私，只关心自身的利益。我们不但单独凌驾于自然界的食物链之上，而且还以主宰者的姿态，对地球的资源矿藏进行掠夺式开发，继而对其生态结构造成了种种破坏。混凝土和沥青吞噬着森林、海岸、湿地、雨林——人类所能延伸到的所有地方。丰富、天然的地被景观被改造成了异域物种的人工草皮。风格呆板、能耗巨大的建筑耸立在富有文化特色的千年古城。跨国公司批量化生产的丰富产品，配合铺天盖地的广告销售，使人们的消费行为近乎疯狂。

1. 危险的环境

我国有更多的人口处于各种自然灾害的威胁下，在 660 多个城市中，有 2/3 的城市缺水，每年约有 3436 平方千米的土地变成沙漠，约有 50 亿吨的土壤被侵蚀。目前不仅存在着“城市病”，而且同时存在着“郊区病”与“乡村病”，城乡环境忽视“人”关于理想家园的精神需求，面临着不断增加的环境污染、生物多样性损失等生态风险。城市自然环境急剧减少，人工环境向城市郊区无序蔓延。郊区环境定位不清与布局破碎化现象并存，高大的烟囱在城市周围吐着烟雾，工厂排出的废水像条条小溪流向山川、湖泊。过去一般是田野、乡村包围城市，而现在往往是废地、厂房包围城市。较发达地区“新农村”过度城市化，大规模的经济开发区、城市基础设施、房地产开发、分散建设大量占用了农村集体土地。欠发达地区普遍存在“空心村”与土地荒芜化现象。

城市中大多数人每天往返于居住的高楼和办公的大厦，在混凝土的森林里度过他们的一生。由钢和玻璃幕墙构成的高技派建筑，以现代的造型和灵活的空间被众多建筑师所追捧。但是，这种只追求形式

天津市郊区大毕庄被污染的河流和受此影响的树木

金茂大厦、上海环球金融中心、上海中心

的建筑风格很难避免高能耗、高污染以及漠视人心理感受的弊端。照明、电梯、电脑、空调、热水设备等，都在不断消耗着由电力公司或燃气公司提供并且从较远的地方输送而来的大量能源，自身的损耗也相当大。农村"新民居"开始向城市的住宅或别墅样式靠拢，低耗能、地域化的特点面临消失。

2. 多余的产品

工业革命以来短短的一百多年，经济飞速发展，社会物质财富以几何基数不断增长。这个时代世界上大多数地区商品供应充足，电话、电视机、冰箱、微波炉、手机、数码相机、掌上电脑、汽车、住房等一应俱全，早已飞入寻常百姓家。产品丰富程度，像是达到了顶点。麦当劳式快餐店对"过期"食物的倾倒，星巴克保持"水龙头长开不停"的政策，每年有超过 2340 万升水从排水管倾泻而走，严重玷污了其获得的"绿色资格"，遭到了环保人士的强力抨击。另外，社会上大量伪劣产品的存在，不仅对使用者带来利益损失，还浪费了稀有的自然与社会资源。

人类的吃、穿、住、用、行、游等消费活动都是在一定的环境条件下进行的，其消费大量产品的同时往往造成对环境的污染。例如，世界上每年抛弃的垃圾约为 100 亿吨，年人均 2 吨。其中生活垃圾年人均量：纽约为 0.73 吨，汉堡 0.31 吨，北京 0.37 吨。[①]

3. 过度的消费

人们对物质的消费变得无所顾忌，失去限制。根据以往国外的多项消费习惯调查显示，在很多经济发达的国家或地区，有超过 50%~70% 用于生产的资源和超过 90% 的产品，在短短的 6 个月至 1 年时间内成为被弃置的废物。而更骇人的是，超过 60% 的播录机、电

① 张长元，从绿色消费到绿色技术到绿色设计[J].环境科学进展，1997，25(3) .16.

视机、音响、煮食炉和约 80% 的计算机等产品在功能完全可操作的情况下被消费者扔掉。这种典型的消费模式造成原料和资源的过度浪费。有明显的迹象表明，中国发达城市的中产阶层已逐渐习染了这种消费的恶习。[①] 典型的一个例子就是汽车，很多人崇尚美国式的“更大更好”，体积大、排量大便象征着身份的尊贵，如今最昂贵的美国汽车凯迪拉克，甚至因为体积太大而很难进出一般的车库。

凯迪拉克

中国的茶叶过度包装

在商业与设计领域，存在上世纪后期美国“有计划废止”的销售与设计理念，即让产品的实际使用寿命少于其技术上可行的使用寿命。它的基本原理就是，刺激消费者们不得不更快地更新实际上并没有报废的产品，促使那些在意身份地位的消费者购买最新版或最新款的产品。比如说更换一款新型手机，往往只是因其外形的新奇改变，而并没有取得任何值得一提的技术上的突破。尽管他们原有并仍可正常使用的手机不存在任何技术瑕疵。

产品包装领域受到了更多的指责。在食品包装等领域，为了追求更多的商业附加值，包装所耗费的资源价值甚至远远超过了包装对象本身的价值。包装耗材过多、分量过重、体积过大、成本过高、装潢过于华丽、说词过于溢美，甚至不少包装已经背离了其应有的功能。随处可见的包装废弃物、堆积如山的包装废品，再加上我们整天面对的过度包装商品，这些都使包装成为环境日益恶化的祸首之一。

二、绿色理念与绿色设计观念

法国哲学家让·雅各·卢梭(Jean-Jacques Rousseau)在《回归自然》中已经开始担心社会现代化将给世外桃源般的自然带来无法挽回的损失。1866 年，德国动物学家海克尔(E. E. Haeckel)首先提出了生态学概念。他指出：“我们把生态学理解为关于有机体与周围环境关系的全部科学，进一步可以把全部生存条件考虑在内。”[②] 1935 年，英国生态学家坦斯利(A. G. Tansley)提出生态系统这一重要的科学概念，指出生态系统既是生态学的研究中心，也是研究环境以及环境科学的基础。生态学的研究从动植物群落为主体开始逐渐转向人类本身。人类生态学和环境科学研究成果在设计领域的应用，为揭示人与自然的关系，以及现代设计怎样更好地为人类服务提供了途径和可能。绿色理念是指物质和意识上的绿色以及与自然和社会发展相协调的思想和做法。内容很广泛，包括物质绿色和意识绿色两大方面。

有识之士从人类、自然的角度提出了绿色设计观念。绿色设计(Green Design)也称为生态设计(Ecological Design)，虽然叫法不同，内涵却是一致的。1996 年，Sim Van Der Ryn 和 Stuart Cowan 提出了

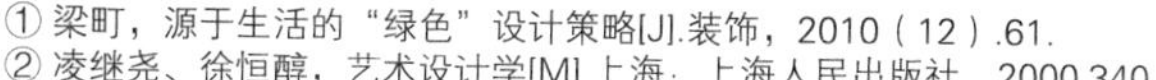

① 梁町，源于生活的“绿色”设计策略[J].装饰，2010（12）.61.
② 凌继尧、徐恒醇，艺术设计学[M].上海：上海人民出版社，2000.340.

生态设计的定义：任何与生态过程相协调，尽量使其对环境的破坏影响到最小的设计形式，都称为生态设计。生态设计，将人作为自然的一部分，充分尊重自然的机理，遵循 3R 原则——减量化 (reduce)、再利用 (reuse)、再循环 (recycle)，它是循环经济最重要的实际操作原则，重点倡导循环利用和可持续性。生态设计概括起来，一般包含以下一个或两个方面：一、应用生态学原理来指导设计；二、使设计的结果在对环境友好的同时又必须满足人类需求。生态设计强调可持续性，节材、高效、无害、循环、再生是其原则，全寿命、多样化、高技术、智能化是其方法。生态设计观是对追求一般性、均等性、标准化的现代主义设计价值观的一次反叛，它重新审视个人与环境、个人与文化之间的协调共生关系。

绿色设计观具体有如下五个特征：一、告别过于理性的设计理念，尝试设计与环境融合、共生的理论与实践；二、以多样化的设计思维设计多元化、组合化的产品，实现设计的可持续发展；三、将生产、流通、消费、废弃的单向式生产方式转化为一种可以反复循环再生的生产模式；四、生产商与消费者的对立关系淡化，消费者开始参与产品及其使用环境的流程，产品的使用环境已经不再是一种产品的最终固定形态，而变成了必须将消费者的不断参与及影响范围纳入到设计中去的一种形式；五、既成品的设计概念已经淘汰，所有的商品以及使用环境都一直处于变化与成长的状态，设计也将开始处于成长、升级与改善的过程之中。[①]

三、绿色运动与绿色设计行动

一些关心人类目前对地球造成破坏的人组成不同的团体，争取施行各种保护环境的措施。人们把这些团体发起的运动，统称为绿色运动。绿色运动的兴起，是源于人类由自私自利的观念走向博爱、共和、共生的观念。当物质社会得到了极大的满足，科学的发展近似于音速并且无孔不入之时，科学技术的进步大大改善了人们的生存环境，延长了人类的寿命，然而各种材料、技术的运用导致了危害生命、破坏原生态的现象，科学的利用甚至走向了反面，就如同科学本应服务人类，但因为对科学的滥用以及监控不力而导致了很多本来可以避免灾害降临到人类身上。

从历史可以看出，对于绿色设计产生直接影响的是美国设计理论家维克多 · 帕帕奈克 (Victor Papanek)。早在 20 世纪 60 年代末，他就出版了一本引起极大争议的专著《为真实世界而设计》(Design for the real world)。该书专注于设计师面临的人类需求的最紧迫的问题，强调设计师的社会及伦理价值。他认为，设计的最大作用并不是创造商业价值，

① 刘晓陶，生态设计[M].济南：山东美术出版社，2006.15.

也不是包装和风格方面的竞争，而是一种适当的社会变革过程中的元素。他同时强调设计应该认真有限的考虑地球资源的使用问题，并为保护地球的环境服务。对于他的观点，当时能理解的人并不多。但是，自从70年代“能源危机”爆发，他的“有限资源论”才得到人们普遍的认可。绿色设计也得到了越来越多的人的关注和认同。

绿色设计基本思想是：在设计阶段就将环境因素和预防污染的措施纳入产品设计之中，将环境性能作为产品的设计目标和出发点，力求使产品对环境的影响为最小。对工业设计而言，绿色设计的核心是“3R”，不仅要减少物质和能源的消耗，减少有害物质的排放，而且要使产品及零部件能够方便的分类回收并再生循环或重新利用。其设计对象范围很广，小到日常家居生活用品设计，大到城市建筑及居民小区生态环境规划布局。绿色设计对于设计师来说不仅是一种技术性上的革新，更重要的是理念和思想方面的转变。

绿色设计手段一般可分为直接和间接两种。直接绿色设计就是在产品设计时，尽可能的选用环保材料或进行废物再利用，注重产品的可拆卸性、可回收性和可重复利用等功能特点；产品造型简洁而实用，在产品生命周期内即从生产到运输、储存、使用和回收过程中能减少能耗和污染。间接绿色设计则是通过产品设计本身引导或改变人们的日常行为习惯以达到节能减排，保护环境的目的，进而创造健康绿色的生活方式。

第二节 绿色生活的衣食住行

绿色生活指自然、环保、节俭、健康的生活方式。无论是选择化妆品、购买家用电器、装修住宅、节省能源，还是孕育一个小孩，绿色生活可以引导你如何在不牺牲你原有生活方式的情况下做出改变。

一、绿色生活

绿色生活是将环境保护与人们的日常衣食住的生活，融入一体的新文明、新风尚的生活。绿色生活作为一种现代生活方式，包括了日

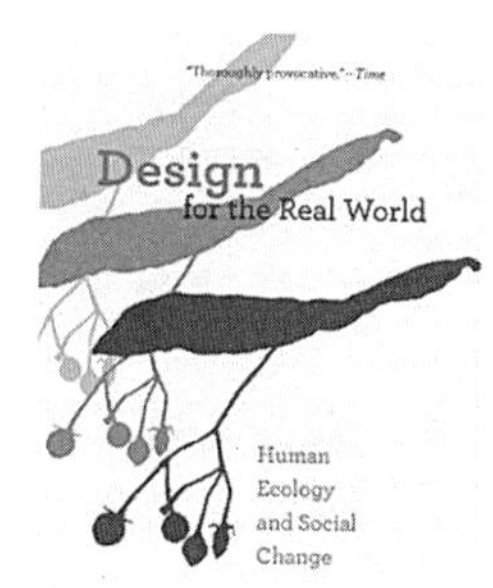

左图：Design for the real world 1985 年英文版封面

右图：百老汇 684 号屋顶花园密植着逐级上升的植物—景观设计学

常生活的方方面面。可以将绿色生活概括为五个方面：①

（1）节约资源、减少污染：随着人们生活节奏的加快，经济迅速发展，同时由于过度开发和技术的相对落后造成资源日渐贫乏，环境问题也显现出来，倡导绿色生活，要求人们充分而无污染或少污染地利用资源。

（2）绿色消费、环保选购 ：绿色生活还倡导人们选购环保节能产品，比如节能日光灯，选购小排量汽车和混合动力汽车。

（3）重复使用、多次利用：充分利用资源是其中很重要的一部分，比如一纸多用，双面打印，一水多用。

（4）分类回收、循环再生：对于废旧电池类的回收不仅能避免对环境的污染而且还能回收贵重金属，也不知大家有没有什么方法处理这些，我是没有办法，只有少用，并且保留着，不让它进入环境。

（5）保护自然、万物共存：环境问题日益明显，其中最主要的原因就是人类的生产生活所排放的废弃物超出了自然净化所能承受的能力，破坏了大自然中的平衡。

绿色生活体现在实际行动中，其内容非常广泛，比如：节约用水，节约燃气，选用节能电器和灯具，少用或不用超薄塑料袋，少用或不用一次性筷子，少寄贺卡或选择电子贺卡，少用餐巾纸多用手帕，不浪费食物，不大吃大喝，少制造生活污水；爱护环境，不随地吐痰，不乱扔垃圾，尤其不要乱扔废旧电池，分类放置垃圾；爱护花草，爱护树木，少用化学药剂，使用无磷洗衣粉，不乱挖发菜、甘草、冬虫夏草；还可以报名参加植树，现在我们还不太习惯为环保捐款，不然的话还可以为环保捐点钱。总之，有利环境的事情多做，不利环境的事不做，同时多多向家人、亲属、朋友宣传环保知识和环保观念。

绿色生活还要求人们通过自己的努力，实现一种安全健康、无公害、无污染的生活；是人类通过自身包括生活举止在内的所有实际行动，来实践对生态环境的保护；它的最终目的则是要使人们的生活方式与天然节奏和自然循环相一致。因此，绿色生活是新世纪的时尚，它体现着一个人的文明与素养。同时绿色生活也是一种生活态度。今天，绿色生活并不仅仅只是一种定义，它已经在都市中衍生出一个个族群——比如乐活一族，比如绿领。

目前在世界许多国家已经涌现出许多绿色消费群，他们恪守着社会及道德的伦理观，倡导一种尽可能低调而俭朴的生活方式，并以自己的行动谱写着绿色的生命赞歌。例如：在欧洲，人们以开小排量汽车为时尚，它标志着驾驶者的道德水准和环保意识；欧洲人还有一种“合乘汽车”的方式，去同一方向的乘客可以合乘一辆出租车，这不仅给乘客带来经济上的节约，更重要的是节约了能源，减少了排放废气的

① 倡导绿色生活[EB/OL]，http://wenku.baidu.com/2010-12-24.

污染。再如：近年来，荷兰人提出以“小气”为荣，以“奢侈”为辱。去商店购物时，为了避免使用商场的纸袋，自己带上反复使用的布袋。他们知道一棵小树的生命仅能换来十几个纸袋，而每个人少用一个纸袋。在水资源缺乏的以色列，他们发明并采用了新的“滴灌”技术进行农田和果林的浇灌，以取代原来采用的“喷灌”技术，这样可以使每一滴水都渗入土地的深层，避免喷灌时大量水分的挥发和浪费，这比原来的方式可达节能 50%~70%。在我国沿海盛产珍珠地区，珍珠因有众多实用价值而为人们所喜爱，而贝壳则被大量丢弃，造成土地占用和物质浪费。而“绿色设计”和“绿色消费”带给人们新的启迪。设计师将废弃的贝壳精心设计成饰物和纽扣等产品，通过切割、打磨等工艺，变废为宝。

从绿色设计的内容可以看出，绿色设计的出发点主要是在技术层面上，从环境保护、节约能源的角度出发。这是“自然为本”的设计思想的反映，也体现了现代设计师的道德和社会责任心的回归。但是，绿色设计不应该仅仅停留在技术层面上，更应该体现在设计的思维和原则上。绿色设计是在设计观念上的一次变革，要求设计师以一种更负责的方法去设计更加简洁、长久、完美的产品。例如 philip starck 为法国一家公司设计的“绿色电视”，除了在技术上选用了一种可回收性材料外，还在造型和风格上也体现了简约、持久、安全的“绿色”感觉。绿色设计的定义也提到了“在满足环境目标要求的同时，保证产品应有的功能、使用寿命、质量等要求”。这主要是针对在产品设计中体现的人性化设计思想，因此，绿色设计可以说是人性化设计思想的进一步深化。

二、衣食住行

乐活，作为一种新的生活方式——爱自己、爱家人、爱地球的生活方式，不仅仅注重自身生活的环保，而且支持地球的环保，乐活族追求的是节能、环保和高科技型的绿色生活方式。绿色消费作为一种健康科学的消费方式，包括了生活中衣食住行等方方面面：①

使用可降解材料的婴儿纸尿裤

（1）衣：少买不必要的衣服；减少衣服干洗的次数或者不干洗，因为有化学溶剂，如过氯乙烯对身体有害；将不需要的衣物送至回收机构；尽量穿天然材质棉麻衣物，比如印度棉、纯棉或者麻质，衣服不必有过多的色

① 倡导绿色生活[EB/OL]，http://wenku.baidu.com/2010-12-24.

彩，只穿着无辐射、无污染的天然面料。

（2）食：需要严肃地对待自己的饮食，平衡的美食必不可少；注意吃什么、如何吃；不吃野生动物，尽量选择有机食品和健康食品食用，避免高盐、高油、高糖；如果实在无法每天定点吃饭，至少应该给自己一个喝上一小杯茶或咖啡调节紧张作息的时间；购买当季蔬菜水果，可避免摄入过多的农药和化肥，购买本地食物，降低食物运送耗费的燃料和多余包装；出外就餐自带筷子、杯子、碗；减少粮食、畜产品浪费；饮酒适量，减少吸烟；保持饮食均衡、多样、吃七分饱。

（3）住：合理使用空调；使用电风扇；合理采暖；用自然提炼或生物分解的清洁剂；水槽下放水桶，回收废水做家务清洁；尽量开窗，减少使用冷气；选择无污染的家居环境，周围环境良好的楼盘是首选；采用无污染的原木家具；居住需要慢空间。居室中的“慢”，是一种悠闲的感觉。当你用素雅的色调取代喧闹的装饰，当你换上纯棉质地的床品，当你在客厅角落里放上青葱翠绿的植物，当你将香薰精油带进浴室……

（4）行：尽量步行，或者骑车，减少开车的频率，减少对环境的污染；由于工作原因，需要乘车时，尽量搭乘公共交通工具，这样做既减少废气污染，还可以增加运动量；如果确实需要开车的话，不妨约上家住周围的几个好朋友一起乘坐，恰巧家近都有车的情况下，可

2010 年北京国际车展奇瑞展台的主旨是“技术、品质、国际、绿色”

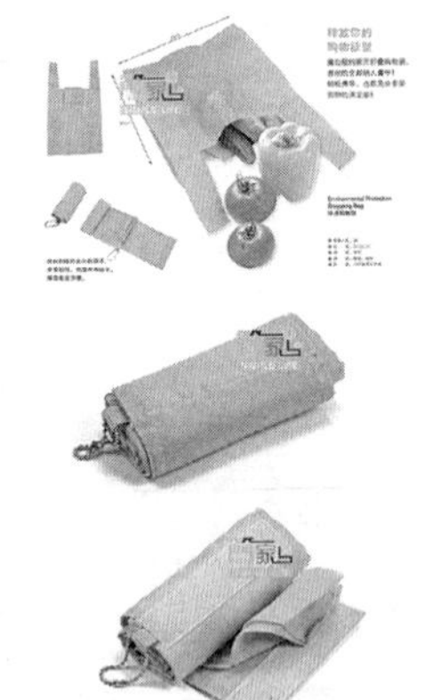

绿色环保购物袋

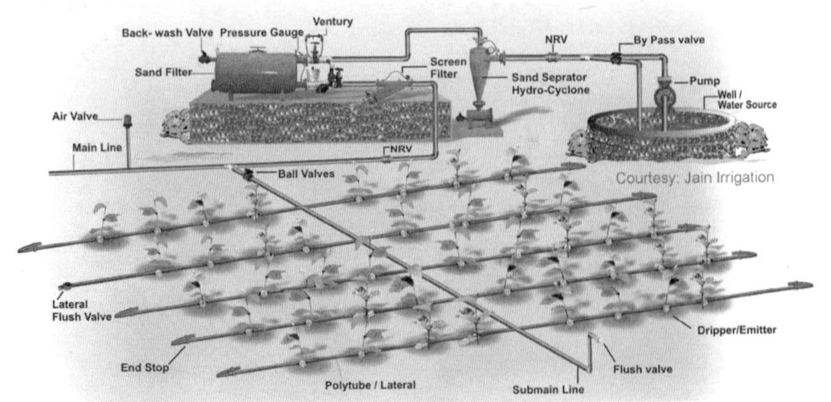

滴灌系统示意图

美国家具企业 Herman Miller 公司的一款办公座椅可循环使用的材料达到了 99%

利用可回收材料或使用天然材料来表现视觉的复杂性和现代的风格

以进行轮班制，每天只需一人负责接其他人，这样不仅节省汽油，而且可以减少污染，还可以为城市降低交通堵塞的几率；外出购物使用菜篮子或是布口袋，因为一个塑料袋需要 600 年才能腐烂，而生产纸袋比塑料袋消耗更多的能源。

打造绿色生活，可以从衣食住行点点滴滴开始：巧妙清洗儿童的衣物；杜绝加工食品、含有多种添加剂或经过辐射处理的食品，选用

巴西库里蒂巴市公交专用道独特的管道式车站

街边绿色设施

绿色食品；着手减少室内有害气体（不喷发胶）、悬浮颗粒及电磁辐射的污染；把大自然带回家，但并非所有物种都适合你的家；简便无毒而不残忍的方法解决蟑螂、蚂蚁和苍蝇；寻找真正适合自身的护肤品。用肥皂水而非洗车香波洗车。

“绿色运动”已发展为今天所提倡的“绿色生活方式”和“节约型社会”等多种环保的生活方式，这无疑为“绿色设计”带来了新的契机，也使“绿色设计”与“绿色生活”更加紧密地联系到一起，成为所有地球人关注的焦点。绿色设计充斥在我们生活衣、食、住、行的每个角落，是人类的创造性活动，是对生活方式的探讨。绿色设计是超前的，是对未来的筹划，是知识经济转化的一种表现形态。设计的发展与工业生产、科技进步、城市建设、民众生活等诸方面因素密切联系，它是科学与艺术的结晶，并随着时代的发展而不断进步。设计是一种创造性的思维活动，是时代经济、技术和文化的内在反映，设计的任务是解决物质与生活，艺术与技术之间的和谐，其内容包括广泛，小到工业产品设计、视觉传达设计、环境艺术设计大到建筑设计，城市规划等。从根本意义上讲，设计是社会和文化思想的反映，是一种对社会的理解，它已经全面进入政治、经济、文化、生活的各个层面，而且正在影响着我们所有人的生活方式和生活环境。

第三节　绿色设计营造绿色生活

人类所处的环境是一个丰富多彩的多元世界。人类一直在人与自然和社会的复杂关系中反复实践，从中寻求能够协调共生的途径和元素。“多元共生”，是指一种合作共存、互惠互利的状态。要求设计必须与环境、产品共生，符合生态规律，有益于环境与人的健康发展。设计系统从构思、材料、实施、使用到废弃的整个生命周期都处于共生的状态。设计与环境之间相互作用，这些作用是一个开放的系统，这些相互作用可以被归纳为三种基本类型：一、设计产品与环境之间的相互依赖型；二、设计产品内部的相互依赖性；三、物质和能量的内外交换。在一个生态设计系统中，我们必须同时考虑所有这几个方面因素以及它们之间的多元共生关系。多元共生不仅仅包括环境多样性，也包括人欲望和需求的多样性。重构“环境 – 人 – 物”的生态关系，改变“繁杂、喧闹”的都市生活，引导去郊区和乡村休闲；改变“作在车间、息有电视” 的单调生活，营造绿色的生活方式。

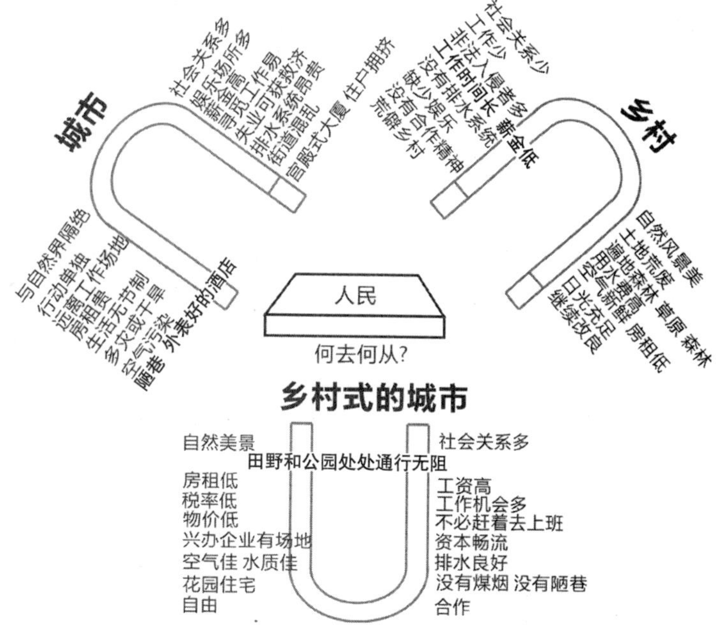

霍华德的三个磁铁示意图

一、对环境的尊重

对环境的尊重，并不是说我们提倡返回到刀耕火种的状态。我们相信人类能够融合技术和文化的精华，以及我们的现代文明面貌焕然一新。建筑、系统、街道甚至整个城市都和周围的生态系统以一种互相促进的方式相互依存。① 以建立城乡新型环境为目标，把城市和乡村生活变得更加丰富和有趣，应该把城市、郊区和乡村作为一个完整有机体，这将是一个最伟大的城乡改造工程，是城市化的必由之路。统筹规划是重要的途径，也理应是政府工作的重中之重，尊重不同历史文化、自然生态、市民与农民的意愿和利益，注重中心城、卫星城、乡村地区的协调发展。以森林环境为例，日本生态学者宫胁昭在其著作《苗木三千万 生命之森林》中写道：“即便人类消亡，森林也会继续存在。可是，如果森林消亡，则人类亡矣！绿色植物是生态系统中唯一的生产者，其所浓缩而成的森林，不仅是人类的，也是地球上所有生物的生存基础。我们有必要再次审视我们与我们生存所不可或缺的森林之间的深远和多样的关系。”②

生态设计及其可持续性标准在建筑设计中显得越来越重要，特别是在能耗较大的大型建筑的设计中。越来越多的建筑师和事务所开始尝试创造一种从形式到功能整体考虑的绿色可持续建筑。根据当地的自然生态环境，运用生态学、建筑技术科学的基本原理和现代科学技术手段等，合理安排并组织建筑与其他相关因素之间的关系，使建筑和环境成为一个有机的结合体，同时具有良好的室内气候条件和较强的生物气候调节能力，以满足人们居住、工作、生活的环境舒适，使人、建筑、环境之间形成一个良性循环系统。

① （美）威廉·麦克唐纳，（德）迈克尔·布朗嘉特，从摇篮到摇篮：循环经济设计之探索[M].中国21世纪议程管理中心，中美可持续发展中心，译.上海：同济大学出版社，2005.80.
②（日）奥野 翔，森林都市EGEC[M]，姜忠莲，李贺谦，译.北京：中国环境科学出版社，2009.25.

德国乡村田野

二、对人的关爱

设计产品的品质直接关系到人生活与工作的质量，生态设计在注重环保的同时，还应该给人以足够的关心。也即是说，设计作品要具备人性化的特征。坚持“以人为木”的方针；高效、便捷地为使用者服务，让使用者在使用产品的时候，感到安全、舒适、无害、简便、快捷，真正做到想人之想，解人之所需，使消费者在优美、和谐、健康的环境中生活，生理和心理的需求得到满足，为人们提高工作效率创造条件。

对人的真正关爱还体现在加强对消费者的生态观念培育。政府的节能减排、限塑法令在一定程度上提高了民众的环保意识。消费者是最终的“上帝”，生态产品的设计、生产、销售都是为消费者服务，所以必须鼓励他们积极购买生态产品。另外，我们应该知道今天有 20% 的世界人口（约 12 亿人口，多是中收入或以上阶层的）正消耗着约 80% 的世界产出（比最贫困的 20% 的全球人口多耗 60 倍），制造出约 80% 的碳排放量。所以若能使这 20% 的人口根本地改变多耗的消费模式，将是消解环境问题的主要关键，其战略意义放之于我国亦然。① 因为若新“绿色”经济模式能被这些社会精英所采纳，将会给其他人及后来者一个非常正面的示范作用。

三、对产品的投入

世界许多国家已经涌现出许多绿色消费群，他们恪守社会及道德的伦理观，倡导一种尽可能低调而俭朴的生活方式，并以自己的行动实践着绿色生活。在欧洲，越来越多的人以开小排量汽车为时尚，

① 梁町，源于生活的“绿色”设计策略[J].装饰，2010（12）.61.

它标志着驾驶者环保意识的提高。美国福特汽车公司（Ford Motor）新的生产设施将包括一个配有生态屋顶的工厂和自然清洁雨水的湿地和沼泽。萧工业公司（Shaw Industries）设计了一种可以被永久循环利用、只含有健康技术养分的地毯，由此彻底消除了废物的概念。在水资源缺乏的地方，新的"滴灌"技术产品取代原来的"喷灌"技术，进行农业和园林的浇灌，可节约 50%–70% 用水与能耗。

不同的国家、不同的公司关于各类产品包装的处理有不同的规定，但即使最为有效的规定也需要各方的配合、协调而得以实施。在各包装生产厂之间设定某些细则或设计标准，通过协调的方式可以实现不同厂家之间的统一，也为回收包装的再使用创造了更多机会。芬兰的瓶装业是一个杰出的案例，回收真正实现了系统化，所有的玻璃瓶、塑料瓶都按照标准设计制作。不论最初生产厂家是谁，统一标准的瓶类包装都可回收给任意的饮料供应商并在那里重新装入产品。

四、人与环境的互动

设计作品一方面要具有生态性质，又应具备人文关怀，二者应十分融洽地统一起来。产品在选材、色彩、质感、外观、功能等方面既有鲜明的自然生态特点，又益于使用者在欣赏自然美的同时获得人文关怀。使消费者在使用产品时，受到自然的震撼与感动，进而增强对自然、生态、环境的重视与关心。

中国美术学院象山校园

北京奥林匹克森林公园

自然环境的保护、生态产品的实施离不开高科技含量较大的生态技术，大力研制新材料、发现新技术、开发新工艺，提倡使用绿色材料。主张运用有利于保护生态环境和人体健康的高新生态技术，生态产品才能具备物质与技术上的有力支持。当然，除了强调新型生态技术之外，还需通过大量"适宜技术"的应用，从满足基本的人居环境的要求出发，运用当地的资源，结合适宜的、经济的技术手段，进行生态设计来达到可持续发展的目的。

五、可持续性的设计

1987 年，世界环境与发展委员会主席、挪威首相布伦特兰 (Gro Harlem Brundtland) 在一份题为《我们共同的未来》报告中首次提出了可持续发展的概念，并建议召开联合国环境与发展大会；1992 年 6 月 3 日联合国在里约热内卢召开了《环境与发展大会》，通过了一系列文件，世界各国普遍接受了“持续发展战略”。可持续性的设计不仅着眼于当前，而其还关注着子孙后代。它是一种动态的思想，要求设计应具有足够的弹性以适应未来的发展。如家具甚至建筑的可拆卸性、可移动性、可生长性等，再如“绿色生态服饰”作为服饰时尚的新概念被及时提了出来。所谓“绿色生态服饰”概念主要包括服饰面料及辅料的绿色倡导和穿着方式的生态化。总的来说，生态设计不是静止、固态式的设计，而是开放、行进式的设计，它总是充满变数、富于可塑性和过程性，使用者可以根据自己的具体情况和个性偏爱进行组合、调整，以达到为我、为他人长期所用的境界。

文化是一个民族、一个国家的灵魂，因而在设计中应注重文化的底蕴。设计不仅要保护传统、唤起民族精神和理想的责任，同时还要将人文精神和心灵情感融入设计之中。从西方掀起的绿色设计运动，它的本质也是要求回归自然，自然与人和谐共处。在这一点上也与中国传统的天人关系思想相通，以老子、庄子为代表的先秦道家，在其经典著作中虽然没有明确的“天人合一”之词，但是已经具有了“天人合一”思想的雏形。老子说道：“故道大、天大、地大、人亦大。域中有四大，而人居其一焉。人法地，地法天，天法道，道法自然。”① 庄周说道：“纯粹而不杂，静一而不变，淡而无为，动而以天行，此养神之道也。……唯神是守，守而无失，与神为一，一之精通，合于天伦。”② 由此可见，他们是将“人”与“天”相提并论的，而且“人”必须“动而以天行”，必须“合于天伦”可见这种思想在保护自然环境、维护生态平衡、自然资源可持续利用，正确处理人与自然的关系等方面，显示出巨大的智慧之光，给予我们设计行为深刻的启迪。

在环境保护、节省资源已成为人类迫在眉睫的任务的时代，在建设“节约型社会”的号召下，设计师必须通过生态设计观念和方法实现多元共生，并由此引导人们实现积极的、绿色的生活方式。既改善和提高生活品质，充分享受生活，又不以浪费资源和破坏环境为代价。这正是值得我们每个设计师和每个现代人为此去思考、去行动的。可见，多元共生需要生态设计观的理念和法则，其终极目标是为人们营造绿色生活。

---

① 陈国庆，张养年，道德经[M].合肥：安徽人民出版社，2001.72.
② 王世舜，庄子译注[M].济南：山东教育出版社，1984.281.

余论

第一节 设计与未来：从历史发展的角度看未来的艺术设计

人类对未来的探求从未停止，经过了新世纪的第一个十年，我们在认真的思考：21 世纪设计的源泉何在？它应该是先形成小溪，继而汇成江河，在某一个时间点形成生活风格的海洋，体现出一个全新的“时代精神”？还是在新的科学、技术，新的艺术思想指导下，产生新的生活方式，最终产生新的“社会风格”？思考设计与人类未来的关系，有助于帮助我们理清设计的真正内涵，引导我们在新时代文化的传播与更新中，建立着重于公众的设计思想构架，及其使用新材料、新技术的应用原则。

我们知道，是人的精神意境和物质文明的矛盾冲突给了人们创造的动力，在改变世界的过程中，随着社会的发展、认识的提高产生了设计的概念以及一整套行之有效的方法，通过各领域对设计的不懈努力，科学的发展，以及人类对美的追求，促进着人类社会文明的进步，使我们这个世界五彩斑斓，丰富多彩，处处充满美的设计。

我们不妨回过头去，去看看那些早已深入人心的，伴随着上个世纪伟大的社会变革所产生的奇思妙想，无一不得到了广泛的传播与应用，影响了我们的方方面面。不论是一战前后的新艺术运动，还是那些夹杂着“朋克”“波普”“迷幻式”的显得有些玩世不恭的 70 年代，乃至新千年“雅痞”的后现代主义，这一波接一波的设计思潮为时代画上了鲜明的色彩，改变了或正在改变着每一个人的生活方式。对，正如艺术史学家弗里德兰德所说的：说到文明，一只鞋能透露给我们的信息，和一座大教堂所蕴含的内容一样丰富。一件日常的生活用品，一个茶壶、一把椅子可能会比艺术作品更能向人们讲述一段文明，是设计引导了时代潮流的发展。[①]

设计改变了世界，也会改变未来，我们可以通过对社会发展的规律，艺术审美的变化以及设计对文化的促进来探索设计的未来方向。

---

① （英）贝维斯·希利尔、凯特·麦金太尔，世纪风格[M].林鹤，译.石家庄：河北教育出版社，2002 .

一、人类社会文化的发展方式和方向以及设计的源泉何在

人类社会文化的发展从未间断，常新不古。《大学》中曾子曾说“苟日新，日日新，又日新”，《易经》中也提到“随时偕进”“与时偕极”。不满足过去，展望明天，开启未来永远是推进历史文明向前发展的动能。文化对科学的影响、科技对审美的促进、新的艺术思想与现实应用的需要，产生有实用主义的艺术作品。我们从二十世纪科技和工艺美术的交互发展可以看出些许脉络。

20 世纪之初，伴随着文艺复兴以来形成的思想解放潮流，欧洲大陆早就涌动着一种创新求变的暗流，时局混乱，人们不稳定的内心渴望有一种更加深刻的改变。而国家间的关系紧张，也促使乱世中的人们在各个方面更加执着地寻找心目中的那一方净土以求得心灵上的安宁。政治上一批极富个人魅力的伟人产生、科学上新的理论孕育发展，而在艺术领域更是产生了一批不出世的大师人物，开启了现代艺术设计的先河。我们不能否认他们极富于传奇色彩的设计灵感，正是这些天才设想，奠定了以后百年的设计发展之路。但这些灵感的产生也和其时的社会发展环境密不可分，大师们在颠沛流离中感悟人生，在夹缝中发挥才智。一战前欧洲的那种混乱却使得他们打破前人墨守的常规，以一种前所未有的视角来重新感受生活，加上新科技理论的影响，更使他们有条件去思考一种能够有所改变的生活方式、生活态度。

1905 年，在这一年中爱因斯坦发表了四篇重要的论文，每一篇都包含了物理学领域里的一个伟大发现：相对论、质量相当性、布朗运动和光子理论。这些物理学中重要概念的提出促进了“自动化操作”雏形的产生，为机械发展奠定了基石，也为设计创新提供了舞台。比如汽车，“它再也不是一种冒险，却变成了一种便利”。罗尔斯 · 罗伊斯在 1907 年生产了第一辆“银魅”型汽车，而到了 1912 年“铁皮破福特”—福特公司生产的这种大规模廉价的“通用实用汽车”开始广泛的出现在欧美城市乡村的街头。这个新的机械工艺品的产生不仅得益于工业的创造，也蕴含着艺术造型设计者的心血，技术与工艺美术更深层次的“合作”真正体现了“设计改变生活”的涵义，新的生活方式出现了。

与之相近，西格蒙德 · 佛洛伊德在 1900 年出版了他最重要的著作，《梦的解析》。这部著作也深深的影响到了艺术领域，它强调的人的“本能”，启发了艺术家们去努力表现自己的所感，而非所见。这一影响一直持续到二战后，在六十年代达到鼎盛，在人们思想进一步解放的背景下，青年人更是放弃以往老派的衣着和观念，追求一种心灵上的刺激，大众艺术（波普术）应运而生。它不是原来意义上的大众通俗艺术，而是起源于一群对文化有高度发达的感受力的设计者。“立足产品，设计消费者”的设计技巧在此时也正式出现，可以说是设计思想与文化

观念的互相引导而向前发展。

观念不断地更新，刺激着那些具有艺术灵感的有文化创新意识的设计者，产生出改变人们生活的看似不经意而确有划时代精神的艺术品，改变大众的生活,促进着更新的文化科技的萌芽发展。这个过程周而复始，不管时代是战争或和平，社会思潮是颓废或激进，一刻不曾停止。这是人类文明向前发展的方式和方向，也是设计的源泉所在。

二、艺术设计对人类发展的引导作用

我们刚才谈到人类思想的进步对艺术发展有促进作用，但作为为广大民众所服务的艺术作品、设计作品的影响力也对人类发展有着强烈的引导性，对人类的未来有积极意义。艺术设计对文化观念的促进有着显著作用,比如消费。由于消费者有强烈的需要去定义自己的个性，新的设计观念刺激他们去购买一种不同于以往的生活方式，这样使得原来环境下的东西显得过时而鄙陋。随着这个过程不断地更新逐渐产生新的消费模式，新的生活观念随之建立。新的设计观念不仅仅是对具体的事物而言，去设计观念、生活方式，利用文化一致性是设计更深一步的层次。让我们看一些设计思想引导观念的例子，从中可以看到一些设计对社会发展的影响。

20 世纪 80 年代，深受后现代主义设计思想影响的拉尔夫 · 劳伦受电影《费城故事》里赫本的启发，试图让成长中的新富阶层去重新认识并拥有古老的价值，并在服装领域开创一个复古主义思潮去引导人们的时尚观念。他取得了成功，创立了一个十亿美元的服装帝国，并深深地影响了此后服装的发展和大众对服装的认识。与拉尔夫 · 劳伦同时代的“NEXT 现象”也充分反映了这个问题。其造就者乔治 · 戴维斯抓住了人们对设计师膜拜的心理和对设计的狂热，满足了人们希望能够买到便宜的“设计师的”时装。“NEXT 现象”盛极一时，在他的时代里，炫耀式消费引领了新的消费观念，NEXT 也成功地拓展了营业范围，男装、室内装饰、珠宝和邮购，使他的顾客开始真正的关心时尚和风格的问题。

三、人类文明如何继续发展及新的包容性理论对艺术设计的影响与促进

人类对于未来的社会生活发展方式一直在不断地进行思考与探索，2007 年亚行提出了一个新概念“包容性增长”，① 这个概念虽由亚行首先提出，但也是由国际间各组织在 10 年间逐渐完善的一个新的发展观念，它可以看作是对未来社会发展的一个具有前瞻性的概括。

① 包容性增长（inclusive growth），由亚洲开发银行在2007年首次提出。包容性增长寻求的是社会和经济协调发展、可持续发展。与单纯追求经济增长相对立，包容性增长倡导机会平等的增长，最基本的含义是公平合理地分享经济增长。

这一概念不仅可以解决一系列发展中的现实问题，也是未来发展的基础，它是一种新的价值观导向，一种社会各行业间协调发展的新理念。这个概念也能借用到旨在为大众服务的艺术设计领域中来，作为新的发展思路和指导思想也不外于此。

人类社会的飞速发展使世界资源与环境压力倍增，数据显示2002 年～ 2007 年，中国经济增速高达 11.65%，资源、环境的压力增大，由增长本身不均衡导致的矛盾增多，需要积极转变发展方式。"包容性增长"这个概念跟我们以往提到的"科学发展观""和谐社会"的理论是一致的，整个世界需要协调发展、可持续发展，让更多的人享受全球化成果，享受文化发展的成果，享受设计带来的新的生活改变，包括我们的理智与情感，使尽可能广泛的人们有共同的愿望去改变生活。

进入新世纪，各种类型的设计虽然以前所未有的速度发展变化，但其中也显示出一些问题，需要重新思考它的发展方式。由于思想得到充分解放，信息的传播也有了质的转变，设计者获取知识非常方便，但设计思路还是有所局限。个性过分发展、张扬，去刻意强调自己的与众不同，却失之于使用者的切身体验。某些领域虽有具体的设计规范却流于形式，与以人为本为使用者服务的要求还有相当距离，往往一件作品或一些项目前期设计后期完成，耗费大量人力物力，而最终使用效果却不甚理想，这是设计者过于强调心中所想，过分张扬个性却忽略大多数使用者的切身感受。如果以带有包容性的眼光，充分考虑各层次受众的切实需要，重视每个使用者欣赏者的真实感受，那我们的设计作品的艺术层次会有一个新的提高。当然不同的人群受教育背景不同，欣赏品味有差异，不可能百分之百使所有人都满意，但最大限度的去适应去接近真实需要，这应该是我们作为设计者所追求的最终目的所在。这就要求我们设计者要以包容性的心态来设计，深入生活，深入到审美层面认真审视自己的设计思路，为使用者带来身心愉悦的享受，而且合理利用资源，力求自己的作品最大限度延长使用时间。

四、设计未来的方向　新理念形成新的人与人之间的关系

展望未来，下个社会发展周期，设计与人们之间有什么关系？至少从前面的例子我们可以看到，设计一定会更加密切，更加深入的切入到人们的日常生活中，并广泛地存在于一切细节中，它是一座沟通的桥梁，将新的科技发展成果溶于美的设计之中，与人们的日常生活紧密相连，将科技思想转变为现实的应用，在包容性的社会发展模式下，使每一个社会成员都能够简单而快速的享受人类发展的成果。同时设计者也需要有更加灵活的头脑、有清晰的认识，能够及时发现使用者的需要，使设计出的产品更能够满足人们的需求。处理好个性与共性之间的关系，在强调作品与众不同的同时，注意到整个社会的审

美感受，社会物质文明日益发达，人们的文化心理结构不断前进，所以审美心理结构不会一成不变，而是随时代、社会的发展变迁不断变动。设计师作为新生活风格设计者，要注重人们的审美的同时要更加注重作品的精神含义，以取得公众给予的赞同。

设计出来的作品，不仅要环保要绿色，要合理利用资源，还要满足不同使用者的审美要求和实用的目的。

社会的发展是不断进步的，设计的发展是与时俱进的，面对未来设计的趋势，要求设计师要在新的领域和方向都要具有创造性思维、广博的学科知识和协调团队工作的能力。社会的发展进入了“包容性”发展，我们的设计也必须被置入广泛的文化背景中去思考，从单纯的线条、色彩、形式与功能的讨论中解脱出来，把设计向更细、更深、更贴近生活和民族传统上迈进。

第二节　走向非物质的当代设计

毫无疑问，我们现在正在逐渐走向“非物质社会”。数字化、信息化、服务化的高速发展，使非物质的社会价值充实在生活的每个角落。大众传媒、远程通信、电子技术服务以及其他一些消费信息的普及已经使我们的这个社会转变为以非物质形式为主导的社会。而这一改变其最深层次的变化是思想方式和思维方式的转变。在这个大环境下设计艺术也正进行着一种“质”的改变，其设计的重心已经不局限于有形的物质产品，而越来越多的关注抽象的概念。非物质社会的设计正努力地改变着以往的生活面貌，其过程中的一些特点，值得我们关注。

“非物质”，顾名思义不同于我们所讲的物质，但与物质又有一种相辅相成的关系，物质的“材质”，非物质的“功能和形式”在以往的设计原则下不可分割，正如英国历史学家汤因比所说：“人类将无生命的和未加工的物质转化成工具，并给予它们以未加工的物质从未有的功能和样式，而非物质性的功能和样式，正式通过物质，才创造出来的。”① 功能本应与选用的质料紧密联系，在材质中有所体现。而现代社会高技术及智能产品的出现，使产品的材质已远与其的功能相脱离，形式已不仅仅是表现功能的关键，而产品本身的功能也逐渐成为一种“超功能”的存在。许多当代设计其有形的物质本身也已不再作为重点，更加关注的是设计给使用者本身带来的抽象感受。而作为这种新艺术品的设计创造，其过程的本身也成为了一种新的艺术活动。

当前的设计趋势正从物的设计向非物的设计发展，从产品的设计向服务的设计发展，从实物产品的设计向虚拟产品的设计发展。进入非物质社会后，电脑作为设计工具，虚拟的、数字化的设计成

① (法) 马克.第亚尼，非物质社会——后工业世界的设计、文化与技术[C].滕守尧，译.成都：四川人民出版社，1997.

为与物质设计相对的另一类设计形态，即所谓的非物质设计。非物质设计的出现，使设计的存在形式更加丰富，揭示了物质设计中早已存在的非物质特征。传统的设计是用优美的形式来表现实用和便利的功能。实用的功能和优美的形式是设计追求的目标，两者相得益彰。而非物质化对设计最大的影响是改变了功能和形式的关系。现代科技使许多产品的形式与其功能相分离，即这种形式不表现其功能，功能似乎超越了原来意义上的形式。其实，非物质化以后不是没有形式存在，而是形式与功能合二为一了。例如电子邮件，确实没有传统意义上的物质形式：信封、信纸等，只剩下了信息传递本身。实际上，这也就是形式。只是形式也变成了一种看不见、摸不着的东西，没有形状、色彩、线条、质地等。当然，此时的设计品也不再传统，已经变成了一种纯粹的功能了。所以非物质化对设计的最大影响是：形式的非物质化和功能的形式化。这使设计逐渐与物质相分离，而更向精神靠拢。

一、产品的设计能充分考虑使用者的感受

一种新的生活文化正在形成。人们对新产品的选择与使用，其功能性已经居于次要的位置，而产品所带来的新的生活风格以及新产品所拥有的文化品位成为使用者衡量产品价值的主要因素。设计者们也采取了一种与以往传统功能形式设计的方式反其道而行的做法，从产品的人文内涵入手，在满足使用功能的基础上加入更多的流行或风格因素，试图引起使用者的共鸣。而消费者在选择产品的时候，其对功能的考量不如说是对一种生活方式的选择，同时也感受到了设计的魅力所在。这些与人们的物质生活息息相关的非物质感受正是设计者在产品的设计之初就考虑到使用者更深层次感受的结果。例如，设计师和广告人所熟知的“产品群”效应，尽管一组东西的产品类型有所不同，但人们还是认为，它们应该是“放在一起卖的”，因为它们有着同样的象征价值，所代表的文化意义是一致的。产品使用者的这种对新生活方式的感受，其结果之一就是去继续收购其余的东西，直到自己的面貌为之一新。那些追求品位的所谓“雅痞”，使他们趋之若鹜的宝马汽车和劳力士手表，选择这类产品是他们感受生活的准则：保守的传统、老派富人的地位、职业上的成功、精致的品位以及健身习惯如是等。因为昂贵的汽车和手表符合雅痞的价值观，劳力士代表着运动与身体技能，宝马代表着品质与优雅。虽然在实际上这些与这两种产品各不相干，但产品所散发出的这种非物质价值，使使用者感受到了产品带来的文化威望。设计者利用人们对文化对生活的感受，给产品添加了大于产品自身的非物质性价值，使逐渐走向非物资社会中的设计艺术有了一种更深层次的文化功能，这种文化功能影响着所有可能性的生活风格。

二、艺术设计更加注重作品的“变异特性”

伴随着人造智能技术的成熟，在今天已经大量应用到工业产品的设计当中。由电脑和互联网带来的人与人之间交互手段的进步，使设计者和使用者之间的信息传递有了本质上的飞跃。通过这种信息的传递，设计师在新产品生产出来之前，就能够广泛地了解到不同使用者所发出的信息反馈。这样就有了为特定使用者所进行专门设计生产的可行性。也就是说，当特定使用者要求生产一种适合自己需要的特殊物品时，生产者和设计师会通过一定的交互过程，使整个产品的生产过程有相应的调整为个别使用者生产具有独特个性的物品。这种设计生产中的“变异特性”，取决于设计者与使用者之间不断的沟通与对话。相当于以往产品设计的系列性而言更能满足不同使用者的个性需要。这种非物质的行为，更加全面地满足了那些想自己配置自身与众不同的生活环境或生活空间，而不是服从于从市场上选取回来的普通设计产品的个性使用者。这种设计条件下产生的作品体现出来的意义至关重要，远远高于物品单纯的功能性元素，设计师对作品的这种社会语境的强化，体现出了以非物质为主导的新社会环境下，对设计理念寻求更深刻突破，以满足更加广泛的使用者的新设计行为的出现。

三、设计师的自我设计——“一种自我时尚技术”

在以非物质为主导的社会环境下，设计师在从事产品的设计之外，还需要不断地进行自我设计。我们每个人都在强烈地经验这个世界，对美的追求和对价值的认同力图使作品超越它的一般性要求，从而更加符合个人的欲望。设计师作为设计者同时也是作品的实验者，这种对产品的实验行为愈加强烈，设计师就会愈加努力地在自己身上做实验。设计师的这种与交流性行为平行发展的在设计过程中的行为，促进了其自身的成长和发展。这种“自我—设计”的行为，或是“自我时尚”的技术，为设计师建构了一种与以往不同的新型人格，即通过不间断地在自己身上做设计实验和设计研究，不断地制造新的充满个性化的作品和建立新的生活感悟，同时设计师也将自己的思想和能力发挥到了淋漓尽致的程度。

四、非物质设计理论中国传统相结合的现代设计

“非物质主义”设计理念是在西方社会背景下提出的，但从这一设计理念的内涵来看，不仅与中国传统的文化观念相合，而且也符合中国的现实状况。中国自古就有“天人合一”的哲学思想，强调人与自然的和谐相处，这在中国传统的产品和建筑设计中都有鲜明的体现，特别是在技术发达、人类过度干涉自然的今天，这一观念更显其积极的意义。近年来设计界提出的绿色设计以及人类造物适度性的主张，无

不是这一哲学思想在现代设计中的体现；在中国人的行为文化中，自古就注重个性修养、摆脱物欲以及勤劳、节约、讲究实效等优良的文化传统，这与“非物质主义”所倡导的消费方式和生活态度有极其相似之处，从而为在我国设计及消费生活只推广这一新的生活方式提供了良好的社会道德基础。中国是一个人口大国，相对而言又是一个资源小国。在我们探索有中国特色的设计模式时，非物质设计观为我们提供了一个可借鉴的新的思路。

在科技高速发展的当代社会，非物质设计概念和理论在我国虽然刚刚被接受和认识，但非物质社会产品的设计已在悄悄地充斥我们的各个生活角落。“非物质主义”设计理论强调的是资源共享，提供的是服务而不是单个产品本身。这种全新的生活方式能够使人类得以长期地，可持续地发展下去。科学技术的发展将大大促进“非物质主义”生活方式的实现和推广，为非物质主义的设计理论提供科学的保障。因此，广泛深刻理解和探索非物质设计的内涵，研究非物质社会对当代设计的冲击和影响，强调以人为本与人性化设计的设计观，才能正确把握当代设计未来的发展方向。

参考书目

[1] 南怀瑾，亦新亦旧的一代 [A], 南怀瑾选集 [C]，上海：复旦大学出版社，2006（第六卷）. 249–252.

[2] 李泽厚，美学三书 [M]，天津：天津社会科学院出版社， 2003.

[3]（英）尼古拉斯 · 佩夫斯纳，现代建筑与设计的源泉 [M]，殷凌云，译 . 北京：生活 · 读书 · 新知三联书店，2001.

[4]（英）贝维斯 · 希利尔、凯特 · 麦金太尔，世纪风格 [M]，林鹤，译 . 石家庄：河北教育出版社 , 2002.

[5] 董占军，西方现代设计艺术史 [M]，济南：山东教育出版社，2002.180–197.

[6]（法）马克 . 第亚尼，非物质社会——后工业世界的设计、文化与技术 [C]，滕守尧，译 . 成都：四川人民出版社，1997.

[7] 张晶 ，“非物质社会”中的现代设计 [J]，中文自学指导，2004（2）.